普通高等教育“十一五”国家级规划教材

普通高等学校应用型教材・数学

微积分

|第4版| 上册

主编　张学奇　刘　炎　谢小军

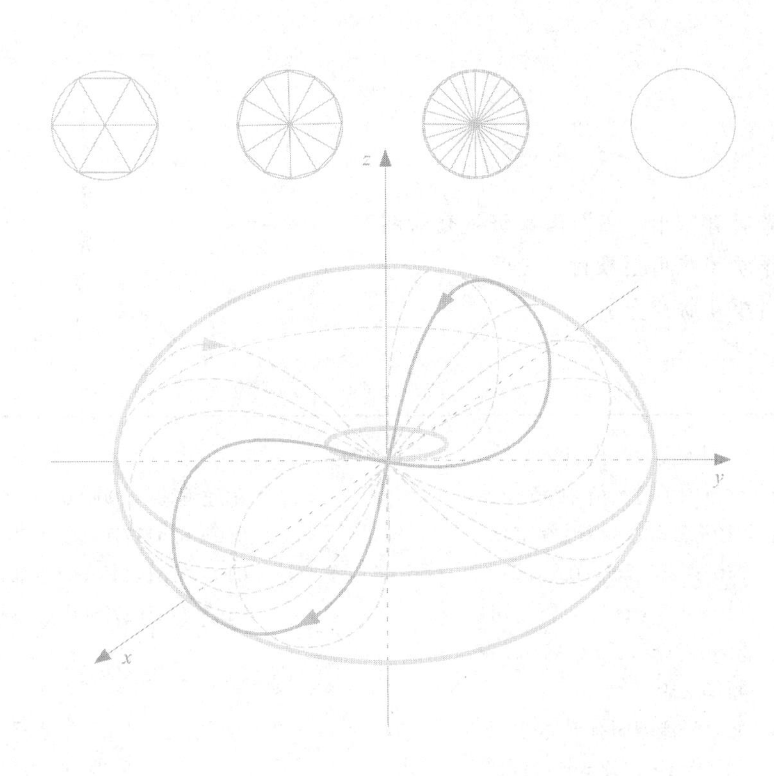

中国人民大学出版社

・北京・

图书在版编目（CIP）数据

微积分．上册/张学奇，刘炎，谢小军主编．--4版．--北京：中国人民大学出版社，2024.5

普通高等学校应用型教材．数学

ISBN 978-7-300-32794-5

Ⅰ．①微… Ⅱ．①张… ②刘… ③谢… Ⅲ．①微积分-高等学校-教材 Ⅳ．①O172

中国国家版本馆 CIP 数据核字（2024）第 095230 号

普通高等教育“十一五”国家级规划教材

普通高等学校应用型教材·数学

微积分（第 4 版）上册

主编 张学奇 刘 炎 谢小军

Weijifen

出版发行	中国人民大学出版社		
社　　址	北京中关村大街 31 号	**邮政编码**	100080
电　　话	010－62511242（总编室）		010－62511770（质管部）
	010－82501766（邮购部）		010－62514148（门市部）
	010－62515195（发行公司）		010－62515275（盗版举报）
网　　址	http://www.crup.com.cn		
经　　销	新华书店		
印　　刷	北京溢漾印刷有限公司	**版　　次**	2015 年 6 月第 1 版
开　　本	787 mm×1092 mm　1/16		2024 年 5 月第 4 版
印　　张	21.25	**印　　次**	2024 年 5 月第 1 次印刷
字　　数	486 000	**定　　价**	47.00 元

前 言

普通高等教育“十一五”国家级规划教材《微积分》(第4版)(上下册)是依据高等学校经济类、管理类各专业对微积分课程的教学要求，在总结微积分课程教学改革成果、吸收国内外同类教材的优点、结合我国高等教育发展趋势的基础上编写的.

本书的编写坚持以党的创新理论和立德树人理念为指导，以突出数学思想、深化内容改革，强化概念理解、重视数学应用，注重思维发展、培养创新能力，体现教育理念、提高教学质量为根本，力求实现课程内容与数学思想、知识传授与能力培养的和谐统一，理论教学与实际应用、育人理念与学生发展的有机结合. 与现有同类教材相比，本书注重突出以下特点：

(1) 构建和优化课程体系. 在考虑课程内容系统性与逻辑性的基础上，重视内容逻辑背后的思想方法的挖掘，重视提出问题和解决问题思维的启发，重视概念引入的背景和应用意识的强化，系统体现加强基础、突出思想、发展思维、强化应用的原则，构建课程内容的逻辑性、思想性、思维性和应用性相融合的课程体系.

(2) 突出数学思想方法的作用. 将课程内容与数学思想方法相融合，重视对重要知识点中数学思想方法的点评，凸显知识背后隐含的数学思想方法，发挥数学思想方法在课程体系中的灵魂作用，把握课程的本质和规律. 每章末增加了内容精要与思想方法，起到了对本章内容与思想梳理、延伸、强化和提升的作用，使课程内容与思想方法相互融合、相得益彰.

(3) 强化数学思维能力的发展. 从问题出发，以问题探究为指引，以启发思维为目的，呈现概念、定理的形成过程和背景知识，以及解决问题的思维方式. 突出概念和定理的提出、抽象、论证过程中的思想性、思维性和创新性，通过几何化、解析化、数值化的多维度相结合的方式，强化概念、定理、方法的理解和掌握，促进数学思维能力、创新能力的发展.

(4) 重视数学应用能力的培养. 围绕函数、导数应用、函数最值、定积分、微分方程等主题，强调数学理论与实际应用的联系，将微积分的实际应用贯穿于教材的始终，实现从学数学到用数学的转变. 下册结合课程内容编写了“微积分应用与模型”一章，通过专题式的应用与建模过程学习，逐步培养学生用数学的意识、用数学求解实际问题和建立数学模型的能力，适应不同学科的专业学习需要.

(5) 体现育人教育、素养教育和科学精神培养. 配合教学内容编写了微积分发展简史与数学家、微积分中的辩证思想、微积分中的数学美学思想、数学经典等补充学习材料，有助于提高学生的学习兴趣、学习积极性和数学意识，使学生感受微积分的力量，接受数学美学和素养的熏陶.

(6) 注重教材结构上的严谨、逻辑上的清晰、叙述上的通俗易懂. 教材的编排通过问题、探究、概括的思维过程，归纳抽象出概念、定理和方法，体现内容的逻辑性、思想性、思维性和教育性；注重图形的可视性和动态性，启发学生的创新思维，实现教师好使、学生好用的目标，有利于教与学双方的使用和教学质量的提高.

(7) 强调基础解题能力的训练. 注重例题与习题的设计与编选，例题典型，习题覆盖面宽、题型丰富、难易适度，按节配有适量的基本练习题，每章配有总习题. 总习题包括基础测试题和考研提高题，可以检测对基本教学内容的掌握情况，深化对教学内容的理解，提升学生综合分析和解题能力.

《微积分》(第4版) 分上下两册，上册内容包括绪论、函数、极限与连续、导数与微分、一元函数微分学的应用、不定积分、定积分，下册内容包括多元函数微积分、无穷级数、常微分方程、差分方程、微积分应用与模型. 参考教学时数为120学时，标有“*”号的内容需要另行安排学时.

为了使学生更好地掌握微积分内容，提高学生分析问题和解决问题的能力，拓展学生的学习空间，编写了与教材配套的《微积分（第4版）学习指导与习题解答》(上下册). 该书每章包括知识要点、要点剖析、例题精解、错解分析、习题解答等板块. 该书内容丰富，思路清晰，突出对教学内容的提炼、要点的剖析和解题方法的点拨，注重典型例题的分析和总结，对教材中的习题与总习题给出了典型、翔实的解答，对重点习题给出了分析和解题指导. 该书与本教材相辅相成，起到了对课程同步辅导与延伸的作用，对提高学生学习兴趣，培养逻辑思维能力、分析解决问题能力和数学建模能力具有积极的促进作用.

为适应教育信息化发展的需要，结合现代化教育手段编制了与教材配套的微积分教学课件和网络教学资源. 教学课件注重教学设计，以问题为先导，设计教学情景与活动，将教师的启发性教学思想融入课件的设计，体现了教学内容的动态化与思维过程的可视化. 网络教学资源为教师自主组织教学、学生自主学习创造了条件. 需要教学课件的教师请发邮件到 math@crup.cn 索取.

本书由张学奇、刘炎、谢小军主编，参与本书编写的还有刘娟、岳卫芬、宁光荣，全书由张学奇教授统稿定稿. 本书的编写参阅了国内外一些优秀教材，从中受到了有益的启发，吸取了先进的经验，本书的出版得到了中国人民大学出版社的支持与帮助，在此表示感谢!

本书适合高等学校经济类和管理类各专业学生使用，也可供理工科学生和科技工作者阅读参考.

限于编者的水平，本书难免存在不足之处，殷切期望专家、同行和读者批评指正，以使本书不断完善和提高.

张学奇

2024年2月

目　录

绪　论　微积分发展历程与基本思想方法概述

微积分是人类智慧最伟大的成就之一，是现代数学许多分支的基础，是人类认识客观世界、探索宇宙奥秘乃至人类自身的一整套科学方法和典型模型，它开创了科学的新纪元.

伟大的导师弗里德里希·恩格斯（1820—1895）说："在一切理论成就中，未必再有什么像十七世纪下半叶微积分的发明那样被看作人类精神的最高胜利了. 如果在某个地方我们看到人类精神的纯粹的和唯一的功绩，那就正是在这里."①

计算机之父、数学家约翰·冯·诺伊曼（1903—1957）在论述微积分时写道："微积分是现代数学中取得的最高成就，对它的重要性无论怎样评价都不为过."

0.1 微积分发展历程

微积分的历史源远流长，微积分思想的历史萌芽，特别是积分学部分可以追溯到公元前. 从 17 世纪开始，随着生产实践的深入和对自然现象的深刻认识，数学也开始研究变化着的量，数学进入了"变量数学"时代，经过牛顿和莱布尼茨等数十位科学家开创性的研究，微积分不断完善和发展，直到 18 世纪成为数学的一门主干学科.

微积分的发展历程主要经历了微积分的萌芽、微积分的酝酿、微积分的创立以及微积分的发展与完善四个主要阶段（见图 0-1）.

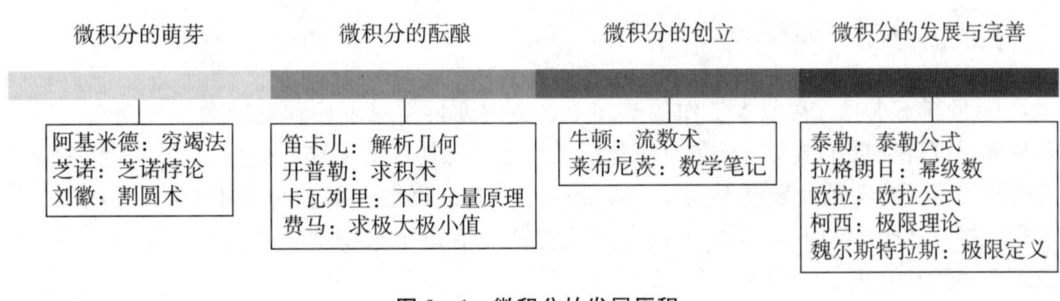

图 0-1　微积分的发展历程

---

① 马克思，恩格斯. 马克思恩格斯全集：第 20 卷. 北京：人民出版社，1971：611.

0.1.1 微积分的萌芽

公元前3世纪，古希腊的数学家、力学家阿基米德（公元前287—前212）的著作《圆的测量》和《论球与圆柱》中就已含有微积分的萌芽，他在对抛物线下的弓形面积、球和球冠面积、螺线下的面积和旋转双曲线的体积等问题的研究中就隐含着近代积分的思想.

作为微积分的基础，极限思想早在我国古代就有非常详尽的论述，比如庄周（约公元前369—前286）所著的《庄子・天下篇》中有“一尺之棰，日取其半，万世不竭”. 三国时期的刘徽（约225—295）在他的割圆术中提出“割之弥细，所失弥少. 割之又割，以至于不可割，则与圆周合体而无所失矣”. 其中就包含了极限的思想与方法.

0.1.2 微积分的酝酿

德国天文学家、数学家开普勒（1571—1630）在1615年发表了《测量酒桶的新立体几何》，其中把曲线看成边数无限增大的直线形，圆的面积就是无穷多个三角形面积之和，这些都可视为典型的极限思想.

意大利数学家卡瓦列里（1598—1647）在1635年出版的《连续不可分几何》中把曲线看作由无限多条线段（不可分量）拼成. 这为后来微积分的诞生奠定了基础.

到了17世纪，有许多科学问题需要解决，这些问题也就成为促使微积分产生的因素. 归结起来，这些问题大约有四种主要类型：第一类是求瞬时速度的问题；第二类是求曲线的切线的问题；第三类是求函数的最大值和最小值的问题；第四类是求曲线长、曲线围成的面积、曲面围成的体积、物体的重心、一个体积相当大的物体作用于另一物体上的引力的问题.

17世纪许多著名的数学家、天文学家、物理学家都为解决上述几类问题做了大量研究工作，如法国的费马、笛卡儿，英国的巴罗、华莱士，德国的开普勒，意大利的卡瓦列里等人都提出许多很有建树的理论，为微积分的创立做出了贡献.

0.1.3 微积分的创立

17世纪下半叶，在前人工作的基础上，英国大科学家牛顿和德国数学家莱布尼茨各自独立研究并完成了微积分的创立工作. 虽然这只是初步的工作，但他们的最大功绩是把两个貌似毫不相关的问题联系在了一起：一个是切线问题（微分学的中心问题），一个是求积问题（积分学的中心问题）. 牛顿研究微积分着重于从物理学的角度来考虑，莱布尼茨则侧重于从几何学的角度来考虑.

1. 牛顿的微积分

17世纪下半叶，在前人创造性研究的基础上，英国大数学家、物理学家牛顿

(1643—1727) 从物理学的角度研究了微积分. 他为了解决运动问题，创立了一种和物理概念直接联系的数学理论，即“流数术”，这实际上就是微积分理论. 牛顿有关“流数术”的主要著作是《运用无穷多项方程的分析学》(简称《分析学》)、《流数法和无穷级数》(简称《流数法》)和《曲线求积术》(简称《求积术》).

在《分析学》中，牛顿利用二项式定理，证明了曲线 $y=ax^{\frac{m}{n}}$ 下方的面积可表示为 $S=\frac{n}{m+n}ax^{\frac{m+n}{n}}$，并证明了两者之间的互逆关系，这一结论的一般情形就是微积分基本定理的结论.《分析学》的主要成就在于指出曲线与其下方面积的互逆性并给出了计算方法.

《分析学》的另一项理论进展表现在定积分上. 牛顿把曲线下方的面积看作无穷多个无限小的面积之和，这种观念与现代理论是接近的. 为了求某个区间的确定的面积即定积分，牛顿提出如下方法：先求出原函数，再将上下限分别代入原函数并取其差，这就是著名的牛顿-莱布尼茨公式.

在《流数法》中，他把随时间变化的量（即以时间为自变量的函数）称为流量，用 x，y，z 表示；把流量的变化速度（即变化率）称为流数，用符号 $\dot{x}$，$\dot{y}$，$\dot{z}$ 表示；书中还推导出分部积分公式. 牛顿总结他的积分研究成果，列成了积分表，为积分计算提供了方便. 至此，牛顿已建立起比较完整的微分和积分算法，并把它们统称为流数法. 他说流数法（即微积分）是一种“普遍方法”，它“不仅可以用来画出任何曲线的切线，而且可以用来解决其他关于曲度、面积、曲线的长度、重心的各种深奥问题.”

在《求积术》中，牛顿认为，数学的量并不是由非常小的部分组成的，而是用连续的运动来描述的. 直线是由点的连续运动生成的，面是由线的运动生成的，体是由面的运动生成的，角是由边的旋转生成的，时间段是由连续的流动生成的. 对于同一个时刻来说，初速度与末速度是相同的. 在这里牛顿已经把微积分的大厦建筑在极限的基础之上，他用极限观点解释了微积分中的许多概念. 当然，他还没有提出如同我们现在使用的这样严格的极限定义.

2. 莱布尼茨的微积分

德国数学家莱布尼茨（1646—1716）是一个博学多才的学者，他从几何方面独立发现了微积分. 莱布尼茨的微积分思想主要体现在他的微积分代表著作《数学笔记》和 1684 年的论文《新方法》中. 他的微积分思想源于对和与差可逆性的研究，他发现了切线问题与依赖于坐标之和的求积问题的互逆性相一致.

在《数学笔记》中，莱布尼茨推导出分部积分公式，并明确指出：“$\int$ 意味着和，d 意味着差.”他开始采用 $\mathrm{d}x$ 表示两个相邻 x 值的差，用 $\mathrm{d}y$ 表示两个相邻 y 值的差，即曲线上相邻两点的纵坐标之差，并称其为“微差”. 这些符号由于十分简明，逐渐流行于世界，并沿用至今.

莱布尼茨深刻认识到 $\int$ 和 d 的互逆关系，他指出：作为求和过程的积分是微分的逆. 这一思想的产生是莱布尼茨创立微积分的标志. 实际上，他的微积分理论就是以这个被称为微积分基本定理的重要结论为出发点的. 在定积分中，这一定理直接促成了牛顿-莱布尼茨公式的发现.

莱布尼茨在他的《数学笔记》中还提出了微分中的变量代换法（即链式法则），函数的和、差、积、商的微分法则，曲线绕 x 轴旋转得到的旋转体体积公式.

可以看出，莱布尼茨在发现微积分基本定理的基础上，建立起了一套相当系统的微分和积分方法. 他成为与牛顿同时代的另一个微积分发明者.

1684 年莱布尼茨发表了《新方法》，它被认为是世界上最早的微积分文献. 这篇论文具有划时代的意义，它已含有现代的微分符号和基本微分法则. 他在论文中对微分给出了如下定义：横坐标 x 的微分 $\mathrm{d}x$ 是一个任意量，而纵坐标 y 的微分 $\mathrm{d}y$ 则可定义为它与 $\mathrm{d}x$ 之比等于纵坐标与次切线之比的那个量，即 $\mathrm{d}y:\mathrm{d}x=y:$ 次切线. 用现代标准来衡量，这个定义是相当好的，因为 y 与次切线之比就是切线的斜率，所以该定义与我们的导数定义一致.

莱布尼茨还给出了微分法则 $\mathrm{d}x^n=nx^{n-1}\mathrm{d}x$ 及函数的和、差、积、商的微分法则的证明，讨论了用微分法求切线、极大值和极小值及求拐点的方法.

莱布尼茨是数学史上最杰出的符号创造者之一，他所创设的微积分符号对微积分的发展有极大的影响. 现在我们使用的微积分通用符号就是当时莱布尼茨精心选用的.

3. 牛顿与莱布尼茨微积分思想的比较

在创立微积分方面，莱布尼茨与牛顿功绩相当. 他们各自独立地发现了微积分基本定理，并建立起了一套有效的微分和积分算法；他们都把微积分作为一种适用于一般函数的普遍方法；都把微积分从几何形式中解放出来，采用了代数方法和记号，从而扩展了它的应用范围；都把面积、体积及以前作为和来处理的问题归结到反微分（积分）. 这样，四个主要问题——速度、切线、极值、求和，便全部归结为微分和积分问题.

牛顿与莱布尼茨创立微积分的途径与方法是不同的，他们工作的不同之处在于：

第一，牛顿的微积分工作的出发点是力学，他以速度为模型建立起最初的微分学；而莱布尼茨的微积分工作则是从研究和、差的可逆性开始的.

第二，在积分方面，牛顿偏重于不定积分，即由给定的流数来确定流量. 他把面积和体积问题当作变化率的反问题来解决. 而莱布尼茨则偏重于把积分看作微分的无穷和，他把这种算法叫作“求和计算”. 所以，莱布尼茨的积分主要是定积分.

第三，尽管牛顿和莱布尼茨的微积分基础都是无穷小量，但他们对无穷小量的理解是不同的. 莱布尼茨把无穷小量理解为离散的，可分为不同层次，因此他给出了高阶微分的概念及符号；而牛顿则认为无穷小量无层次可言，他把导数定义为增量比的极限. 其结果就是，牛顿的极限概念比莱布尼茨清楚，但却未能进入高阶微分领域.

第四，牛顿比莱布尼茨更重视微积分的应用，对于采用什么样的微积分符号却不大关心. 而莱布尼茨对符号却精心设计，反复改进，尽量选用能反映微积分实质的、既方便又醒目的符号. 尽管如此，牛顿的微积分理论对科学技术的影响却要大一些.

第五，两人的学风不同. 牛顿比较谨慎而莱布尼茨比较大胆；牛顿注重经验而莱布尼茨富于想象. 在发表自己的著作方面，莱布尼茨也比牛顿大胆，他说："我不赞成因过分的细密而阻碍了创造的技巧." 这种学风上的差异似与两人的哲学倾向有关——牛顿强调经验而莱布尼茨强调理性.

牛顿和莱布尼茨的特殊功绩在于，站在更高的角度，分析和综合了前人的工作，将前人解决各种具体问题的特殊技巧统一为两类普遍的算法——微分与积分，并发现了微分和积分互为逆运算，建立了微积分基本定理（牛顿-莱布尼茨公式），从而完成了微积分发明中最关键的一步，并为其深入发展和广泛应用铺平了道路.

0.1.4 微积分的发展与完善

牛顿和莱布尼茨创立的微积分为数学的研究提供了强有力的工具，其无限的发展前景吸引了伯努利兄弟、欧拉、拉格朗日、拉普拉斯、柯西和魏尔斯特拉斯等众多数学家的注意，这使得微积分在 18 世纪得到了进一步深入的发展和完善.

英国数学家泰勒（1685—1731）在《正的和反的增量方法》中陈述了他早在 1721 年就已得到的著名定理——泰勒公式，该公式使任意单变量函数展开为幂级数成为可能，这是微积分进一步发展的有力武器. 泰勒公式在零点的特殊情形后来被英国数学家麦克劳林提出.

17 世纪到 18 世纪的过渡时期，莱布尼茨学说的推广主要是由瑞士数学家约翰·伯努利和雅各布·伯努利兄弟完成的，他们的工作构成了微积分理论的大部分内容.

18 世纪微积分最大的进步应归功于瑞士数学家欧拉（1707—1783），他于 1748 年出版了《无穷小分析引论》，随后发表了《微分学》和《积分学》，这些都是微积分史上里程碑式的著作，在很长时间里被当作微积分教科书的典范普遍使用. 此外，法国数学家达朗贝尔、拉格朗日等也为微积分及其应用的推广做出了卓越的贡献.

18 世纪微积分发展的一个历史性转折是将函数放到了中心地位，而以往数学家都是以曲线作为微积分的主要对象. 这一转折归功于欧拉，欧拉在《无穷小分析引论》中明确地将微积分看作建立在微分基础上的函数理论.

微积分的创立被誉为"人类精神的最高胜利". 然而牛顿和莱布尼茨的微积分在逻辑上并不严格，这使得他们的学说从一开始就受到怀疑和批判. 微积分理论在使用无穷小概念时的随意与混乱，引起了所谓的"第二次数学危机". 为了消除早期微积分的逻辑缺陷，数学家们在重建其严格基础方面做出了种种尝试.

早在 18 世纪，先是达朗贝尔用初等的极限概念代替了牛顿含糊的首末比方法，后是欧拉提出了关于无穷小的不同阶零的理论，拉格朗日则主张用泰勒级数来定义导数. 欧拉和拉格朗日的著作在分析中引入了形式化观点，而达朗贝尔的极限观点则为微积分的严格表述提供了合理的内核.

经过一个世纪的不懈努力，数学家们在严格基础上重建微积分的尝试终于在 19 世纪初初见成效，其中最具影响力的先驱当推法国数学家柯西. 他于 1820 年前后完成了分析方法方面的一系列著作，这些著作以严格化为目标，对微积分的基本概念给出了明确的定义，并在此基础上重建和拓展了微积分的重要事实与定理．柯西的工作向微积分的全面严格化迈出了关键的一步，他的许多定义和论述已经相当接近于微积分的现代形式，尤其是关于微积分基本定理的叙述与证明，几乎与今天的教科书完全一样．柯西的工作在一定程度上澄清了在微积分基础问题上长期存在的混乱，但他的理论实际上也存在漏洞．后来经过德国数学家魏尔斯特拉斯进一步的严格化，极限理论成为微积分的坚实基础，为微积分建立了一个基本严格的完整体系，使微积分进一步发展起来．

0.2 微积分中的基本思想与方法

数学思想与方法是数学的精髓和灵魂．数学思想是对数学事实和数学理论（概念、定理、公式、法则等）的本质认识，是对数学规律的理性认识，是用数学解决问题的指导思想．数学方法一般指解决问题的步骤、程序和方式，是实施有关数学思想的技术手段．数学思想和数学方法二者密不可分，数学思想是数学方法的理论基础，数学方法是数学思想的具体形式，两者本质上是统一的．

微积分中蕴含着很多数学思想与方法，对这些思想与方法的理解和掌握是把握微积分本质和学好微积分的核心，是将数学知识转化为能力的桥梁．微积分中的主要思想与方法有：辩证思想、极限思想、导数思想、积分思想、数形结合思想、数学建模思想、转化思想，以及化归法、分类法、构造法、RMI 法、类比法等．

为了突出数学思想与方法的功能和作用，使数学思想与方法和教材内容更好地相互融合、相互促进，在教材内容的基础上，对微积分中的基本思想和常用的数学方法进行了补充和强化．结合每章内容的特点，在每章内容的后面增加了内容精要与思想方法一节，重点强化了微积分中的主要思想，包括极限思想、微分思想、积分思想、级数思想等，同时，补充了微积分中一些常用的数学方法，其目的是强化数学思想与方法对教材内容的指导作用，有益于创新思维能力和解决问题能力的培养．微积分中常用的数学方法见表 0-1．

表 0-1　微积分中常用的数学方法

化归法	化归法是通过恒等、等价、变换等手段，把待解决的问题化归为已经解决、容易解决的问题，其思想是化复杂为简单、化未知为已知．
RMI 法	RMI 法是一种矛盾转化方法，通过映射-求解-反演过程获得问题的解答，其思想是化繁为简、化难为易、化生为熟、化未知为已知．
分类法	分类法是将问题按照分类原则和标准，分成各自独立的类别，其思想是将问题条例化、层次化、系统化，与统一性相反．
构造法	构造法是根据所讨论问题的特征结构，构造出满足条件或结论的新的数学对象，通过新的数学对象来解决问题．其利用的是转化思想．

本节主要介绍辩证思想、极限思想、数形结合思想、数学建模思想、数学美学思想，其他数学思想方法将在后续章节介绍.

0.2.1 唯物辩证法与极限思想

唯物辩证法是科学的世界观和方法论，微积分中蕴含着丰富的辩证思想，如常量与变量、有限与无限、直线与曲线、近似与精确、局部与整体等，为唯物辩证法的运用提供了丰富的素材和场景. 恩格斯说："有了变数，辩证法进入了数学"① "变数的数学——其中最重要的部分是微积分——本质上不外是辩证法在数学方面的运用" ②.

极限思想是指用极限概念和性质分析问题和解决问题的思想方法. 极限思想是一种充满辩证法的思想，它揭示了微积分中众多矛盾间的对立统一，是唯物辩证法的对立统一规律在微积分中的具体运用.

辩证思想与极限思想是微积分众多思想的核心，贯穿微积分的始终，微积分中的核心概念和结构体系就是在辩证思想与极限思想的指导下建立的.

1. 微积分中的辩证关系

微积分中的辩证关系随处可见，既有常量与变量、有限与无限、直线与曲线、近似与精确、局部与整体等基本矛盾，也有连续与间断、微分与积分、收敛与发散等相互对立的概念，以及特殊与一般、分析与综合、化归与反演等相互对立的思维过程.

(1) 常量与变量.

常量与变量是微积分中的一对基本矛盾. 常量就是指在事物的运动变化过程中始终保持不变的量，而变量则是在事物的运动变化过程中不断变化的量. 常量与变量作为矛盾的双方是相互对立又相互统一的整体，在一定条件下是可以相互转化的.

在导数概念的引入中，瞬时速度问题就是通过匀速与变速的对立统一，以匀速（常量）代替变速（变量)，通过极限实现常量与变量的转化解决的.

牛顿-莱布尼茨公式的证明过程也体现了常量和变量的对立统一. 利用常量 $\int_a^b f(x)\mathrm{d}x$ 和变量 $\int_a^x f(x)\mathrm{d}x$ 的对立统一特点，实现了对牛顿-莱布尼茨公式的证明.

(2) 有限与无限.

有限与无限反映到数学中就是量的有限与无限，有限与无限是对立统一的. 无限是由有限组成的，无限表现在有限中，无限通过有限来度量，在一定条件下，两者也可以相互转化. 有限与无限这对矛盾在微积分中经常遇到. 微积分中的极限概念、积分概念、无穷级数概念都体现了有限与无限的对立统一.

如在极限定义中可以看到，正数 ε 具有任意性和给定性，ε 的绝对任意性是通过无限

① 马克思，恩格斯. 马克思恩格斯全集：第 20 卷. 北京：人民出版社，1971：602.
② 马克思，恩格斯. 马克思恩格斯全集：第 20 卷. 北京：人民出版社，1971：147.

多个相对固定性的 ε 表现出来的，其中蕴涵着通过有限认识无限，通过静态认识动态的辩证思想.

在无穷级数中，数项级数的收敛概念以及函数项级数在收敛域中的和函数表达式反映了用有限表示无限的辩证思想.

反之，一些有限量也可以通过无限量得到，即有限也可以由无限表示. 函数的泰勒级数展开式则反映了通过无限认识有限的辩证思想，虽然从形式上是将简单的单个表达式表示成复杂的多个表达式求和的形式，但实质上是将未知的整体表示成已知的简单个体的和.

（3）直线与曲线.

在微积分中，直线与曲线也是一对常见的基本矛盾. 直线与曲线既是矛盾的对立面，又可以转化为一个统一体. 直是特殊的曲，曲由直组成，曲表现在直中，曲由直来度量. 二者相互渗透、相互包容，又相互制约、相互转化.

对于求积问题，刘徽用圆内接多边形逼近圆，阿基米德用小矩形的面积和逼近曲边梯形的面积，他们都是借助极限思想，以直线认识曲线.

微分问题蕴含着在微小局部用线性函数近似代替非线性函数，或者在几何上用切线（直线）近似代替曲线的辩证思想，这一代替过程通常称为非线性函数的局部线性化.

（4）近似与精确.

近似与精确是对立统一关系，两者在一定条件下也可相互转化，这种转化是数学理论应用于实际计算的重要手段.

如瞬时速度以平均速度近似，圆的面积以圆内接正多边形的面积近似，无穷级数以部分和近似，通过取极限就可得到相应的精确值. 这都是借助极限法，通过近似认识精确.

此外，求曲边梯形面积时分割、取近似、求和、取极限的过程也是从近似到精确的一种体现. 再如，逐次逼近法也是一种从近似到精确的具体过程.

（5）局部与整体.

微积分中变量变化过程中的局部与整体之间对立统一的辩证关系使得整个微积分在这对矛盾的基础上得以展开. 在微积分中，通过局部的性质来揭示整体的性质，又通过整体来刻画局部，是经常用到的重要方法.

例如，拉格朗日中值定理搭建了函数与导数之间的桥梁，反映了整体与局部之间的辩证关系. 通过中值定理建立了函数单调性判定定理中整体与局部的辩证关系，函数 $f(x)$ 的导数 $f'(x)$ 表示函数在点 x 处变化的快慢程度，体现的是函数在点 x 处的局部性质，而用导数符号来研究函数的单调性则反映的是整体性质.

求曲边梯形的面积、曲顶柱体的体积等用的微元法也体现了局部与整体的对立统一，其过程就是通过抽取一个小区间来进行局部考虑，在局部区间 $[x, x+\mathrm{d}x]$ 上，“以常代变”“以直代曲”（局部线性化），获得局部微元 $\mathrm{d}F=f(x)\mathrm{d}x$，再将微元无限积累来获得所求的整体量 $F=\int_a^b f(x)\mathrm{d}x$.

（6）特殊与一般.

特殊与一般是对立统一的，从特殊到一般再到特殊是人类认识客观世界的一个普遍规律. 一方面，一般中概括了特殊，比特殊更能反映事物的本质；另一方面，事物的特殊性中包含普遍性，即共性存在于个性之中.

微积分蕴含着从特殊到一般的思维过程. 导数概念源于曲线的切线斜率，定积分概念源于曲边图形的面积，这两个概念都是从具体的特殊问题得到的具有一般模式的数学模型，是从特殊到一般的概念建立过程. 由牛顿-莱布尼茨公式到格林公式，由罗尔定理到拉格朗日中值定理再到柯西中值定理，也体现了从特殊到一般的认知过程.

一元函数微分学到多元函数微分学、一元函数积分学到多元函数积分学体现了从特殊到一般的体系构建过程.

微积分中蕴含着一般到特殊的思维过程. 如微积分中常利用函数项级数的求和得到一些数项级数的求和，拉格朗日中值定理就是借助化为特殊形式的罗尔定理给出证明的，求有理分式的不定积分时就是将一般有理分式的积分转化为特殊类型的积分.

（7）微分与积分.

微分与积分是微积分中的一对对立概念，微分解决的是局部问题，而定积分解决的是整体问题. 微积分基本定理明确指出，微分与积分互为逆运算，微分与积分是一对矛盾. 如下所示，微积分基本公式架起了微分与积分的桥梁.

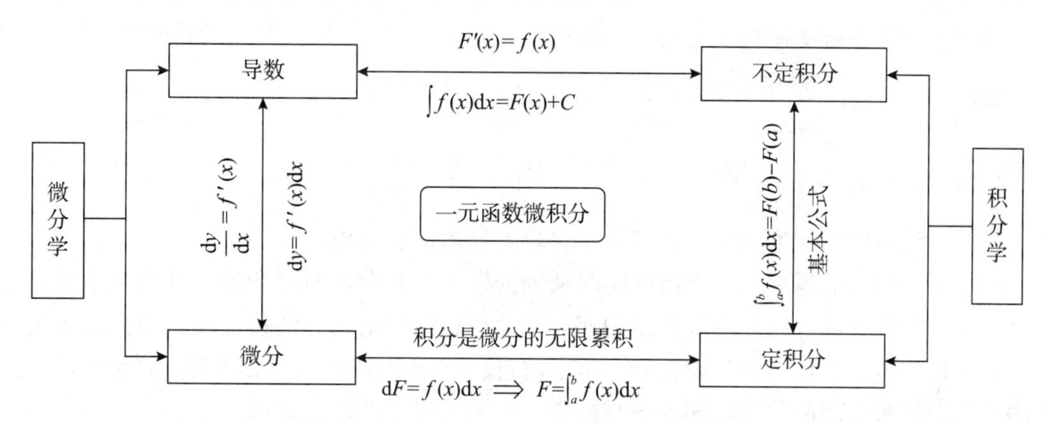

在微分与积分是微积分课程主要矛盾的观点下，求微分或积分的问题不再针对单个问题来处理，而是有了统一的方法. 原则上讲，对于微分中的一条定理，积分中也应有相应的定理，反之亦然，两者之间相互对应，是一个事物的两个方面. 如复合函数求导法与换元积分法，函数乘积的求导法则与分部积分法，微分中值定理与积分中值定理等.

微积分中除了对立关系外还有一些其他的矛盾关系，如有界与无界、无穷小与无穷大、连续与间断、定积分与反常积分、收敛与发散、分析与综合、现象与本质等. 在学习中，应尝试用联系的而不是孤立的、用运动的而不是静止的、用全面的而不是片面的观点来分析问题和解决问题，加深对所学内容的认识，提高和发展辩证思维能力，建立科学的发展观.

2. 微积分核心概念中的唯物辩证法与极限思想

（1）极限概念中的辩证思想.

数列极限的定义：若对任意给定的 $\varepsilon>0$，总存在正整数 N，使得当 $n>N$ 时，恒有

$|u_n - A| < \varepsilon$ 成立，则称 A 为数列 $\{u_n\}$ 的极限，记为 $\lim\limits_{n\to\infty} u_n = A$.

这个定义借助不等式，通过 ε 和 N 之间的关系，定量地、具体地刻画了两个“无限过程”之间的联系，用静态的算术形式去描述动态的变化趋势.

极限定义中的辩证思想：由数列极限的 $\varepsilon - N$ 定义可以看到，正数 ε 具有任意性和给定性双重属性. ε 的任意性是指它可以取任意小的正数，不受任何约束，只有这样才能表明数列无限趋近于某个常数. ε 的给定性是指它又具有相对的固定性，只有这样才能完成具体的定量刻画. 从辩证法的观点来看，无限是由有限构成的，无限趋近不能脱离有限而存在，可用无限多个给定的值（有限）来描述. ε 的任意性是绝对的，固定性是相对的，ε 的绝对任意性是通过无限多个具有相对固定性的 ε 表现出来的，ε 的这种双重属性深刻地体现了极限概念中有限与无限的对立统一，通过有限认识无限、通过静态认识动态的辩证思想.

（2）导数概念建立中的辩证思想与极限方法.

导数概念源于对变速直线运动的瞬时速度和平面曲线切线斜率问题的研究. 通过对这两类问题的解决，抽象概括出了导数概念，在求解过程中充分体现了辩证思想与极限方法的重要作用.

问题：设物体做变速直线运动，其路程函数为 $s=s(t)$. 求 t_0 时刻的瞬时速度.

解法：$s=s(t)\xrightarrow[t_0\to t_0+\Delta t]{\text{平均速度}}\bar{v}=\dfrac{\Delta s}{\Delta t}=\dfrac{s(t_0+\Delta t)-s(t_0)}{\Delta t}\xrightarrow[\Delta t\to 0]{\text{瞬时速度}}v(t_0)=\lim\limits_{\Delta t\to 0}\dfrac{\Delta s}{\Delta t}=s'(t_0)$.

导数：$f'(x_0)=\lim\limits_{\Delta x\to 0}\dfrac{\Delta y}{\Delta x}=\lim\limits_{\Delta x\to 0}\dfrac{f(x_0+\Delta x)-f(x_0)}{\Delta x}$.

变速直线运动的速度问题的求解中蕴含着唯物辩证法思想.

对立统一规律的运用：在求解问题时遇到的辩证关系有匀速与变速、近似与精确，它们之间是对立统一的. 通过极限实现匀速与变速、近似与精确的转化，即借助极限方法通过匀速认识变速，通过近似认识精确. 从求解过程和结果中反映出无限变化的动态过程与有限的静态结果之间的关系，即动态与静态、无限与有限的辩证关系.

量变到质变规律的运用：当用平均速度 $\dfrac{\Delta s}{\Delta t}$ 作为 t_0 处瞬时速度的近似代替量时，无论 Δt 多么小（但不等于0），比值 $\dfrac{\Delta s}{\Delta t}$ 只能表示物体从 t_0 到 $t_0+\Delta t$ 这段时间间隔内的平均速度，只是量变过程. 但当 $\Delta t\to 0$ 时，它的极限值 $\lim\limits_{\Delta t\to 0}\dfrac{\Delta s}{\Delta t}$ 就产生了质变，它表示物体在 t_0 时刻的瞬时速度.

否定之否定规律的运用：在求解过程中，先否定 t_0 时刻的瞬时速度转而求出从 t_0 到 $t_0+\Delta t$ 的平均速度，再借助极限方法否定平均速度，最终求出瞬时速度. 瞬时速度是一个局部性概念，而平均速度则是一个整体性概念，上述瞬时速度的求解过程体现出由局部到整体再到局部的否定之否定的思维过程，同时蕴含着从精确到近似再到精确的辩证思想.

（3）定积分概念建立中的辩证思想与极限方法.

定积分概念源于对曲边梯形面积和变速直线运动的路程问题的研究. 通过对这两类问

题的解决，抽象概括出定积分概念，在求解过程中充分体现了辩证思想与极限方法的重要作用.

问题：求由曲线 $y=f(x)\geqslant 0$，直线 $x=a$，$x=b$ 和 x 轴围成的曲边梯形的面积 S.

解法：$S\xrightarrow{\text{分割}}S=\sum_{i=1}^{n}\Delta S_i\xrightarrow{\text{取近似}}\Delta S_i\approx f(\xi_i)\Delta x_i\xrightarrow{\text{求和}}\sum_{i=1}^{n}f(\xi_i)\Delta x_i\xrightarrow{\text{取极限}}S=\lim_{\lambda\to 0}\sum_{i=1}^{n}f(\xi_i)\Delta x_i$.

定积分：$\int_a^b f(x)\mathrm{d}x=\lim_{\lambda\to 0}\sum_{i=1}^{n}f(\xi_i)\Delta x_i$.

曲边梯形面积问题的求解中蕴含着唯物辩证法思想.

曲边梯形面积的求解过程：分割——通过分割化整体为部分，即将曲边梯形整体分割成一系列小曲边梯形；取近似——在局部范围内，以直线代替曲线，即以小矩形代替小曲边梯形；求和——将一系列局部的小矩形的面积相加，得到曲边梯形面积的近似值；取极限——通过取极限求得曲边梯形的面积. 这一求解过程先将面积离散化，求出离散的面积和，再通过取极限将离散的面积转化为连续的面积和.

对立统一规律的运用：在求解问题中遇到的辩证关系有部分与整体、直线与曲线、近似与精确、有限与无限，它们之间是对立统一的. 通过极限实现直线与曲线、近似与精确、有限与无限的转化，即借助极限方法通过直线认识曲线，通过近似认识精确，通过有限认识无限.

量变到质变规律的运用：计算曲边梯形面积时，通过分割、取近似、求和来得到曲边梯形面积的近似值，这一过程就是量变的过程，在这一过程中并没有发生质的变化. 但当将分割无限加密，使得每个小曲边梯形的宽度都趋于零时，也就是通过极限方法就会得到曲边梯形面积的精确值，此时也就发生了从量变到质变的飞跃，而这也正是定积分理论的基本思想.

否定之否定规律的运用：在计算曲边梯形的面积时，先否定定义区间上的面积整体，转而求出各个部分小区间上曲边梯形面积的近似值，即在部分上以直线代替曲线，由此得到所求曲边梯形面积的近似值，最后运用极限思想否定部分近似值，求得曲边梯形面积的精确值. 上述曲边梯形面积的求解中这种“化整为零”“以直代曲”，又“积零为整”“由直到曲”的思维过程，体现了从整体到局部再到整体的否定之否定的辩证思想.

0. 2. 2 数-形-值相结合的思想

数-形-值相结合的思想就是将代数表达式、几何图形与数值特征结合起来去认识问题、解决问题的一种思想. 数-形-值相结合的思想可以使抽象复杂的数量关系，通过几何图形、数值结构特征直观地表现出来，使复杂问题简单化、抽象问题直观化，也可以使图形的性质通过数量间的计算、分析更加完整、严密和准确.

数-形-值相结合作为一种重要的思想方法在微积分中广泛使用. 在微积分中经常利用几何特征帮助理解概念、发现定理、证明公式，通过代数特征研究几何形态，等等. 数-形-值相结合的思想也可以通过数学软件作图、图形动画、数据列表等形式来表现，多维度、多角度、动态地分析、认识和理解问题.

（1）用数值特征研究代数、几何问题.

例如，在数列极限概念的引入过程中，用数学家刘徽在《九章算术注》中“割圆术”的思想方法，对圆的面积和周长进行研究，进而推算圆周率（见2.1节）.

方法：在单位圆内作正多边形，得到由圆内接正多边形的周长构成的数列$\{S_n\}$，通项S_n是圆内接正3×2^n边形的周长，计算出该数列各项的数值表（见2.1节表2-1）.

通过对数值表的观察，可以发现边数与周长数值变化的趋势特征，以此来理解“割圆术”中的极限思想，概括出极限的定义，即当n无限增大时，圆内接正多边形的周长将无限趋近于圆的周长，即S_n以圆的周长为极限.

（2）用几何图形特征研究代数问题.

例如，利用函数极限的几何意义，通过几何图形的动态变化过程，加深对函数极限分析定义的理解（见2.2节）.

$\lim\limits_{x\to\infty}f(x)=A$的几何意义：对任意给定的正数$\varepsilon$，在直线$y=A$的上、下方各作直线$y=A+\varepsilon$，$y=A-\varepsilon$，则存在$X>0$，使得在区间$(-\infty, -X)$与$(X, +\infty)$内函数$f(x)$的图形全部落在这两条直线之间（见2.2节图2-9）.

几何图形的动态变化：由于正数ε可以任意小（相应的正数X将随之增大），因此当ε无限减小时，以直线$y=A$为中心线、宽度为2ε的带形区域将无限变窄，从而迫使曲线$y=f(x)$沿着x轴的负方向和正方向无限远伸时越来越接近直线$y=A$.

（3）用代数方法研究几何问题.

例如，以导数为工具，研究函数的单调性和极值、曲线的凹凸性和拐点，用微分作图法精确描绘函数$y=x^3-6x^2+9x-2$的图形（见4.5节图4-27）.

数-形-值相结合的思想方法贯穿微积分内容的始终，微积分中许多概念与定理的提出、证明和理解都可以找到数-形-值相结合的思想的身影. 表0-2列出了微积分中一些典型的数-形-值相结合的知识点.

表0-2　数-形-值相结合的思想在微积分中的运用

分类	主要知识点
概念理解	函数、极限、连续、导数、微分、定积分、反常积分概念的几何意义； 二元函数、偏导数、二重积分概念的几何意义.
定理公式	介值定理、最值定理、罗尔定理、拉格朗日中值定理、泰勒公式、泰勒级数； 函数单调性与极值的判别定理、曲线凹凸性与拐点的判别定理，微分法作图，二次曲面图形.
性质证明	基本初等函数的性质、重要极限的几何证明、调和级数发散的几何证明； 定积分的性质、定积分的几何应用、二重积分的几何应用.

0.2.3 数学建模思想

数学模型是一种对实际问题的抽象模拟，它是用数学符号、公式、程序、算法、图表等刻画客观事物的本质属性与内在联系的数学结构. 数学建模是指创建一个数学模型的全过程，即运用数学的语言、方法近似刻画实际问题，并加以解决.

指导建立和应用数学模型的一般思想观点称为数学建模思想. 数学模型是科学数学化进程中的重要一环，是数学理论与实际问题沟通的桥梁；数学模型能更深刻地反映实际问题的本质特征，是科技人员、经济管理人员必须具备的数学素养.

在微积分中，常见的数学模型有函数模型、变化率模型、积分模型、微分方程模型和差分方程模型等，如表 0－3 所示. 具体内容见相关章节.

表 0－3　微积分的数学模型

分类	具体模型
函数模型	指数函数模型（记忆模型、细菌模型、复利模型）、逻辑斯蒂模型（人口增长模型、商品销售模型、传染病模型）、经济函数模型（成本、收益和利润模型、需求与供给模型）等.
变化率模型	瞬时速度、化学反应速度、人口增长速度、边际函数等.
积分模型	面积、体积、弧长；经济总函数（总成本、总收益、总利润）等.
微分方程模型	商品销售模型、资源管理模型、广告模型、人口预测模型、经济增长模型、价格调整模型等.
差分方程模型	贷款模型、均衡价格模型、养老模型、蛛网模型等.

0.2.4　数学美学思想

数学美是一种人的本质力量通过宜人的数学思维结构（包括数学结构、公式、定理、证明、理论体系等）的呈现. 数学美属于科学美，是自然美的客观反映，是科学美的核心，数学美对数学本身及其他科学均起到重要的方法论的作用.

数学美学特征主要有两个：一个是和谐性，另一个是奇异性. 和谐性是美的最基本、最普遍的特征，就数学而言，其典型表现有简洁性、统一性和对称性. 数学美学特征见表 0－4.

表 0－4　数学美学特征

特征	数学美学特征的含义
简洁性	简洁性是指数学对象由尽可能少的要素通过尽可能简洁、经济的方式组成，并且蕴含着丰富和深刻的内容. 简洁美体现在数学符号、语言、形态、方法和结构的简洁上.
统一性	统一性反映的是审美对象在形式或内容上的某种共同性、关联性或一致性，它能给人一种整体和谐的美感. 统一美通常以数学概念、定理、公式、方法等形式呈现.
对称性	对称性反映的是审美对象形态或结构的均衡性、匀称性或变化的周期性、节律性. 数学中到处存在对称美，常见的对称有同构、反演、互补、互逆、相似、等价等.
奇异性	奇异性是指由于新颖、奇异、出乎意料而引起的赞美. 奇异美反映的是现实世界中非常规现象的一个侧面.

数学美学特征是通过数学内容来反映的. 数学内容的美可分为语言美、方法美和结构美. 数学语言是指数学概念、术语、符号、公式和图形等，具有确切性、精确性、经济性与通用性等特征；数学方法产生于数学概念抽象和问题解决过程中，具有简洁性、典型性、普适性和奇异性等特征；数学结构是各种数学对象关系的统称，包括分支结构、课程结构以及课程单元、知识点、公式等，具有简洁、秩序、统一、和谐与奇异的特征. 数学语言、数学方法和数学结构中的这些特征反映在数学美学上就是数学特有的和谐美和奇异美. 数学的奇异美与和谐美相互对立统一，是在更高层次上的和谐统一.

在微积分课程中，许多概念、公式、方法、符号和结构都具有鲜明的数学美学特征，见表0－5.

表0－5　微积分内容中的数学美学特征

特征	微积分内容（概念、公式、方法、符号、结构）
简洁性	符号：极限 $\lim$、导数 $\frac{\mathrm{d}y}{\mathrm{d}x}$、微分 $\mathrm{d}y$、积分 $\int_a^b f(x)\mathrm{d}x$ 等. 概念：极限、导数、微分、定积分等. 公式：洛必达法则、泰勒公式、基本公式等. 方法：微元法、化归法、RMI法、构造法等.
统一性	关系：常与变、直与曲、有限与无限等. 定义：导数、定积分、二重积分、点函数等. 定理与公式：基本定理、基本公式、中值定理、泰勒公式、泰勒级数等.
对称性	对立概念：无穷小与无穷大、连续与间断、微分与积分、函数递增与递减、曲线凹与凸. 定理：基本定理、基本公式. 图形：基本初等函数图形、二次曲线、二次曲面等.
奇异性	函数：符号函数、取整函数、狄利克雷函数等. 方法：构造法、RMI法. 公式：调和级数、欧拉公式、幂级数展开等.

以上讨论了数学的美学特征，以及数学美在微积分课程内容中的体现. 数学美学已经成为数学文化和数学素养教育的重要内容，对提高学生的学习兴趣和主动性、发挥微积分课程立德树人的教育功能都具有积极的促进作用，具体内容展开见下册附录B. 让我们跟随微积分课程的学习去感受微积分中的美学思想，欣赏数学美的特征，接受数学美的熏陶.

微积分的历史源远流长，它是人类社会文明的结晶，是数学科学中的瑰宝，下面就让我们一起打开微积分的大门，去感受微积分的力量和美妙，从中启迪思想、训练思维，获取解决问题的方法和工具.

第1章 函 数

世界上万物都是运动变化的，对变化问题的研究反映在数学上就是函数关系，微积分研究的对象就是函数. 本章主要学习函数的概念、函数的特性、反函数与复合函数、初等函数等内容.

1.1 函数的概念

微积分研究的对象是函数，其研究范围为实数域，在此先概述学习本课程所必须具备的实数知识与函数概念.

1.1.1 实数

1. 实数与绝对值

实数由有理数与无理数两大类数组成. 全体实数构成的集合称为实数集，记为 **R**；全体正实数的集合记为 $\mathbf{R}^+$；全体非负整数构成的集合称为自然数集，记为 **N**；全体整数构成的集合记为 **Z**.

数轴是定义了原点、方向和单位长度的直线. 由于全体实数与数轴上的所有点一一对应，所以可以用数轴上的点表示实数.

设 x 是一个实数，则记号 $|x|$ 表示 x 的**绝对值**，定义为

$$|x|=\begin{cases}x, & x\geqslant 0\\ -x, & x<0\end{cases}.$$

实数 x 的绝对值的几何意义是数轴上从原点 O 到点 x 的距离.

设 x 和 y 是两个实数. 由绝对值的定义，得

$$|x-y|=\begin{cases}x-y, & x\geqslant y\\ y-x, & x<y\end{cases}.$$

几何上 $|x-y|$ 表示数轴上两点 x 和 y 的距离.

设 $a>0$. 由绝对值的定义，有下列等价关系式：

(1) $|x|<a$ 等价于 $-a<x<a$，或记为 $|x|<a \Leftrightarrow -a<x<a$；

(2) $|x|>a$ 等价于 $x<-a$ 或 $x>a$，或记为 $|x|>a \Leftrightarrow x<-a$ 或 $x>a$.

设 x 和 y 是任意两个实数，则绝对值有下列性质：

(1) $|x| \geqslant 0$； (2) $|-x|=|x|$；

(3) $-|x| \leqslant x \leqslant |x|$； (4) $|x \pm y| \leqslant |x|+|y|$；

(5) $||x|-|y|| \leqslant |x-y|$； (6) $|xy|=|x| \cdot |y|$.

2. 区间与邻域

设 $a, b \in \mathbf{R}$ $(a<b)$，则满足不等式 $a<x<b$ 的所有实数 x 所构成的集合，称为以 a，b 为端点的**开区间**，记为 (a, b)，即 $(a, b)=\{x \mid a<x<b\}$.

满足不等式 $a \leqslant x \leqslant b$ 的所有实数 x 所组成的集合，称为以 a，b 为端点的**闭区间**，记为 $[a, b]$，即 $[a, b]=\{x \mid a \leqslant x \leqslant b\}$.

此外，还有以 a，b 为端点的**半开半闭区间**：

$$(a, b]=\{x \mid a<x \leqslant b\}, \quad [a, b)=\{x \mid a \leqslant x<b\}.$$

上述几类区间长度是有限的，称为有限区间，$b-a$ 称为区间长度. 除此之外，还有几类无限区间：

$$(a, +\infty)=\{x \mid x>a\}, \quad [a, +\infty)=\{x \mid x \geqslant a\},$$
$$(-\infty, b)=\{x \mid x<b\}, \quad (-\infty, b]=\{x \mid x \leqslant b\},$$
$$(-\infty, +\infty)=\{x \mid -\infty<x<+\infty\}=\mathbf{R}.$$

除了区间概念外，为了讨论函数的局部性态，还常用到邻域的概念，它是由某点附近的所有点构成的集合.

设 x_0 为实数，$\delta>0$，区间 $(x_0-\delta, x_0+\delta)$（或满足不等式 $|x-x_0|<\delta$ 的 x 构成的集合）称为**点 x_0 的 δ 邻域**（见图 1－1），记为 $U_\delta(x_0)=\{x \mid x \in (x_0-\delta, x_0+\delta)\}$，$x_0$ 称为邻域中心，δ 称为邻域半径.

点集 $(x_0-\delta, x_0) \cup (x_0, x_0+\delta)$（或满足 $0<|x-x_0|<\delta$ 的 x 构成的集合）称为**点 x_0 的去心邻域**（见图 1－2），记为 $U^\circ(x_0)=\{x \mid x \in (x_0-\delta, x_0) \cup (x_0, x_0+\delta)\}$.

图 1－1　　图 1－2

为了书写方便，书中使用了下列逻辑符号：

(1) $\forall$ 表示“任意”；

(2) $\exists$ 表示“存在”；

(3) $A \Leftrightarrow B$ 表示命题 A 与 B 等价，或命题 A 与 B 互为充要条件；

(4) $\Rightarrow$ 表示“推得”.

1.1.2　变量与函数

所谓变量，就是指在某一过程中不断变化的量．例如，变速运动物体的速度，某地区的温度，某种产品的产量、成本和利润，世界人口总数，等等．

时间是最典型的变量，自然界中很多变量的变化都依赖于时间．例如，自由落体运动的距离 s 与时间 t 的关系为 $s=\frac{1}{2}gt^2$．

现实世界中的变量不是孤立的、静止的，它要与周围相关的变量发生关系，变量间的相互确定的依赖关系抽象出来就是函数概念．函数概念是运动变化和对立统一等观点在数学中的具体体现，用它可以描述现实世界中的变量关系．

1. 函数的定义

人们对函数概念的认识是一个逐步抽象和深化的过程．17 世纪，绝大部分函数是通过曲线引进和研究的．牛顿用“流量”一词表示变量，莱布尼茨用“函数”一词表示任何一个随着曲线上点的变动而变动的量，欧拉用记号 $f(x)$ 表示函数，从此函数概念成为微积分的一个基本概念．18 世纪后，随着微积分的发展，函数概念逐步清晰、准确，最终发展为现代函数的经典定义，即以集合论为基础的映射形式的定义．

定义 1①　设 D 是实数集 $\mathbf{R}$ 的一个非空子集．若存在 D 到 $\mathbf{R}$ 上的一个映射（对应规则）f，使得对于每个 $x\in D$，通过映射 f 都有唯一确定的数 $y\in\mathbf{R}$ 与之对应，则称 f 为定义在 D 上的**函数**，x 称为 f 的**自变量**，y 称为**因变量**，函数记作

$$f: D\to\mathbf{R},\ x\mapsto y,\ x\in D,$$

其中 D 称为函数 f 的**定义域**，记作 $D(f)$．D 中的每一个 x 根据映射 f 对应于一个 y，记作 $y=f(x)$，称为函数 f 在 x 处的函数值．全体函数值的集合

$$f(D)=\{y \mid y=f(x),\ x\in D\}\subset\mathbf{R}$$

称为函数 f 的**值域**，如图 1－3 所示．

需要指出的是，严格说 f 和 $f(x)$ 的含义是不同的，f 表示映射或对应规则，而 $f(x)$ 表示函数值，但为叙述方便，通常用 $f(x)(x\in D)$ 表示函数．

直观上，也可以将函数想象为一个机器．如果 x 在 f 的定义域中，则当 x 输入这个机器 f 时，机器通过对应规则产生一个输出 $f(x)$，定义域看作所有输入的集合，值域看作所有输出的集合，如图 1－4 所示．我们使用的计算器就是借助机器理解函数的典型例子．

---

①　函数的这个定义是德国数学家狄利克雷(P. G. L. Dirichlet，1805—1859)于 1837 年在他的一篇讨论函数的文章中引进的．

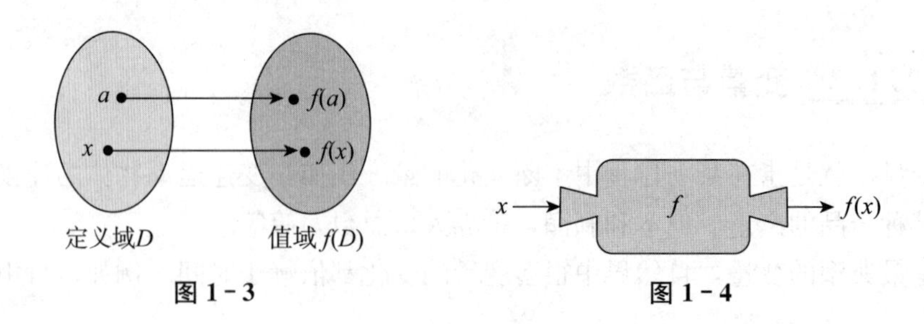

图 1-3　　图 1-4

若函数在某个区间中的每一点都有定义，则称这个函数在该区间上有定义.

在坐标平面上，函数可以用图形表示. 设函数 $y=f(x)(x\in D)$，则称平面点集 $C=\{P(x, f(x)) \mid x\in D\}$为函数 $y=f(x)(x\in D)$ 的**图形**. 一般地，一个函数确定一个图形；反之，如果图形上不同点的横坐标也不同(或平行于 y 轴的直线与曲线只有一个交点)，则这个图形确定一个函数（见图 1-5).

例 1　设 $y=\begin{cases}-1, & x<0 \\ 0, & x=0 \\ 1, & x>0\end{cases}$. 其图形如图 1-6 所示，它确定了一个函数，称为符号函数，记为 $y=\operatorname{sgn}x$，其定义域为实数集 **R**，值域为 $\{-1, 0, 1\}$.

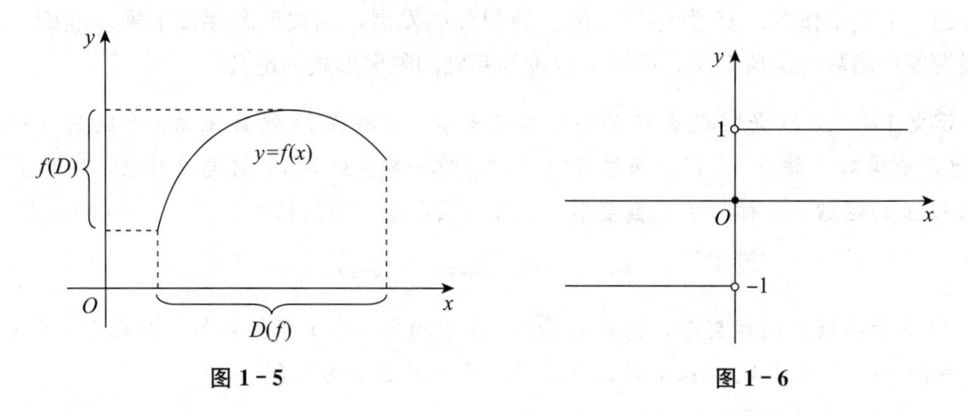

图 1-5　　图 1-6

2. 函数的两个要素

函数的对应规则和定义域称为函数的两个要素. 只要定义域和对应规则给定，函数就确定了.

(1) 函数定义域的确定就是确定使得函数有意义的自变量的取值范围. 实际问题的定义域通常由实际问题的性质决定.

例 2　求函数 $y=\sqrt{x^2-x-6}+\arcsin\dfrac{2x-1}{7}$ 的定义域.

解: 这是求两个函数之和的定义域，先分别求出每个函数的定义域，然后求其公共部分即可.

$\sqrt{x^2-x-6}$ 的定义域必须满足 $x^2-x-6\geqslant 0$，即 $(x-3)(x+2)\geqslant 0$，解得 $x\geqslant 3$ 或

$x\leqslant-2$.

而 $\arcsin\dfrac{2x-1}{7}$ 的定义域必须满足 $\left|\dfrac{2x-1}{7}\right|\leqslant 1$，即 $-7\leqslant 2x-1\leqslant 7$，解得 $-3\leqslant x\leqslant 4$.

这两个函数的定义域的公共部分是 $-3\leqslant x\leqslant -2$ 与 $3\leqslant x\leqslant 4$，于是，所求函数的定义域是 $-3\leqslant x\leqslant -2$ 与 $3\leqslant x\leqslant 4$.

例 3 已知存款的月利率为 $k\%$，现存入银行 a 元本金，按复利计算，记 n 个月后的存款余额为 $C(n)$，则 $C(n)=a(1+k\%)^n$. 这个函数给出了存款余额与存款时间的关系，其定义域为 $D(C)=\{n\mid n\in\mathbf{N}^+\}$.

(2) 两个函数相等的充要条件是其定义域、对应规则分别相同. 即若两个函数 $y=f(x)(x\in D_1)$ 和 $y=g(x)(x\in D_2)$，则

$$f=g \Leftrightarrow D(f)=D(g) \text{ 且 } f(x)=g(x),\ x\in D(f).$$

例 4 说明函数 $y=\ln x^2$ 与 $y=2\ln x$ 是否相同.

解： 因为 $y=\ln x^2$ 的定义域为 $(-\infty,\ 0)\cup(0,\ +\infty)$，而 $y=2\ln x$ 的定义域为 $(0,\ +\infty)$，所以 $y=\ln x^2$ 与 $y=2\ln x$ 不是相同的函数.

3. 函数的表示方法

函数的表示方法一般有三种：表格法、图形法和公式法. 表格法就是将自变量与因变量的对应数据列成表格来表示函数关系；图形法就是用平面上的曲线来反映自变量与因变量之间的对应关系；公式法就是写出函数的解析表达式和定义域，此时对于定义域中每个自变量，可按照表达式中给定的数学运算确定对应的因变量. 下面用实例分别说明函数的三种表示方法.

例 5 2012 年 7 月 6 日国务院公布的定期整存整取存款的利率表如表 1－1 所示.

表 1－1 定期整存整取存款的利率

时间	3 个月	6 个月	1 年	2 年	3 年	5 年
年利率(%)	2.85	3.05	3.25	3.75	4.25	4.75

这个表格确定了存款时间与利率之间的函数关系，这种用表格形式表示函数的方法称为函数的表格表示方法，简称表格法.

例 6 王先生到郊外散步，他匀速前进，离家 10 分钟时发现一骑车人的自行车坏了. 他帮助这个人把自行车修好，20 分钟后继续散步. 请把王先生离家的距离关于时间的函数用图形描述出来.

解： 王先生离家的距离关于时间的函数图形如图 1－7 所示；这种用图形表示函数的方法称为函数的图形表示方法，简称图形法.

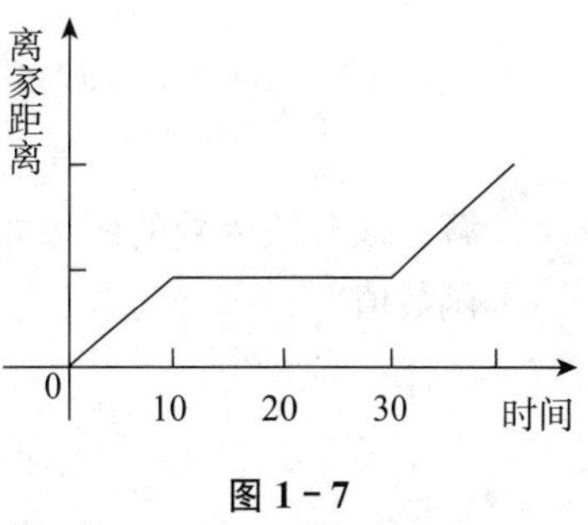

图 1－7

例7 制作一个容积为定数 V 的圆柱形无盖水箱，其底面单位面积造价为 a，侧面单位面积造价为底面单位面积造价的2倍. 试将总造价表示成底半径 r 的函数.

解：设圆桶用料的总造价为 P，则

$$P=a\pi r^2+2a\cdot 2\pi rh.$$

因为圆桶体积 $\pi r^2h=V$ 是定数，由 $\pi r^2h=V$，解出 $h=\dfrac{V}{\pi r^2}$，则

$$P=a\pi r^2+2a\cdot 2\pi rh=a\pi r^2+4a\pi r\frac{V}{\pi r^2}=\pi ar^2+\frac{4aV}{r}\quad(0<r<+\infty).$$

这里用公式表示了圆桶用料的总造价 P 与底半径 r 的函数关系，这种方法简称公式法.

在用公式法表示函数时，有一种分段表示函数的情形，即一个函数在它的定义域的不同部分，其表达式不同，需用多个不同的表达式表示同一个函数，这样的函数习惯上称为**分段函数**.

例8 某商品的单价因购买量的不同而不同，其购买量与单价如表1-2所示.

表1-2 商品的购买量与单价

购买量 x（千克）	$0<x\leqslant100$	$100<x\leqslant200$	$200<x\leqslant500$	$x>500$
单价 y（元/千克）	50	49	48	46

则费用与购买量之间的关系可以由下面的函数表达：

$$f(x)=\begin{cases}50x, & 0<x\leqslant100\\ 49x, & 100<x\leqslant200\\ 48x, & 200<x\leqslant500\\ 46x, & x>500\end{cases}.$$

分段函数的定义域通常来讲是各分段自变量取值的并集. 求分段函数的函数值时，应把自变量代入相应的取值范围的表达式进行计算；分段函数的图形由每一个分段区间的图形合并而成.

例9 作出下面分段函数的图形，并求函数值 $f(0)$，$f\left(\dfrac{1}{2}\right)$，$f(a+1)$.

$$f(x)=\begin{cases}0, & -1<x\leqslant0\\ x^2, & 0<x\leqslant1.\\ 3-x, & 1<x\leqslant2\end{cases}$$

解：该分段函数的图形如图1-8所示.

函数值

$$f(0)=0,$$

$$f\left(\frac{1}{2}\right)=\left(\frac{1}{2}\right)^2=\frac{1}{4},$$

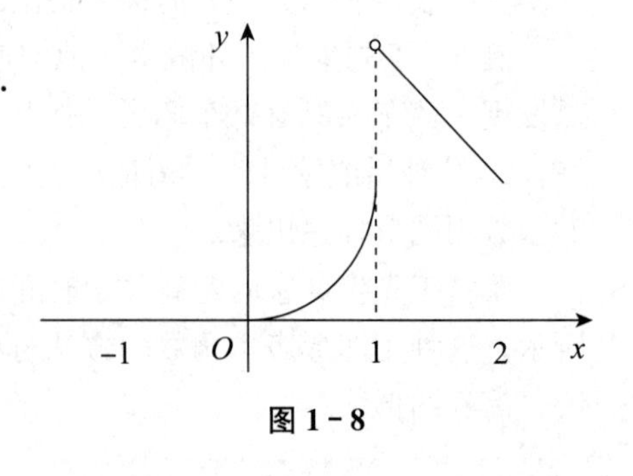

图1-8

$$f(a+1)=\begin{cases}0, & -2<a\leqslant -1\\ (a+1)^2, & -1<a\leqslant 0\\ 2-a, & 0<a\leqslant 1\end{cases}.$$

例 10　取整函数 $y=[x]$，其中 $[x]$ 表示不超过 x 的最大整数，即

$$[x]=n,\ n\leqslant x<n+1,\ n\in\mathbf{Z}.$$

例如，$[2.13]=2$，$[\pi]=3$，$[-2.16]=-3$. 取整函数 $y=[x]$ 的定义域为 $\mathbf{R}$，值域为 $\mathbf{Z}$，如图 1-9 所示.

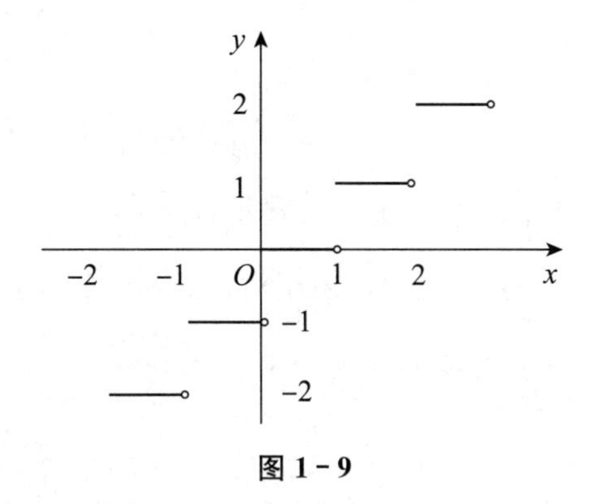

图 1-9

以上用解析法表达的函数关系的形式为 $y=f(x)$，它揭示出了由自变量通过怎样的运算关系得到因变量. 这样表达的函数称为**显函数**.

用解析法表示函数还有一种情况是因变量 y 与自变量 x 的数量关系由方程确定，例如 $x^2+y^2=1(y\geqslant 0)$，在这种表达式中，x 与 y 的函数关系隐含在方程之中. 若将 y 用 x 来表示，则有 $y=\sqrt{1-x^2}$. 通常把未解出因变量的显式表达的方程 $F(x, y)=0$ 所确定的函数称为**隐函数**.

1.1.3　具有特性的几类函数

在初等数学中已经介绍过具有某种特性的几类函数，如有界函数、单调函数、奇偶函数和周期函数.

1. 有界函数

定义 2　设函数 $y=f(x)(x\in D)$，区间 $I\subset D$. 若存在常数 $M>0$，对任意 $x\in I$，都有 $|f(x)|\leqslant M$，则称 $f(x)$ 为 I 上的**有界函数**.

有界函数的几何特征：有界函数的图形完全落在两条平行于 x 轴的直线之间，如图 1-10 所示.

例如，函数 $f(x)=\sin x$ 在 $(-\infty, +\infty)$ 上有界；函数 $\varphi(x)=\dfrac{1}{x}$ 在 $(0, 1)$ 内无

界，如图 1－11 所示.

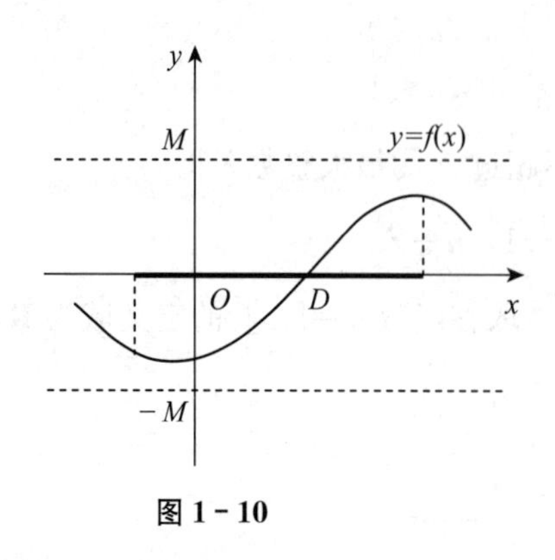

图 1－10

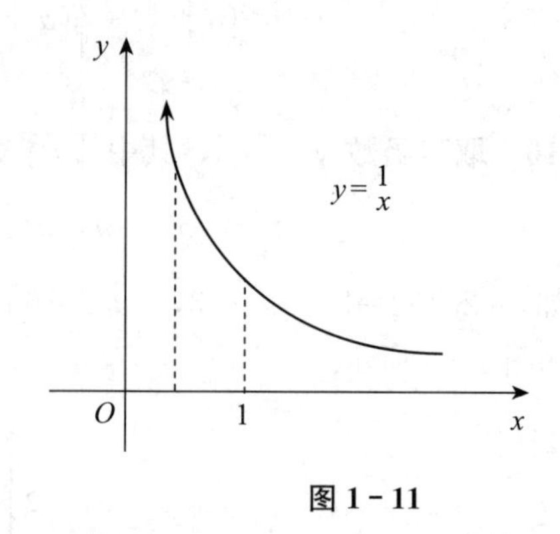

图 1－11

例 11　证明函数 $f(x)=\dfrac{x}{1+x^2}$ 在定义域内是有界的.

证：函数的定义域是 $(-\infty,\ +\infty)$，由于对任意 $x\in(-\infty,\ +\infty)$，有

$$x^2\pm 2x+1=(x\pm 1)^2\geqslant 0,$$

所以 $x^2+1\geqslant\pm 2x$.

由 $x^2+1\geqslant 2x$，得 $\dfrac{x}{1+x^2}\leqslant\dfrac{1}{2}$；由 $x^2+1\geqslant -2x$，得 $-\dfrac{1}{2}\leqslant\dfrac{x}{1+x^2}$，故

$$-\frac{1}{2}\leqslant\frac{x}{1+x^2}\leqslant\frac{1}{2}\ \text{或}\ \left|\frac{x}{1+x^2}\right|\leqslant\frac{1}{2}.$$

由有界性的定义，$f(x)$ 在定义域内是有界函数.

2. 单调函数

定义 3　设函数 $y=f(x)(x\in D)$，区间 $I\subset D$. 对于区间 I 内任意两点 x_1，x_2，当 $x_1<x_2$ 时，若 $f(x_1)<f(x_2)$，则称 $f(x)$ 为 I 上的**单调递增函数**，区间 I 称为**单调增区间**；若 $f(x_1)>f(x_2)$，则称 $f(x)$ 为 I 上的**单调递减函数**，区间 I 称为**单调减区间**. 单调增区间或单调减区间统称为**单调区间**.

单调递增函数与单调递减函数统称**单调函数**，函数的这种性质称为单调性.

单调函数的几何特征：单调递增函数的图形随着自变量 x 的增大，对应的函数值增大，如图 1－12(a) 所示；单调递减函数的图形随着自变量 x 的增大，对应的函数值减小，如图 1－12(b) 所示.

例如，函数 $f(x)=x^3$ 在 $(-\infty,\ +\infty)$ 内单调递增；函数 $\varphi(x)=x^2$ 在 $(-\infty,\ 0)$ 内单调递减，在 $(0,\ +\infty)$ 内单调递增.

3. 奇偶函数

定义 4　设函数 $y=f(x)$ 在关于原点对称的区间 D 上有定义. 若对于任意 $x\in D$，

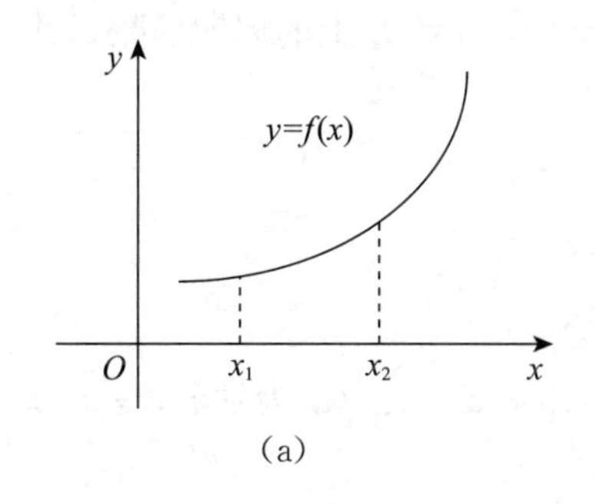

(a)

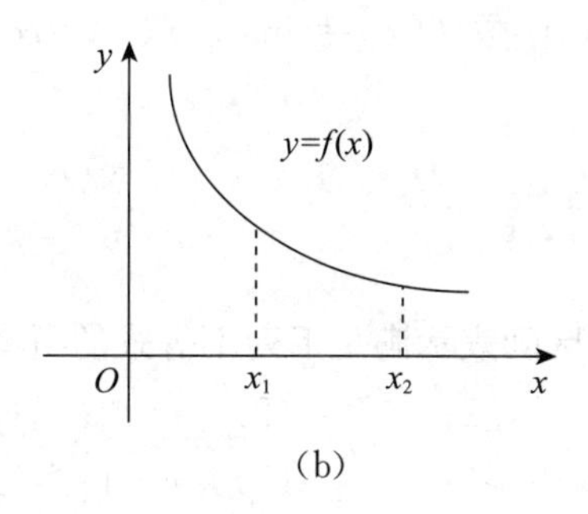

(b)

图 1－12

都有 $f(-x)=f(x)$，则称 $f(x)$ 为 D 上的**偶函数**；若 $f(-x)=-f(x)$，则称 $f(x)$ 为 D 上的**奇函数**.

奇偶函数的几何特征：偶函数的图形关于 y 轴对称，如图 1－13(a) 所示；奇函数的图形关于原点对称，如图 1－13(b) 所示.

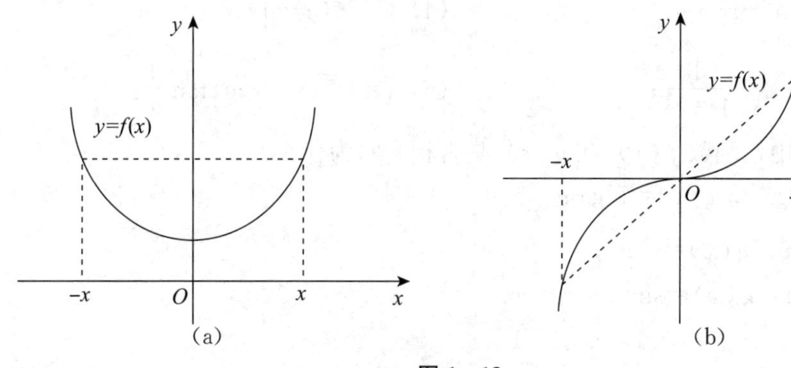

(a)　　(b)

图 1－13

例 12　判别函数 $f(x)=\ln(x+\sqrt{1+x^2})$ 的奇偶性.

解：函数 $f(x)=\ln(x+\sqrt{1+x^2})$ 的定义域为 $(-\infty, +\infty)$. 因为

$$
\begin{aligned}
f(-x)&=\ln[-x+\sqrt{1+(-x)^2}]=\ln(-x+\sqrt{1+x^2})\\
&=\ln\frac{1}{x+\sqrt{1+x^2}}=-\ln(x+\sqrt{1+x^2})=-f(x),
\end{aligned}
$$

所以，函数 $f(x)=\ln(x+\sqrt{1+x^2})$ 为 $(-\infty, +\infty)$ 上的奇函数.

4. 周期函数

定义 5　设函数 $y=f(x)$ 在 I 上有定义. 若存在不为零的正数 T，使得对于任意 $x\in I$，都有 $f(x+T)=f(x)$，则称 $f(x)$ 为**周期函数**，并称 T 为 $f(x)$ 的**周期**.

周期函数的几何特征：每隔 nT $(n\in\mathbf{N}^+)$，函数值都相等. 对于周期函数，只需讨论一个周期上的性质就可以了解函数的整体性质.

例如，函数 $f(x)=\sin x$，$f(x)=\cos x$ 为 $(-\infty,+\infty)$ 上的周期函数，其最小正周期为 2π.

习题 1.1

1. 用区间表示满足下列不等式的所有 x 的集合：

(1) $|x|\leqslant 2$；　(2) $|x-2|\leqslant 1$；　(3) $|x-a|<\varepsilon$（a 为常数，$\varepsilon>0$）；

(4) $|x|>3$；　(5) $|x+1|>1$.

2. 用区间表示下列点集，并在数轴上表示出来：

(1) $A=\{x\,|\,|x+3|<2\}$；　(2) $B=\{x\,|\,1<|x-2|<3\}$.

3. 求下列函数的定义域：

(1) $y=\sqrt{4-x^2}$；　(2) $y=\dfrac{1}{x^2-2x}$；

(3) $y=\arcsin\dfrac{1-x}{3}$；　(4) $y=\lg(x+1)$；

(5) $y=\sqrt{x+2}+\dfrac{1}{1-x^2}$；　(6) $y=\sqrt{3-x}+\arctan\dfrac{1}{x}$.

4. 下列各题中，函数 $f(x)$ 和 $g(x)$ 是否相同？为什么？

(1) $f(x)=\lg x^2$，$g(x)=2\lg x$；

(2) $f(x)=x$，$g(x)=\sqrt{x^2}$；

(3) $f(x)=1$，$g(x)=\sin^2x+\cos^2x$.

5. 设函数 $f(x)=\begin{cases}-x-1, & x<-1\\ 1-x^2, & |x|\leqslant 1\\ -x-1, & x>1\end{cases}$. (1) 求 $f(x)$ 的定义域；(2) 求函数值 $f(-2)$，$f(-1)$，$f(0)$，$f(1)$，$f(3)$；(3) 作出函数的图形.

6. 判断下列函数的单调性：

(1) $y=2x+1$；　(2) $y=2^{x-1}$；

(3) $y=2x+\ln x$；　(4) $y=1+\dfrac{2}{x}$.

7. 判别下列函数的奇偶性：

(1) $y=x^4-2x^2$；　(2) $y=x\sin^2x$；

(3) $y=\sin x-\cos x$；　(4) $y=\dfrac{x\sin x}{2+\cos x}$；

8. 判别下列函数的有界性：

(1) $y=1+\sin\dfrac{1}{x}$；　(2) $y=2\arctan 2x$；

(3) $y=2+\dfrac{1}{x^2}$.

9. 张先生的家距离单位 2 千米，一般早晨 7 点 30 分步行去上班，8 点到达工作单位. 今天由于离家匆忙，张先生走出 10 分钟后想到电视机未关，因此又返回家把电视机关上，然后立刻骑自行车出发，结果准时到达单位. 试画出离家距离关于时间的函数的图形.

10. 火车站对从北京到某地的行李收取行李费的规定如下：当行李不超过 50 千克时按基本运费计算，每千克收 0.30 元；当超过 50 千克时，超重部分按每千克 0.45 元收费. 试求从北京到该地的行李费 y（单位：元）与重量 x（单位：千克）之间的函数关系，并画出该函数的图形.

1.2 反函数与复合函数

反函数是为研究函数关系的可逆性提出的，函数的复合是利用已知函数构造新函数的一种主要方法.

1.2.1 反函数

函数的定义中有两个变量：一个是自变量，另一个是因变量. 这两个变量的地位并不是一成不变的. 当函数关系具有可逆性时，有时需要将两个变量的地位对调，这样就形成了反函数的概念.

定义 1 设函数 f 的定义域为 $D(f)$，值域为 $R(f)$. 如果对于每个 $y\in R(f)$，有唯一的 $x\in D(f)$ 满足 $y=f(x)$，则称这个定义在 $R(f)$ 上的函数 f^{-1}：$y\mapsto x$ 为函数 f 的**反函数**，记为 $x=f^{-1}(y)$，这时，原来的函数 $y=f(x)$ 称为**直接函数**.

由反函数的定义，若反函数存在，则函数 $x=f^{-1}(y)$ 与 $y=f(x)$ 互为反函数，且函数 $x=f^{-1}(y)$ 的定义域和值域分别为函数 $y=f(x)$ 的值域和定义域. 即

$$D(f^{-1})=R(f),\quad R(f^{-1})=D(f);$$
$$f^{-1}[f(x)]=x,\ x\in D(f),\ f[f^{-1}(y)]=y,\ y\in D(f^{-1}).$$

注意到在 $x=f^{-1}(y)$中，y 表示自变量，而 x 表示函数，习惯上总是用 x 表示自变量，而用 y 表示函数，因此，往往把函数 $y=f(x)$ 的反函数 $x=f^{-1}(y)$ 改写成 $y=f^{-1}(x)$，称为 $y=f(x)$ 的**矫形反函数**.

在平面直角坐标系中，函数 $y=f(x)$ 的图形与其反函数 $y=f^{-1}(x)$ 的图形关于直线 $y=x$ 对称，如图 1-14 所示.

什么样的函数存在反函数？由反函数的定义可知，函数 $y=f(x)$ 具有反函数的充要条件是对应法则 f 使得定义域中的点与值域中的点是一一对应的，而严格单调函数具有这种性质，所以严格单调函数必存在反函数，如图 1-15 所示.

对于严格单调函数，求其反函数的步骤是，先由 $y=f(x)$ 解出 $x=f^{-1}(y)$，然后将 x 与 y 互换，即得反函数 $y=f^{-1}(x)$.

在初等数学中，我们知道 $y=a^x$（$a>0$，$a\neq1$）与 $y=\log_a x$（$a>0$，$a\neq1$）互为反函数；$y=\sin x$ 与 $y=\arcsin x$ $\left(-\frac{\pi}{2}\leqslant x\leqslant\frac{\pi}{2}\right)$ 互为反函数；$y=\tan x$ 与 $y=\arctan x$ $\left(-\frac{\pi}{2}\leqslant x\leqslant\frac{\pi}{2}\right)$ 互为反函数.

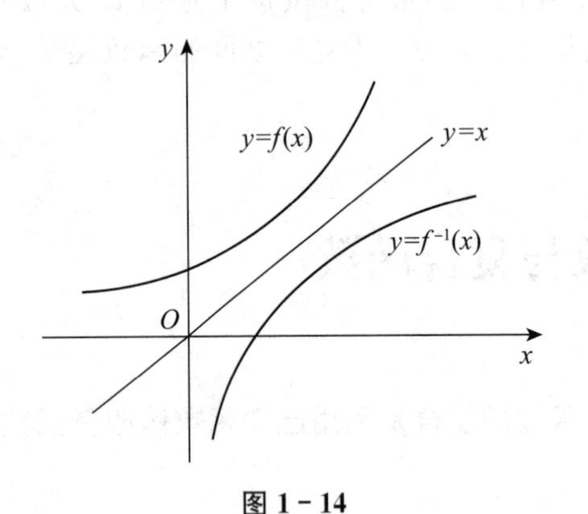

图 1－14

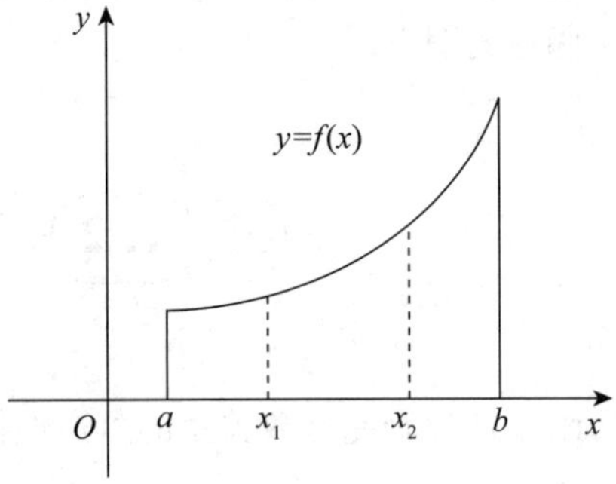

图 1－15

例 1 求函数 $y=\frac{e^x-e^{-x}}{2}$ 的反函数.

解： 由 $y=\frac{e^x-e^{-x}}{2}$，得 $e^{2x}-2ye^x-1=0$，解得 $e^x=y\pm\sqrt{y^2+1}$. 因为 $e^x>0$，故舍去 $e^x=y-\sqrt{y^2+1}$，从而有 $e^x=y+\sqrt{y^2+1}$. 求得 $x=\ln(y+\sqrt{y^2+1})$. 所以，所求的反函数为 $y=\ln(x+\sqrt{x^2+1})$.

1.2.2 复合函数

在研究函数时，经常遇到在某个变化过程中，同时出现几个变量并且变量之间相互依赖的情形. 例如，在自由落体运动中，速度 v 与时间 t 的关系为 $v=gt$（g 为重力加速度）；而质点的动能 E 与速度 v 的关系为 $E=\frac{1}{2}mv^2$，这样动能 E 与时间 t 的关系为 $E=\frac{1}{2}m(gt)^2=\frac{mg^2}{2}t^2$. 这种对多个变量之间的依赖关系的确定引出了复合函数的概念.

定义 2 设函数 $y=f(u)$ 的定义域为 U，函数 $u=\varphi(x)$ 的定义域为 D. 若 G 是 D 中使 $u=\varphi(x)\in U$ 的 x 的全体构成的非空数集，即

$$G=\{x\,|\,x\in D,\ \varphi(x)\in U\}\neq\varnothing,$$

则对于任意 $x\in G$，按照对应关系 φ 和 f 可确定唯一的 y，于是在 G 上定义了一个函数，记作 $f\circ\varphi$，该函数称为 $u=\varphi(x)$ 与 $y=f(u)$ 的**复合函数**，记为

$$y=(f\circ\varphi)(x)=f[\varphi(x)],\quad x\in G,$$

其中 u 称为**中间变量**，如图 1－16 所示.

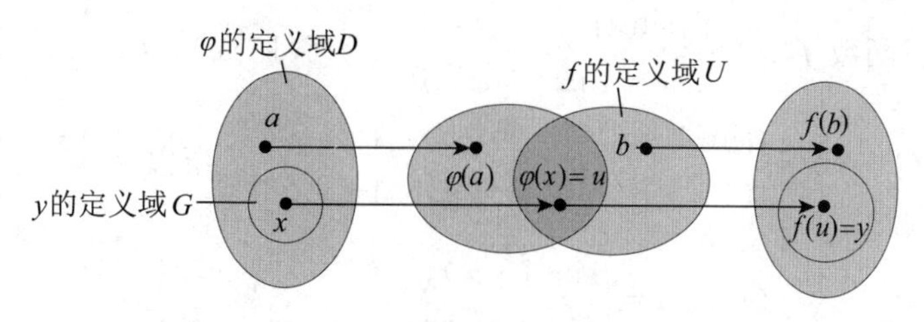

图 1-16

直观上，将函数想象为一个机器，如图 1-17 所示，当 x 输入机器 φ 时，机器通过对应规则产生一个输出 $\varphi(x)$；若 $\varphi(x)$ 在 f 的定义域中，则当 $\varphi(x)$ 输入机器 f 时，机器通过对应规则产生一个输出 $f[\varphi(x)]$. 当然，要求机器 φ 的输出集与机器 f 的输入集的交集非空，才能保证两个机器组的运行.

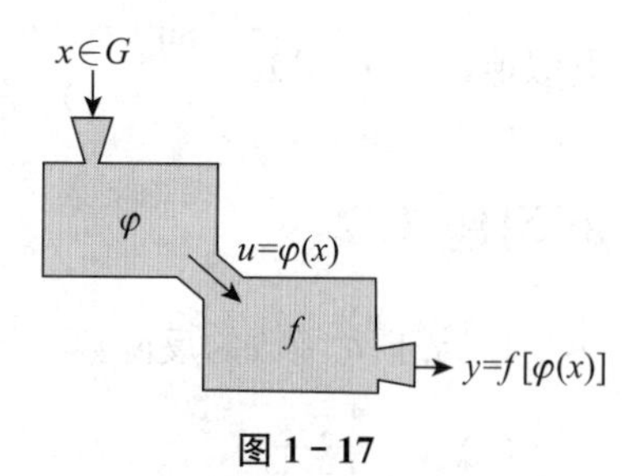

图 1-17

例 2 讨论下列函数能否复合成复合函数. 若可以，求出复合函数及其定义域.

(1) $y=\sqrt{u+1}$，$u=\ln x$；　　(2) $y=\ln(u^2-1)$，$u=\cos x$.

解：(1) $y=\sqrt{u+1}$ 的定义域为 $U=\{u\mid u\geqslant -1\}$，$u=\ln x$ 的值域为 $U^*=\{u\mid -\infty<u<+\infty\}$. 于是 $U^*\cap U=\{u\mid u\geqslant -1\}\neq\varnothing$，所以 $y=\sqrt{u+1}$ 与 $u=\ln x$ 可以复合成复合函数，其表达式为 $y=\sqrt{\ln x+1}$，其定义域为 $D=\{x\mid \ln x\geqslant -1\}$，即 $D=\{x\mid x\geqslant \mathrm{e}^{-1}\}$.

(2) $y=\ln(u^2-1)$的定义域为 $U=\{u\mid u<-1$ 或 $u>1\}$，$u=\cos x$ 的值域为 $U^*=\{u\mid -1\leqslant u\leqslant 1\}$. 由于 $U^*\cap U=\varnothing$，故 $y=\ln(u^2-1)$与 $u=\cos x$ 不能复合成复合函数.

复合函数可以由两个函数进行复合，也可以由多个函数进行复合. 确定复合函数的过程实质上就是将一个函数作为中间变量，代入另一个函数的自变量.

例如，由 $y=\mathrm{e}^u$，$u=v^2$，$v=\sin x$ 可以复合成 $y=\mathrm{e}^{\sin^2 x}$.

例 3 函数 $y=\sqrt{\lg\sin x^2}$ 可以看成函数

$$y=\sqrt{u},\ u=\lg v,\ v=\sin w,\ w=x^2$$

的复合，其中 u，v，w 为中间变量. 这种将复合函数拆成多个简单函数的复合，称为复合函数的分解.

例 4 把复合函数 $y=[\sin(\arccos x+5)]^2$ 分解为基本初等函数.

解：函数 $y=[\sin(\arccos x+5)]^2$ 可分解为

$$y=u^2,\ u=\sin v,\ v=t+5,\ t=\arccos x.$$

例 5 设 $f(1+\sqrt{x})=x$. 求 $f(x)$.

解：令 $u=1+\sqrt{x}$，则 $x=(u-1)^2$，于是 $f(u)=(u-1)^2$，所以 $f(x)=(x-1)^2$.

例6 设分段函数 $f(x)=\begin{cases}\sin x, & x\leqslant 0\\ x^2+\ln x, & x>0\end{cases}$，求 $f(1-x)$，$f(x-1)$.

解：因为 $f(1-x)=\begin{cases}\sin(1-x), & 1-x\leqslant 0\\ (1-x)^2+\ln(1-x), & 1-x>0\end{cases}$，所以

$$f(1-x)=\begin{cases}\sin(1-x), & x\geqslant 1\\ (1-x)^2+\ln(1-x), & x<1\end{cases}.$$

类似地，$f(x-1)=\begin{cases}\sin(x-1), & x\leqslant 1\\ (x-1)^2+\ln(x-1), & x>1\end{cases}$.

习题 1.2

1. 求下列函数的反函数：

(1) $y=\dfrac{1-x}{1+x}$；　　(2) $y=1+\ln(x+2)$；

(3) $y=2\sin 3x\ \left(-\dfrac{\pi}{6}\leqslant x\leqslant\dfrac{\pi}{6}\right)$；　　(4) $y=\begin{cases}x, & x<1\\ x^2, & 1\leqslant x\leqslant 4\\ e^x, & x>4\end{cases}$.

2. 设 $f(x)=\dfrac{x}{1+x}$，$g(x)=\dfrac{1}{1-x}$. 求复合函数 $f[g(x)]$，$g[f(x)]$ 的解析表达式与定义域.

3. 设函数 $f(x)$ 的定义域为 $[0,1]$. 求下列函数的定义域：

(1) $f(e^x)$；　(2) $f(\ln x)$；　(3) $f(\arctan x)$.

4. 指出下列函数是由哪些函数复合而成的：

(1) $y=\sqrt[3]{\arctan x}$；　　(2) $y=(1+\ln x)^2$；

(3) $y=e^{\tan 2x}$；　　(4) $y=\arcsin\ln(2x+1)$.

5. 解答下列各题：

(1) 设 $f\left(x+\dfrac{1}{x}\right)=x^2+\dfrac{1}{x^2}$. 求 $f(x)$.

(2) 设 $f\left(\sin\dfrac{x}{2}\right)=1+\cos x$. 求 $f(\cos x)$.

1.3 初等函数

初等数学中已经介绍过常数函数、幂函数、指数函数、对数函数、三角函数和反三角函数，这几类函数是最简单、最基础的函数. 微积分所研究的函数都是以这些函数为基础构成的，下面做简要的复习.

1.3.1 基本初等函数

下列六类函数统称为基本初等函数：

- 常数函数：$y=C$（C 为常数）；
- 幂函数：$y=x^{\alpha}$（α 为实数）；
- 指数函数：$y=a^{x}$（$a>0$，$a\neq 1$，a 为常数）；
- 对数函数：$y=\log_{a}x$（$a>0$，$a\neq 1$，a 为常数）；
- 三角函数：$y=\sin x$，$y=\cos x$，$y=\tan x$，$y=\cot x$，$y=\sec x$，$y=\csc x$；
- 反三角函数：$y=\arcsin x$，$y=\arccos x$，$y=\arctan x$，$y=\text{arccot}\, x$.

对于基本初等函数的定义域、性质和图形在初等数学中都已做了讨论，下面简要回顾基本初等函数的主要性质.

1. 常数函数

常数函数的形式为 $y=C$（$x\in\mathbf{R}$），其中 C 为常数，它的图形通过点（0，C）且平行于 x 轴. 常数函数是有界函数、偶函数（特别当 $C=0$ 时也是奇函数），如图 1－18 所示.

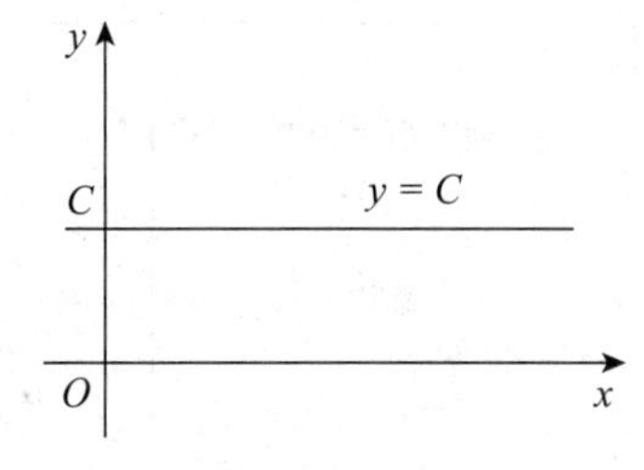

图 1－18

2. 幂函数

形如 $y=x^{\alpha}$（α 为实数）的函数是幂函数，其中实数 α 称为幂指数.

对于不同的 α，幂函数 $y=x^{\alpha}$ 的定义域是不同的. 例如 $y=x^{\frac{1}{2}}$ 的定义域为 $[0,+\infty)$；$y=x^{-\frac{1}{2}}$ 的定义域为 $(0,+\infty)$；$y=x^{\frac{1}{3}}$ 的定义域为 $\mathbf{R}$；$y=x^{-\frac{1}{3}}$ 的定义域为 $\{x \mid x\neq 0\}$. 但不论 α 为何数，幂函数 $y=x^{\alpha}$ 都在 $(0,+\infty)$ 内有定义，且 $y=x^{\alpha}$ 的图形都经过点（1，1）. 在第一象限内，当 $\alpha>0$ 时，$y=x^{\alpha}$ 为单调递增函数；当 $\alpha<0$ 时，$y=x^{\alpha}$ 为单调递减函数. 图 1－19 与图 1－20 显示了 α 的几种不同取值下幂函数 $y=x^{\alpha}$ 的图形.

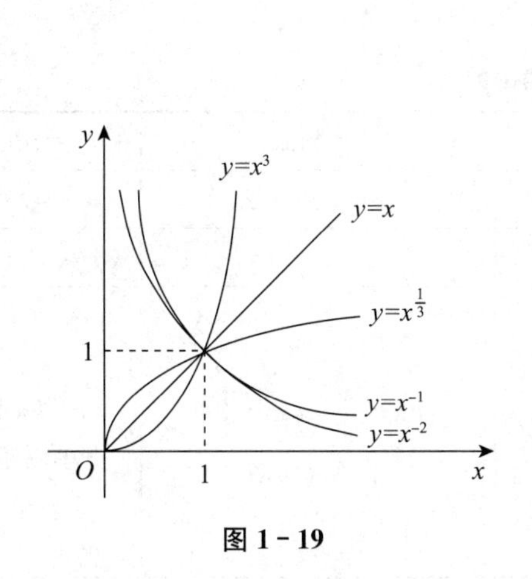

图 1－19

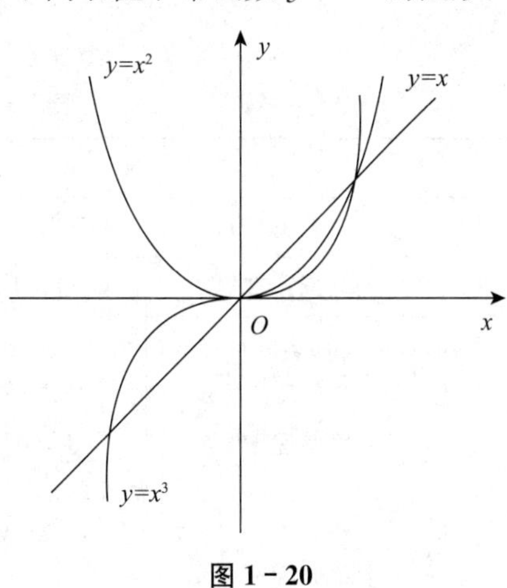

图 1－20

3. 指数函数与对数函数

函数 $y=a^x$（$a>0$，$a\neq1$）为指数函数，指数函数 $y=a^x$ 的反函数为对数函数，即 $y=\log_a x$（$a>0$，$a\neq1$），见表 1-3.

表 1-3　指数函数与对数函数

	指数函数 $y=a^x$		对数函数 $y=\log_a x$	
底数 a	$0<a<1$	$a>1$	$0<a<1$	$a>1$
定义域	$(-\infty, +\infty)$	$(-\infty, +\infty)$	$(0, +\infty)$	$(0, +\infty)$
值域	$(0, +\infty)$	$(0, +\infty)$	$(-\infty, +\infty)$	$(-\infty, +\infty)$
单调性	单调递减	单调递增	单调递减	单调递增
图形	图 1-21 中虚线	图 1-21 中实线	图 1-22 中虚线	图 1-22 中实线

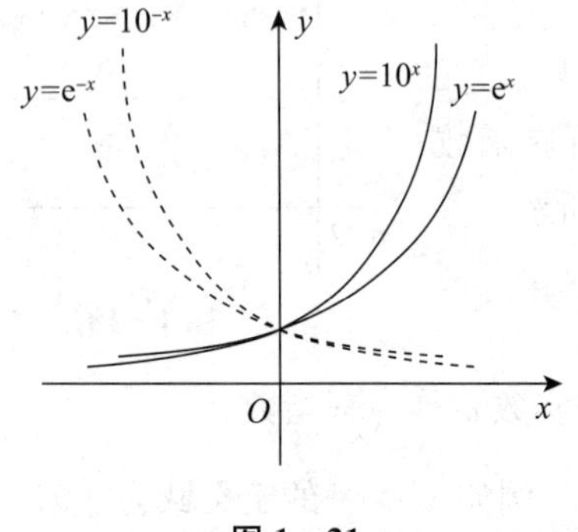

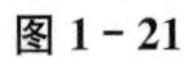
图 1-21

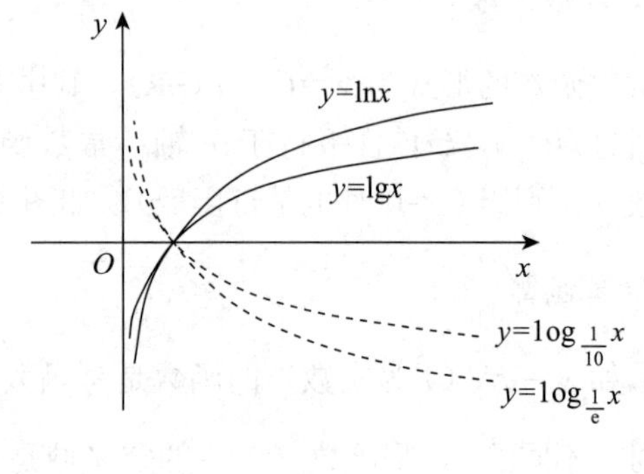

图 1-22

4. 三角函数

正弦函数 $y=\sin x$，余弦函数 $y=\cos x$，正切函数 $y=\tan x$，余切函数 $y=\cot x$，见表 1-4.

表 1-4　三角函数

	$y=\sin x$	$y=\cos x$	$y=\tan x$	$y=\cot x$
定义域	$(-\infty, +\infty)$	$(-\infty, +\infty)$	$x\neq k\pi+\pi/2$	$x\neq k\pi$
值域	$[-1, 1]$；有界	$[-1, 1]$；有界	$(-\infty, +\infty)$	$(-\infty, +\infty)$
单调性	$\left[2k\pi-\frac{\pi}{2}, 2k\pi+\frac{\pi}{2}\right]$ 上单调递增 $\left[2k\pi+\frac{\pi}{2}, 2k\pi+\frac{3\pi}{2}\right]$ 上单调递减	$[2k\pi-\pi, 2k\pi]$ 上单调递增 $[2k\pi, 2k\pi+\pi]$ 上单调递减	$\left(k\pi-\frac{\pi}{2}, k\pi+\frac{\pi}{2}\right)$ 上单调递增	$(k\pi, k\pi+\pi)$ 上单调递减

续表

	$y=\sin x$	$y=\cos x$	$y=\tan x$	$y=\cot x$
奇偶性	奇函数	偶函数	奇函数	奇函数
周期性	$T=2\pi$	$T=2\pi$	$T=\pi$	$T=\pi$
图形	图 1-23 中实线	图 1-23 中虚线	图 1-24 中实线	图 1-24 中虚线

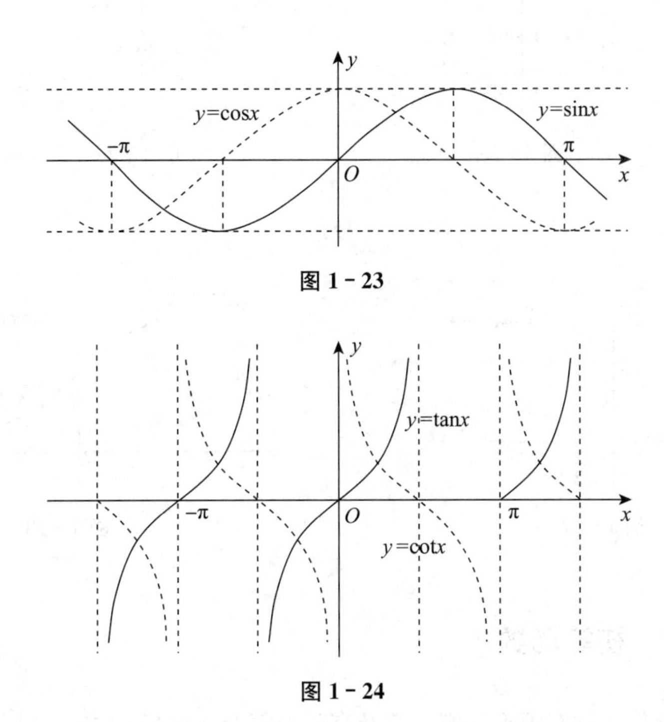

图 1-23

图 1-24

5. 反三角函数

反正弦函数 $y=\arcsin x$，反余弦函数 $y=\arccos x$，反正切函数 $y=\arctan x$，反余切函数 $y=\operatorname{arccot} x$，见表 1-5.

表 1-5　反三角函数

	$y=\arcsin x$	$y=\arccos x$	$y=\arctan x$	$y=\operatorname{arccot} x$
定义域	$[-1, 1]$	$[-1, 1]$	$(-\infty, +\infty)$	$(-\infty, +\infty)$
值域	$\left[-\frac{\pi}{2}, \frac{\pi}{2}\right]$	$[0, \pi]$	$\left(-\frac{\pi}{2}, \frac{\pi}{2}\right)$	$(0, \pi)$
单调性	$[-1, 1]$ 上 单调递增	$[-1, 1]$ 上 单调递减	$(-\infty, +\infty)$ 上 单调递增	$(-\infty, +\infty)$ 上 单调递减
奇偶性	奇函数		奇函数	
图形	图 1-25	图 1-26	图 1-27	图 1-28

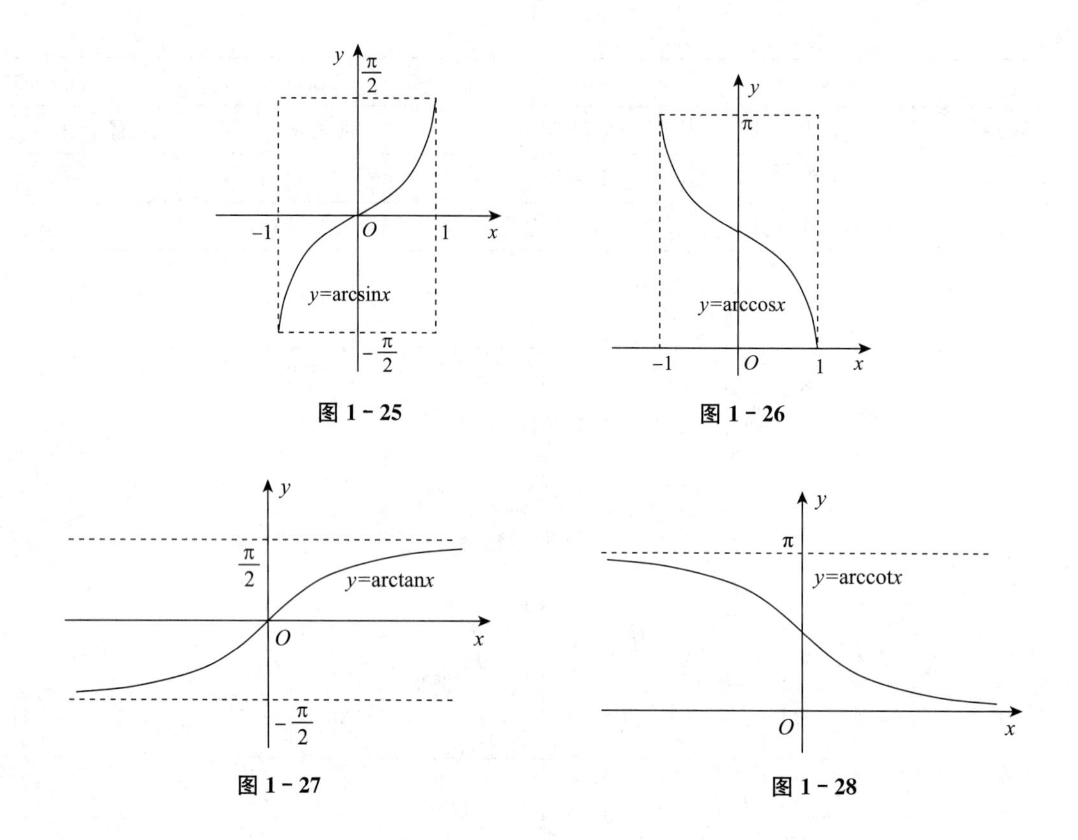

图 1-25　图 1-26

图 1-27　图 1-28

1.3.2　初等函数

由基本初等函数经过有限次四则运算及有限次复合步骤所构成且能用一个解析式表示的函数，叫作**初等函数**，否则就是非初等函数．例如，$y=\sqrt[3]{x^2+\sin 2x}$，$y=\sqrt{x^2-5}+e^{-x^2}$ 都是初等函数．

形如 $y=[f(x)]^{g(x)}$（其中 $f(x)>0$）的函数，称为**幂指函数**．例如，$y=x^x$，$y=x^{\sin x}$，$y=(1+x)^{\frac{1}{x}}$ 等．

由于幂指函数可以改写为

$$y=[f(x)]^{g(x)}=e^{g(x)\ln f(x)}\quad (f(x)>0),$$

因此，幂指函数也是初等函数．

微积分中所讨论的函数以初等函数为主．

习题 1.3

1. 作出下列函数的图形：

(1) $y=|\sin x|$；　　(2) $y=1-2\cos x$；

(3) $y=\frac{1}{2}e^{-x}-1$; (4) $y=\ln(x-2)-1$.

2. 指出下列函数哪些是初等函数，哪些不是初等函数：

(1) $y=\frac{x^2}{1+x+\sin\ln x}$; (2) $y=\sin\frac{x}{\sin x}+x^{\sin x}$;

(3) $y=\begin{cases}x-x^2, & x<0\\ x+x^2, & x\geqslant 0\end{cases}$; (4) $y=\begin{cases}1, & x=0\\ 0, & x\neq 0\end{cases}$.

3. 由已知函数 $y=\ln x$ 的图形，作下列函数的图形：

(1) $y=\ln(-x)$; (2) $y=|\ln x|$;

(3) $y=\ln|x|$; (4) $y=\ln(1-x)$.

1.4 函数模型

数学模型是针对现实世界的某一特定对象，为了一个特定的目的，根据特有的内在规律，做出必要的简化和假设，运用适当的数学工具，采用形式化语言，概括或近似地表述出来的一种数学结构. 例如，反映特定问题或特定的具体事物系统的函数关系、方程式、图形、算法等都是数学模型.

函数模型是一种反映变量之间相依关系的数学模型. 它是一种最基本的数学模型形式. 函数模型通常可以通过解析式表示，用解析式表示实际问题的过程是：

(1) 分析问题中哪些是变量，哪些是常量，分别用字母表示；

(2) 根据所给条件，运用数学、物理等知识规律确定等量关系；

(3) 具体写出解析式 $y=f(x)$，并指明定义域.

例 1 欲建一个容积为 V 的长方体游泳池，它的底面为正方形. 如果池底所用材料单位面积的造价是池壁的 3 倍，试将总造价表示为底面边长的函数.

解： 设底面边长为 x，总造价为 P，池壁单位面积造价为 a，则游泳池的高为 $h=\frac{V}{x^2}$，底面单位面积造价为 $3a$，侧面积为 $4\frac{V}{x^2}x=\frac{4V}{x}$，故总造价的函数模型为

$$P=3ax^2+a\cdot\frac{4V}{x},\ x\in(0,+\infty).$$

例 2 某快递公司采用起步价加续重的收费方法，当邮件不超过 1 千克时按 1 千克计费，如从北京到某地每千克收 10 元；当超过 1 千克时，超重部分按每千克 4 元收费. 试求快递费（单位：元）与重量（单位：千克）之间的函数关系.

解： 设重量为 x，快递费为 y，则由题意知：

$$y=\begin{cases}10, & x\leqslant 1\\ 10+(x-1)\times 4, & x>1\end{cases}，即\ y=\begin{cases}10, & x\leqslant 1\\ 4x+6, & x>1\end{cases}.$$

下面主要介绍一些常用的简单函数模型.

1.4.1 指数函数模型

指数函数模型是实际问题中一种常见的函数模型，它被广泛应用于金融学、经济学、医学、人文学、生物学、药物动力学、人类学和物理学等学科，很多自然现象都可以通过指数函数模型进行描述. 指数函数模型分为指数增长模型和指数衰减模型.

指数增长模型的形式为 $y(t)=y_0e^{kt}$，比例常数 $k>0$，y_0 为 y 在 $t=0$ 时的初始值，即 $y(0)=y_0$.

指数衰减模型的形式为 $y(t)=y_0e^{-kt}$，比例常数 $k>0$，y_0 为 y 在 $t=0$ 时的初始值，即 $y(0)=y_0$.

1. 衰减记忆模型

假设给你一项学习任务，要求你学习并且完全记住一组知识，人的本能表明，t 周后你能记住所学知识的比例是 P，随着时间 t 的推移，P 是逐渐衰减的，可以用模型 $P(t)=Q+(1-Q)e^{-kt}$ 加以描述. 其中 Q 是难以忘记的百分比，k 是一个常数，它依赖于所要记住的知识.

2. 细菌繁殖模型

考虑在一个营养均衡的介质里的细菌数量（稳定的理想状态），细菌的繁殖数量 Q 与时间 t 的函数关系可以表示为 $Q(t)=ae^{kt}$，其中 a 为初始状态下的细菌数量，k 是一个常数.

3. 赫尔学习模型

一个打字员学习打字，t 周后每分钟打的英语单词数 W 由函数模型 $W(t)=100(1-e^{-0.3t})$ 给出.

4. 连续复利模型

一个储蓄账户的初始存款为 A_0，时间 t 以年计，连续复利的年利率为 r，则账户余额由指数增长模型 $y(t)=A_0e^{rt}$ 确定.

放射性衰减、物体的冷却、居民消费价格指数、药物的吸收等大量问题都可以用指数函数模型描述.

例3 设全世界互联网的通信量满足指数函数模型 $P(t)=P_0e^{kt}$，k 为指数增长率. 如果互联网的通信量每100天翻一番，其指数增长率是多少？

解：已知互联网的通信量满足关系式 $P(t)=P_0e^{kt}$，由互联网的通信量每100天翻一

番，即 $2P(0)=P(100)$，可得

$$2P_0=P_0\mathrm{e}^{100k},$$

即 $100k=\ln 2$，所以 $k=\frac{1}{100}\ln 2\approx 0.69\%$. 所以指数增长率为 0.69%.

1.4.2　逻辑斯蒂增长模型

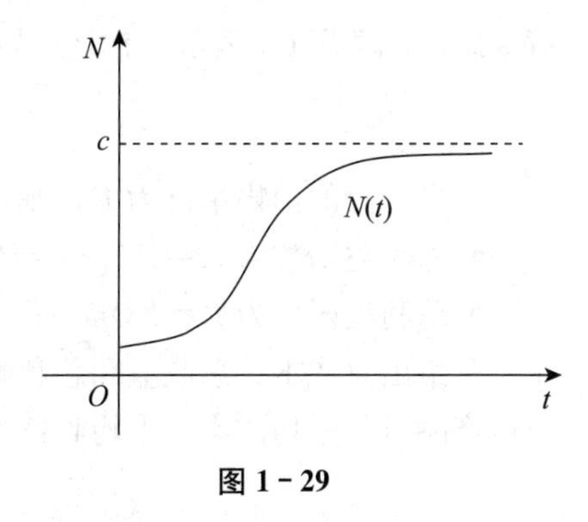

图 1－29

函数模型 $N(t)=\frac{c}{1+a\mathrm{e}^{-bt}}$ 称为逻辑斯蒂（Logistic）增长模型（见图 1－29），其中 a，b，c 均为常数.

逻辑斯蒂增长模型具有广泛的应用，如广告效应问题、信息传播问题、人口增长问题等都可以用该模型描述.

1. 人口增长模型

在资源一定的情况下，人口数量 N 与时间 t 的函数关系可以表示为 $N(t)=\frac{N_m}{1+\left(\frac{N_m}{N_0}-1\right)\mathrm{e}^{-r(t-t_0)}}$，其中 N_0 为初始状态下的人口数量，N_m 表示自然环境条件下的最大人口数量，r 是一个常数.

2. 商品销售模型

在商品的销售环节，商品的销售量 Q 与时间 t 的函数关系可以表示为 $Q(t)=\frac{MQ_0}{Q_0+(M-Q_0)\mathrm{e}^{-kMt}}$，其中 Q_0 为初始状态下的销售量，M 为饱和状态下的最大销售量，k 是一个常数.

1.4.3　经济函数模型

微积分在经济管理中具有广泛的应用，下面介绍几个经济学中常用的经济函数模型，它们是微积分在经济管理中应用的基础.

1. 成本函数、收益函数与利润函数模型

在生产和经营活动中，经营者最关心产品的成本、收益和利润.

总成本是指在一定时期内，生产一定数量的某种产品所需费用的总和；**总收益**是指产品出售后所得的收入；**总利润**是指总收益减去总成本和上缴税金的总和（若无特别说明，在计算总利润时不计上缴税金）.

通常以 C 表示成本，R 表示收益，L 表示利润，它们都称为经济变量. 若只考虑产品的数量 q，而不考虑市场其他因素的影响，则 $C=C(q)$ 称为**总成本函数**；$R=R(q)$ 称为**总收益函数**；$L=L(q)$ 称为**总利润函数**.

总成本函数一般可分为两部分：其一是在短时间内不发生变化或变化很小或者不明显地随产品数量增加而变化的部分，如厂房、设备等，称为**固定成本**，常用 C_1 表示，这里 C_1 是一个常数；其二是随产品数量的变化而明显变化的部分，如原材料、能源等，称为**可变成本**，常用 C_2 表示，它是产品数量 q 的函数，$C_2=C_2(q)$. 于是总成本函数

$$C=C(q)=C_1+C_2(q).$$

如果产品的销售单价为 P，则：

- 总收益函数为 $R=R(q)=qP(q)$，其中 $P(q)$是商品的价格函数；
- 总利润函数为 $L=L(q)=R(q)-C(q)$.

只给出总成本、总收益和总利润还不能说明企业经营的好坏，这时就需要考虑生产 q 单位产品时的平均成本、平均收益和平均利润，分别如下：

$$\overline{C}=\frac{C(q)}{q}=\frac{C_1+C_2(q)}{q},\quad \overline{R}=\frac{R(q)}{q}=P(q),\quad \overline{L}=\frac{L(q)}{q}.$$

在生产技术水平和生产要素的价格固定不变的条件下，它们都是产量的函数.

例 4 某工厂生产某产品，年产量为 q 台，每台售价为 250 元，当年产量在 600 台以内时，可以全部售出. 经广告宣传后又可多售出 200 台，每台平均广告费为 20 元，若再生产，本年就销不出去了. 试建立本年的销售总收益 R 与年产量 q 之间的函数关系.

解：(1) 当 $0\leqslant q\leqslant 600$ 时，$R(q)=250q$.

(2) 当 $600<q\leqslant 800$ 时，

$$R(q)=250\times 600+(250-20)(q-600)=230q+12\ 000.$$

(3) 当 $q>800$ 时，

$$R(q)=250\times 600+230\times 200=196\ 000.$$

所以，销售总收益 R 与年产量 q 之间的函数关系为

$$R(q)=\begin{cases}250q, & 0\leqslant q\leqslant 600\\ 230q+12\ 000, & 600<q\leqslant 800.\\ 196\ 000, & q>800\end{cases}$$

生产产品的总成本 $C=C(q)$总是产量 q 的单调递增函数，但是，由于产品的需求量受产品价格及社会诸多因素的影响，因此，产品的总收益 $R=R(q)$有时增加显著，有时增长缓慢，可能达到某个定点后继续销售，收入反而下降，所以，利润函数 $L=L(q)$出现了三种情况：

(1) $L(q)=R(q)-C(q)>0$，有盈余生产，即生产处于盈利状态；

(2) $L(q)=R(q)-C(q)<0$，亏损生产，即生产处于亏损状态，利润为负；

(3) $L(q)=R(q)-C(q)=0$，即 $R(q)=C(q)$，无盈余生产，此时的产量 q_0 称为无盈亏点. 无盈亏分析常用于企业的经营管理和经济分析中各种产品的定价和生产决策.

例 5　设生产某种商品 q 件时的总成本（单位：万元）为

$$C(q)=100+2q+q^2.$$

假设每售出一件该商品，收入是 50 万元.

(1) 求生产 30 件商品时的总利润和平均利润.

(2) 若每年至少销售 20 件商品，为了不亏本，单价应定为多少？

解： 由于该商品的价格 $P=50$(万元)，故售出 q 件该商品时的总收益函数为

$$R(q)=Pq=50q.$$

因此，总利润函数

$$L(q)=R(q)-C(q)=50q-(100+2q+q^2)=-100+48q-q^2.$$

(1) 当 $q=30$ 时，总利润和平均利润分别为

$$L(30)=(-100+48q-q^2)\big|_{q=30}=440(\text{万元}),$$

$$\overline{L}(30)=\frac{L(30)}{30}=\frac{440}{30}\approx 14.67(\text{万元}).$$

(2) 设单价定为 P(万元)，销售 20 件商品的收入为 $R=20P$(万元)，这时的成本为

$$C(20)=(100+2q+q^2)\big|_{q=20}=540(\text{万元}),$$

利润为

$$L(20)=R(20)-C(20)=20P-540.$$

为了使生产经营不亏本，必须使

$$L=20P-540\geqslant 0.$$

故得 $P\geqslant 27$(万元)，即销售单价不低于 27 万元时才能不亏本.

2. 需求函数与供给函数模型

一种商品的市场需求量与供给量是由多种因素决定的，其中最主要的因素是商品的价格. 如果只考虑商品的价格，就可以研究需求、供给与价格的关系.

设商品的需求量与供给量分别用 Q 和 S 表示，商品价格为 p. 若忽略市场其他因素的影响，只考虑该商品的价格因素，则 Q 和 S 分别为 p 的函数，即有

- $Q=Q(p)$(价格 p 取非负值)，称为**需求函数**；
- $S=S(p)$(价格 p 取非负值)，称为**供给函数**.

一般地，商品的需求量随价格上涨而减少，商品供给量随价格上涨而增加. 因此，通常需求函数 Q 是价格 p 的单调递减函数，供给函数 S 是价格 p 的单调递增函数. 表 1-6 列出了常用的需求函数与供给函数模型.

表 1-6　常用的需求函数与供给函数模型

类型	需求函数	供给函数
线性函数	$Q=a-bp$（a，$b>0$）	$S=ap-b$（a，$b>0$）
幂函数	$Q=bp^{-a}$（a，$b>0$）	$S=bp^{a}$（a，$b>0$）
指数函数	$Q=a\mathrm{e}^{-bp}$（a，$b>0$）	$S=a\mathrm{e}^{bp}$（a，$b>0$）

需求函数与供给函数密切相关，当市场上的需求量和供给量相等时，需求关系与供给关系达到某种平衡，这时的价格 p_0 和需求量 Q_0 分别称为均衡价格与均衡量，而（p_0，Q_0）称为**均衡点**.

如果把需求曲线和供给曲线画在同一坐标系中，如图 1-30 所示，由于需求函数 Q 是单调递减函数，供给函数 S 是单调递增函数，故它们的交点(p_0，Q_0)为均衡点，其横纵坐标分别为均衡价格与均衡量.

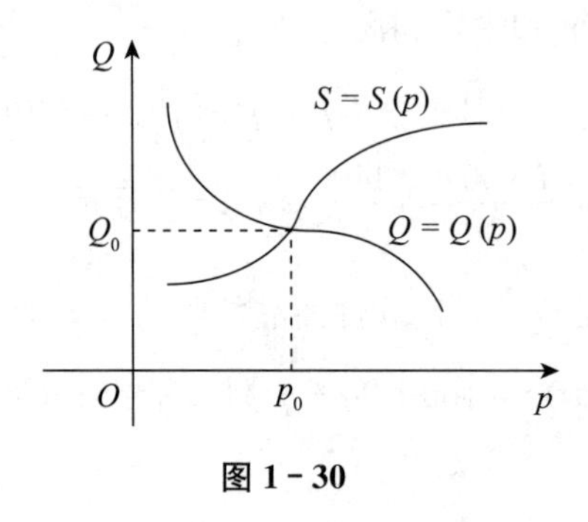

图 1-30

例 6　某商品的需求量 Q 和供给量 S 与其价格 p 满足如下关系式：

$$Q^2-21Q-p=-188，2S^2+p=212.$$

试求市场的均衡价格和数量.

解：求均衡价格和数量，即解方程组（$Q=S$）

$$\begin{cases}Q^2-21Q-p=-188\\2Q^2+p=212\end{cases},$$

两式相加得 $3Q^2-21Q=24$. 解之得 $Q_1=8$，$p_1=84$；$Q_2=-1$，$p_2=210$.

显然，$Q_2=-1$ 无意义. 故所求均衡价格为 84 单位，均衡数量为 8 单位.

习题 1.4

1. 一种汽车出厂价为 45 000 元，使用后它的价值按年降价率 $\frac{1}{3}$ 的标准贬值. 试求此车的价值 y（单位：元）与使用时间 t（单位：年）的函数关系.

2. 国际投寄信函的收费标准（1999 年 3 月 1 日）如表 1-7 所示. 试写出信函重量 x

与收费 y 之间的函数关系.

表 1-7 国际投寄信函的收费标准

重量	单价	重量	单价
20 克及以下	4.40 元	100～250 克	20.80 元
20～50 克	8.20 元	250～500 克	39.80 元
50～100 克	10.40 元		

3. 某快餐特许经营店遍及全国，据估计，特许经营店的数目满足指数函数模型 $N(t)=N_0e^{0.1t}$. 假设初始时（$t=0$）特许经营店的数目是 50，问 20 年中将会有多少特许经营店？经过多长时间特许经营店的数量扩充到初始时的两倍？

4.（广告效应）某公司在一个城市宣传一种新产品，它在电视上做产品广告，发现广告播出 t 次后购买该产品的人数所占百分比满足函数 $P(t)=\dfrac{1}{1+49e^{-0.13t}}$. 求广告播出 20 次和 50 次后购买该产品的人数所占的百分比.

5.（信息扩散）某制药公司投入巨资测试一种新药，该药通过审批后，完全被医生接受并把它用于临床治疗仍需要一段时间. 假设 t 个月后使用该药治疗的医生所占的百分比为 $P(t)=1-e^{-0.4t}$，试求 2 个月、12 个月后使用该药的医生所占的百分比是多少，并作出 $P(t)=1-e^{-0.4t}$ 的图形.

6. 已知某商品的需求函数为 $Q(p)=\dfrac{100}{3}-\dfrac{2}{3}p$，供给函数为 $S(p)=-10+5p$. 求该商品的均衡价格.

7. 设某商品的需求函数与供给函数分别为 $Q(p)=\dfrac{5\,600}{p}$，$S(p)=p-10$.

(1) 求出均衡价格，并求此时的供给量与需求量.

(2) 在同一坐标系中画出供给曲线与需求曲线.

(3) 何时供给曲线过 p 轴？这一点的经济意义是什么？

8. 某厂生产一种元器件，设计能力为日产 120 件. 每日的固定成本为 150 元，每件的平均可变成本为 10 元.

(1) 试求该厂此元器件的日总成本函数及平均成本函数；

(2) 若每件售价 15 元，试写出总收入函数；

(3) 试写出利润函数，并求出盈亏平衡点.

9. 某厂生产的掌上游戏机每台可卖 110 元，固定成本为 7 500 元，可变成本为每台 60 元.

(1) 要卖多少台掌上游戏机，厂家才可保本？

(2) 如果卖掉 100 台，厂家盈利或亏损了多少？

(3) 要获得 1 250 元利润，需要卖多少台？

1.5 函数内容精要与思想方法*

本节主要对函数内容中的核心要点进行概括，并对函数思想方法及应用进行讨论. 函数是微积分研究的对象，函数概念与函数思想是本节讨论的重点.

1.5.1 函数内容精要

本章内容的逻辑主线：函数概念、函数的特性、反函数、复合函数、基本初等函数、初等函数和函数模型.

本章内容的核心要点：函数概念、复合函数、基本初等函数.

1. 函数概念

函数定义：设 D 是实数集 $\mathbf{R}$ 上的一个非空子集. 如果有 D 到 $\mathbf{R}$ 上的一个映射（对应规则）f，使得对于每个 $x\in D$，通过映射 f 都有唯一确定的数 $y\in\mathbf{R}$ 与之对应，则称 f 为定义在 D 上的函数，x 称为 f 的自变量，y 称为因变量，函数记作

$$f: D\to\mathbf{R},\ x\mapsto y,\ x\in D,$$

其中 D 称为函数 f 的定义域，记作 $D(f)$，D 中的每个 x 根据映射 f 对应于一个 y，记作 $y=f(x)$，称为函数 f 在 x 处的函数值，全体函数值的集合 $f(D)$ 称为函数 f 的值域，

$$f(D)=\{y \mid y=f(x),\ x\in D\}\subset\mathbf{R}.$$

（1）函数的两个基本要素.

函数的对应规则和定义域称为函数的两个要素. 只要定义域和对应规则给定，函数就确定了. 当两个函数的定义域及对应法则都相同时，两个函数相等.

（2）函数的表达形式.

函数定义强调了自变量 x 在定义域 D 上每取一值时，函数 y 都有唯一确定的值与它对应，而对于对应关系的形式，定义中并无限制，因此一个函数可以用解析式来表达，也可以用图形法和表格法来表达.

2. 复合函数

设函数 $y=f(u)$ 的定义域为 U，函数 $u=\varphi(x)$ 在 D 上有定义，值域为 W，若 $W\cap U\neq\varnothing$ 时，可以在 $G=\{x \mid x\in D,\ \varphi(x)\in U\}\subseteq D$ 上确定函数 $y=f[\varphi(x)]$，该函数就称为 $u=\varphi(x)$ 与 $y=f(u)$ 的**复合函数**.

（1）构成复合函数的条件.

构成复合函数的条件是 $W\cap U\neq\varnothing$.

① 当$W\subset U$时，复合函数$y=f[\varphi(x)]$的定义域为D；

② 当$W\not\subset U$时，复合函数$y=f[\varphi(x)]$的定义域为$G=\{x|x\in D, \varphi(x)\in U\}\subseteq D$.

(2) 确定复合函数的方法.

① 代入法：将一个函数中的自变量用另一个函数的表达式来替代，这种构造复合函数的方法称为代入法，该方法适用于初等函数的复合.

② 分析法：所谓分析法，就是抓住最外层函数定义域的各区间段，结合中间变量的表达式及中间变量的定义域进行分析，从而得出复合函数，该方法适用于初等函数与分段函数或分段函数之间的复合.

③ 图示法：所谓图示法，就是借助图形的直观性将函数复合，适用于分段函数，尤其是两个函数均为分段函数的复合.

(3) 将复合函数分解成基本初等函数的方法是从复合函数外层到里层逐层引入中间变量.

1.5.2 数学思想与方法

微积分是人类历史上伟大的思想成就之一，是数学发展史上的里程碑. 微积分已成为自然科学、工程技术和经济管理中必备的数学工具，在高等教育中发挥着特殊功效，对学生的数学思想、数学思维和能力发展具有深刻的影响.

数学思想与方法是数学的精髓和灵魂. 微积分中蕴含着丰富的数学思想与方法，凝聚了众多科学家的智慧. 数学思想与方法是理解和掌握微积分本质规律的核心，是学好微积分的关键，是将数学知识转化为能力的桥梁.

1.5.3 函数思想

微积分研究的对象为函数，函数思想是微积分中基础的数学思想. 函数模型是利用微积分方法解决实际问题的基础，特别是对一些优化问题的讨论，都离不开函数模型的建立.

通常把用函数关系来表述问题，用函数性质来分析问题、转化问题和解决问题的思想方法称为函数思想或函数方法. 具体说就是用运动变化的观点来分析与研究问题中的数量关系，建立函数关系并通过对函数性质的研究与运算得出问题的数学解. 函数思想在微积分中的应用主要体现在以下几个方面.

(1) 以函数为桥梁，实现函数与方程、不等式间的转化.

方程与函数相比，方程是静止的，函数是运动的，方程的根可视为对应函数在某种特定状态下的函数值. 研究方程问题时，特别是证明方程根的存在性与个数时，可以从函数的观点出发，化静为动，这样往往可以化难为易、化繁为简. 如微积分中使用介值定理、罗尔定理等证明方程根的存在性问题，就是通过构造函数来实现的.

证明不等式时，可以将不等式问题转化为函数问题，为解决问题带来方便. 如利用函数的单调性、极值方法证明不等式问题，就是通过构造函数来解决的.

（2）以函数为背景，实现函数思想在数列中的应用.

数列与函数相比，数列是离散的，函数是连续的. 数列可以看作函数的特殊情形，即自变量取自然数的整变量函数，这样，从函数的观点出发，将数列问题转化为相应的函数问题，是求解数列问题的有效方法. 如将数列的极限转化为函数的极限，就可以用函数求极限的方法加以解决.

（3）化离散为连续，解决级数问题；构造辅助函数，证明有关问题. 这些函数思想的应用将在后续内容中介绍.

（4）建立函数关系，以导数、积分为工具，解决实际问题中的优化问题、变化率问题、面积与体积问题，以及物理学、经济学和管理学中的问题.

1.5.4 函数建模型思想的应用

绪论中介绍了数学建模思想，即指导建立和应用数学模型的思想观点. 在微积分中，常见的数学模型有函数模型、变化率模型、积分模型、微分方程模型和差分方程模型. 其中常见的函数模型有衰减记忆、细菌繁殖、连续复利等指数函数模型；人口增长、商品销售、传染病传播等逻辑斯蒂增长模型；成本函数、收益函数、利润函数、需求函数、供给函数等经济函数模型. 下面介绍连续复利模型的建立.

例 （连续复利模型）复利计息方法是在存款一期之末结息一次，再将利息转为本金，即和原来的本金一起作为下一期的本金产生利息，这种计息方法称为复利.

设存入银行本金 A 元，年利率为 r，t 年后的银行存款总额是本金与利息之和. 若每年结算一次时，则有

- 第一年后本利和为 $S_1=A+Ar=A(1+r)$；
- 第二年后本利和为 $S_2=S_1+S_1r=S_1(1+r)=A(1+r)^2$；
- 第 t 年后本利和为 $S_t=S_{t-1}+S_{t-1}r=S_{t-1}(1+r)=A(1+r)^t$.

这样，t 年后的存款额为 $S=A(1+r)^t$，该式为一年计息的存款模型.

连续复利是将计息时间缩短为一个瞬间，即此刻的利息在下一时刻立即记入本金，产生利息. 由于连续复利的结息时间缩短为一个瞬间，即一年中结算次数趋于无限，因此，连续复利 t 年后的本利和应为每年结算 n 次时，t 年后的本利和在 $n\to\infty$ 时的极限，即

$$S=\lim_{n\to\infty}A\left(1+\frac{r}{n}\right)^{nt}=A\lim_{n\to\infty}\left[\left(1+\frac{r}{n}\right)^{\frac{n}{r}}\right]^{rt}=A\mathrm{e}^{rt}.$$

所以，连续复利 t 年后存款模型为 $S=A\mathrm{e}^{rt}$.

连续复利模型是一种指数函数模型，指数函数模型是实际问题中广泛应用的一类模型，很多自然现象都可以通过指数函数模型进行描述，如细菌的繁殖、放射性物质的衰减、物体的冷却、居民消费价格指数等问题都可以用指数函数模型描述.

总习题一

A. 基础测试题

1. 填空题

(1) 函数 $y=\ln(1-\ln x)$ 的定义域为________.

(2) 设 $f(x)=\begin{cases}1+x, & x<0\\ 1, & x\geqslant 0\end{cases}$，则 $f[f(x)]=$________.

(3) 设 $f(x)=\begin{cases}x, & x<1\\ x^2, & 1\leqslant x\leqslant 4\\ 2^x, & x>4\end{cases}$，则其反函数 $f^{-1}(x)=$________.

(4) 设 $f(x)=(1+x^2)\operatorname{sgn}x$，则其反函数 $f^{-1}(x)=$________.

(5) 已知 $f(x)=\sin x$，$f[g(x)]=1-x^2$，则 $g(x)=$________ 的定义域为________.

(6) 若 $f\left(x+\dfrac{1}{x}\right)=\dfrac{x^3+x}{x^4+1}$，则 $f(x)=$________.

2. 单项选择题

(1) 设 $f(x)$ 的定义域为 $[1, 2]$，则 $f(1-\lg x)$ 的定义域为（　　）.

(A) $[1, 1-\lg 2]$　　(B) $(0, 1]$

(C) $\left[\dfrac{1}{10}, 1\right]$　　(D) $(1, 10)$

(2) 设函数 $y=f(x)$ 和 $y=g(x)$ 的定义域和值域依次为 $D(f)$，$R(f)$ 和 $D(g)$，$R(g)$，则复合函数 $f[g(x)]$ 有意义的充要条件是（　　）.

(A) $D(f)\cap R(g)\neq\varnothing$　　(B) $D(f)\cap D(g)\neq\varnothing$

(C) $R(f)\cap D(g)\neq\varnothing$　　(D) $R(f)\cap R(g)\neq\varnothing$

(3) $y=|\sin 2x|$ 的最小正周期为（　　）.

(A) 4π　　(B) 2π

(C) π　　(D) $\dfrac{\pi}{2}$

(4) 函数 $y=\dfrac{1}{x^2}$ 在区间 $(0, 1)$ 上是（　　）.

(A) 递增且有界的　　(B) 递增且无界的

(C) 递减且有界的　　(D) 递减且无界的

(5) 曲线 $y=f(x)$ 关于直线 $y=x$ 对称的必要条件为（　　）.

(A) $f(x)=x$　　(B) $f(x)=\dfrac{1}{x}$

(C) $f(x)=-x$　　(D) $f[f(x)]=x$

(6) $f(x)$ 在 $(-\infty, +\infty)$ 上有定义，且 $0\leqslant f(x)\leqslant M$，则下列函数中必有界的是（　）.

(A) $\dfrac{1}{f(x)}$　　(B) $\ln f(x)$

(C) $e^{\frac{1}{f(x)}}$　　(D) $e^{-\frac{1}{f(x)}}$

3. 求下列函数的定义域：

(1) $y=\sqrt{5-4x}+\dfrac{1}{x^2-x}$；　　(2) $y=\ln(x^2-1)+\arcsin\dfrac{1}{x+1}$.

4. 求下列函数的反函数：

(1) $y=\dfrac{e^x}{1+e^x}$；　　(2) $y=\begin{cases}\tan x, & -\pi/2<x<0\\ x^2, & 0\leqslant x<2\\ e^x, & 2<x<+\infty\end{cases}$.

5. 指出下列函数是由哪些简单函数复合而成的：

(1) $y=\cos(\ln\sqrt{x-1})$；　　(2) $y=\sin^2\dfrac{1}{\sqrt{x^2+1}}$；

(3) $y=e^{\arctan\sin\sqrt{x^2+1}}$.

6. 设 $f(x)=3x+4$，分别求下列各式中的函数 $g(x)$：

(1) $g[f(x)]=4x+3$；　　(2) $f[g(x)]=4x+3$；

(3) $f\left[\dfrac{1}{g(x)}\right]=4x+3$.

7. 设 $f(x)=\begin{cases}-e^x, & x<0\\ -x^2, & x\geqslant 0\end{cases}$，$g(x)=\ln x$. 求 $f[g(x)]$ 的表达式及定义域.

8. 设 $f(x)$ 满足 $af(x)+bf(1-x)=\dfrac{c}{x}$，其中 a，b，c 均为常数，且 $|a|\neq|b|$. 求 $f(x)$.

9. 若函数 $f(x)$ 在 $(0, +\infty)$ 内单调递增，$a>0$，$b>0$. 试证明：

$$af(a)+bf(b)\leqslant(a+b)f(a+b).$$

10. 按照银行规定，某种外币一年期存款的年利率为 4.2%，半年期存款的年利率为 4.0%. 每笔存款到期后，银行自动将其转存为同样期限的存款. 设将总数为 A 单位的该种外币存入银行，两年后取出，问存何种期限的存款能有较多的收益？收益为多少？

11. 有两家健身俱乐部，第一家每月会费 300 元，每次健身收费 1 元；第二家每月会费 200 元，每次健身收费 2 元. 若只考虑经济因素，在每月健身次数相同的情况下，你会选择哪一家俱乐部？

12. 每印一本杂志的成本为 1.22 元，每售出一本杂志仅有 1.20 元的收入，但销量超过 15 000 本时还能将超过部分的收入的 10% 作为广告费收入．试问应至少销售多少本杂志才能保本？销量达到多少时才能获利 1 000 元？

B. 考研提高题

1. 设 $f(x)=\begin{cases}x^2, & x<0\\ -x, & x\geqslant 0\end{cases}$，$g(x)=\begin{cases}2-x, & x\leqslant 0\\ x+2, & x>0\end{cases}$，求 $f[g(x)]$，$g[f(x)]$.

2. 设对任一非零实数 x 总有 $\frac{1}{2}f\left(\frac{2}{x}\right)+3f\left(\frac{x}{3}\right)=\frac{x}{2}-\frac{17}{x}$，求 $f(x)$.

3. 设函数 $f(x)$ 和 $g(x)$ 互为反函数，且 $f(x)\neq 0$，求 $g\left[\frac{1}{f(x-1)}\right]$ 的反函数.

4. 设 $f(x)$ 是奇函数，$f(1)=a$，且 $f(x+2)-f(x)=f(2)$.

(1) 试用 a 表示 $f(2)$，$f(5)$.

(2) 问 a 取何值时，$f(x)$ 以 2 为周期？

5. 设 $f(x)$ 在 $(0,+\infty)$ 上有定义，且 $\frac{f(x)}{x}$ 在 $(0,+\infty)$ 内单调递减，证明：对于任意两点 $x_1>0$，$x_2>0$，有 $f(x_1+x_2)\leqslant f(x_1)+f(x_2)$.

6. 设 $\varphi(x)$、$\psi(x)$、$f(x)$ 都为单调递增函数，且对一切实数 x 均有 $\varphi(x)\leqslant f(x)\leqslant\psi(x)$，证明：$\varphi[\varphi(x)]\leqslant f[f(x)]\leqslant\psi[\psi(x)]$.

7. 设 $f(x)$ 在 $(-\infty,+\infty)$ 上有定义，证明：$F(x)=\frac{f^2(x)}{1+f^4(x)}$ 在 $(-\infty,+\infty)$ 上为有界函数.

第2章　极限与连续

微积分是一门以极限为研究手段的数学学科. 微积分的许多重要概念都建立在极限的理论基础之上，并且它们的主要性质和法则也都通过极限方法推导. 因此，掌握极限的概念、性质和计算是学好微积分的基础. 本章主要介绍极限的概念、性质、运算法则以及函数的连续性.

2.1　数列的极限

自然界中有很多量仅仅通过有限次的算术运算是计算不出来的，必须通过分析一个无限变化过程的变化趋势才能求得结果，这正是极限思想和极限概念产生的客观基础.

2.1.1　数列的概念

定义1　按一定顺序排列起来的无穷多个数

$$u_1,\ u_2,\ u_3,\ \cdots,\ u_n,\ \cdots$$

称为**数列**. 通常将数列的第 n 项 u_n 称为**通项**或**一般项**. 数列可以简记为$\{u_n\}$.

数列可以看成自变量为正整数的函数 $u_n=f(n)(n=1,\ 2,\ \cdots)$，其函数值按自变量 n 由小到大排列成一列数 u_1，u_2，u_3，$\cdots$，u_n，$\cdots$，即为数列.

例如：(1) $u_n=\frac{1}{2^n}$，相应的数列为 $\frac{1}{2}$，$\frac{1}{2^2}$，$\frac{1}{2^3}$，$\cdots$，$\frac{1}{2^n}$，$\cdots$.

(2) $u_n=(-1)^{n+1}$，相应的数列为 1，-1，1，-1，$\cdots$，$(-1)^{n+1}$，$\cdots$.

数列有两种几何表示方法：(1) 用数轴上的点列表示数列；(2) 用坐标平面上的点表示数列.

例如，一般项为 $u_n=\frac{1}{n}$ 的数列，即 1，$\frac{1}{2}$，$\frac{1}{3}$，$\frac{1}{4}$，$\cdots$，$\frac{1}{n}$，$\cdots$，可以用图 2-1 表示.

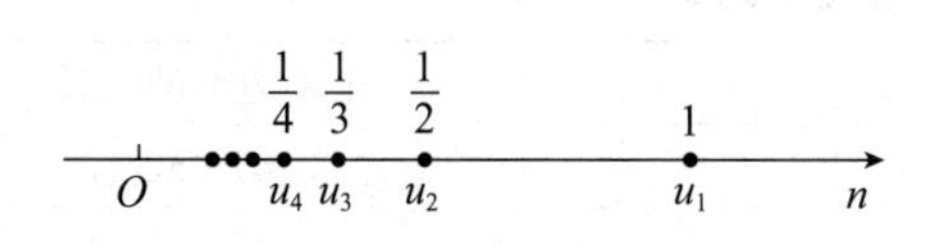

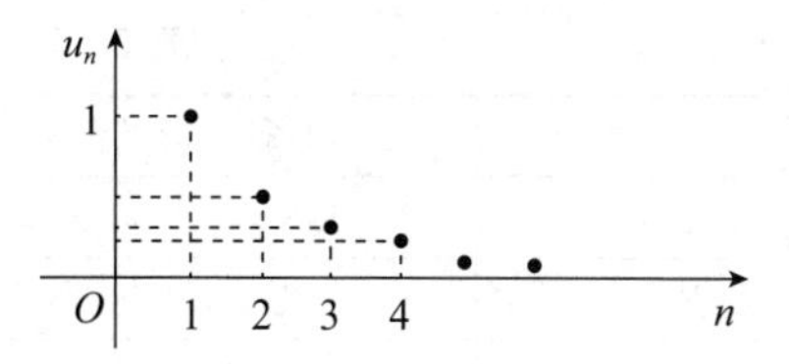

图 2-1

2.1.2　数列的极限

极限思想源远流长，早在 2 500 年前就已产生．古希腊伟大的数学家阿基米德[①]（Archimedes，公元前 287—前 212 年）曾用穷竭法求曲边三角形的面积；公元 3 世纪，我国古代数学家刘徽[②]在其所著的《九章算术注》中曾论述了圆的周长和面积，这些方法中都已渗透着极限的思想.

刘徽在《九章算术注》中用“割圆术”对圆的面积和周长进行研究，并且算出了圆周率的近似值 $\pi\approx3.14$．这里运用数学家刘徽“割圆术”的思想来推算一下圆周率.

先把直径为 1 的圆分成六等份，求得圆内接正六边形的周长（见图 2-2），记作 S_1；然后平分各弧作圆内接正十二边形，其周长记作 S_2；再平分各弧作圆内接正二十四边形，其周长记作 S_3．如此进行下去，就得到由圆内接正多边形的周长构成的数列：

$$S_1,\ S_2,\ S_3,\ \cdots,\ S_n,\ \cdots,$$

其中，数列的通项 S_n 是圆内接正 3×2^n 边形的周长，其取值见表 2-1.

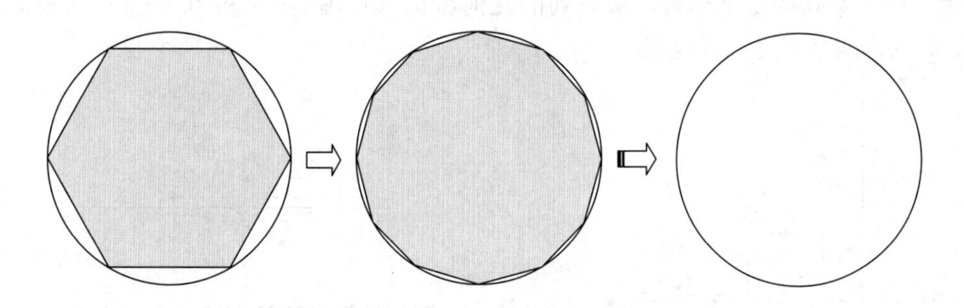

图 2-2　随着圆内接正多边形边数的增加，圆内接正多边形的周长越来越接近圆的周长

① 阿基米德（Archimedes，约公元前 287—前 212 年），古希腊最富创造性和精确性的数学家．他的几何著作主要有《圆的度量》《论球和圆柱》《抛物线求积法》等．在他的著作中，很多方法已经接近微积分的思想方法（但没有极限概念），因此可以说阿基米德的数学方法中孕育着微积分的萌芽.

② 刘徽，我国魏晋时期的数学家，中国古典数学理论的奠基者之一，在世界数学史上占有重要的地位．公元 263 年刘徽在《九章算术注》中创造了用“割圆术”计算圆周率的方法．刘徽的一生是为数学刻苦探求的一生．他虽然地位低下，但人格高尚．他不是沽名钓誉的庸人，而是学而不厌的伟人，他的杰作《九章算术注》和《海岛算经》是我国最宝贵的数学遗产.

表 2-1　圆内接正多边形的周长

n	正多边形的周长	n	正多边形的周长
1	3.000 000 00	6	3.141 452 47
2	3.105 828 54	7	3.141 557 61
3	3.132 628 61	8	3.141 583 89
4	3.139 350 20	9	3.141 590 46
5	3.141 031 95	10	3.141 592 11

从表 2-1 可以看到，n 越大，圆内接正多边形的周长越接近圆的周长，从而用 S_n 作为圆的周长的近似值也就越精确.

如果让 n 无限增大，即圆内接正多边形的边数无限增多，那么圆内接正多边形的周长将无限接近圆的周长，即 S_n 无限趋近某一个确定的常数 A，这个常数 A 可以理解为圆的周长. 正如刘徽在《九章算术注》中所说的："割之弥细，所失弥少. 割之又割，以至于不可割，则与圆周合体而无所失矣."

探究　从圆的周长研究中可以看到，对于数列研究的重点是：当 n 无限增大时，数列的发展趋势如何，以及如何刻画极限.

例 1　考察下列数列的变化趋势：

(1) 数列 $1, \frac{1}{2}, \frac{1}{3}\cdots, \frac{1}{n}, \cdots$，其通项为 $u_n=\frac{1}{n}$ $(n=1, 2, \cdots)$；

(2) 数列 $0, \frac{3}{2}, \frac{2}{3}, \frac{5}{4}, \cdots, \frac{n+(-1)^n}{n}, \cdots$，其通项为 $u_n=\frac{n+(-1)^n}{n}$ $(n=1, 2, \cdots)$.

解：对于数列的变化趋势，从数列的几何特征（见图 2-3 和图 2-4）和数据特征（见表 2-2）两个角度进行观察.

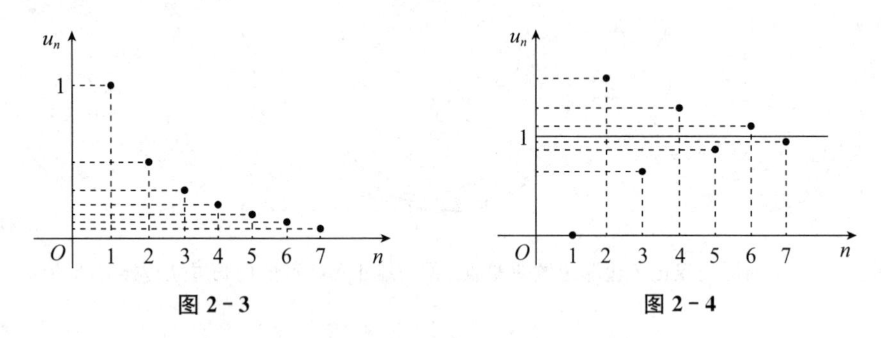

图 2-3　　图 2-4

表 2-2　当 n 无限增大时，数列变化的数据特征

n	1	2	3	4	5	6	7	…	$\to\infty$
$u_n=\frac{1}{n}$	1	0.500	0.333	0.250	0.200	0.167	0.143	…	$\to 0$
$u_n=\frac{n+(-1)^n}{n}$	0	1.500	0.667	1.250	0.800	1.167	0.857	…	$\to 1$

从数列的几何图形和数据特征可以看到：

(1) 对于数列$\left\{\frac{1}{n}\right\}$，当 n 无限增大时，u_n 与常数 0 无限接近（见图 2-3）.

(2) 对于数列$\left\{\frac{n+(-1)^n}{n}\right\}$，当 n 无限增大时，u_n 与常数 1 无限接近（见图 2-4）.

概括　此例中讨论的两个数列变化趋势的特征是：当 n 无限增大时，u_n 与一个确定的常数 A 无限接近. 将数列变化趋势的这一特征进行抽象概括，可以得到数列的极限概念.

定义 2（极限的描述定义）　对于数列$\{u_n\}$，如果当 n 无限增大时，通项 u_n 无限接近某个确定的常数 A，则称 **A 为数列$\{u_n\}$的极限**，或称**数列$\{u_n\}$收敛于 A**，记为

$$\lim_{n\to\infty}u_n=A \quad 或 \quad u_n\to A\ (n\to\infty).$$

若不存在这样的常数，则称**数列$\{u_n\}$发散.**

观察图形不难得到下列简单极限：

$$\lim_{n\to\infty}\frac{1}{n}=0,\ \lim_{n\to\infty}\left(2+\frac{1}{n^2}\right)=2,\ \lim_{n\to\infty}\frac{n-1}{n+1}=1,\ \lim_{n\to\infty}\frac{(-1)^n}{n^2}=0.$$

而数列$\{(-1)^n\}$，$\{2n+1\}$的极限不存在.

上述极限定义只是极限的定性描述，而非精确定义，要对极限概念有深刻的认识，必须对该定义进行定量化和精确化，也就是对“n 无限增大”与“u_n 无限接近某个确定的常数 A”给出明确的数学描述.

极限概念的精确化　对于“u_n 无限接近某个确定的常数 A”可以用 u_n 与常数 A 的接近程度$|u_n-A|$来描述，$|u_n-A|$越小，u_n 与常数 A 越接近. 由此，对数列极限的描述就有如下等价说法：

$\lim\limits_{n\to\infty}u_n=A$，即当 $n\to\infty$ 时，$u_n\to A$.

$\Leftrightarrow$ 当 n 充分大时，所有 u_n 与 A 的距离$|u_n-A|$可以任意小（要多小有多小）.

$\Leftrightarrow$ 当 n 充分大时，所有 u_n 都可以使$|u_n-A|$小于任意给定小的正数 ε.

$\Leftrightarrow$ 对于任意给定的 $\varepsilon>0$，当 n 充分大时，所有 u_n 都满足$|u_n-A|<\varepsilon$.

$\Leftrightarrow$ 对于任意给定的 $\varepsilon>0$，存在正整数 N，当 $n>N$ 时，$|u_n-A|<\varepsilon$ 成立.

在此，用“$n>N$”描述“n 无限增大”，用“$|u_n-A|<\varepsilon$”描述“u_n 无限接近某个确定的常数 A”，这正是极限概念中“当 n 无限增大时，u_n 无限接近某个确定的常数 A”的数量描述.

事实上，也可以通过具体实例理解上述极限概念的数量描述.

以数列$\left\{\frac{n+(-1)^n}{n}\right\}$为例，观察极限 $\lim\limits_{n\to\infty}\frac{n+(-1)^n}{n}=1$ 的数量描述.

因为 $u_n=\frac{n+(-1)^n}{n}=1+\frac{(-1)^n}{n}$，所以

$$|u_n-1|=\left|\frac{n+(-1)^n}{n}-1\right|=\left|\frac{(-1)^n}{n}\right|=\frac{1}{n}.$$

由此可见，当 n 越来越大时，$|u_n-1|=\dfrac{1}{n}$ 越来越小，从而 u_n 越来越接近 1.

事实上，通过表 2-3 中的具体实例可以看到：当 n 足够大时，$|u_n-1|$ 可以小于任意给定的正数 ε，即对于任意给定的 $\varepsilon>0$，存在正整数 $N=[1/\varepsilon]$，当 $n>N$ 时，$|u_n-A|<\varepsilon$.

表 2-3　当 n 足够大时，$|u_n-1|$ 可以小于任意给定的正数 ε

对于 $\varepsilon=\dfrac{1}{10}$	存在 $N=10$	当 $n>N=10$ 时	$\lvert u_n-1\rvert=\dfrac{1}{n}<\dfrac{1}{10}$
对于 $\varepsilon=\dfrac{1}{100}$	存在 $N=100$	当 $n>N=100$ 时	$\lvert u_n-1\rvert=\dfrac{1}{n}<\dfrac{1}{100}$
对于 $\varepsilon=\dfrac{1}{1\,000}$	存在 $N=1\,000$	当 $n>N=1\,000$ 时	$\lvert u_n-1\rvert=\dfrac{1}{n}<\dfrac{1}{1\,000}$

由此，概括出数列极限的精确定义如下：

定义 3（极限的精确定义）　若对任意给定的 $\varepsilon>0$，总存在正整数 N，使当 $n>N$ 时，恒有 $|u_n-A|<\varepsilon$ 成立，则称**数列 $\{u_n\}$ 收敛**，其极限为 A，或数列 $\{u_n\}$ 收敛于 A，记为

$$\lim_{n\to\infty}u_n=A \quad 或 \quad u_n\to A\ (n\to\infty).$$

否则称**数列 $\{u_n\}$ 发散**，或称数列 $\{u_n\}$ 的极限不存在.

上述定义简称为数列极限的“ε - N”定义，为了使数列极限定义的叙述简单，可以用下述逻辑语言表述极限定义：

$$\lim_{n\to\infty}u_n=A\Leftrightarrow\forall\varepsilon>0,\ \exists N\in\mathbf{Z}^+,\ 当\ n>N\ 时,\ |u_n-A|<\varepsilon.$$

注释　数列极限定义点评：

(1) 正数 ε 具有任意性和给定性：ε 用于衡量 u_n 与 A 的接近程度，正数 ε 必须是任意的，即 ε 可以任意小，其小的程度没有限制，这样才能描述 u_n 与 A 任意接近；同时 ε 又具有给定性，这样才能根据它确定正整数 N. 此外，ε 既然具有任意性，2ε，ε^2，$\sqrt{\varepsilon}$ 等也就都是任意给定的正数，虽然它们在形式上与 ε 不同，但本质是相同的，因此在用极限定义证明极限时经常用到与 ε 本质相同的形式.

(2) 正数 N 具有相应性：定义中的正整数 N 是依赖于给定的 ε 而确定的 $N(\varepsilon)$，它指出了一个位置（时刻），只要 n 增大到该位置（时刻）以后，就有 $|u_n-A|<\varepsilon$，并且 N 不是唯一的，大于 N 的任何自然数均可.

(3) 极限定义中的辩证思想：由数列极限的定义可以看到，正数 ε 具有任意性和给定性，ε 的绝对任意性是通过无限多个相对固定的 ε 表现出来的，其中蕴涵着通过有限认识无限、通过静态认识动态的辩证思想.

由于不等式 $|u_n-A|<\varepsilon\Leftrightarrow A-\varepsilon<u_n<A+\varepsilon$，所以有如下数列极限的几何意义.

极限的几何意义：当 $n>N$ 时，所有点 u_n 全部落在区间 $(A-\varepsilon, A+\varepsilon)$ 内，只有有限多个（最多 N 个）点落在区间之外. 这样，数列的极限存在与否以及极限如何与数列前面的有限项无关. 当 n 无限增大时，区间 $(A-\varepsilon, A+\varepsilon)$ 向点 A 无限收缩，区间 $(A-\varepsilon, A+\varepsilon)$ 内的点 u_n 就向 A 无限趋近，如图 2-5 所示.

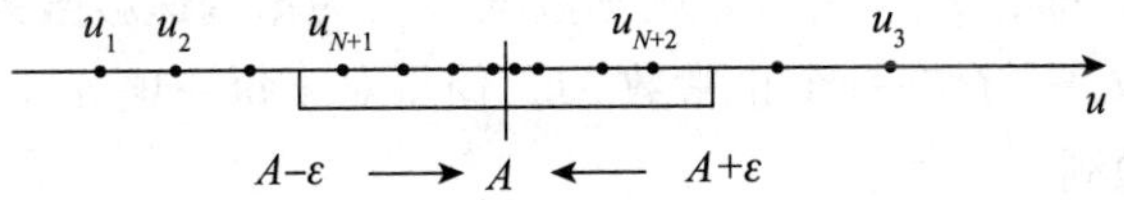

u_1　u_2　u_{N+1}　u_{N+2}　u_3　u

$A-\varepsilon \longrightarrow A \longleftarrow A+\varepsilon$

图 2-5

例 2　证明 $\lim\limits_{n\to\infty}\dfrac{2n+1}{n+1}=2$.

分析：记 $u_n=\dfrac{2n+1}{n+1}$，这时 $|u_n-2|=\left|\dfrac{2n+1}{n+1}-2\right|=\left|\dfrac{-1}{n+1}\right|=\dfrac{1}{n+1}$.

对于任意给定的 $\varepsilon>0$，要使 $|u_n-2|<\varepsilon$，只要 $\dfrac{1}{n+1}<\varepsilon$ 即 $n>\dfrac{1}{\varepsilon}-1$ 即可.

证：对于任意给定的 $\varepsilon>0$，取 $N=\left[\dfrac{1}{\varepsilon}-1\right]$，则当 $n>N$ 时，总有

$$|u_n-2|=\left|\frac{2n+1}{n+1}-2\right|=\frac{1}{n+1}<\varepsilon.$$

所以 $\lim\limits_{n\to\infty}\dfrac{2n+1}{n+1}=2$.

例 3　设数列的一般项为 $u_n=\dfrac{\sin n}{(n+1)^2}$. 证明：$\lim\limits_{n\to\infty}\dfrac{\sin n}{(n+1)^2}=0$.

证：由于

$$|u_n-0|=\left|\frac{\sin n}{(n+1)^2}-0\right|\leqslant\frac{1}{(n+1)^2}<\frac{1}{n+1}<\frac{1}{n},$$

因此要使 $|u_n-0|<\varepsilon$，只要 $\dfrac{1}{n}<\varepsilon$，即 $n>\dfrac{1}{\varepsilon}$ 即可. 于是对于任意给定的 $\varepsilon>0$，取 $N=\left[\dfrac{1}{\varepsilon}\right]$，则当 $n>N$ 时，总有

$$|u_n-0|=\left|\frac{\sin n}{(n+1)^2}-0\right|<\varepsilon.$$

所以 $\lim\limits_{n\to\infty}u_n=\lim\limits_{n\to\infty}\dfrac{\sin n}{(n+1)^2}=0$.

注释　利用定义证明极限时，只需指出对于任意给定的 $\varepsilon>0$，使不等式 $|u_n-A|<\varepsilon$ 成立的自然数 N 确实存在即可，而无须找出最小的 N 值. 确定 N 值时，通常要将 $|u_n-A|$ 适当地放大而使之小于某个与 n 有关的量，这个量是以 n 为变量的比较简单的函数，并令它小于 ε $(\varepsilon>0)$，然后通过解不等式找出 N.

2.1.3 数列极限存在准则

如果对于每个正整数 n，都有 $u_n<u_{n+1}$，则称数列$\{u_n\}$为**单调递增数列**；类似地，如果对于每个正整数 n，都有 $u_n>u_{n+1}$，则称数列$\{u_n\}$为**单调递减数列**.

如果对于数列 $\{u_n\}$，存在一个正常数 M，使得对于每一项 u_n，都有 $|u_n|\leqslant M$，则称数列 $\{u_n\}$ 为**有界数列**.

定理（单调有界原理） 单调有界数列必有极限.

此定理不予证明，仅给出几何解释：由数列的单调性知，数轴上对应的数列点或向 u 轴正方向移动，或向 u 轴负方向移动；可以向无穷远处移动，也可能靠近某一常数；由于数列有界，$|u_n|\leqslant M$，因此这种移动不可能向无穷远处移动，只能靠近某一常数，即极限存在.

图 2-6 给出了单调递增有界数列必有极限的几何特征.

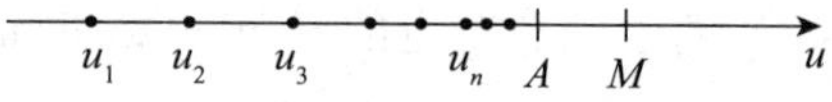

u_1 u_2 u_3 u_n A M u

图 2-6

例 4 设 $u_n=\left(1+\dfrac{1}{n}\right)^n$（$n=1, 2, 3, \cdots$）. 证明数列$\{u_n\}$的极限存在.

在证明数列$\left\{\left(1+\dfrac{1}{n}\right)^n\right\}$的极限存在之前，先对该数列的变化趋势进行观察，见表 2-4 和图 2-7.

表 2-4 当 n 增大时，数列$\{u_n\}$的变化趋势

n	1	2	3	4	5	10	100	1 000	10 000	…
$\left(1+\dfrac{1}{n}\right)^n$	2	2.250	2.370	2.441	2.488	2.594	2.705	2.717	2.718	…

从表 2-4 和图 2-7 可以看出，当 n 无限增大时，数列$\left\{\left(1+\dfrac{1}{n}\right)^n\right\}$变化的大致趋势是单调递增，且 $0<u_n<3$. 由数列极限的收敛准则（单调有界原理），可知该数列的极限存在. 下面给出证明.

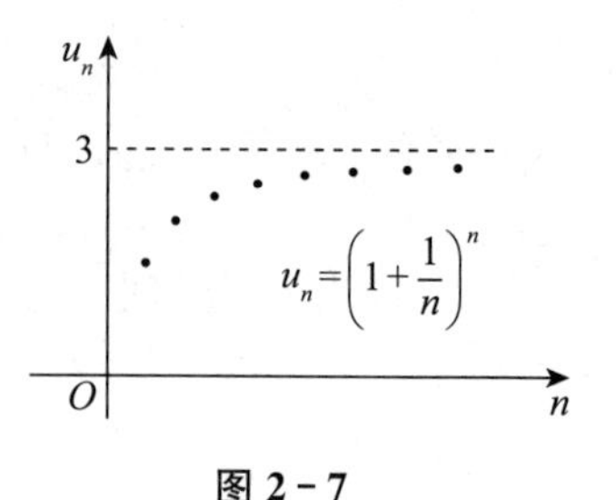

图 2-7

证：先证明数列$\{u_n\}$单调递增. 由二项式展开定理，有

$$
\begin{aligned}
u_n &=\left(1+\frac{1}{n}\right)^n \\
&=1+\frac{n}{1!}\cdot\frac{1}{n}+\frac{n(n-1)}{2!}\cdot\frac{1}{n^2}+\frac{n(n-1)(n-2)}{3!}\cdot\frac{1}{n^3}+\cdots \\
&\quad+\frac{n(n-1)(n-2)\cdots(n-n+1)}{n!}\cdot\frac{1}{n^n} \\
&=1+\frac{1}{1!}+\frac{1}{2!}\cdot\left(1-\frac{1}{n}\right)+\frac{1}{3!}\cdot\left(1-\frac{1}{n}\right)\left(1-\frac{2}{n}\right)+\cdots
\end{aligned}
$$

$$+\frac{1}{n!}\cdot\left(1-\frac{1}{n}\right)\left(1-\frac{2}{n}\right)\cdots\left(1-\frac{n-1}{n}\right).$$

类似地，有

$$\begin{aligned}u_{n+1}&=\left(1+\frac{1}{n+1}\right)^{n+1}\\&=1+\frac{1}{1!}+\frac{1}{2!}\cdot\left(1-\frac{1}{n+1}\right)+\frac{1}{3!}\cdot\left(1-\frac{1}{n+1}\right)\left(1-\frac{2}{n+1}\right)+\cdots\\&\quad+\frac{1}{(n+1)!}\cdot\left(1-\frac{1}{n+1}\right)\left(1-\frac{2}{n+1}\right)\cdots\left(1-\frac{n}{n+1}\right).\end{aligned}$$

比较 u_n 与 u_{n+1} 中相同位置的项，可知 $u_n<u_{n+1}$，所以数列$\{u_n\}$单调递增.

再证明数列$\{u_n\}$有界. 显然，$u_n>u_1=2$，且

$$\begin{aligned}u_n&=\left(1+\frac{1}{n}\right)^n\\&=1+\frac{1}{1!}+\frac{1}{2!}\cdot\left(1-\frac{1}{n}\right)+\frac{1}{3!}\cdot\left(1-\frac{1}{n}\right)\left(1-\frac{2}{n}\right)+\cdots\\&\quad+\frac{1}{n!}\cdot\left(1-\frac{1}{n}\right)\left(1-\frac{2}{n}\right)\cdots\left(1-\frac{n-1}{n}\right)\\&<1+\frac{1}{1!}+\frac{1}{2!}+\frac{1}{3!}+\cdots+\frac{1}{n!}\\&<1+1+\frac{1}{2}+\frac{1}{2^2}+\frac{1}{2^3}+\cdots+\frac{1}{2^{n-1}}=1+\frac{1-\frac{1}{2^n}}{1-\frac{1}{2}}=3-\frac{1}{2^{n-1}}<3.\end{aligned}$$

所以数列$\{u_n\}$有界. 由定理 1 知数列$\{u_n\}$收敛，其值记为 e，即

$$\lim_{n\to\infty}\left(1+\frac{1}{n}\right)^n=\mathrm{e}.$$

数 e 是一个无理数，经过计算得它的值为 e=2.718 28…（后续内容将给出其计算方法）. e 称为自然对数的底，以 e 为底的对数称为自然对数.

习题 2.1

1. 观察一般项为 u_n 的如下数列的变化趋势，如果有极限，写出它们的极限值：

(1) $u_n=1+\frac{1}{2^n}$；　(2) $u_n=(-1)^n\frac{1}{n}$；　(3) $u_n=2-\frac{1}{n^2}$；

(4) $u_n=1+\ln\frac{1}{n}$；　(5) $u_n=\cos\frac{1}{n}$；　(6) $u_n=2^{(-1)^n}$.

2. 利用数列极限的定义，证明下列数列的极限：

(1) $\lim\limits_{n\to\infty}(-1)^n\dfrac{1}{n^3}=0$；　(2) $\lim\limits_{n\to\infty}\dfrac{3n+1}{2n+1}=\dfrac{3}{2}$；　(3) $\lim\limits_{n\to\infty}\dfrac{\sqrt{n^2+1}}{n}=1$.

3. 证明 $\lim\limits_{n\to\infty}u_n=0$ 的充要条件是 $\lim\limits_{n\to\infty}|u_n|=0$.

4. 设数列 $\{u_n\}$ 有界，$\lim\limits_{n\to\infty}v_n=0$. 利用数列极限的定义，证明 $\lim\limits_{n\to\infty}u_nv_n=0$.

5. 设 $u_n=1+\dfrac{1}{2^2}+\dfrac{1}{3^2}+\cdots+\dfrac{1}{n^2}$. 利用单调有界准则，证明数列 $\{u_n\}$ 的极限存在.

6. 读写练习：选择下列题目，查阅有关文献，写一篇介绍极限思想发展过程的短文.

(1) 中国古代数学家刘徽的“割圆术”；

(2) 古希腊数学家阿基米德的“穷竭法”.

2.2 函数的极限

由于函数 $y=f(x)$ 的自变量的取值为实数集或它的子集，因此，关于函数极限的讨论主要分为：(1) 当自变量 x 无限趋于无穷时，函数值 $f(x)$ 的变化趋势；(2) 当自变量 x 无限趋于 x_0 时，函数值 $f(x)$ 的变化趋势.

2.2.1 当 $x\to\infty$ 时函数的极限

自变量趋于无穷可分为：$x\to+\infty$，$x\to-\infty$，$x\to\infty$ 三种形式. 其中，$x\to+\infty$ 表示 x 沿数轴正向趋于正无穷大；$x\to-\infty$ 表示 x 沿数轴负向趋于负无穷大；$x\to\infty$ 表示 x 沿数轴趋于无穷大.

对于函数 $f(x)=\dfrac{1}{x}$ $(x\neq 0)$，如果限制 x 只在自然数集合内取值，即 $x\in\mathbf{N}$，则函数化为整变量函数 $f(n)=\dfrac{1}{n}$ $(n=1, 2, \cdots)$，即数列 $\left\{\dfrac{1}{n}\right\}$，如图 2-8 所示.

该数列的极限为 $\lim\limits_{n\to\infty}f(n)=\lim\limits_{n\to\infty}\dfrac{1}{n}=0$.

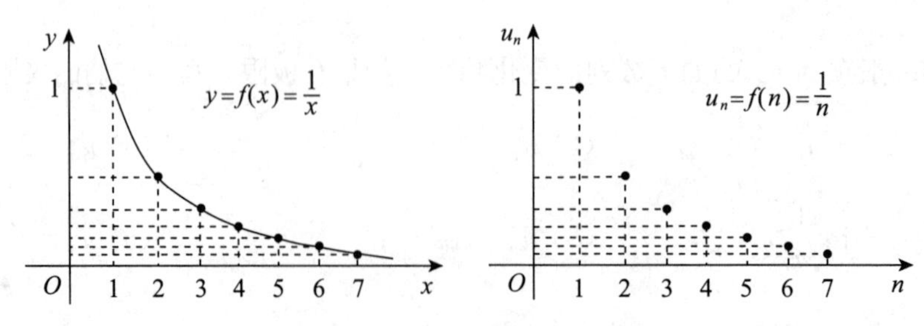

图 2-8　函数与数列的关系

类似于数列极限的概念，将数列视为整变量函数 $u_n=f(n)(n=1, 2, \cdots)$，将数列极限概念推广到实变量函数，可得自变量趋于无穷时，函数 $f(x)$ 的极限定义.

定义 1　设函数 $y=f(x)$ 在 $x>a$ 时有定义，如果当 x 趋于 $+\infty$ 时，函数 $f(x)$ 无限接近于常数 A，则称 **$f(x)$ 当 x 趋于 $+\infty$ 时以 A 为极限**，记作

$$\lim_{x\to+\infty} f(x)=A \quad 或 \quad f(x)\to A \ (x\to+\infty).$$

定义 2　设函数 $y=f(x)$ 在 $x<a$ 时有定义，如果当 x 趋于 $-\infty$ 时，函数 $f(x)$ 无限接近于常数 A，则称 **$f(x)$ 当 x 趋于 $-\infty$ 时以 A 为极限**，记作

$$\lim_{x\to-\infty} f(x)=A \quad 或 \quad f(x)\to A \ (x\to-\infty).$$

定义 3　设函数 $y=f(x)$ 在 $|x|>a$ 时有定义（a 为正实数），如果当 x 趋于 ∞ 时，函数 $f(x)$ 无限接近于常数 A，则称 **$f(x)$ 当 x 趋于 ∞ 时以 A 为极限**，记作

$$\lim_{x\to\infty} f(x)=A \quad 或 \quad f(x)\to A \ (x\to\infty).$$

同样，函数极限也有其精确定义. 下面给出当 $x\to\infty$ 时，函数 $f(x)$ 的极限的精确定义.

定义 4　设 $f(x)$ 在 $|x|>a$ 时有定义（a 为某个正实数），若对任意给定的正数 ε，存在 $X>0$，使得当 $|x|>X$ 时，总有 $|f(x)-A|<\varepsilon$ 成立，则称 **A 为函数 $f(x)$ 当 $x\to\infty$ 时的极限**，记为 $\lim\limits_{x\to\infty} f(x)=A$.

上述极限定义也称为极限的“ε - X”定义，该定义也可以简述为：

$$\lim_{x\to\infty} f(x)=A \Leftrightarrow \forall \varepsilon>0,\ \exists X>0,\ 当\ |x|>X\ 时，有\ |f(x)-A|<\varepsilon\ 成立.$$

类似地，极限 $\lim\limits_{x\to+\infty} f(x)=A$ 与 $\lim\limits_{x\to-\infty} f(x)=A$ 也可以用“ε - X”定义进行严格的描述. 请读者自己写出.

由于不等式 $|f(x)-A|<\varepsilon \Leftrightarrow A-\varepsilon<f(x)<A+\varepsilon$，于是有函数极限的几何意义.

函数极限的几何意义($x\to\infty$)：对任意给定的正数 ε，在直线 $y=A$ 的上、下方各作一条直线 $y=A+\varepsilon$ 和 $y=A-\varepsilon$，则存在 $X>0$，使得在区间 $(-\infty, -X)$ 与 $(X, +\infty)$ 内函数 $f(x)$ 的图形全部落在这两条直线之间，如图 2 - 9 所示.

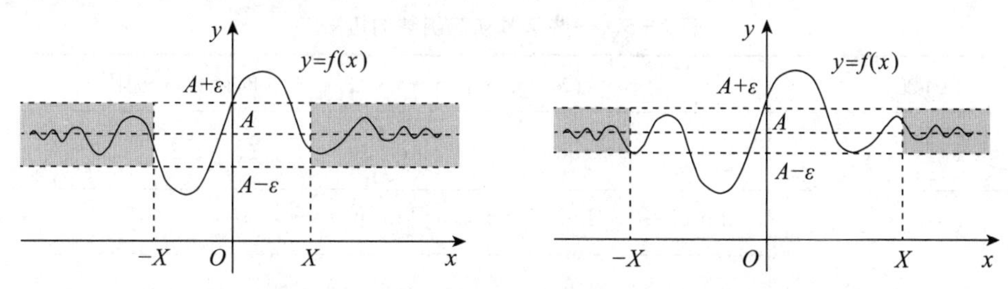

图 2 - 9　随着 ε 的减小，$f(x)$ 越来越接近 A

由于正数 ε 可以任意小（相应的正数 X 将随之增大），因此以直线 $y=A$ 为中心线、

宽度为 2ε 的带形区域可无限变窄，从而曲线 $y=f(x)$ 在沿着 x 轴的负方向和正方向无限延伸时都将越来越接近直线 $y=A$.

例 1 证明 $\lim\limits_{x\to\infty}\dfrac{1}{x}=0$.

证：按极限定义，对于任意给定的 $\varepsilon>0$，由

$$\left|\frac{1}{x}-0\right|=\left|\frac{1}{x}\right|=\frac{1}{|x|}<\varepsilon,$$

即 $|x|>\dfrac{1}{\varepsilon}$，取 $X=\dfrac{1}{\varepsilon}$，则当 $|x|>X$ 时，有 $\left|\dfrac{1}{x}-0\right|<\varepsilon$ 成立，所以

$$\lim_{x\to\infty}\frac{1}{x}=0.$$

例 2 证明 $\lim\limits_{x\to\infty}\dfrac{\arctan x}{x}=0$.

证：对于任意给定的 $\varepsilon>0$，要使

$$\left|\frac{\arctan x}{x}\right|=\frac{1}{|x|}\cdot|\arctan x|<\frac{\pi}{2}\cdot\frac{1}{|x|}<\varepsilon,$$

只要 $|x|>\dfrac{\pi}{2\varepsilon}$. 取 $X=\dfrac{\pi}{2\varepsilon}$，则当 $|x|>X$ 时，有 $\left|\dfrac{\arctan x}{x}\right|<\varepsilon$ 成立，所以 $\lim\limits_{x\to\infty}\dfrac{\arctan x}{x}=0$.

定理 1 函数 $f(x)$ 对应整变量函数 $f(n)=u_n$，如果 $\lim\limits_{x\to\infty}f(x)=A$，则数列 $\{u_n\}$ 的极限也为 A，即 $\lim\limits_{n\to\infty}u_n=A$.

有了此定理，就可以利用函数的极限确定数列的极限.

定理 2 当 $x\to\infty$ 时，函数 $f(x)$ 的极限存在的充要条件是函数 $f(x)$ 当 $x\to+\infty$ 时和 $x\to-\infty$ 时的极限都存在且相等，即

$$\lim_{x\to\infty}f(x)=A\Leftrightarrow\lim_{x\to-\infty}f(x)=\lim_{x\to+\infty}f(x).$$

通过函数图形可以认识一些基本初等函数当 $x\to+\infty$，$x\to-\infty$，$x\to\infty$ 时的极限，见表 2-5.

表 2-5 一些基本初等函数的极限

函数	当 $x\to+\infty$，$x\to-\infty$，$x\to\infty$ 时函数的极限
$y=\dfrac{1}{x^2}$	$\lim\limits_{x\to+\infty}\dfrac{1}{x^2}=0$，$\lim\limits_{x\to-\infty}\dfrac{1}{x^2}=0$，$\lim\limits_{x\to\infty}\dfrac{1}{x^2}=0$
$y=e^x$，$y=\ln x$	$\lim\limits_{x\to-\infty}e^x=0$，$\lim\limits_{x\to+\infty}e^x=+\infty$，$\lim\limits_{x\to+\infty}\ln x=+\infty$
$y=\arctan x$	$\lim\limits_{x\to+\infty}\arctan x=\dfrac{\pi}{2}$，$\lim\limits_{x\to-\infty}\arctan x=-\dfrac{\pi}{2}$
$y=\sin x$，$y=\cos x$	$\lim\limits_{x\to\infty}\sin x$ 不存在，$\lim\limits_{x\to\infty}\cos x$ 不存在

这里极限 $\lim\limits_{x\to+\infty} e^x=+\infty$，$\lim\limits_{x\to+\infty} \ln x=+\infty$ 只是一种记号，而非表示极限存在. 上述极限经常使用. 它们可以用极限的定义来证明，在此从略.

由极限与图形的关系可以得出曲线的水平渐近线的概念.

定义 5　若当 $x\to\infty$（或 $x\to\pm\infty$）时，$y\to C$（C 为常数），即 $\lim\limits_{x\to\infty}f(x)=C$，则称曲线 $y=f(x)$ 有水平渐近线 $y=C$.

例如：对于 $y=\arctan x$，当 $x\to+\infty$ 时，有 $\arctan x\to\frac{\pi}{2}$，当 $x\to-\infty$ 时，有 $\arctan x\to-\frac{\pi}{2}$，所以，$y=\pm\frac{\pi}{2}$ 为曲线 $y=\arctan x$ 的水平渐近线（如图 2－10 所示).

对于 $y=e^{-x^2}$，当 $x\to\infty$ 时，有 $e^{-x^2}\to 0$，所以，$y=0$ 为曲线 $y=e^{-x^2}$ 的水平渐近线（如图 2－11 所示).

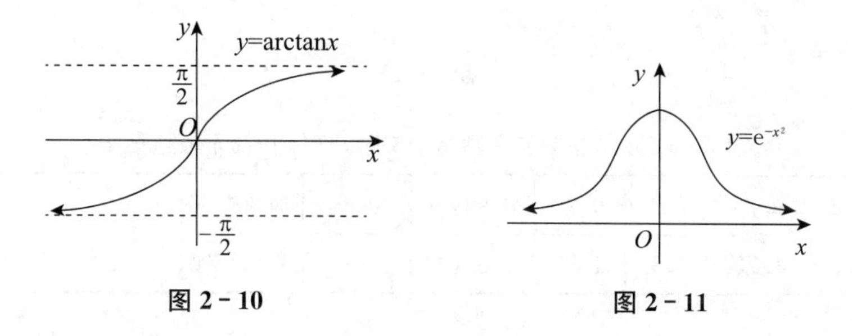

图 2－10　　图 2－11

一般地，存在水平渐近线 $y=C$ 的曲线 $y=f(x)$ 的图形特征如图 2－12 所示.

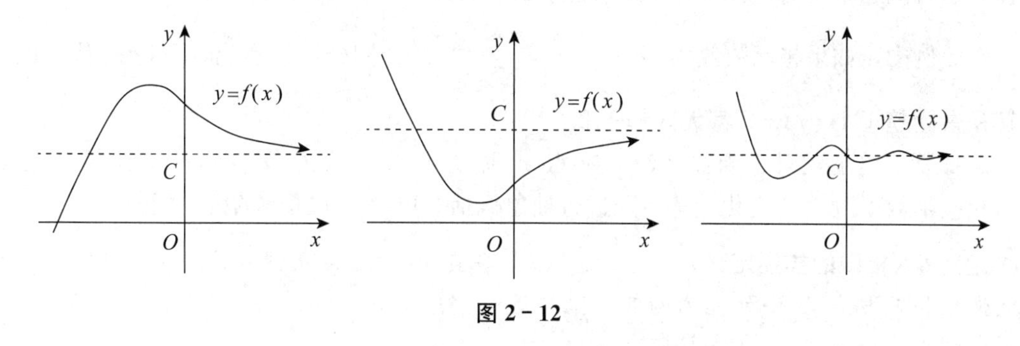

图 2－12

2.2.2　当 $x\to x_0$ 时函数的极限

自变量 x 趋于 x_0 可分为 $x\to x_0^+$，$x\to x_0^-$，$x\to x_0$ 三种形式. 其中，$x\to x_0^+$ 表示 $x>x_0$ 且 x 趋于 x_0；$x\to x_0^-$ 表示 $x<x_0$ 且 x 趋于 x_0；$x\to x_0$ 表示 $x\neq x_0$ 且 x 趋于 x_0.

探究　前面讨论了当 $x\to\infty$ 时，函数 $f(x)$ 以常数 A 为极限的概念，那么，当 $x\to x_0$ 时，函数 $f(x)$ 的极限如何刻画？下面通过例题分析并给出答案.

例3 讨论当 x 趋于1时，函数 $f(x)=\dfrac{x^2-1}{x-1}$ 的变化趋势.

解： 函数 $f(x)=\dfrac{x^2-1}{x-1}$ 在点 $x=1$ 没有定义，作出函数图形和函数值表，从函数的几何特征和数据特征两个角度进行观察.

观察当 x 趋于1时函数的变化趋势，见图2-13和表2-6.

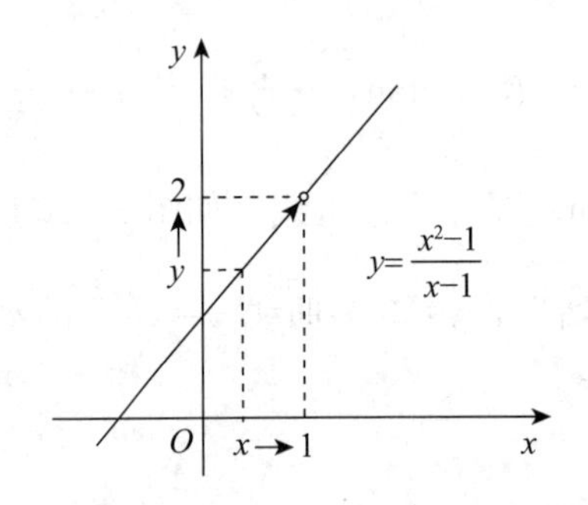

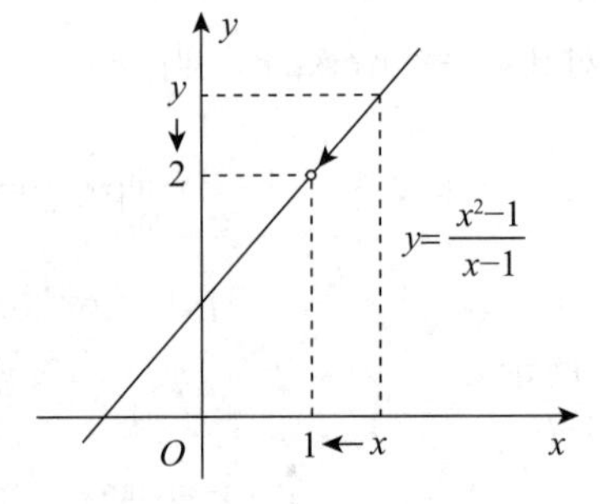

图2-13

表2-6　x 从左侧和右侧趋于1时，$f(x)$ 都无限趋于2

x	0.5	0.75	0.9	0.99	0.999 9	…	1.000 001	1.01	1.25	1.5
$f(x)$	1.5	1.75	1.9	1.99	1.999 9	…	2.000 001	2.01	2.25	2.5

从图2-13和表2-6可以看出，虽然 $f(x)$ 在点 $x=1$ 没有定义，但当 x 不论从1的左侧还是右侧趋于1时，$f(x)$ 都无限趋于2.

在此例中，如果将函数改为 $f(x)=\begin{cases}x+1, & x\neq 1\\ 1, & x=1\end{cases}$，同样可以看出，不论 x 从1的左侧还是右侧趋于1，$f(x)$ 都无限趋于2.

概括 将上述对于函数 $f(x)$ 在点 x_0 附近，当 x 从 x_0 的左右两侧无限接近 x_0 时，相应函数 $f(x)$ 的变化趋势特征进行抽象概括，可得如下函数的极限概念.

定义6（极限的描述定义） 设函数 $f(x)$ 在点 x_0 的左右两侧附近（点 x_0 可以除外）有定义. 如果当 x 从 x_0 的左右两侧无限接近 x_0 时，函数 $f(x)$ 无限接近常数 A，则称 $f(x)$ 当 x 趋于 x_0 时以 A 为**极限**，记作

$$\lim_{x\to x_0} f(x)=A \quad 或 \quad f(x)\to A\ (x\to x_0).$$

注释 函数 $f(x)$ 当 $x\to x_0$ 时有极限，要求 $f(x)$ 在点 x_0 的左右两侧附近有定义，而与 $f(x)$ 在点 x_0 是否有定义以及定义的值如何都无关.

极限概念的精确化 上面介绍了函数极限的定义，下面将函数极限的定义进一步数量化以得到函数极限的精确定义.

如果 x 与 x_0 的接近程度用 x 与 x_0 间的距离 $|x-x_0|$ 来描述，$f(x)$ 与常数 A 的接近程度用 $|f(x)-A|$ 来描述，这样极限的定义可由下述等价条件得出.

$\lim\limits_{x\to x_0}f(x)=A$，即当 $x\to x_0$ 时，$f(x)\to A$.

$\Leftrightarrow$ 当 x 充分靠近 x_0 时，$f(x)$ 与 A 的距离 $|f(x)-A|$ 可以任意小.

$\Leftrightarrow$ 当 x 充分靠近 x_0 时，$|f(x)-A|$ 可以小于任意小的给定正数 ε.

$\Leftrightarrow$ 对于任意给定的 $\varepsilon>0$，只要 $|x-x_0|$ 足够小，总有 $|f(x)-A|<\varepsilon$.

$\Leftrightarrow$ 对于任意给定的 $\varepsilon>0$，存在 $\delta>0$，使得当 $0<|x-x_0|<\delta$ 时，总有 $|f(x)-A|<\varepsilon$ 成立.

由此可得函数极限的精确定义如下：

定义 7（极限的 ε-δ 定义） 设 $f(x)$ 在 x_0 的某个邻域 $U(x_0)$（x_0 点可以除外）内有定义，若对任意给定的正数 ε，存在 $\delta>0$，使得当 $0<|x-x_0|<\delta$ 时，总有 $|f(x)-A|<\varepsilon$ 成立，则称 $f(x)$ 当 $x\to x_0$ 时以 A 为**极限**，记为 $\lim\limits_{x\to x_0}f(x)=A$.

上述极限定义也可以简述为：

$\lim\limits_{x\to x_0}f(x)=A\Leftrightarrow\forall\varepsilon>0$，$\exists\delta>0$，当 $0<|x-x_0|<\delta$ 时，$|f(x)-A|<\varepsilon$.

由于不等式

$$0<|x-x_0|<\delta\Leftrightarrow x_0-\delta<x<x_0+\delta,$$
$$|f(x)-A|<\varepsilon\Leftrightarrow A-\varepsilon<f(x)<A+\varepsilon,$$

故将极限定义用几何语言描述，有如下函数极限的几何意义.

函数极限的几何意义($x\to x_0$)：对任意给定的正数 ε，在直线 $y=A$ 的上、下方各作一直线 $y=A+\varepsilon$，$y=A-\varepsilon$，则存在 $\delta>0$，使得在区间 $(x_0-\delta, x_0)$ 与 $(x_0, x_0+\delta)$ 内函数 $f(x)$ 的图形全部落在这两条直线之间（如图 2-14 所示）.

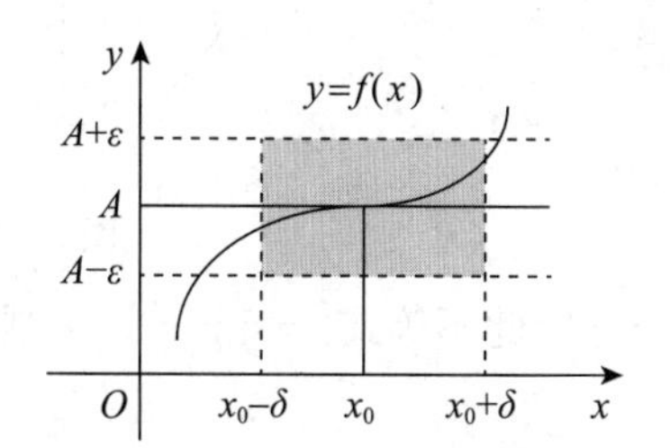

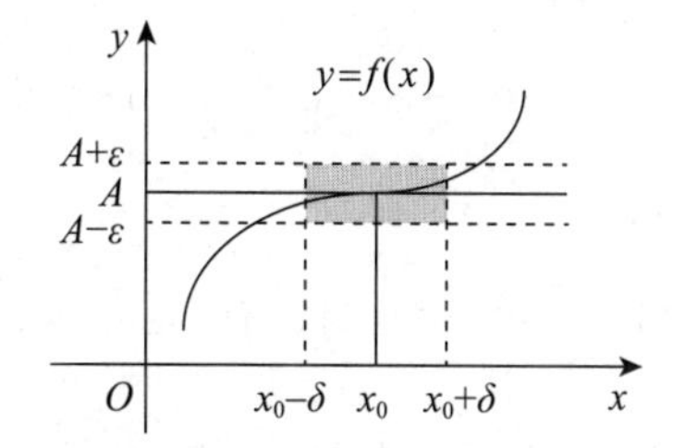

图 2-14　随着 ε 的减小，$f(x)$ 越来越接近 A

由于正数 ε 可以任意小，因此以直线 $y=A$ 为中心线、宽度为 2ε 的带形区域将无限变窄，从而曲线 $y=f(x)$ 在 $(x_0-\delta, x_0)$ 与 $(x_0, x_0+\delta)$ 内将越来越接近直线 $y=A$.

例 4　证明 $\lim\limits_{x\to 1}\dfrac{2x^2-2}{x-1}=4$.

证：当 $x\neq 1$ 时，有

$$\left|\frac{2x^2-2}{x-1}-4\right|=|2(x+1)-4|=2|x-1|.$$

对于任意给定的 $\varepsilon>0$，为使

$$\left|\frac{2x^2-2}{x-1}-4\right|=2|x-1|<\varepsilon,$$

即 $|x-1|<\frac{\varepsilon}{2}$，取 $\delta=\frac{\varepsilon}{2}$，则当 $0<|x-1|<\delta$ 时，有

$$\left|\frac{2x^2-2}{x-1}-4\right|=2|x-1|<2\cdot\frac{\varepsilon}{2}=\varepsilon.$$

所以 $\lim\limits_{x\to1}\frac{2x^2-2}{x-1}=4$.

例 5 证明 $\lim\limits_{x\to0}x\sin\frac{1}{x}=0$.

证： 对于任意给定的 $\varepsilon>0$，要使

$$\left|x\sin\frac{1}{x}\right|=|x|\cdot\left|\sin\frac{1}{x}\right|\leqslant|x|<\varepsilon,$$

只要 $|x|<\varepsilon$. 取 $\delta=\varepsilon$，则当 $|x|<\delta$ 时，有 $\left|x\sin\frac{1}{x}\right|<\varepsilon$ 成立，所以 $\lim\limits_{x\to0}x\sin\frac{1}{x}=0$.

例 6 证明 $\lim\limits_{x\to0}\sin x=0$.

证： 先证明不等式：当 $0<|x|<\frac{\pi}{2}$ 时，$|\sin x|<|x|$.

作单位圆，如图 2-15 所示，当 $0<x<\frac{\pi}{2}$ 时，$\triangle OAB$ 的面积小于扇形 OAB 的面积，即

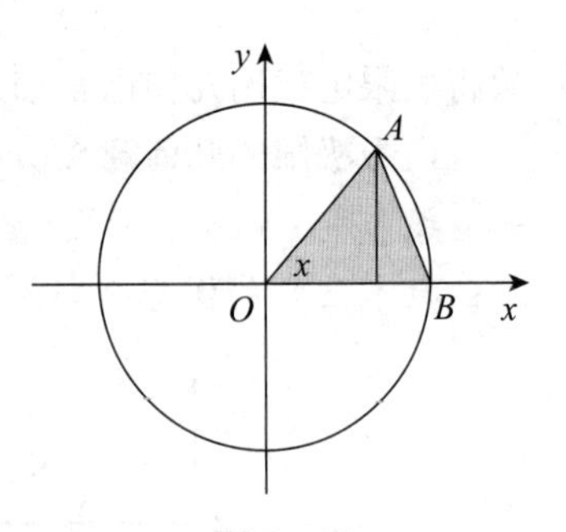

图 2-15

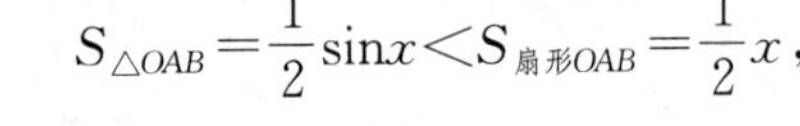

$$S_{\triangle OAB}=\frac{1}{2}\sin x<S_{\text{扇形}OAB}=\frac{1}{2}x,$$

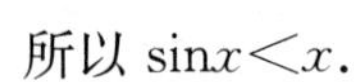

所以 $\sin x<x$.

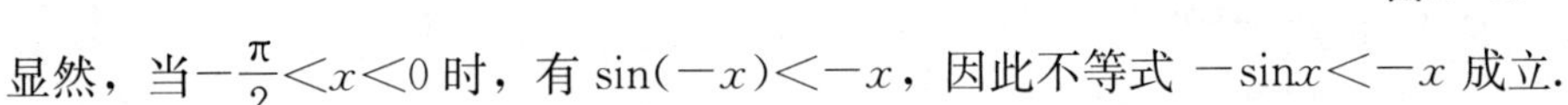

显然，当 $-\frac{\pi}{2}<x<0$ 时，有 $\sin(-x)<-x$，因此不等式 $-\sin x<-x$ 成立.

所以，当 $0<|x|<\frac{\pi}{2}$ 时，$|\sin x|<|x|$.

下面证明 $\lim\limits_{x\to0}\sin x=0$. 对于任意给定的 $\varepsilon>0$，取 $\delta=\varepsilon$，当 $0<|x|<\delta$ 时，

$$|\sin x-0|=|\sin x|<|x|<\varepsilon,$$

所以，$\lim\limits_{x\to0}\sin x=0$.

由函数图形不难得到下列基本初等函数的极限：

（1）$\lim\limits_{x\to x_0}C=C$（$C$ 为常数）.

（2）$\lim\limits_{x\to x_0}x=x_0$；$\lim\limits_{x\to x_0}x^2=x_0^2$；$\lim\limits_{x\to x_0}\sqrt{x}=\sqrt{x_0}$ （$x_0>0$）.

(3) $\lim\limits_{x\to 0}\sin x=0$；$\lim\limits_{x\to 0}\cos x=1$；$\lim\limits_{x\to 0}e^x=1$.

(4) $\lim\limits_{x\to 0}\arcsin x=0$；$\lim\limits_{x\to 0}\arctan x=0$.

这些极限都可以利用极限的“$\varepsilon-\delta$”定义进行证明. 一般而言，对于基本初等函数的极限有如下结论.

概括　对于基本初等函数 $f(x)$，在其定义域内的任意点 x_0 处的极限都存在，并且等于函数在该点处的函数值，即 $\lim\limits_{x\to x_0}f(x)=f(x_0)$.

上面讨论了 x 从 x_0 的左右两侧同时趋于 x_0 时 $f(x)$ 的极限. 如果只限于 x 从 x_0 的左侧或从 x_0 的右侧趋于 x_0 时，考察函数 $f(x)$ 的变化趋势，这种情况就叫作单侧极限.

定义 8　设函数 $f(x)$ 在点 x_0 的邻域（点 x_0 本身可以除外）有定义.

(1) 如果当 $x<x_0$ 且 x 无限接近 x_0 时，函数 $f(x)$ 无限接近常数 A，则称常数 A 为当 x 趋于 x_0 时 $f(x)$ 的**左极限**（见图 2－16），记作 $\lim\limits_{x\to x_0^-}f(x)=A$ 或 $f(x_0^-)=A$.

(2) 如果当 $x>x_0$ 且 x 无限接近 x_0 时，函数 $f(x)$ 无限接近常数 A，则称常数 A 为当 x 趋于 x_0 时 $f(x)$ 的**右极限**（见图 2－17），记作 $\lim\limits_{x\to x_0^+}f(x)=A$ 或 $f(x_0^+)=A$.

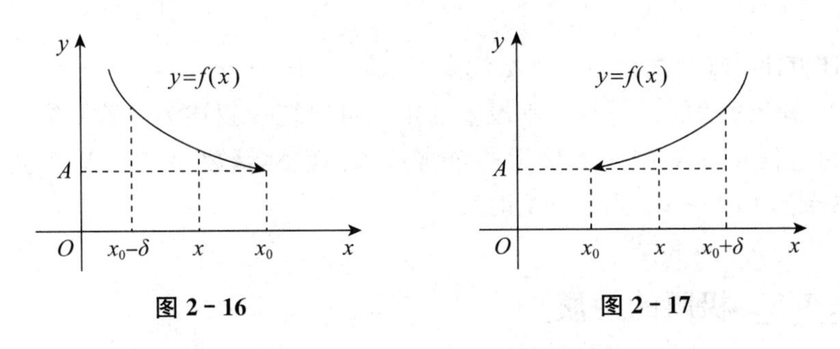

图 2－16　　　　图 2－17

函数的单侧极限也可以用“$\varepsilon-\delta$”定义进行严格的描述. 留给读者写出.

定理 3　当 $x\to x_0$ 时，函数 $f(x)$ 的极限存在的充分必要条件是函数 $f(x)$ 的左、右极限都存在且相等，即

$$\lim_{x\to x_0}f(x)=A\Leftrightarrow\lim_{x\to x_0^-}f(x)=\lim_{x\to x_0^+}f(x)=A.$$

例 7　讨论当 $x\to 0$ 时，绝对值函数 $y=|x|=\begin{cases}-x, & x<0\\ x, & x\geqslant 0\end{cases}$ 的极限.

解：如图 2－18 所示，当 $x<0$ 时，$y=|x|=-x$，因此，$\lim\limits_{x\to 0^-}y=0$.
当 $x>0$ 时，$y=|x|=x$，因此，$\lim\limits_{x\to 0^+}y=0$. 所以 $\lim\limits_{x\to 0}|x|=0$.

例 8　讨论分段函数 $f(x)=\begin{cases}x^2-1, & x<1\\ 2x+1, & x>1\end{cases}$ 当 $x\to 1$ 时的极限.

解：作出函数图形，由图 2－19 可知

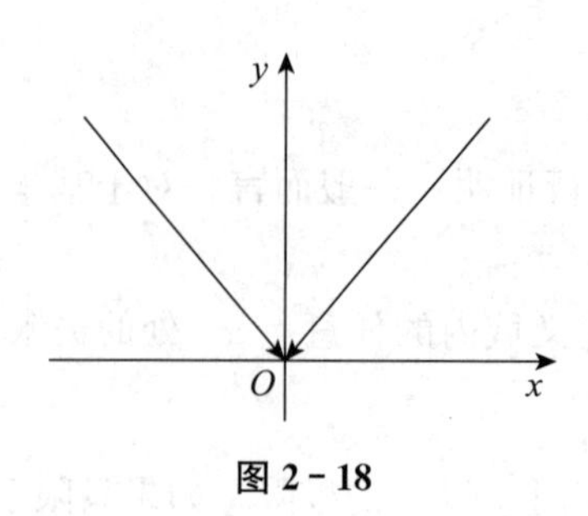

图 2-18

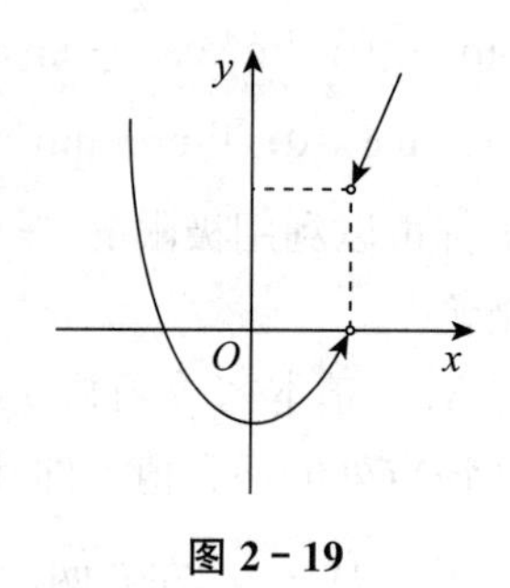

图 2-19

$$\lim_{x\to 1^-} f(x)=\lim_{x\to 1^-}(x^2-1)=0;$$
$$\lim_{x\to 1^+} f(x)=\lim_{x\to 1^+}(2x+1)=3.$$

由于 $\lim\limits_{x\to 1^-} f(x)\neq \lim\limits_{x\to 1^+} f(x)$，所以 $\lim\limits_{x\to 1} f(x)$ 不存在.

注释 以上给出了函数极限的六种定义：

(1) $\lim\limits_{x\to\infty} f(x)$；　(2) $\lim\limits_{x\to-\infty} f(x)$；　(3) $\lim\limits_{x\to+\infty} f(x)$；

(4) $\lim\limits_{x\to x_0} f(x)$；　(5) $\lim\limits_{x\to x_0^-} f(x)$；　(6) $\lim\limits_{x\to x_0^+} f(x)$.

为了叙述方便，如果用记号 $x\to X$ 代表极限的六种（$x\to\pm\infty$，$x\to\infty$，$x\to x_0^+$，$x\to x_0^-$，$x\to x_0$）趋近过程的任一种，则极限的定义可以统一叙述为：若函数 $f(x)$ 在自变量的某一变化过程 $x\to X$ 中无限接近一个常数 A，就称函数 $f(x)$ 以 A 为极限，记作 $\lim\limits_{x\to X} f(x)=A$ 或 $f(x)\to A$（当 $x\to X$ 时）.

2.2.3 极限的性质

以上讨论了数列极限和函数极限的各种情形．它们描述的问题都是：自变量在无限接近某一目标的变化过程中，函数值无限接近某个常数．因此，它们有一系列共性．下面以 $x\to x_0$ 为例给出函数极限的性质.

性质 1（唯一性） 若 $\lim\limits_{x\to x_0} f(x)=A$，$\lim\limits_{x\to x_0} f(x)=B$，则 $A=B$.

证：对于任意给定的 $\varepsilon>0$，因为 $\lim\limits_{x\to x_0} f(x)=A$，由极限的定义知，存在 $\delta_1>0$，当 $0<|x-x_0|<\delta_1$ 时，有 $|f(x)-A|<\frac{\varepsilon}{2}$.

同理，因为 $\lim\limits_{x\to x_0} f(x)=B$，由极限的定义知，存在 $\delta_2>0$，当 $0<|x-x_0|<\delta_2$ 时，有 $|f(x)-B|<\frac{\varepsilon}{2}$.

取 $\delta=\min\{\delta_1,\delta_2\}$，则当 $0<|x-x_0|<\delta$ 时，有

$$|A-B|=|[A-f(x)]+[f(x)-B]|\leqslant|f(x)-A|+|f(x)-B|<\frac{\varepsilon}{2}+\frac{\varepsilon}{2}=\varepsilon.$$

由 ε 的任意性，可得 $A=B$.

性质 2（局部有界性）　若 $\lim\limits_{x\to x_0}f(x)=A$，则存在常数 $M>0$ 和 $\delta>0$，使得当 $0<|x-x_0|<\delta$ 时，有 $|f(x)|\leqslant M$.

证：取 $\varepsilon=1$. 因为 $\lim\limits_{x\to x_0}f(x)=A$，故存在 $\delta>0$，当 $0<|x-x_0|<\delta$ 时，

$$|f(x)-A|<\varepsilon=1.$$

从而当 $0<|x-x_0|<\delta$ 时，有

$$|f(x)|=|f(x)-A+A|\leqslant|f(x)-A|+|A|<1+|A|.$$

记 $M=1+|A|$，则有 $|f(x)|\leqslant M$.

性质 3（局部保号性）　若 $\lim\limits_{x\to x_0}f(x)=A$ 且 $A>0$（或 $A<0$），则存在常数 $\delta>0$，使得当 $0<|x-x_0|<\delta$ 时，$f(x)>\dfrac{A}{2}>0$（或 $f(x)<\dfrac{A}{2}<0$）.

证：证明 $A>0$ 的情形.

因为 $\lim\limits_{x\to x_0}f(x)=A>0$，所以取 $\varepsilon=\dfrac{A}{2}$，存在 $\delta>0$，当 $0<|x-x_0|<\delta$ 时，有

$$|f(x)-A|<\varepsilon=\frac{A}{2}\ \Rightarrow\ f(x)>A-\frac{A}{2}=\frac{A}{2}>0.$$

类似地，可以证明 $A<0$ 的情形.

推论　若 $\lim\limits_{x\to x_0}f(x)=A$ $(A\neq 0)$，则存在常数 $\delta>0$，使得当 $0<|x-x_0|<\delta$ 时，$|f(x)|>\dfrac{|A|}{2}$.

性质 4（局部保序性）　若 $\lim\limits_{x\to x_0}f(x)=A$，$\lim\limits_{x\to x_0}g(x)=B$，且 $A>B$，则存在常数 $\delta>0$，使得当 $0<|x-x_0|<\delta$ 时，$f(x)>g(x)$.

证：取 $\varepsilon=\dfrac{A-B}{2}>0$. 因为 $\lim\limits_{x\to x_0}f(x)=A$，所以存在 $\delta_1>0$，当 $0<|x-x_0|<\delta_1$ 时，有 $|f(x)-A|<\varepsilon$.

同理，因为 $\lim\limits_{x\to x_0}g(x)=B$，由极限的定义知，存在 $\delta_2>0$，当 $0<|x-x_0|<\delta_2$ 时，有 $|g(x)-B|<\varepsilon$.

取 $\delta=\min\{\delta_1,\delta_2\}$，则当 $0<|x-x_0|<\delta$ 时，有

$$|f(x)-A|<\varepsilon=\frac{A-B}{2}\ \Rightarrow\ f(x)>A-\varepsilon=\frac{A+B}{2},$$

$$|g(x)-B|<\varepsilon=\frac{A-B}{2}\ \Rightarrow\ g(x)<B+\varepsilon=\frac{A+B}{2}.$$

所以当 $0<|x-x_0|<\delta$ 时，$f(x)>g(x)$.

推论 若 $\lim\limits_{x\to x_0}f(x)=A$，$\lim\limits_{x\to x_0}g(x)=B$，且存在常数 $\delta>0$，使得当 $0<|x-x_0|<\delta$ 时，$f(x)\geqslant g(x)$，则 $A\geqslant B$.

由性质4，用反证法可推出该结论.

注释 对于数列极限，以及函数极限的其他几种形式，有类似于上述当 $x\to x_0$ 时极限存在所满足的类似性质.

例9 若 $\lim\limits_{x\to x_0}f(x)=A$，证明 $\lim\limits_{x\to x_0}|f(x)|=|A|$；并举例说明若当 $x\to x_0$ 时 $|f(x)|$ 有极限，$f(x)$ 未必有极限.

证： 因为 $\lim\limits_{x\to x_0}f(x)=A$，所以对于任意给定的正数 ε，存在 $\delta>0$，使得当 $0<|x-x_0|<\delta$ 时，总有 $|f(x)-A|<\varepsilon$ 成立，而

$$||f(x)|-|A||\leqslant|f(x)-A|,$$

即有

$$||f(x)|-|A||<\varepsilon,$$

所以 $\lim\limits_{x\to x_0}|f(x)|=|A|$.

此命题的逆命题不成立，反例：$f(x)=\dfrac{|x-1|}{x-1}$，$\lim\limits_{x\to 1}|f(x)|=\lim\limits_{x\to 1}\left|\dfrac{|x-1|}{x-1}\right|=1$，而 $\lim\limits_{x\to 1}f(x)$ 不存在；再如 $\lim\limits_{n\to\infty}|(-1)^n|=1$，而 $\lim\limits_{n\to\infty}(-1)^n$ 不存在.

习题2.2

1. 观察下列函数在给定的自变量变化趋势下是否有极限，如果有极限，写出它们的极限值：

(1) $\dfrac{2x}{x-1}$ $(x\to 1)$；　　(2) $\cos\dfrac{1}{x}$ $(x\to 0)$；

(3) $e^{\frac{1}{x}}$ $(x\to 0^-)$；　　(4) $\arctan x$ $(x\to+\infty)$.

2. 用“ε-δ”语言描述下列极限：

(1) $\lim\limits_{x\to a^+}f(x)=A$；　　(2) $\lim\limits_{x\to-\infty}f(x)=A$.

3. 用极限定义证明下列极限：

(1) $\lim\limits_{x\to 1}(2x-1)=1$；　　(2) $\lim\limits_{x\to+\infty}\dfrac{1}{2^x}=0$；

(3) $\lim\limits_{x\to\infty}\dfrac{\sin x}{x^2}=0$；　　(4) $\lim\limits_{x\to 2}\dfrac{x^2-4}{x-2}=4$.

4. 设函数 $f(x)=\dfrac{|x-1|}{x-1}$. 求 $\lim\limits_{x\to 1^+}f(x)$ 与 $\lim\limits_{x\to 1^-}f(x)$，并说明 $\lim\limits_{x\to 1}f(x)$ 是否存在.

5. 设函数 $f(x)=\begin{cases}\dfrac{1}{x-1}, & x<0 \\ x, & 0<x<1 \\ 1, & x>1\end{cases}$. 问 $\lim\limits_{x\to 0}f(x)$ 与 $\lim\limits_{x\to 1}f(x)$ 是否存在?

阅读材料

极限思想与概念的形成

极限概念是微积分中最重要的基础概念，极限思想源远流长，但极限的精确定义的出现却晚于微积分中的其他基本概念.

1. 极限思想的萌芽

极限思想可以追溯到古代. 我国魏晋时期著名数学家刘徽提出用增加圆内接正多边形的边数来逼近圆的“割圆术”，并阐述道：“割之弥细，所失弥少. 割之又割，以至于不可割，则与圆周合体而无所失矣.” 可见刘徽的割圆术就是一种建立在直观基础上的原始极限观念的应用.

古希腊人的数学成就中也蕴含着极限思想，毕达哥拉斯关于不可公度量的发现及数与无限这两个概念的定义中孕育了微积分学中关于无穷的思想方法. 欧多克索斯、阿基米德运用的穷竭法已经具备近代极限理论的雏形，尤其是阿基米德对穷竭法的应用之熟练，常使后人感叹他在当时就已经接近微积分的边缘. 但鉴于希腊人“对无限的恐惧”，他们避免明显地“取极限”，而是借助间接方法——归谬法完成了有关证明.

2. 极限思想的发展

16 世纪，荷兰数学家斯泰芬在考察三角形重心的过程中改进了古希腊人的穷竭法，他借助几何直观，大胆地运用极限思想思考问题，摒弃了归谬法的证明步骤. 如此，他就在无意中指出了把极限方法发展成为一个实用的概念的方向.

极限思想的进一步发展与微积分的建立紧密联系. 16 世纪的欧洲处于资本主义萌芽时期，生产力得到很大的发展，生产和技术中大量问题，如曲线切线问题、最值问题、力学中速度问题等，只用初等数学的方法已无法解决，要求数学突破只研究常量的传统范围，而提供能够用以描述和研究运动、变化过程的新工具，这是促进极限发展、微积分建立的社会背景.

起初牛顿和莱布尼茨以无穷小概念为基础建立微积分，后来因遇到了逻辑困难，他们都不同程度地接受了极限思想. 牛顿用路程的改变量 ΔS 与时间的改变量 Δt 之比 $\Delta S/\Delta t$ 表示运动物体的平均速度，让 Δt 无限趋近于零，得到物体的瞬时速度，并由此引出导数概念和微分学理论. 他意识到极限概念的重要性，试图把极限概念作为微积分的基础. 他说：“两个量和量之比，如果在有限时间内不断趋于相等，且在这一时间终止前互相靠近，使得其差小于任意给定的差，则最终就成为相等.” 但牛顿的极限观念也建立在几何直观上，因而他无法得出极限的严格表述.

正因为当时缺乏严格的极限定义，微积分理论才受到人们的怀疑与攻击. 例如，在瞬时速度概念中，究竟 Δt 是否等于零？如果它是零，怎么能用它作除法呢？如果它不是零，又怎么能把包含它的那些项去掉呢？这就是数学史上所说的无穷小悖论. 英国哲学家、大主教贝克莱对微积分的攻击最为激烈，他说微积分的推导是“分明的诡辩”.

贝克莱之所以激烈攻击微积分，一方面是为宗教服务，另一方面也由于当时的微积分缺乏牢固的理论基础，连牛顿自己也无法摆脱极限概念中的混乱. 这个事实表明，弄清极限概念，建立严格的微积分理论基础，不但是数学本身的需要，而且在认识论上有重大意义.

3. 极限概念的完善

极限法的完善与微积分的严格化有着密切的联系. 在很长一段时间里，许多人都曾尝试解决微积分理论基础的问题，但都未能如愿以偿. 这是因为数学的研究对象已经从常量扩展到变量，而人们对变量数学特有的规律还不十分清楚，对变量数学和常量数学的区别和联系还缺乏了解，对有限和无限的对立统一关系还不明确. 这样，人们习惯了使用处理常量数学的传统思想方法，就不能适应变量数学的新需要，仅用旧的概念说明不了这种“零”与“非零”相互转化的辩证关系.

到了 18 世纪，罗宾斯、达朗贝尔和罗伊里埃等人先后明确地表示必须将极限作为微积分的基础概念，并且各自都对极限做出过定义. 然而，这些人的定义都无法摆脱对几何直观的依赖.

到了 19 世纪，法国数学家柯西（1789—1857）在前人工作的基础上，比较完整地阐述了极限概念及其理论，他在《分析教程》中指出：“当一个变量逐次所取的值无限趋于一个定值，最终使变量的值和该定值之差要多小就有多小时，这个定值就叫作所有其他值的极限值.”特别地，当一个变量的数值（绝对值）无限地减小直至收敛到极限零时，就称这个变量为无穷小.

柯西把无穷小视为以零为极限的变量，这就澄清了无穷小“似零非零”的模糊认识，也就是说，在变化过程中，它的值可以非零，但它变化的趋向是零，可以无限地接近零.

柯西试图消除极限概念中的几何直观，给出极限的明确定义，然后实现牛顿的愿望. 但柯西的叙述中仍存在描述性的词语，如“无限趋近”“要多小就有多小”等，因此还保留着几何和物理的直观痕迹，没有达到彻底严格化的程度.

为了排除极限概念中的直观痕迹，德国数学家魏尔斯特拉斯（1815—1897）提出了极限的静态定义，给微积分提供了严格的理论基础. 所谓当 n 无限增大时，a_n 无限地接近常数 A，就是指：“如果对任意给定的 $\varepsilon>0$，总存在自然数 N，使得当 $n>N$ 时，不等式 $|a_n-A|<\varepsilon$ 成立.”

这个定义借助不等式，通过 ε 和 N 之间的关系，定量地、具体地刻画了两个“无限过程”之间的联系. 因此，这样的定义是严格的，可以作为科学论证的基础. 在该定义中，涉及的仅仅是数及其大小关系，此外“给定”“存在”“任意”等词语已经摆脱了“趋近”一词，不借助运动的直观. 把微积分奠基于算术概念基础上的问题获得了圆满解决.

常量数学静态地研究数学对象，自解析几何和微积分问世以来，运动进入了数学，人们有可能对物理过程进行动态研究，之后，魏尔斯特拉斯建立的 $\varepsilon-N$ 语言则用静态的定义刻画变量的变化趋势．这种“静态—动态—静态”的螺旋式的演变反映了数学发展的辩证规律．极限法的引入与完善是社会实践的需要，是几代人奋斗的结果，不是哪一个数学家冥思苦想出来的.

2.3 无穷小与无穷大

在变量的变化过程中，有两类变量的变化趋势在微积分中占有重要地位：一类是变量的绝对值可以无限变小的量；另一类是变量的绝对值可以无限变大的量．前者为无穷小量，后者为无穷大量.

2.3.1 无穷小量

1. 无穷小量的定义

定义 1　若 $\lim\limits_{x\to X}\alpha(x)=0$，则称 $\alpha(x)$ 是极限过程 $x\to X$ 中的**无穷小量**，简称**无穷小**.

极限过程 $x\to X$ 代表 6 种极限过程 $x\to x_0^+$，$x\to x_0^-$，$x\to x_0$，$x\to-\infty$，$x\to+\infty$，$x\to\infty$ 中的任一种.

无穷小也可以用极限的严格定义进行陈述．下面仅给出 $x\to x_0$ 时无穷小概念的严格陈述，其他极限过程的陈述类似.

定义 2　如果对于任意给定的 $\varepsilon>0$，存在 $\delta>0$，对于满足 $0<|x-x_0|<\delta$ 的任意 x，都有 $|\alpha(x)|<\varepsilon$ 成立，则称 $\alpha(x)$ 为 $x\to x_0$ 时的**无穷小量**，简称**无穷小**.

由无穷小的定义可见，数零是唯一可作为无穷小的常数．一般说来，无穷小表达的是量的变化状态，而不是量的大小．一个量不管多么小，都不能是无穷小，如 $10^{-2\,008}$ 虽然很小，但非无穷小，而数零是唯一例外的．简言之，无穷小是绝对值无限变小且趋于零的量.

概括　由基本初等函数图形可知如下无穷小：

(1) 当 $x\to0$ 时，x^α $(\alpha>0)$，$\sin x$，$\arcsin x$，$\tan x$，$\arctan x$ 均为无穷小；

(2) 当 $x\to+\infty$ 时，x^α $(\alpha<0)$，a^x $(0<a<1)$ 为无穷小；

(3) 当 $x\to1$ 时，$\log_a x$ $(0<a<1)$ 为无穷小.

2. 极限与无穷小之间的关系

无穷小是在有极限的变量中最简单的一类，任何极限存在的函数都可以由无穷小表述．事实上，由极限的定义，容易看出

$$\lim_{x \to X} f(x)=A \Leftrightarrow \lim_{x \to X}[f(x)-A]=0.$$

若记 $\alpha(x)=f(x)-A$，则 $f(x)=A+\alpha(x)$，于是有如下定理.

定理 1（极限与无穷小之间的关系） $\lim\limits_{x \to X} f(x)=A$ 的充要条件是 $f(x)=A+\alpha(x)$，其中 $\alpha(x)$ 是 $x \to X$ 时的无穷小.

证： 仅对 $x \to x_0$ 的情形给出证明.

必要性 因为 $\lim\limits_{x \to x_0} f(x)=A$，由极限的定义，对于任意给定的 $\varepsilon>0$，存在 $\delta>0$，当 $0<|x-x_0|<\delta$ 时，有 $|f(x)-A|<\varepsilon$，即

$$|[f(x)-A]-0|<\varepsilon.$$

这表明 $f(x)-A$ 是无穷小，记 $f(x)-A=\alpha(x)$，则 $f(x)=A+\alpha(x)$，其中 $\alpha(x)$ 是 $x \to x_0$ 时的无穷小.

充分性 设 $f(x)=A+\alpha(x)$，其中 $\alpha(x)$ 是 $x \to x_0$ 时的无穷小. 由无穷小的定义，对于任意给定的 $\varepsilon>0$，存在 $\delta>0$，当 $0<|x-x_0|<\delta$ 时，有

$$|\alpha(x)|=|f(x)-A|<\varepsilon.$$

由极限的定义，有 $\lim\limits_{x \to x_0} f(x)=A$.

此定理表明，对函数 $f(x)$ 的极限的讨论可以转化为对无穷小 $\alpha(x)=f(x)-A$ 的讨论，因此，无穷小在函数极限理论中扮演着十分重要的角色.

例 1 当 $x \to \infty$ 时，将函数 $f(x)=\dfrac{x+1}{x}$ 写成其极限值与一个无穷小之和的形式.

解： 因为 $\lim\limits_{x \to \infty} f(x)=\lim\limits_{x \to \infty}\dfrac{x+1}{x}=\lim\limits_{x \to \infty}\left(1+\dfrac{1}{x}\right)=1$，而 $f(x)=\dfrac{x+1}{x}=1+\dfrac{1}{x}$ 中的 $\dfrac{1}{x}$ 为 $x \to \infty$ 时的无穷小，所以 $f(x)=1+\dfrac{1}{x}$ 为所求极限值与一个无穷小之和的形式.

3. 无穷小的性质

定理 2 有限个无穷小的代数和是无穷小.

证： 仅对 $x \to x_0$ 时，两个无穷小的和的情形给出证明.

设 $\alpha(x)$，$\beta(x)$ 为 $x \to x_0$ 时的无穷小. 由无穷小的定义，对于任意给定的 $\varepsilon>0$，存在 $\delta_1>0$，当 $0<|x-x_0|<\delta_1$ 时，有 $|\alpha(x)|<\dfrac{\varepsilon}{2}$；存在 $\delta_2>0$，当 $0<|x-x_0|<\delta_2$ 时，有 $|\beta(x)|<\dfrac{\varepsilon}{2}$.

取 $\delta=\min\{\delta_1, \delta_2\}$，当 $0<|x-x_0|<\delta$ 时，有

$$|\alpha(x)+\beta(x)|\leqslant|\alpha(x)|+|\beta(x)|<\frac{\varepsilon}{2}+\frac{\varepsilon}{2}=\varepsilon.$$

所以，$\alpha(x)+\beta(x)$ 为 $x\to x_0$ 时的无穷小.

必须注意，无穷多个无穷小的代数和未必是无穷小，如 $n\to\infty$ 时，$\frac{1}{n^2}$，$\frac{2}{n^2}$，…，$\frac{n}{n^2}$ 均为无穷小，但

$$\lim_{n\to\infty}\left(\frac{1}{n^2}+\frac{2}{n^2}+\cdots+\frac{n}{n^2}\right)=\lim_{n\to\infty}\frac{n(n+1)}{2n^2}=\lim_{n\to\infty}\left(\frac{1}{2}+\frac{1}{2n}\right)=\frac{1}{2}.$$

定理 3　无穷小与有界函数的乘积是无穷小.

证：仅对 $x\to x_0$ 时，无穷小与有界函数积的情形给出证明.

设 $u(x)$ 为当 $0<|x-x_0|<r$ 时的有界函数，$\alpha(x)$ 为当 $x\to x_0$ 时的无穷小，则存在 $M>0$，当 $0<|x-x_0|<r$ 时，有 $|u(x)|\leqslant M$.

对于任意给定的 $\varepsilon>0$，存在 $\delta>0$，当 $0<|x-x_0|<\delta$ 时，有 $|\alpha(x)|<\frac{\varepsilon}{M}$.

取 $\delta=\min\{\delta_1, \delta_2\}$，当 $0<|x-x_0|<\delta$ 时，有

$$|u(x)\alpha(x)|\leqslant|u(x)|\cdot|\alpha(x)|<M\cdot\frac{\varepsilon}{M}=\varepsilon.$$

所以，$u(x)\alpha(x)$ 为当 $x\to x_0$ 时的无穷小.

推论 1　常数与无穷小的乘积是无穷小.

推论 2　有限个无穷小的乘积仍是无穷小.

必须注意，两个无穷小之商未必是无穷小，例如：当 $x\to0$ 时，x 与 $2x$ 皆为无穷小，但由 $\lim\limits_{x\to0}\frac{2x}{x}=2$，当 $x\to0$ 时 $\frac{2x}{x}$ 不是无穷小.

例 2　求 $\lim\limits_{x\to0}x\sin\frac{1}{x}$.

解：因为 $\lim\limits_{x\to0}x=0$，所以 x 为 $x\to0$ 时的无穷小，又因为 $\left|\sin\frac{1}{x}\right|\leqslant1$，所以 $\sin\frac{1}{x}$ 为有界函数，因此 $x\sin\frac{1}{x}$ 仍为 $x\to0$ 时的无穷小（见图 2－20)，于是 $\lim\limits_{x\to0}x\sin\frac{1}{x}=0$.

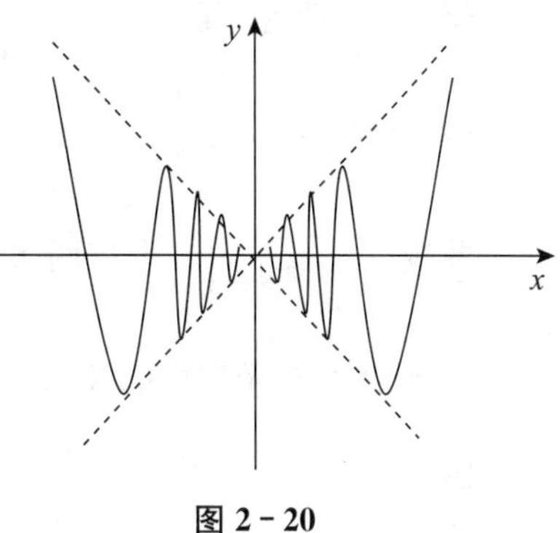

图 2－20

2.3.2　无穷大量

1. 无穷大量的定义

定义 3　若当 $x\to X$ 时，$|f(x)|$ 无限增大，则称 $f(x)$ 是极限过程 $x\to X$ 时的无穷

大量，简称**无穷大**，记作 $\lim\limits_{x \to X} f(x)=\infty$.

无穷大也可以用极限的严格定义进行陈述. 下面仅给出 $x \to x_0$ 时无穷大概念的严格陈述，其他极限过程的陈述类似.

定义 4 如果对于任意给定的 $M>0$，存在 $\delta>0$，对于满足 $0<|x-x_0|<\delta$ 的任意 x，都有 $|f(x)|>M$ 成立，则称 $f(x)$ 为 $x \to x_0$ 时的**无穷大量**，简称**无穷大**，记作 $\lim\limits_{x \to x_0} f(x)=\infty$.

类似地，在无穷大的定义中，将 $|f(x)|>M$ 换成 $f(x)>M$（或 $f(x)<-M$），此时无穷大记为 $\lim\limits_{x \to X} f(x)=+\infty$（或 $\lim\limits_{x \to X} f(x)=-\infty$）.

值得注意的是，无穷大是极限不存在的一种情形，这里 $\lim\limits_{x \to X} f(x)=\infty$，$\lim\limits_{x \to X} f(x)=+\infty$，$\lim\limits_{x \to X} f(x)=-\infty$ 只是一个记号.

概括 由基本初等函数图形可知如下无穷大：

(1) 当 $x \to 0$ 时，x^{α} $(\alpha<0)$ 为无穷大；

(2) 当 $x \to \pi/2$ 时，$\tan x$ 为无穷大；

(3) 当 $x \to +\infty$ 时，a^x $(a>1)$ 为无穷大，当 $x \to -\infty$ 时，a^x $(0<a<1)$ 为无穷大；

(4) 当 $x \to 0^+$ 时，$\log_a x$ 为无穷大，当 $x \to +\infty$ 时，$\log_a x$ 为无穷大.

由无穷大的概念及其图形特征可得曲线的铅直渐近线的概念.

定义 5 设 C 为常数. 若当 $x \to C$（有时仅当 $x \to C^{\pm}$）时，$y \to \infty$（或 $y \to \pm\infty$），则称直线 $x=C$ 为曲线 $y=f(x)$ 的**铅直渐近线**.

例 3 求曲线 $y=\dfrac{x^3}{x^2+2x-3}$ 的铅直渐近线.

解：由于 $y=\dfrac{x^3}{x^2+2x-3}=\dfrac{x^3}{(x+3)(x-1)}$，所以当 $x \to -3$ 和 $x \to 1$ 时，$y \to \infty$，因此，曲线 $y=\dfrac{x^3}{x^2+2x-3}$ 有两条铅直渐近线：$x=-3$ 和 $x=1$.

2. 无穷大与无穷小的关系

由无穷大与无穷小的定义，不难推断无穷大与无穷小的关系如下.

定理 4（无穷大与无穷小的关系） 若 $\lim\limits_{x \to X} f(x)=\infty$，则 $\lim\limits_{x \to X} \dfrac{1}{f(x)}=0$；反之，若 $\lim\limits_{x \to X} f(x)=0$，且 $f(x)\neq 0$，则 $\lim\limits_{x \to X} \dfrac{1}{f(x)}=\infty$.

即在极限过程 $x \to X$ 下，无穷大 $f(x)$ 的倒数 $\dfrac{1}{f(x)}$ 是无穷小；反之，恒不为零的无穷小 $f(x)$ 的倒数 $\dfrac{1}{f(x)}$ 为无穷大.

需要指出的是，在自变量的同一变化过程中，两个无穷大的和、差与商是没有确定结果的，需具体问题具体考虑. 这与无穷小不同.

无穷小在建立微积分时具有基础性的地位，早期的微积分常称为无穷小分析. 17 世纪下半叶微积分创立以后，微积分在解决过去无法解决的许多实际问题中显示出了巨大的威力，但由于当时还没有建立起严密的极限理论，在实际应用中常常将无穷小时而看作零，时而又不看作零，显得很神秘，难以捉摸，甚至微积分的主要创立者牛顿也难以摆脱由无穷小引起的概念上的混乱，因此，微积分的神秘性受到了唯心主义哲学家们的猛烈攻击，把微积分中的推导演算说成是"分明的诡辩"，嘲笑无穷小是"逝去的鬼魂". 这引起了数学史上著名的"第二次数学危机". 为了微积分的发展，也为了摆脱这种危机，以及克服由于没有严格的极限理论而导致的一些混乱，许多数学家在为微积分建立严密的理论基础方面做了许多工作，上述无穷小的定义就是这种努力的结果，它是数学家柯西在 1821 年给出的.

习题 2.3

1. 判断下列函数何时是无穷小，何时是无穷大.

(1) $y=e^{-\frac{1}{x}}$；　　(2) $y=\ln(x-2)$；

(3) $y=x\arctan x$.

2. 两个无穷小的商是否为无穷小？两个无穷大的和是否为无穷大？为什么？

3. 求下列函数的极限：

(1) $\lim\limits_{x\to 0}x\cos\dfrac{1}{x}$；　　(2) $\lim\limits_{x\to\infty}\dfrac{\arctan x}{x}$；

(3) $\lim\limits_{x\to 0}(x^2+x)\sin\dfrac{1}{x}$；　　(4) $\lim\limits_{x\to\infty}\dfrac{\sin x}{x}\sin\dfrac{1}{x}$.

4. 证明 $\lim\limits_{x\to\infty}f(x)=A$ 的充要条件是 $f(x)=A+\alpha(x)$，其中 $\alpha(x)$ 是 $x\to\infty$ 时的无穷小.

2.4 极限的运算法则

本节介绍极限的四则运算法则和复合函数的极限运算法则，它们是极限计算的重点. 使用运算法则求极限时，要注意使用的条件.

2.4.1 极限的四则运算法则

这里主要介绍函数极限的四则运算法则，所得结论对于数列极限也成立. 该法则对于各种自变量变化过程的函数极限都成立．在此，极限记号 lim 下未标明 x 的变化过程，表示对极限在任何一个相同的变化过程中都成立．

定理 1（极限四则运算法则） 设在自变量 x 的同一变化过程中，函数 $f(x)$，$g(x)$ 的极限 $\lim f(x)$ 和 $\lim g(x)$ 都存在，则有

(1) $\lim[f(x)\pm g(x)]=\lim f(x)\pm\lim g(x)$；

(2) $\lim[f(x)\cdot g(x)]=\lim f(x)\cdot\lim g(x)$，$\lim cf(x)=c\lim f(x)$（$c$ 为任意常数）；

(3) $\lim\dfrac{f(x)}{g(x)}=\dfrac{\lim f(x)}{\lim g(x)}$ $(\lim g(x)\neq 0)$，$\lim\dfrac{1}{g(x)}=\dfrac{1}{\lim g(x)}$ $(\lim g(x)\neq 0)$.

证： 设 $\lim f(x)=A$，$\lim g(x)=B$．由极限与无穷小的关系知，$f(x)=A+\alpha$，$g(x)=B+\beta$，其中 α 与 β 为同一过程中的无穷小，于是有

(1) $f(x)\pm g(x)=(A+\alpha)\pm(B+\beta)=(A\pm B)+(\alpha\pm\beta)$.

由无穷小的性质知，$\alpha\pm\beta$ 仍为同一过程中的无穷小，再由极限与无穷小的关系知

$$\lim[f(x)\pm g(x)]=A\pm B=\lim f(x)\pm\lim g(x).$$

(2) $f(x)\cdot g(x)=(A+\alpha)\cdot(B+\beta)=AB+(A\beta+B\alpha+\alpha\beta)$.

由无穷小的性质知，$A\beta+B\alpha+\alpha\beta$ 仍为同一过程中的无穷小，再由极限与无穷小的关系知

$$\lim[f(x)\cdot g(x)]=AB=\lim f(x)\cdot\lim g(x).$$

定理中(3)的证明从略.

定理中的结论(1)和(2)可以推广到有限个函数的代数和及乘积的极限情况，而且，若极限 $\lim f(x)$ 存在，则对正整数 n，有 $\lim[f(x)]^n=[\lim f(x)]^n$.

例 1 求 $\lim\limits_{x\to 2}(3x^2-4x+1)$.

解： $\lim\limits_{x\to 2}(3x^2-4x+1)=\lim\limits_{x\to 2}3x^2-\lim\limits_{x\to 2}4x+\lim\limits_{x\to 2}1$

$=3\lim\limits_{x\to 2}x^2-4\lim\limits_{x\to 2}x+1=3\cdot 2^2-4\cdot 2+1=5$.

一般地，对于多项式 $P_n(x)=a_0x^n+a_1x^{n-1}+a_2x^{n-2}+\cdots+a_n$，有

$$\lim_{x\to x_0}P_n(x)=a_0x_0^n+a_1x_0^{n-1}+a_2x_0^{n-2}+\cdots+a_n=P_n(x_0).$$

例 2 求 $\lim\limits_{x\to -1}\dfrac{2x^2+x-4}{3x^2+2}$.

解： 因为 $\lim\limits_{x\to -1}(3x^2+2)=5\neq 0$，所以有

$$\lim_{x\to -1}\frac{2x^2+x-4}{3x^2+2}=\frac{\lim\limits_{x\to -1}(2x^2+x-4)}{\lim\limits_{x\to -1}(3x^2+2)}=-\frac{3}{5}.$$

例 3 求 $\lim\limits_{x\to 4}\dfrac{x^2-7x+12}{x^2-5x+4}$.

解： 当 $x\to 4$ 时，分式的分子与分母的极限均为零，此时商的极限运算法则不能直接

使用，当 $x\to4$ 时，$x\neq4$，故可约去分子与分母的公因式 $x-4$. 所以有

$$\lim_{x\to4}\frac{x^2-7x+12}{x^2-5x+4}=\lim_{x\to4}\frac{(x-3)(x-4)}{(x-1)(x-4)}=\lim_{x\to4}\frac{x-3}{x-1}=\frac{1}{3}.$$

注释　对于分式极限，若在同一极限过程中，分子与分母的极限都为零，则此时分式的极限可能存在，也可能不存在，通常这类极限称为 $\frac{0}{0}$ 型未定式.

例 4　求 $\lim\limits_{x\to\infty}\frac{2x^2+x+3}{3x^2-x+2}$.

解：对 $x\to\infty$ 时的极限，可用分子、分母中 x 的最高次幂除之，然后求极限.

$$\lim_{x\to\infty}\frac{2x^2+x+3}{3x^2-x+2}=\lim_{x\to\infty}\frac{2+\frac{1}{x}+\frac{3}{x^2}}{3-\frac{1}{x}+\frac{2}{x^2}}=\frac{2}{3}.$$

用同样的方法，可得

$$\lim_{x\to\infty}\frac{a_0x^n+a_1x^{n-1}+\cdots+a_n}{b_0x^m+b_1x^{m-1}+\cdots+b_m}=\begin{cases}\infty, & m<n\\ \frac{a_0}{b_0}, & m=n.\\ 0, & m>n\end{cases}$$

注释　对于分式极限，若在同一极限过程中，分子与分母的极限都为 ∞，则此时分式的极限可能存在，也可能不存在，通常这类极限称为 $\frac{\infty}{\infty}$ 型未定式.

例 5　求 $\lim\limits_{x\to1}\left(\frac{3}{1-x^3}-\frac{1}{1-x}\right)$.

解：当 $x\to1$ 时，$\frac{3}{1-x^3}\to\infty$，$\frac{1}{1-x}\to\infty$，不能直接使用差的极限运算法则，可以先通分，再求极限.

$$\begin{aligned}\lim_{x\to1}\left(\frac{3}{1-x^3}-\frac{1}{1-x}\right)&=\lim_{x\to1}\frac{3-(1+x+x^2)}{(1-x)(1+x+x^2)}\\&=\lim_{x\to1}\frac{(2+x)(1-x)}{(1-x)(1+x+x^2)}\\&=\lim_{x\to1}\frac{2+x}{1+x+x^2}=1.\end{aligned}$$

注释　在同一极限过程中，两个无穷大之差的极限可能存在，也可能不存在，通常这类极限称为 $\infty-\infty$ 型未定式.

例 6　求 $\lim\limits_{x\to0}\frac{\sqrt{1+x}-1}{x}$.

解：当 $x\to0$ 时，分子、分母的极限均为零，为 $\frac{0}{0}$ 型未定式，不能直接用商的极限运

算法则，可先对分子有理化，然后求极限.

$$\lim_{x\to 0}\frac{\sqrt{1+x}-1}{x}=\lim_{x\to 0}\frac{(\sqrt{1+x}-1)(\sqrt{1+x}+1)}{x(\sqrt{1+x}+1)}=\lim_{x\to 0}\frac{x}{x(\sqrt{1+x}+1)}=\lim_{x\to 0}\frac{1}{\sqrt{1+x}+1}=\frac{1}{2}.$$

例7 求 $\lim\limits_{x\to\infty}\frac{(x-1)^{10}(x+1)^{20}}{(2x+1)^{30}}$.

解： $\lim\limits_{x\to\infty}\frac{(x-1)^{10}(x+1)^{20}}{(2x+1)^{30}}=\lim\limits_{x\to\infty}\left(\frac{x-1}{2x+1}\right)^{10}\left(\frac{x+1}{2x+1}\right)^{20}$

$$=\lim_{x\to\infty}\left(\frac{1-\frac{1}{x}}{2+\frac{1}{x}}\right)^{10}\left(\frac{1+\frac{1}{x}}{2+\frac{1}{x}}\right)^{20}=\left(\frac{1}{2}\right)^{10}\left(\frac{1}{2}\right)^{20}=\left(\frac{1}{2}\right)^{30}.$$

例8 求 $\lim\limits_{x\to+\infty}(\sqrt{x^2+x}-\sqrt{x^2-x})$.

解： $\lim\limits_{x\to+\infty}(\sqrt{x^2+x}-\sqrt{x^2-x})=\lim\limits_{x\to+\infty}\frac{2x}{\sqrt{x^2+x}+\sqrt{x^2-x}}$

$$=\lim_{x\to+\infty}\frac{2}{\sqrt{1+\frac{1}{x}}+\sqrt{1-\frac{1}{x}}}=1.$$

例9 已知 $\lim\limits_{x\to\infty}\left(\frac{x^2+1}{x+1}-ax-b\right)=0$，求常数 a，b 的值.

解： 因为

$$\lim_{x\to\infty}\left(\frac{x^2+1}{x+1}-ax-b\right)=\lim_{x\to\infty}\frac{(1-a)x^2-(a+b)x+1-b}{x+1}=0,$$

由有理函数的极限知，上式成立，必须有 x^2 和 x 的系数等于0，即 $\begin{cases}1-a=0\\a+b=0\end{cases}$，于是 $a=1$，$b=-1$.

例10 设 $f(x)=\begin{cases}x^2\sin\frac{1}{x}, & x>0\\a+x^2, & x<0\end{cases}$，则 a 为何值时 $\lim\limits_{x\to 0}f(x)$ 存在？求此极限值.

解： 函数在分段点两边的左、右极限为

$$\lim_{x\to 0^+}f(x)=\lim_{x\to 0^+}x^2\sin\frac{1}{x}=0,\ \lim_{x\to 0^-}f(x)=\lim_{x\to 0^-}(a+x^2)=a,$$

为使 $\lim\limits_{x\to 0}f(x)$ 存在，必须 $\lim\limits_{x\to 0^+}f(x)=\lim\limits_{x\to 0^-}f(x)$，即 $a=0$. 因此，当 $a=0$ 时，$\lim\limits_{x\to 0}f(x)$

存在且 $\lim\limits_{x\to 0}f(x)=0$.

2.4.2　复合函数的极限运算法则

定理 2（复合函数的极限运算法则）　设函数 $y=f(u)$ 与 $u=\varphi(x)$ 的复合函数为 $y=f[\varphi(x)]$. 若 $\lim\limits_{u\to u_0}f(u)=A$，$\lim\limits_{x\to x_0}\varphi(x)=u_0$，且在点 x_0 的某一去心邻域内 $\varphi(x)\neq u_0$，则复合函数 $f[\varphi(x)]$ 在点 x_0 处存在极限，且

$$\lim_{x\to x_0}f[\varphi(x)]=\lim_{u\to u_0}f(u)=A.$$

特别地，若 $\lim\limits_{u\to u_0}f(u)=f(u_0)$，则

$$\lim_{x\to x_0}f[\varphi(x)]=f[\lim_{x\to x_0}\varphi(x)]=f(u_0).$$

注释　复合函数的极限运算法则说明：

(1) 如果 $f(u)$ 与 $\varphi(x)$ 满足该定理的条件，就可以通过变换 $\varphi(x)=u$ 将 $\lim\limits_{x\to x_0}f[\varphi(x)]$ 化为 $\lim\limits_{u\to u_0}f(u)$，即 $\lim\limits_{x\to x_0}f[\varphi(x)]=\lim\limits_{u\to u_0}f(u)$，这就是变量代换法；

(2) 如果 $\lim\limits_{u\to u_0}f(u)=f(u_0)$，则对于复合函数的极限 $\lim\limits_{x\to x_0}f[\varphi(x)]$，可将函数符号与极限符号交换次序，即 $\lim\limits_{x\to x_0}f[\varphi(x)]=f[\lim\limits_{x\to x_0}\varphi(x)]$；

(3) 在定理中，若把 $\lim\limits_{u\to u_0}f(u)=A$ 换成 $\lim\limits_{u\to\infty}f(u)=A$，把 $\lim\limits_{x\to x_0}\varphi(x)=u_0$ 换成 $\lim\limits_{x\to x_0}\varphi(x)=\infty$，可得类似结论.

例 11　求 $\lim\limits_{x\to 0}\dfrac{\sqrt[3]{x+1}-1}{x}$.

解：当 $x\to 0$ 时，分子、分母的极限均为零，为 $\dfrac{0}{0}$ 型未定式，不能直接用商的极限运算法则. 作变换，令 $\sqrt[3]{x+1}=u$，则当 $x\to 0$ 时，$u\to 1$，从而

$$\lim_{x\to 0}\frac{\sqrt[3]{x+1}-1}{x}=\lim_{u\to 1}\frac{u-1}{u^3-1}=\lim_{u\to 1}\frac{u-1}{(u-1)(u^2+u+1)}=\lim_{u\to 1}\frac{1}{u^2+u+1}=\frac{1}{3}.$$

注释　运用极限运算法则时，必须注意其使用条件，只有在满足使用条件的前提下才能使用；如果所求极限呈现 $\dfrac{0}{0}$ 型、$\dfrac{\infty}{\infty}$ 型、$\infty-\infty$ 型等未定式，就不能直接用极限运算法则，必须先对原式进行恒等变形（约分、通分、有理化、变量代换等），然后求极限.

习题 2.4

1. 求下列数列的极限：

(1) $\lim\limits_{n\to\infty}\dfrac{(-2)^n+3^n}{(-2)^{n+1}+3^{n+1}}$；　　(2) $\lim\limits_{n\to\infty}\dfrac{\sqrt{n+1}-\sqrt{n}}{\sqrt{n+2}-\sqrt{n}}$；

(3) $\lim\limits_{n\to\infty}\left(\frac{1}{n^2}+\frac{2}{n^2}+\cdots+\frac{n-1}{n^2}\right)$；　　(4) $\lim\limits_{n\to\infty}\left[\frac{1}{1\cdot 2}+\frac{1}{2\cdot 3}+\frac{1}{3\cdot 4}+\cdots+\frac{1}{n(n+1)}\right]$.

2. 求下列函数的极限：

(1) $\lim\limits_{x\to\infty}\frac{x^2+2}{2x^2-x+1}$；　　(2) $\lim\limits_{x\to\infty}\frac{x^2+x}{x^3-3x^2+1}$；

(3) $\lim\limits_{x\to+\infty}(\sqrt{x^2+x}-x)$；　　(4) $\lim\limits_{x\to\infty}\frac{(2x-3)^{20}(3x+2)^{30}}{(2x+1)^{50}}$；

(5) $\lim\limits_{x\to 1}\frac{x^2-2x+1}{x^2-1}$；　　(6) $\lim\limits_{x\to\infty}\left(5+\frac{1}{x}-\frac{3}{x^2}\right)$；

(7) $\lim\limits_{x\to 0}\frac{\sqrt{1+x}-\sqrt{1-x}}{x}$；　　(8) $\lim\limits_{x\to 1}\left(\frac{x}{x-1}-\frac{2}{x^2-1}\right)$.

3. 由已知条件 $\lim\limits_{x\to 2}\frac{x-2}{x^2+ax+b}=\frac{1}{8}$，确定 a，b 的值.

4. 求下列复合函数的极限：

(1) $\lim\limits_{x\to 0}\sin(2x+1)$；　　(2) $\lim\limits_{x\to 1}\ln(2x^2+x-2)$；

(3) $\lim\limits_{x\to+\infty}\arcsin(\sqrt{x^2+x}-x)$；　　(4) $\lim\limits_{x\to\infty}e^{\arctan\frac{1}{x+1}}$.

2.5 极限存在准则与两个重要极限

本节介绍极限存在准则，并利用极限存在准则推出两个重要极限. 利用两个重要极限求极限时，要注意使用的条件和解决的问题的类型.

2.5.1 极限存在准则

定理1（数列极限夹逼准则） 设数列$\{x_n\}$，$\{y_n\}$及$\{z_n\}$满足条件：

$$y_n\leqslant x_n\leqslant z_n\ (n=1,2,3,\cdots)\quad 且\quad \lim_{n\to\infty}y_n=\lim_{n\to\infty}z_n=a,$$

则 $\lim\limits_{n\to\infty}x_n=a$.

几何特征如图2-21所示.

同样，对于函数极限也有类似的夹逼准则.

定理2（函数极限夹逼准则） 若存在 $r>0$，使得当 $0<|x-x_0|<r$ 时，有

$$g(x)\leqslant f(x)\leqslant h(x)\quad 且\quad \lim_{x\to x_0}g(x)=\lim_{x\to x_0}h(x)=A,$$

则 $\lim\limits_{x\to x_0}f(x)=A$，如图2-22所示.

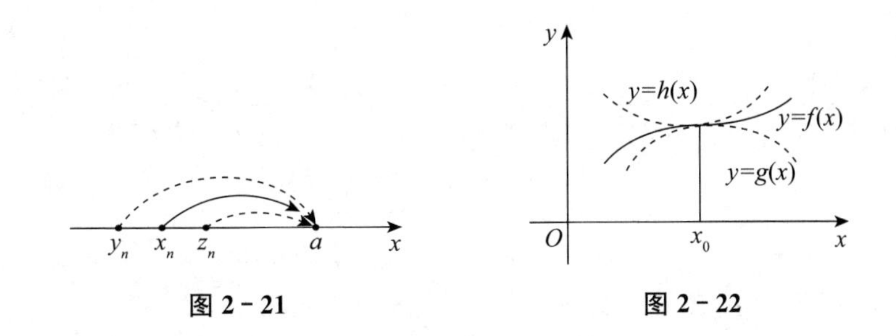

图 2-21　　　　图 2-22

从直观上看，函数极限夹迫准则是显然的. 当 $x\to x_0$ 时函数 $g(x)$，$h(x)$ 的值无限接近常数 A，而夹在 $g(x)$ 与 $h(x)$ 之间的 $f(x)$ 的值也必然无限接近常数 A，即 $\lim\limits_{x\to x_0}f(x)=A$.

下面给出函数极限夹迫准则的证明，数列极限夹迫准则的证明与此类似.

证：因为 $\lim\limits_{x\to x_0}g(x)=A$，所以对于任意给定的 $\varepsilon>0$，存在 $\delta_1>0$，使得当 $0<|x-x_0|<\delta_1$ 时，有 $|g(x)-A|<\varepsilon$，即 $A-\varepsilon<g(x)<A+\varepsilon$.

又因为 $\lim\limits_{x\to x_0}h(x)=A$，所以存在 $\delta_2>0$，当 $0<|x-x_0|<\delta_2$ 时，有 $|h(x)-A|<\varepsilon$，即 $A-\varepsilon<h(x)<A+\varepsilon$.

取 $\delta=\min\{\delta_1,\delta_2\}$，则当 $0<|x-x_0|<\delta$ 时，有

$$A-\varepsilon<g(x)\leqslant f(x)\leqslant h(x)<A+\varepsilon.$$

所以 $\lim\limits_{x\to x_0}f(x)=A$.

例 1　利用极限存在准则证明：数列 $\sqrt{2}$，$\sqrt{2+\sqrt{2}}$，$\sqrt{2+\sqrt{2+\sqrt{2}}}$，… 的极限存在.

证：设 $x_1=\sqrt{2}$，$x_2=\sqrt{2+x_1}$，…，$x_{n+1}=\sqrt{2+x_n}$，$n=1,2,\cdots$.

(1) 用归纳法证明 $\{x_n\}$ 有上界.

当 $n=1$ 时，$x_1=\sqrt{2}<2$，假定 $n=k$ 时，$x_k<2$，则当 $n=k+1$ 时，$x_{k+1}=\sqrt{2+x_k}<2$，所以 $x_n<2$ $(n=1,2,\cdots)$.

(2) 证明 $\{x_n\}$ 单调递增.

$$x_{n+1}-x_n=\sqrt{2+x_n}-x_n=\frac{2+x_n-x_n^2}{\sqrt{2+x_n}+x_n}=-\frac{(x_n-2)(x_n+1)}{\sqrt{2+x_n}+x_n}.$$

由于 $x_n<2$，所以 $x_{n+1}-x_n>0$，故 $\{x_n\}$ 单调递增. 根据单调有界数列必有极限知 $\lim\limits_{n\to\infty}x_n$ 存在.

例 2　求极限 $\lim\limits_{n\to\infty}\left(\frac{1}{n^2+n+1}+\frac{2}{n^2+n+2}+\cdots+\frac{n}{n^2+n+n}\right)$.

解：由

$$\frac{1}{n^2+n+1}+\frac{2}{n^2+n+2}+\cdots+\frac{n}{n^2+n+n}>\frac{1+2+\cdots+n}{n^2+n+n}=\frac{n(n+1)}{2(n^2+2n)},$$

$$\frac{1}{n^2+n+1}+\frac{2}{n^2+n+2}+\cdots+\frac{n}{n^2+n+n}<\frac{1+2+\cdots+n}{n^2+n+1}=\frac{n(n+1)}{2(n^2+n+1)},$$

有

$$\frac{n(n+1)}{2(n^2+2n)}<\frac{1}{n^2+n+1}+\frac{2}{n^2+n+2}+\cdots+\frac{n}{n^2+n+n}<\frac{n(n+1)}{2(n^2+n+1)}.$$

因为

$$\lim_{n\to\infty}\frac{n(n+1)}{2(n^2+2n)}=\frac{1}{2},\ \lim_{n\to\infty}\frac{n(n+1)}{2(n^2+n+1)}=\frac{1}{2},$$

所以

$$\lim_{n\to\infty}\left(\frac{1}{n^2+n+1}+\frac{2}{n^2+n+2}+\cdots+\frac{n}{n^2+n+n}\right)=\frac{1}{2}.$$

例 3 证明 $\lim\limits_{x\to0}x\left[\frac{1}{x}\right]=1$.

证： 当 $x\neq0$ 时，有 $\frac{1}{x}-1<\left[\frac{1}{x}\right]\leqslant\frac{1}{x}$.

当 $x<0$ 时，有 $1-x>x\left[\frac{1}{x}\right]\geqslant1$. 因为 $\lim\limits_{x\to0^-}(1-x)=1$，由函数极限夹迫准则，得

$$\lim_{x\to0^-}x\left[\frac{1}{x}\right]=1.$$

当 $x>0$ 时，有 $1-x<x\left[\frac{1}{x}\right]\leqslant1$. 因为 $\lim\limits_{x\to0^+}(1-x)=1$，由函数极限夹迫准则，得

$$\lim_{x\to0^+}x\left[\frac{1}{x}\right]=1.$$

综上所述，$\lim\limits_{x\to0}x\left[\frac{1}{x}\right]=1$.

2.5.2 两个重要极限

1. 重要极限 $\lim\limits_{x\to0}\frac{\sin x}{x}=1$

探究 通过对极限 $\lim\limits_{x\to0}\frac{\sin x}{x}=1$ 的数量特征和几何特征的探究，认识重要极限成立的确定性.

观察当 $x\to0$ 时，$\frac{\sin x}{x}$ 的数据（见表 2-7）和图形（见图 2-23）的变化趋势.

从数据表和图形可以看出，当 $x\to0$ 时，$\frac{\sin x}{x}\to1$. 事实上，可以用几何方法证明该结论成立.

表 2-7　当 $x\to0$ 时，$\frac{\sin x}{x}$ 的数据变化趋势

x(rad)	−1	−0.5	−0.1	−0.01	0	0.01	0.1	0.5	1
$\frac{\sin x}{x}$	0.841 5	0.958 85	0.998	0.999 98	不存在	0.999 98	0.998	0.958 85	0.841 5

证：作单位圆，如图 2-24 所示. 取 $\angle AOB=x$(rad) $\left(设 0<x<\frac{\pi}{2}\right)$. 由图 2-24 可知，对于 $\triangle OAB$、扇形 OAB 和 $\triangle OAD$ 的面积，有

$$S_{\triangle OAB}<S_{扇形OAB}<S_{\triangle OAD},$$

即

$$\frac{1}{2}\sin x<\frac{1}{2}x<\frac{1}{2}\tan x.$$

由此得

$$\sin x<x<\tan x.$$

上式除以 $\sin x$，有 $\cos x<\frac{\sin x}{x}<1$. 因此，当 $0<x<\frac{\pi}{2}$ 时，$\cos x<\frac{\sin x}{x}<1$.

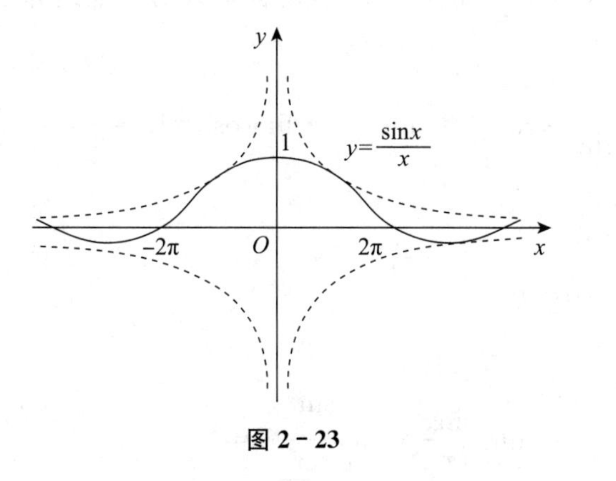

图 2-23

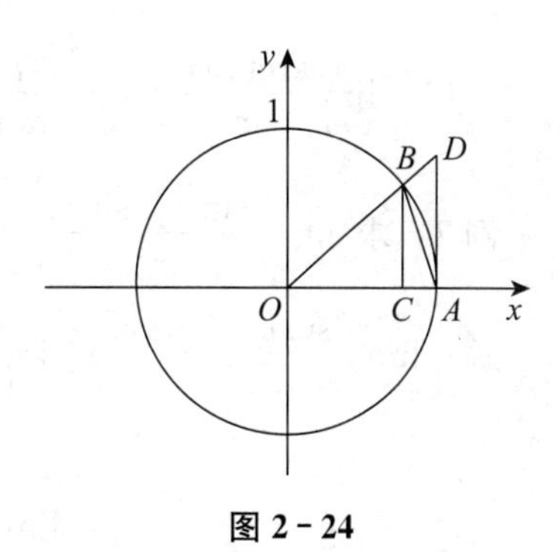

图 2-24

因为 $\frac{\sin x}{x}$ 和 $\cos x$ 都是偶函数，所以，当 $-\frac{\pi}{2}<x<0$ 时，$\cos x<\frac{\sin x}{x}<1$ 也成立. 又因为 $\lim\limits_{x\to0}\cos x=1$，所以，由函数极限夹迫准则，得

$$\lim_{x\to0}\frac{\sin x}{x}=1.$$

注释　重要极限的运用说明：

(1) 极限 $\lim\limits_{x\to0}\frac{\sin x}{x}=1$ 是微积分中的重要极限之一，后续内容中有关三角函数的一些重要公式可由该公式推得，应该熟练掌握该公式；

（2）极限所解决问题的特征：主要解决含有三角函数的 $\frac{0}{0}$ 型极限；

（3）极限的主要变形：

$$\lim_{x\to\infty} x\sin\frac{1}{x}=1,\ \lim_{x\to 0}\frac{x}{\sin x}=1,\ \lim_{\varphi(x)\to 0}\frac{\sin\varphi(x)}{\varphi(x)}=1;$$

（4）在利用重要极限求极限时，常常需要通过三角恒等式将函数变形成公式形式.

例4 求 $\lim\limits_{x\to 0}\frac{\sin 3x}{\sin 4x}$.

解： $\lim\limits_{x\to 0}\frac{\sin 3x}{\sin 4x}=\lim\limits_{x\to 0}\left(\frac{\sin 3x}{3x}\cdot\frac{4x}{\sin 4x}\cdot\frac{3x}{4x}\right)=\frac{3}{4}\lim\limits_{x\to 0}\frac{\sin 3x}{3x}\cdot\lim\limits_{x\to 0}\frac{4x}{\sin 4x}=\frac{3}{4}$.

例5 求 $\lim\limits_{x\to 0}\frac{1-\cos x}{x^2}$.

解： $\lim\limits_{x\to 0}\frac{1-\cos x}{x^2}=\lim\limits_{x\to 0}\frac{2\sin^2\frac{x}{2}}{x^2}=\frac{1}{2}\left(\lim\limits_{x\to 0}\frac{\sin\frac{x}{2}}{\frac{x}{2}}\right)^2=\frac{1}{2}$.

例6 求 $\lim\limits_{x\to 0}\frac{\arctan x}{x}$.

解： 令 $\arctan x=t$，则 $x=\tan t$. 当 $x\to 0$ 时，有 $t\to 0$. 由复合函数的极限运算法则，得

$$\lim_{x\to 0}\frac{\arctan x}{x}=\lim_{t\to 0}\frac{t}{\tan t}=\lim_{t\to 0}\left(\frac{t}{\sin t}\cdot\cos t\right)=\lim_{t\to 0}\frac{t}{\sin t}\cdot\lim_{t\to 0}\cos t=1.$$

例7 求 $\lim\limits_{x\to 0}\frac{2\sin x-\sin 2x}{x^3}$.

解： $\lim\limits_{x\to 0}\frac{2\sin x-\sin 2x}{x^3}=\lim\limits_{x\to 0}\frac{2\sin x(1-\cos x)}{x^3}$

$$=\lim_{x\to 0}\frac{4\sin x\sin^2\frac{x}{2}}{x^3}=\lim_{x\to 0}\frac{\sin x}{x}\cdot\lim_{x\to 0}\frac{\sin^2\frac{x}{2}}{\frac{x^2}{4}}=1.$$

2. 重要极限 $\lim\limits_{x\to\infty}\left(1+\frac{1}{x}\right)^x=e$

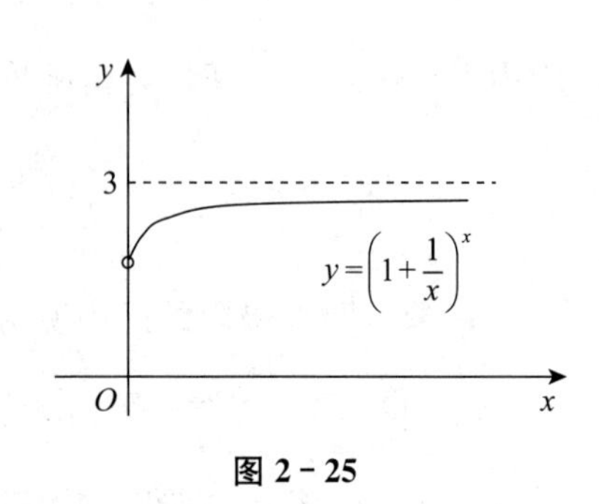

图 2-25

在2.1节中，已经证明了数列极限 $\lim\limits_{n\to\infty}\left(1+\frac{1}{n}\right)^n=e$. 对于变量 x 而言，有类似极限 $\lim\limits_{x\to\infty}\left(1+\frac{1}{x}\right)^x=e$（见图2-25）. 下面通过夹迫准则证明该极限.

（1）先证明 $\lim\limits_{x\to+\infty}\left(1+\frac{1}{x}\right)^x=e$.

对任何正实数 x，有 $[x]\leqslant x<[x]+1$. 记 $[x]=n$，则 $n\leqslant x<n+1$，且有

$$\left(1+\frac{1}{n+1}\right)^{n}<\left(1+\frac{1}{x}\right)^{x}<\left(1+\frac{1}{n}\right)^{n+1}.$$

因为

$$\lim_{n\to\infty}\left(1+\frac{1}{n+1}\right)^{n}=\lim_{n\to\infty}\left[\left(1+\frac{1}{n+1}\right)^{n+1}\cdot\left(1+\frac{1}{n+1}\right)^{-1}\right]=\mathrm{e},$$

$$\lim_{n\to\infty}\left(1+\frac{1}{n}\right)^{n+1}=\lim_{n\to\infty}\left[\left(1+\frac{1}{n}\right)^{n}\cdot\left(1+\frac{1}{n}\right)\right]=\mathrm{e},$$

当 $x\to+\infty$ 时，有 $n\to\infty$，由函数极限夹迫准则，得

$$\lim_{x\to+\infty}\left(1+\frac{1}{x}\right)^{x}=\mathrm{e}.$$

(2) 当 $x\to-\infty$ 时，令 $x=-y$，则当 $x\to-\infty$ 时，$y\to+\infty$，从而

$$\left(1+\frac{1}{x}\right)^{x}=\left(1-\frac{1}{y}\right)^{-y}=\left(\frac{y-1}{y}\right)^{-y}=\left(\frac{y}{y-1}\right)^{y}=\left(1+\frac{1}{y-1}\right)^{y-1}\cdot\left(1+\frac{1}{y-1}\right),$$

则有

$$\lim_{x\to-\infty}\left(1+\frac{1}{x}\right)^{x}=\lim_{y\to+\infty}\left(1+\frac{1}{y-1}\right)^{y-1}\lim_{y\to+\infty}\left(1+\frac{1}{y-1}\right)=\mathrm{e}.$$

所以 $\lim\limits_{x\to\infty}\left(1+\frac{1}{x}\right)^{x}=\mathrm{e}$.

注释　极限 $\lim\limits_{x\to\infty}\left(1+\frac{1}{x}\right)^{x}=\mathrm{e}$ 也是微积分中的重要极限之一，后续内容中有关指数函数与对数函数的一些重要公式可由该公式推得. 特别地，通过该极限可以得到许多重要的数学模型，如物体的冷却模型、放射性元素的衰变模型、人口增长模型等. 对该极限的使用说明如下：

(1) 该重要极限主要解决幂指函数 $f(x)^{g(x)}$ $(f(x)>0)$ 的极限问题，其特征是在同一极限过程中，$f(x)\to1$，$g(x)\to\infty$，这类极限称为 1^{∞} 型未定式；

(2) 极限的主要变形：

$$\lim_{x\to\infty}\left(1+\frac{1}{x}\right)^{x}=\mathrm{e},\quad \lim_{x\to0}(1+x)^{\frac{1}{x}}=\mathrm{e},\quad \lim_{\varphi(x)\to\infty}\left(1+\frac{1}{\varphi(x)}\right)^{\varphi(x)}=\mathrm{e};$$

(3) 在利用重要极限求极限时，常常需要通过指数运算将函数变形成极限形式.

例 8　求 $\lim\limits_{x\to\infty}\left(1+\frac{3}{x}\right)^{2x}$.

解：所求极限类型是 1^{∞} 型. 令 $\frac{x}{3}=u$，则 $x=3u$. 当 $x\to\infty$ 时，有 $u\to\infty$，所以

$$\lim_{x\to\infty}\left(1+\frac{3}{x}\right)^{2x}=\lim_{u\to\infty}\left(1+\frac{1}{u}\right)^{6u}=\left[\lim_{u\to\infty}\left(1+\frac{1}{u}\right)^{u}\right]^{6}=\mathrm{e}^{6}.$$

此题也可以由复合函数的极限运算法则，按下列过程求解：

$$\lim_{x\to\infty}\left(1+\frac{3}{x}\right)^{2x}=\lim_{x\to\infty}\left[\left(1+\frac{3}{x}\right)^{\frac{x}{3}}\right]^6=\left[\lim_{x\to\infty}\left(1+\frac{3}{x}\right)^{\frac{x}{3}}\right]^6=\mathrm{e}^6.$$

例 9 求 $\lim\limits_{x\to\infty}\left(\frac{2-x}{3-x}\right)^x$.

解：方法一 所求极限类型是 1^∞ 型. 令 $\frac{2-x}{3-x}=1+\frac{1}{u}$，解得 $x=u+3$. 于是

$$\lim_{x\to\infty}\left(\frac{2-x}{3-x}\right)^x=\lim_{u\to\infty}\left(1+\frac{1}{u}\right)^{u+3}=\lim_{u\to\infty}\left(1+\frac{1}{u}\right)^u\cdot\lim_{u\to\infty}\left(1+\frac{1}{u}\right)^3=\mathrm{e}.$$

方法二 $\lim\limits_{x\to\infty}\left(\frac{2-x}{3-x}\right)^x=\lim\limits_{x\to\infty}\left(1-\frac{1}{3-x}\right)^x=\lim\limits_{x\to\infty}\left(1-\frac{1}{3-x}\right)^{-(3-x)}\cdot\left(1-\frac{1}{3-x}\right)^3$

$$=\lim_{x\to\infty}\left(1-\frac{1}{3-x}\right)^{-(3-x)}\cdot\lim_{x\to\infty}\left(1-\frac{1}{3-x}\right)^3=\mathrm{e}.$$

方法三 $\lim\limits_{x\to\infty}\left(\frac{2-x}{3-x}\right)^x=\lim\limits_{x\to\infty}\left(\frac{1-\frac{2}{x}}{1-\frac{3}{x}}\right)^x=\lim\limits_{x\to\infty}\frac{\left(1-\frac{2}{x}\right)^x}{\left(1-\frac{3}{x}\right)^x}=\frac{\lim\limits_{x\to\infty}\left[\left(1-\frac{2}{x}\right)^{-\frac{x}{2}}\right]^{-2}}{\lim\limits_{x\to\infty}\left[\left(1-\frac{3}{x}\right)^{-\frac{x}{3}}\right]^{-3}}=\mathrm{e}.$

例 10 求 $\lim\limits_{x\to\infty}\left(\frac{2x+3}{2x+1}\right)^{x+1}$.

解： $\lim\limits_{x\to\infty}\left(\frac{2x+3}{2x+1}\right)^{x+1}=\lim\limits_{x\to\infty}\left(\frac{2x+3}{2x+1}\right)^x\cdot\lim\limits_{x\to\infty}\left(\frac{2x+3}{2x+1}\right)=\lim\limits_{x\to\infty}\left(\frac{1+\frac{3}{2x}}{1+\frac{1}{2x}}\right)^x$

$$=\lim_{x\to\infty}\left[\left(1+\frac{3}{2x}\right)^{\frac{2x}{3}}\right]^{\frac{3}{2}}\bigg/\lim_{x\to\infty}\left[\left(1+\frac{1}{2x}\right)^{2x}\right]^{\frac{1}{2}}=\mathrm{e}.$$

例 11 求下列极限：

(1) $\lim\limits_{x\to 0}\frac{\log_a(1+x)}{x}$ $(a>0,\ a\neq 1)$； (2) $\lim\limits_{x\to 0}\frac{a^x-1}{x}$ $(a>0,\ a\neq 1)$.

解： 由复合函数的极限运算法则，有

(1) $\lim\limits_{x\to 0}\frac{\log_a(1+x)}{x}=\lim\limits_{x\to 0}\log_a(1+x)^{\frac{1}{x}}=\log_a[\lim\limits_{x\to 0}(1+x)^{\frac{1}{x}}]=\log_a\mathrm{e}=\frac{1}{\ln a}$.

(2) 令 $u=a^x-1$，则 $x=\log_a(1+u)$. 当 $x\to 0$ 时，有 $u\to 0$，于是

$$\lim_{x\to 0}\frac{a^x-1}{x}=\lim_{u\to 0}\frac{u}{\log_a(1+u)}=\ln a.$$

特别地，$\lim\limits_{x\to 0}\frac{\ln(1+x)}{x}=1$，$\lim\limits_{x\to 0}\frac{\mathrm{e}^x-1}{x}=1$. 本例的结论可以作为公式引用.

例 12　证明 $\lim\limits_{x\to 0}\dfrac{(1+x)^{\alpha}-1}{x}=\alpha$ $(\alpha\in\mathbf{R})$.

证：令 $(1+x)^{\alpha}-1=t$，则 $\alpha\ln(1+x)=\ln(1+t)$，且当 $x\to 0$ 时，$t\to 0$，于是

$$\lim_{x\to 0}\frac{(1+x)^{\alpha}-1}{x}=\lim_{x\to 0}\left[\frac{(1+x)^{\alpha}-1}{\ln(1+x)}\cdot\frac{\ln(1+x)}{x}\right]$$

$$=\lim_{x\to 0}\frac{(1+x)^{\alpha}-1}{\ln(1+x)}=\lim_{t\to 0}\frac{\alpha t}{\ln(1+t)}=\alpha.$$

习题 2.5

1. 用夹迫准则求下列极限：

(1) 设 $x_n=\dfrac{1}{\sqrt{n^2+1}}+\dfrac{1}{\sqrt{n^2+2}}+\cdots+\dfrac{1}{\sqrt{n^2+n}}$，求极限 $\lim\limits_{n\to\infty}x_n$；

(2) 设 $x_n=\dfrac{1}{n^2+1}+\dfrac{2}{n^2+2}+\cdots+\dfrac{n}{n^2+n}$，求极限 $\lim\limits_{n\to\infty}x_n$.

2. 求下列极限：

(1) $\lim\limits_{x\to 0}\dfrac{\sin 2x}{\tan 3x}$；

(2) $\lim\limits_{x\to 0}\dfrac{\sin\sin x}{x}$；

(3) $\lim\limits_{x\to 0}\dfrac{1-\cos 2x}{x\sin x}$；

(4) $\lim\limits_{x\to 0}\dfrac{\sqrt{1-\cos x^2}}{1-\cos x}$；

(5) $\lim\limits_{x\to 0}\dfrac{1-\sqrt{1+x^2}}{\tan^2 x}$；

(6) $\lim\limits_{x\to a}\dfrac{\sin x-\sin a}{x-a}$；

3. 求下列极限：

(1) $\lim\limits_{x\to\infty}\left(1-\dfrac{2}{x}\right)^{\frac{x}{2}-1}$；

(2) $\lim\limits_{x\to\infty}\left(\dfrac{x-2}{x+2}\right)^{2x}$；

(3) $\lim\limits_{x\to 2}\left(\dfrac{x}{2}\right)^{\frac{2}{x-2}}$；

(4) $\lim\limits_{x\to 0}(\cos x)^{\frac{1}{1-\cos x}}$.

4. 设函数 $f(x)=\begin{cases}\dfrac{\sin ax}{x}, & x>0\\ ax+2, & x<0\end{cases}$ 在 $x=0$ 处有极限. 求 $f(-2)$.

5. 已知极限 $\lim\limits_{x\to 1}\dfrac{x^2+ax+b}{\sin(x^2-1)}=3$. 试确定 a，b 的值.

6. 设圆的半径为 R，作圆的内接正 n 边形. 求证：

(1) 圆内接正 n 边形的面积 $A_n=\dfrac{nR^2}{2}\sin\dfrac{2\pi}{n}$；

(2) 圆面积为 πR^2.

2.6 无穷小的比较

无穷小作为一种特殊的极限形式，在微积分中起着重要作用，但在同一极限过程中，随着 x 的变化，无穷小接近零的程度却有明显的差异. 为了反映这些差异，引入无穷小的比较.

2.6.1 无穷小的比较

探究 在同一极限过程中的无穷小接近零的程度是不同的，有必要对其程度进行比较和分级. 那么如何进行分级呢？下面的例题给出了思路.

例 1 当 $x\to 0^+$ 时，x^2 和 $\sin x$ 都是无穷小.

观察表 2-8 与图 2-26，从数量特征和几何特征上，考察当 $x\to 0^+$ 时，无穷小量 x，x^2 和 $\sin x$ 接近 0 的速度.

表 2-8 当 $x\to 0^+$ 时，无穷小量 x，x^2 和 $\sin x$ 接近 0 的速度

x	0.5	0.1	0.05	0.01	0.005	0.001	$\to 0$
x^2	0.250	0.010	0.002 5	0.000 1	0.000 025	0.000 001	$\to 0$
$\sin x$	0.479 4	0.099 8	0.049 98	0.009 999 8	0.004 999 98	0.001 0	$\to 0$

从几何直观和数量特征可以看出，随着 x 的变化，这些无穷小接近零的程度存在一定的差异. 通俗地讲，x 与 $\sin x$ 在同一个“级别”上，而 x^2 比 x 与 $\sin x$ 高一个“级别”，这些差异可以通过两个无穷小的商的极限反映出来：

$$\lim_{x\to 0^+}\frac{x^2}{x}=0,\quad \lim_{x\to 0^+}\frac{x}{x^2}=\infty,\quad \lim_{x\to 0^+}\frac{\sin x}{x}=1.$$

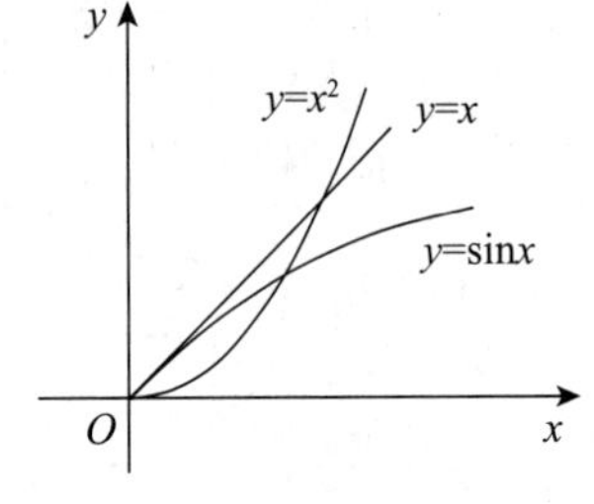

图 2-26

由此，我们引入无穷小阶的概念.

定义 1 设某一极限过程 $x\to X$ 中，$\alpha(x)$ 与 $\beta(x)$ 都是无穷小，且 $\alpha(x)\neq 0$.

(1) 若 $\lim\limits_{x\to X}\dfrac{\beta(x)}{\alpha(x)}=0$，则称 $\beta(x)$ 是比 $\alpha(x)$ 高阶的无穷小（此时，也称 $\alpha(x)$ 是比 $\beta(x)$ 低阶的无穷小），记为 $\beta(x)=o[\alpha(x)]$；

(2) 若 $\lim\limits_{x\to X}\dfrac{\beta(x)}{\alpha(x)}=C$ $(C\neq 0)$，则称 $\alpha(x)$ 与 $\beta(x)$ 是同阶无穷小；

(3) 若 $\lim\limits_{x\to X}\dfrac{\beta(x)}{\alpha(x)}=1$，则称 $\alpha(x)$ 与 $\beta(x)$ 是等价无穷小，记为 $\alpha(x)\sim\beta(x)$.

例如，因为 $\lim\limits_{x\to 0}\dfrac{\sin x}{x}=1$，所以 $\sin x\sim x\ (x\to 0)$；因为 $\lim\limits_{x\to 0}\dfrac{\sin^2 x}{x}=\lim\limits_{x\to 0}\dfrac{\sin x}{x}\cdot\sin x=\lim\limits_{x\to 0}\dfrac{\sin x}{x}\cdot\lim\limits_{x\to 0}\sin x=0$，所以 $\sin^2 x=o(x)(x\to 0)$.

2.6.2　等价无穷小的性质

定理1　在某一极限过程 $x\to X$ 中，$\alpha(x)$ 与 $\beta(x)$ 是等价无穷小的充要条件是 $\beta(x)=\alpha(x)+o(\alpha)$.

证： 因为 $\alpha(x)\sim\beta(x)$，即 $\lim\limits_{x\to X}\dfrac{\beta(x)}{\alpha(x)}=1$，由极限与无穷小之间的关系，知

$$\lim_{x\to X}\frac{\beta(x)}{\alpha(x)}=1\Leftrightarrow\frac{\beta(x)}{\alpha(x)}=1+\gamma(x)\Leftrightarrow\beta(x)=\alpha(x)+\alpha(x)\gamma(x),$$

其中 $\lim\limits_{x\to X}\gamma(x)=0$，$\lim\limits_{x\to X}\dfrac{\alpha(x)\gamma(x)}{\alpha(x)}=0$，即 $\alpha(x)\gamma(x)=o(\alpha)(x\to 0)$. 所以，$\alpha(x)\sim\beta(x)$ $(x\to X)$ 的充要条件是 $\beta(x)=\alpha(x)+o(\alpha)$.

等价无穷小在求两个无穷小之比的极限时有重要作用，对此，有如下定理.

定理2（等价代换定理）　设 $\alpha(x)$，$\alpha_1(x)$，$\beta(x)$，$\beta_1(x)$ 是同一极限过程 $x\to X$ 的无穷小，且 $\alpha(x)\sim\alpha_1(x)$，$\beta(x)\sim\beta_1(x)$.

(1) 若 $\lim\limits_{x\to X}\alpha_1(x)\beta_1(x)=A$，则 $\lim\limits_{x\to X}\alpha(x)\beta(x)=\lim\limits_{x\to X}\alpha_1(x)\beta_1(x)=A$；

(2) 若 $\lim\limits_{x\to X}\dfrac{\beta_1(x)}{\alpha_1(x)}=A$，则 $\lim\limits_{x\to X}\dfrac{\beta(x)}{\alpha(x)}=\lim\limits_{x\to X}\dfrac{\beta_1(x)}{\alpha_1(x)}=A$.

证： 由当 $x\to X$ 时，$\alpha(x)\sim\alpha_1(x)$，$\beta(x)\sim\beta_1(x)$，知

$$\begin{aligned}(1)\ \lim_{x\to X}\alpha(x)\beta(x)&=\lim_{x\to X}\left[\frac{\alpha(x)}{\alpha_1(x)}\cdot\alpha_1(x)\beta_1(x)\cdot\frac{\beta(x)}{\beta_1(x)}\right]\\&=\lim_{x\to X}\frac{\alpha(x)}{\alpha_1(x)}\cdot\lim_{x\to X}\alpha_1(x)\beta_1(x)\cdot\lim_{x\to X}\frac{\beta(x)}{\beta_1(x)}\\&=\lim_{x\to X}\alpha_1(x)\beta_1(x)=A.\end{aligned}$$

$$\begin{aligned}(2)\ \lim_{x\to X}\frac{\beta(x)}{\alpha(x)}&=\lim_{x\to X}\left[\frac{\beta(x)}{\beta_1(x)}\cdot\frac{\beta_1(x)}{\alpha_1(x)}\cdot\frac{\alpha_1(x)}{\alpha(x)}\right]\\&=\lim_{x\to X}\frac{\beta(x)}{\beta_1(x)}\cdot\lim_{x\to X}\frac{\beta_1(x)}{\alpha_1(x)}\cdot\lim_{x\to X}\frac{\alpha_1(x)}{\alpha(x)}\\&=\lim_{x\to X}\frac{\beta_1(x)}{\alpha_1(x)}=A.\end{aligned}$$

注释　此定理说明，求两个无穷小的积和商的极限时，可以用等价无穷小代换，以简化极限的计算，但须注意，在求两个无穷小的和、差的极限时，不宜使用等价无穷小代换.

公式 当 $x\to 0$ 时，常用的无穷小代换公式有：

(1) $\sin x\sim x$，$\tan x\sim x$，$\arcsin x\sim x$，$\arctan x\sim x$，$1-\cos x\sim\dfrac{x^2}{2}$；

(2) $\ln(1+x)\sim x$，$e^x-1\sim x$，$a^x-1\sim x\ln a$ $(a>0,\ a\neq 1)$；

(3) $(1+x)^\alpha-1\sim\alpha x$，$\sqrt{1+x}-1\sim\dfrac{1}{2}x$，$(1+x)^{\frac{1}{n}}-1\sim\dfrac{x}{n}$.

注释 在上述各式中将变量 x 改为 $\varphi(x)$ $(\varphi(x)\to 0)$ 也有类似结论.

例 2 求 $\lim\limits_{x\to 0}\dfrac{\tan 2x}{\sin 5x}$.

解： 当 $x\to 0$ 时，$\tan 2x\sim 2x$，$\sin 5x\sim 5x$，所以

$$\lim_{x\to 0}\frac{\tan 2x}{\sin 5x}=\lim_{x\to 0}\frac{2x}{5x}=\frac{2}{5}.$$

例 3 求 $\lim\limits_{x\to 0}\dfrac{\ln(1+x)}{\sqrt{1+x}-1}$.

解： 当 $x\to 0$ 时，$\ln(1+x)\sim x$，$\sqrt{1+x}-1\sim\dfrac{1}{2}x$，所以

$$\lim_{x\to 0}\frac{\ln(1+x)}{\sqrt{1+x}-1}=\lim_{x\to 0}\frac{x}{\frac{x}{2}}=2.$$

例 4 求 $\lim\limits_{x\to 0}\dfrac{\ln(1+xe^x)}{\tan 2x}$.

解： 当 $x\to 0$ 时，$\ln(1+xe^x)\sim xe^x$，$\tan 2x\sim 2x$，所以

$$\lim_{x\to 0}\frac{\ln(1+xe^x)}{\tan 2x}=\lim_{x\to 0}\frac{xe^x}{2x}=\frac{1}{2}.$$

例 5 求 $\lim\limits_{x\to 0}\dfrac{\tan x-\sin x}{x^3}$.

解： 当 $x\to 0$ 时，$\tan x\sim x$，$1-\cos x\sim\dfrac{1}{2}x^2$，所以

$$\lim_{x\to 0}\frac{\tan x-\sin x}{x^3}=\lim_{x\to 0}\frac{\tan x(1-\cos x)}{x^3}=\lim_{x\to 0}\frac{x\cdot\frac{1}{2}x^2}{x^3}=\frac{1}{2}.$$

注释 这里需要注意的是，等价代换是对分子或分母的整体替换（或对分子、分母的因式进行替换），而对分子或分母中“＋”“－”号连接的各部分不能分别作替换.

例如，例 5 中 $\lim\limits_{x\to 0}\dfrac{\tan x-\sin x}{x^3}$，若将 $\tan x$ 与 $\sin x$ 分别用其等价无穷小 x 替换，则有错解

$$\lim_{x\to 0}\frac{\tan x-\sin x}{x^3}=\lim_{x\to 0}\frac{x-x}{x^3}=0.$$

概括　求极限的主要方法和常见未定式：

(1) 求极限的主要方法：

① 利用极限定义和性质求极限；② 利用运算法则求极限；③ 利用重要极限求极限；④ 利用无穷小性质与等价无穷小代换求极限等．在求极限时，需要根据问题的特征，灵活选用计算方法，同时注意各种方法的结合使用．

(2) 在极限计算中，主要以确定未定式极限为主，常见的未定式主要有：

① 由函数商的运算形成的 $\frac{0}{0}$ 型、$\frac{\infty}{\infty}$ 型未定式；② 由函数的和、差、乘积运算形成的 $\infty-\infty$ 型、$0\cdot\infty$ 型未定式；③ 由幂指函数形成的 1^{∞} 型、0^0 型、∞^0 型未定式．关于未定式的极限，在后续内容中还要进一步讨论．

作为极限计算的总结，在此介绍一组求极限的综合例题，对前面介绍的求极限方法作一概括．

例 6　求下列函数极限：

(1) $\lim\limits_{x\to\infty}\dfrac{x^2-5\cos x}{3x^2+6\sin x}$；　　(2) $\lim\limits_{x\to+\infty}(\sin\sqrt{x+1}-\sin\sqrt{x})$．

解：(1) 由有界量与无穷小的乘积还是无穷小，得

$$\lim_{x\to\infty}\frac{x^2-5\cos x}{3x^2+6\sin x}=\lim_{x\to\infty}\frac{1-\dfrac{5}{x^2}\cos x}{3+\dfrac{6}{x^2}\sin x}=\frac{1}{3}.$$

(2) $$\lim_{x\to+\infty}[\sin\sqrt{x+1}-\sin\sqrt{x}]=\lim_{x\to+\infty}2\cos\frac{\sqrt{x+1}+\sqrt{x}}{2}\sin\frac{\sqrt{x+1}-\sqrt{x}}{2}$$
$$=\lim_{x\to+\infty}2\cos\frac{\sqrt{x+1}+\sqrt{x}}{2}\sin\frac{1}{2(\sqrt{x+1}+\sqrt{x})},$$

因为

$$\left|2\cos\frac{\sqrt{x+1}+\sqrt{x}}{2}\right|\leqslant 2,\ \lim_{x\to+\infty}\sin\frac{1}{2(\sqrt{x+1}+\sqrt{x})}=0,$$

所以 $\lim\limits_{x\to+\infty}[\sin\sqrt{x+1}-\sin\sqrt{x}]=0$．

例 7　求下列极限：

(1) $\lim\limits_{x\to0}\dfrac{\cos x-\cos^2 x}{x^2}$；　　(2) $\lim\limits_{x\to\infty}\left(\dfrac{x^2}{x^2-1}\right)^x$．

解：(1) $$\lim_{x\to0}\frac{\cos x-\cos^2 x}{x^2}=\lim_{x\to0}\frac{\cos x(1-\cos x)}{x^2}=\lim_{x\to0}\cos x\cdot\lim_{x\to0}\frac{1-\cos x}{x^2}$$
$$=\lim_{x\to0}\frac{2\sin^2\dfrac{x}{2}}{x^2}=\frac{1}{2}\lim_{x\to0}\frac{\sin^2\dfrac{x}{2}}{\left(\dfrac{x}{2}\right)^2}=\frac{1}{2}.$$

(2) $\lim\limits_{x\to\infty}\left(\dfrac{x^2}{x^2-1}\right)^x=\lim\limits_{x\to\infty}\left(\dfrac{x}{x+1}\cdot\dfrac{x}{x-1}\right)^x=\lim\limits_{x\to\infty}\left(\dfrac{1}{1+1/x}\right)^x\left(\dfrac{1}{1-1/x}\right)^x$

$$=\lim_{x\to\infty}\frac{1}{(1+1/x)^x}\cdot\frac{1}{(1-1/x)^x}=\frac{1}{\mathrm{e}}\cdot\frac{1}{\mathrm{e}^{-1}}=1.$$

例 8 求下列极限：

(1) $\lim\limits_{x\to 0}\dfrac{\sqrt{1+x+x^2}-1}{\sin 2x}$；　　(2) $\lim\limits_{x\to 0}\dfrac{\cos x(\mathrm{e}^{\sin x}-1)^2}{\tan^2 x}$.

解：(1) 当 $x\to 0$ 时，$\sin x\sim x$. 由 $(1+x)^{\frac{1}{n}}-1\sim\dfrac{x}{n}$，有 $\sqrt{1+x+x^2}-1\sim\dfrac{x+x^2}{2}$，于是

$$\lim_{x\to 0}\frac{\sqrt{1+x+x^2}-1}{\sin 2x}=\lim_{x\to 0}\frac{\frac{x+x^2}{2}}{2x}=\frac{1}{4}.$$

(2) 当 $x\to 0$ 时，$\sin x\sim x$，$\mathrm{e}^x-1\sim x$，由此可得 $\mathrm{e}^{\sin x}-1\sim\sin x$，$\tan x\sim x$. 于是

$$\lim_{x\to 0}\frac{\cos x(\mathrm{e}^{\sin x}-1)^2}{\tan^2 x}=\lim_{x\to 0}\cos x\frac{\sin^2 x}{x^2}=1\cdot 1^2=1.$$

习题 2.6

1. 当 $x\to 0$ 时，x^2-2x 与 $x\sin x$ 相比，哪一个是高阶无穷小？

2. 当 $x\to 0$ 时，证明：

(1) $\sqrt{1+x^2}-\sqrt{1-x^2}\sim x^2$；　　(2) $\sec^2 x-1\sim x^2$.

3. 用等价无穷小代换，求下列极限：

(1) $\lim\limits_{x\to 0}\dfrac{1-\cos x}{\sin x\tan x}$；　　(2) $\lim\limits_{x\to 0}\dfrac{\ln(1-x^2)}{\mathrm{e}^{x^2}-1}$；

(3) $\lim\limits_{x\to 0}\dfrac{\sin 2x\cdot(\mathrm{e}^x-1)}{\tan x^2}$；　　(4) $\lim\limits_{x\to 0}\dfrac{\tan x-\sin x}{\sin^3 x}$；

(5) $\lim\limits_{x\to 1}\dfrac{\arcsin(1-x)}{\ln x}$；　　(6) $\lim\limits_{x\to 0}\dfrac{\sqrt{1+x\sin x}-1}{x\tan x}$.

阅读材料

无穷小量与贝克莱悖论

1925 年著名数学家希尔伯特在演讲中说：“没有任何问题能像无穷那样，从来就深深地触动人们的感情；没有任何观念能像无穷那样，曾如此卓有成效地启迪人们的智慧；也

没有任何概念能像无穷那样，是如此迫切地需要澄清.”

纵观历史，数学家和哲学家一直对无穷这一概念争论不休，人们既表现出对无穷的好奇，又表现出对无穷及无穷小的恐惧，微积分中更是如此. 在这一探索过程中出现了很多奇异的数学悖论，给数学带来了危机，危机的出现促使人们去探索和解决. 在化解危机的过程中，也促进了数学的发展和完善，下面介绍著名的无穷小量与贝克莱悖论.

17 世纪下半叶，牛顿和莱布尼茨集众多数学家之大成，分别从物理和几何的角度出发，各自独立地发明了微积分，被誉为数学史上划时代的里程碑. 微积分创立后，在许多学科中得到了广泛的应用，解决了许多过去无法解决的实际问题. 最鼓舞人心的著名例子是天文学中海王星的发现，以及哈雷彗星再度出现的预言，这显示出微积分理论和方法的巨大威力. 但是，当时微积分的理论基础并不牢固，它是建立在有逻辑矛盾的无穷小量的概念上的，这从牛顿的流数法（即求导数的方法）中可以窥见一斑.

例如，对 $y=x^2$ 求导数，根据牛顿的流数法，有

$$\frac{(x+\Delta x)^2-x^2}{\Delta x}=\frac{2x\Delta x+(\Delta x)^2}{\Delta x}=2x+\Delta x=2x.$$

上式中有三个等号，第二个等号成立的必要条件是 $\Delta x\neq 0$，然而第三个等号成立的条件必须是 $\Delta x=0$. 由于当时还没有建立起严格的极限理论，这种无穷小 Δx 时而看作零，时而又不看作零的情况显得很神秘，难以捉摸，甚至微积分的主要创立者牛顿也难以摆脱由无穷小引起的逻辑上的混乱.

牛顿本人对无穷小曾做过三种解释：1669 年称它是一种常量；1671 年称它是一个趋于零的变量；1676 年称它是两个正在消逝的量的最终比. 莱布尼茨也曾试图用和无穷小量成比例的有限量的差分代替无穷小量，但他没有找到从有限量过渡到无穷小量的桥梁.

因为无穷小量的意义含糊不清，不少学者对微积分的可靠性提出了质疑和批评，特别是代表保守势力的非数学家、著名的唯心主义哲学家、英国的大主教贝克莱，他从维护宗教神学的利益出发，竭力反对蕴含运动变化这一新兴思想的微积分. 1734 年，贝克莱以“渺小的哲学家”为笔名出版了一本书，名为《分析学家》，书中猛烈攻击了牛顿的理论，指出牛顿在应用流数法计算函数的导数时，引入了无穷小量“o”是一个非零的增量这一说法，但又承认被“o”所乘的那些项可以看成没有. 先认为“o”不是数 0，求出函数的改变量后又认为“o”是数 0，这违背了逻辑学中的排中律. 贝克莱质问道，“无穷小量”作为一个量，究竟是不是零？贝克莱还讽刺挖苦说：无穷小量作为一个量，既不是零，又不是非零，那它就一定是“量的鬼魂”. 这就是著名的“贝克莱悖论”，由此引发了数学史上著名的“第二次数学危机”. 虽然贝克莱悖论带有宗教势力的狭隘攻击成分，但却暴露了早期微积分在逻辑上的缺陷，这迫使数学家不得不探索微积分的理论基础.

18 世纪，数学家在没有严格的概念、严密的逻辑支撑的前提下，更多地依赖于直观把微积分广泛地应用于天文学、物理学等领域，取得了丰硕的成果. 微分方程、无穷级数等理论的出现进一步丰富和拓展了微积分的应用范围. 但是，微积分一方面取得了巨大的成就，另一方面其大量的数学理论没有正确、牢固的数学基础，如无穷小量不清楚，从而导数、微分、积分的概念就不清楚，只强调形式上的计算而不能保证数学结论的准确无

误，这也带来了一系列新的问题的产生.

探寻微积分基础的努力经历了将近两个世纪之久．在微积分严格化方面做出决定性工作的是19世纪法国数学家柯西，他的《分析教程》（1821年）和《无穷小计算讲义》（1823年）是数学史上划时代的著作．柯西首先从物理运动和几何直观出发，给出了极限的定义，确立了以极限论为基础的分析体系．柯西对极限的定义是："当一个变量相继取的值无限接近一个固定的值，最终与此固定值之差要多小就有多小时，该值就称为所有其他值的极限．"柯西重新定义了无穷小量："当同一变量逐次所取的绝对值无限减小，以至于比任何给定的数还要小时，这个变量就是无穷小量，这类变量以零为其极限．"柯西的无穷小量不再是一个无限小的固定数，而是"作为极限为零的变量"，被归入函数的范畴，从而摒弃了牛顿、莱布尼茨的模糊不清的"无穷小量"的概念，较好地反驳了贝克莱悖论．在此基础上，柯西定义了连续、导数、微分、定积分和无穷级数收敛等概念，使微积分中的这些基本概念建立在了较坚实的基础上.

柯西的极限定义仍是一种非严格的描述性定义．19世纪40年代德国数学家魏尔斯特拉斯将其进一步严格化，给出了著名的极限的分析定义，即"$\varepsilon-\delta$"语言系统，建立了分析的严格基础．他使极限摆脱了对几何和运动的依赖，给出了只建立在数与函数概念上的清晰的定义，从而使一个模糊不清的动态描述变成了一个严格叙述的静态概念．这是变量数学史上的一次重大创新，并彻底反驳了贝克莱悖论.

分析学后来的一些发现使人们认识到，极限理论的进一步严格化需要实数理论的严格化．微积分或数学分析是在实数范围内研究的，并且认识到极限概念、连续性、可微性和收敛性对实数系的依赖比人们想象的要深奥得多．因此还需要对分析基础进一步深化，即需要理解和阐明实数系更为深刻的性质．在这一点上，经过数学家魏尔斯特拉斯、狄德金、康托尔等的努力，实数理论得以建立，使得微积分有了坚实牢固的基础，从而第二次数学危机彻底解决.

2.7 函数的连续性

函数的连续性是微积分的基本概念之一，连续性是自然界中各种物态连续变化的数学体现．自然界中的许多现象，如气温的变化、动植物的生长等都是随时间变化而连续变化的.

2.7.1 连续与间断的直观描述

探究 连续与间断现象在现实生活中无处不在，两者是对立统一的关系．如何从数学上定量地描述这对矛盾？

为了给出连续现象的数学描述，我们从实际问题和几何特征上对连续和间断现象进行分析.

例 1　物体做自由落体运动，其路程随时间的变化关系为 $s=\frac{1}{2}gt^2$，其中 $g\approx 9.81\ \mathrm{m/s^2}$ 是重力加速度.

从其物理特征和函数图形我们看到，当时间变化很小时，路程的变化是很微小的，即随着时间 t 的变化，路程 s 是连续渐变的（见图 2－27）.

例 2　在火箭的发射过程中，火箭的质量是随时间变化的函数：$m=m(t)$. 当第一级火箭燃料燃尽时，不妨设 $t=t_0$，该级火箭自然脱落，在此瞬间火箭的质量有一个明显的突变，反映在函数图形上就是函数 $m=m(t)$ 在 $t=t_0$ 处产生一个跳跃，这就是间断现象（见图 2－28）.

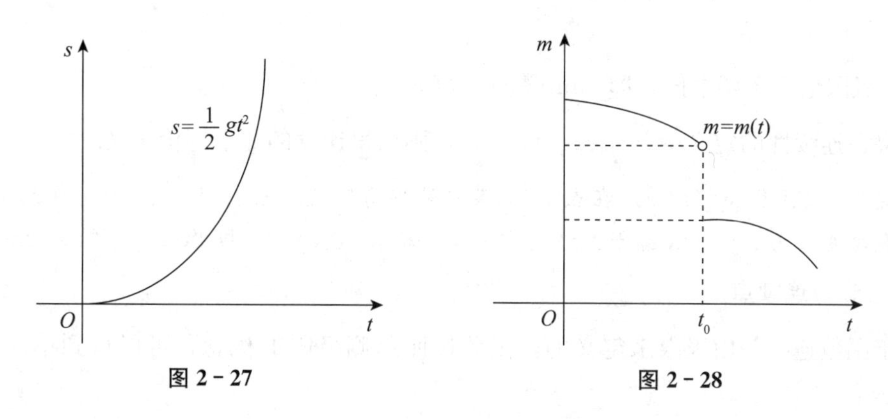

图 2－27　　**图 2－28**

平面连续曲线反映在图形上就是平面上一条一笔画出的曲线. 如果不能一笔画出该曲线，则该曲线一定在某处断开，该曲线就是我们通常说的间断曲线. 间断与连续是矛盾对立的两方面，在此通过对函数曲线特征的分析，阐明连续与间断的数量特征.

观察表 2－9 中曲线在间断点与连续点处极限的变化情况.

表 2－9　函数图形与极限的关系

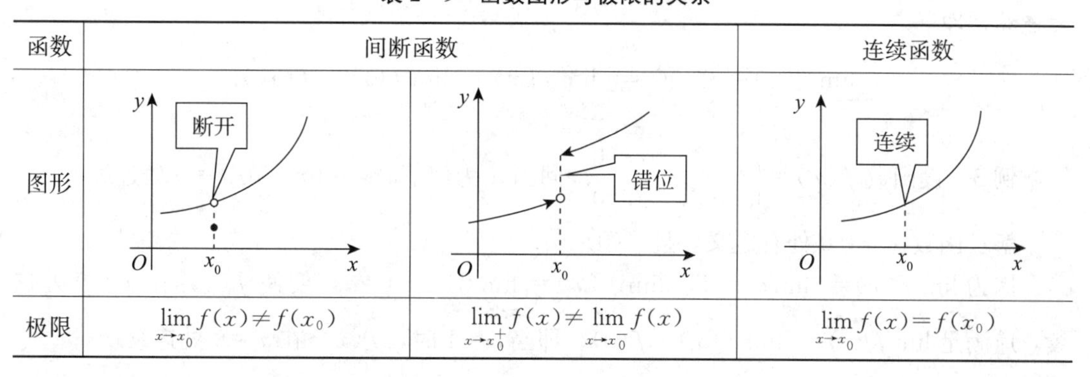

函数	间断函数		连续函数
图形	断开	错位	连续
极限	$\lim\limits_{x\to x_0}f(x)\neq f(x_0)$	$\lim\limits_{x\to x_0^+}f(x)\neq\lim\limits_{x\to x_0^-}f(x)$	$\lim\limits_{x\to x_0}f(x)=f(x_0)$

通过表 2－9 中函数图形与极限的关系可以概括出函数连续与间断的定义.

概括　通过上面的讨论可以看到，函数 $y=f(x)$ 在点 x_0 的某邻域内如果满足条件 $\lim\limits_{x\to x_0}f(x)=f(x_0)$，则 $y=f(x)$ 在点 x_0 处就是连续的，否则，$y=f(x)$ 就是间断的. 在此基础上，可以抽象概括出函数连续与间断的概念.

2.7.2 函数连续与间断的概念

1. 函数连续的概念

定义1 设函数 $y=f(x)$ 在点 x_0 的某邻域内有定义. 若 $\lim\limits_{x\to x_0}f(x)=f(x_0)$，则称函数 $f(x)$ 在点 x_0 处**连续**，x_0 称为**连续点**.

由函数连续的定义可知，函数 $f(x)$ 在点 x_0 处连续，必须同时满足以下三个条件：

(1) $f(x)$ 在点 x_0 处有定义；

(2) $\lim\limits_{x\to x_0}f(x)$ 存在；

(3) 极限值等于函数值，即 $\lim\limits_{x\to x_0}f(x)=f(x_0)$.

如果在连续性的定义中，令 $\Delta x=x-x_0$，则可得连续的如下等价定义.

定义2 设函数 $y=f(x)$ 在点 x_0 的某邻域内有定义. 当自变量 x 由 x_0 变到 $x_0+\Delta x$ 时，函数改变量为 $\Delta y=f(x_0+\Delta x)-f(x_0)$. 若 $\lim\limits_{\Delta x\to 0}\Delta y=0$，则称函数 $f(x)$ 在点 x_0 处**连续**，x_0 称为**连续点**.

由于函数连续是由极限来定义的，因此按照单侧极限的概念，可以得到单侧连续的概念.

定义3 若函数 $y=f(x)$ 在 $(x_0-\delta, x_0]$ 内有定义，且 $\lim\limits_{x\to x_0^-}f(x)=f(x_0)$，则称函数 $f(x)$ 在点 x_0 处**左连续**. 若函数 $y=f(x)$ 在 $[x_0, x_0+\delta)$ 内有定义，且 $\lim\limits_{x\to x_0^+}f(x)=f(x_0)$，则称函数 $f(x)$ 在点 x_0 处**右连续**.

定理1 函数 $f(x)$ 在点 x_0 处连续的充要条件是，函数 $f(x)$ 在点 x_0 处既左连续又右连续，即

$$\lim_{x\to x_0}f(x)=f(x_0)\Leftrightarrow \lim_{x\to x_0^-}f(x)=\lim_{x\to x_0^+}f(x)=f(x_0).$$

例3 设函数 $f(x)=\begin{cases}e^x, & x<0\\ a+x, & x\geqslant 0\end{cases}$. 问当 a 为何值时，$f(x)$ 在 $x=0$ 处连续?

解：函数在 $x=0$ 处有定义，且 $f(0)=a$.

因为 $\lim\limits_{x\to 0^-}f(x)=\lim\limits_{x\to 0^-}e^x=1$，$\lim\limits_{x\to 0^+}f(x)=\lim\limits_{x\to 0^+}(a+x)=a$，要使 $f(x)$ 在 $x=0$ 处连续，应满足 $\lim\limits_{x\to 0^-}f(x)=\lim\limits_{x\to 0^+}f(x)=f(0)$，即当 $a=1$ 时，$f(x)$ 在 $x=0$ 处连续.

例4 设 $f(x)=\begin{cases}2e^x+1, & x\leqslant 0\\ \dfrac{\ln(1+ax)}{x}, & x>0\end{cases}$，试确定常数 a，使 $f(x)$ 处处连续.

解：当 $x<0$ 时，$f(x)=2e^x+1$ 为连续函数；当 $x>0$ 时，$f(x)=\dfrac{\ln(1+ax)}{x}$ 为连续

函数. 所以只需讨论函数 $f(x)$ 在点 $x=0$ 处的连续性:

$$\lim_{x\to 0^+} f(x)=\lim_{x\to 0^+}\frac{\ln(1+ax)}{x}=\lim_{x\to 0^+}\frac{ax}{x}=a,$$

$$\lim_{x\to 0^-} f(x)=\lim_{x\to 0^-}(2e^x+1)=3,$$

因此, 当 $\lim\limits_{x\to 0^+} f(x)=\lim\limits_{x\to 0^-} f(x)=f(0)$, 即 $a=3$ 时, $f(x)$ 处处连续.

如果 $f(x)$ 在区间 (a, b) 内每一点处都是连续的, 就称 $f(x)$ 在区间 (a, b) 内连续. 若 $f(x)$ 在 (a, b) 内连续, 在 $x=a$ 处右连续, 在 $x=b$ 处左连续, 则称 $f(x)$ 在 $[a, b]$ 上连续. 从几何上看, 连续函数的图形是一条连续不断的曲线.

2. 函数间断的概念

如果函数 $f(x)$ 在点 x_0 处不连续, 则点 x_0 就是函数 $f(x)$ 的间断点. 由于函数连续须满足三个条件, 因此, 若函数连续的条件中有一个不满足, 则函数一定间断.

定义 4　若函数 $f(x)$ 在点 x_0 处具备以下三个条件之一:

(1) $f(x)$ 在点 x_0 的一个邻域内无定义,

(2) $\lim\limits_{x\to x_0} f(x)$ 不存在,

(3) $\lim\limits_{x\to x_0} f(x)\neq f(x_0)$,

则称函数 $f(x)$ 在点 x_0 处**间断**, x_0 称为**间断点**.

按照函数间断点的特征, 通常将函数间断点分为两大类: 第一类间断点与第二类间断点.

(1) 第一类间断点: 设 x_0 为 $f(x)$ 的一个间断点, 如果当 $x\to x_0$ 时, $f(x)$ 的左极限 $\lim\limits_{x\to x_0^-} f(x)$、右极限 $\lim\limits_{x\to x_0^+} f(x)$ 都存在, 则称 x_0 为 $f(x)$ 的**第一类间断点**. 第一类间断点又分为可去间断点与跳跃间断点两类.

当 $\lim\limits_{x\to x_0} f(x)$ 存在, 但不等于 $f(x)$ 在点 x_0 处的函数值或 $f(x)$ 在点 x_0 处无定义时, 称 x_0 为 $f(x)$ 的**可去间断点**. 这里"可去"是指若将函数 $f(x)$ 在点 x_0 处的函数值修改为极限值 $\lim\limits_{x\to x_0} f(x)$, 则函数在该点连续.

当 $\lim\limits_{x\to x_0^-} f(x)$ 与 $\lim\limits_{x\to x_0^+} f(x)$ 均存在但不相等, 即 $\lim\limits_{x\to x_0^+} f(x)\neq\lim\limits_{x\to x_0^-} f(x)$ 时, 称 x_0 为 $f(x)$ 的**跳跃间断点**.

(2) 第二类间断点: 如果当 $x\to x_0$ 时, $f(x)$ 的左极限 $\lim\limits_{x\to x_0^-} f(x)$、右极限 $\lim\limits_{x\to x_0^+} f(x)$ 中至少有一个不存在, 则称 x_0 为 $f(x)$ 的**第二类间断点**. 在第二类间断点中, 若 $\lim\limits_{x\to x_0} f(x)=\infty$, 则称 x_0 为 $f(x)$ 的**无穷间断点**.

各类间断点的图示见图 2－29.

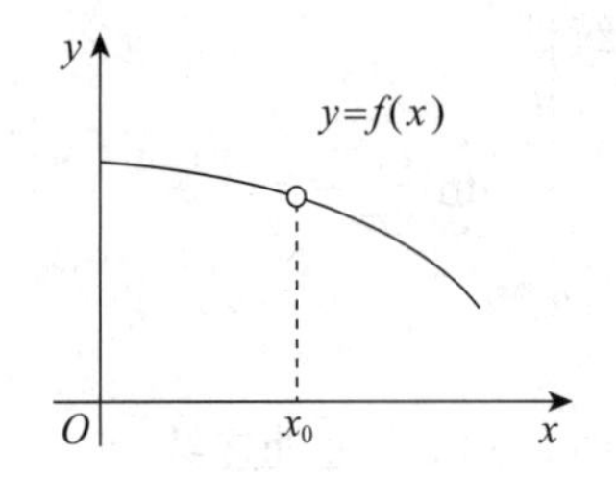

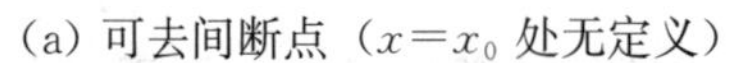
(a) 可去间断点（$x=x_0$ 处无定义）

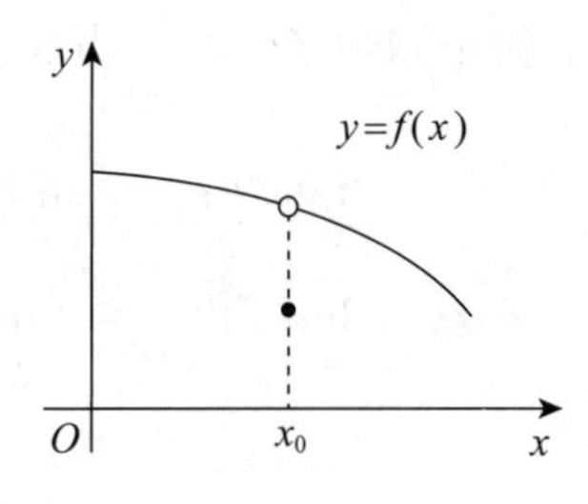

(b) 可去间断点（$\lim\limits_{x\to x_0} f(x)\neq f(x_0)$）

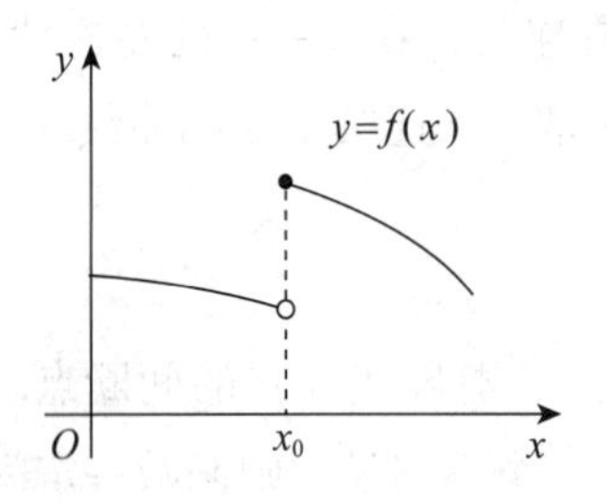

(c) 跳跃间断点（$\lim\limits_{x\to x_0^-} f(x)\neq \lim\limits_{x\to x_0^+} f(x)$）

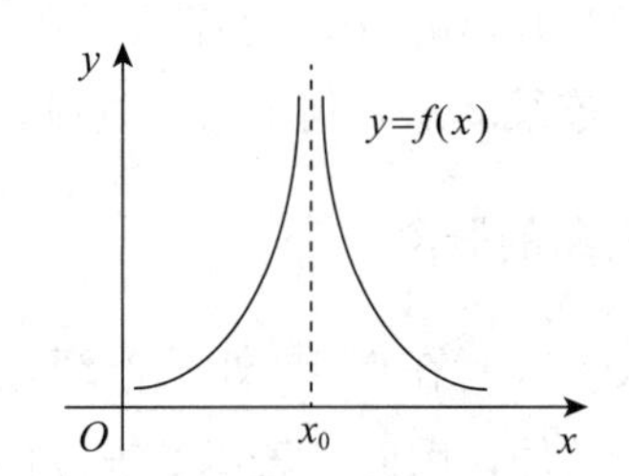

(d) 无穷间断点（$\lim\limits_{x\to x_0} f(x)=\infty$）

图 2－29 间断点分类图

例 5 设函数 $f(x)=\dfrac{\sin x}{x}$，则函数 $f(x)$ 在 $x=0$ 处无定义，因此在 $x=0$ 处间断. 由于

$$\lim_{x\to 0} f(x)=\lim_{x\to 0}\frac{\sin x}{x}=1,$$

因此 $x=0$ 是函数的第一类间断点，且为可去间断点. 若补充定义使 $f(0)=1$，则函数在 $x=0$ 处连续.

例 6 设 $f(x)=\begin{cases} x^2, & x\leqslant 1 \\ x+1, & x>1 \end{cases}$. 讨论 $f(x)$ 在 $x=1$ 处的连续性.

解： 如图 2－30 所示，函数在 $x=1$ 处有定义且 $f(1)=1$，$\lim\limits_{x\to 1^-} f(x)=\lim\limits_{x\to 1^-} x^2=1$，$\lim\limits_{x\to 1^+} f(x)=\lim\limits_{x\to 1^+}(x+1)=2$. 所以，$\lim\limits_{x\to 1} f(x)$ 不存在. 因此，$x=1$ 是函数的第一类间断点，且为跳跃间断点.

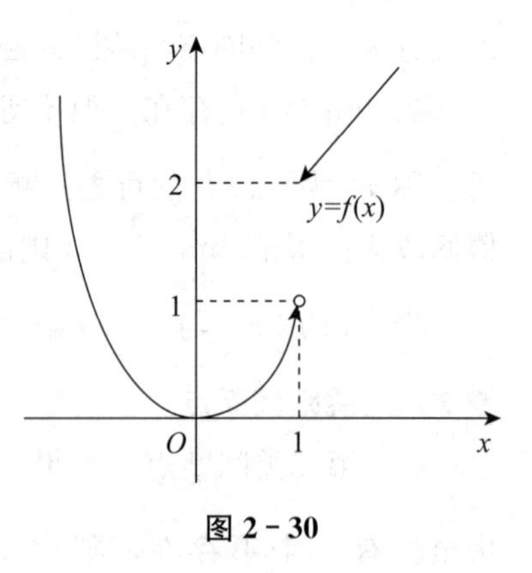

图 2－30

例 7 函数 $f(x)=\dfrac{1}{(x-1)^2}$ 在 $x=1$ 处没有定义，且 $\lim\limits_{x\to 1}\dfrac{1}{(x-1)^2}=\infty$，则 $x=1$ 为 $f(x)$ 的无穷间断点.

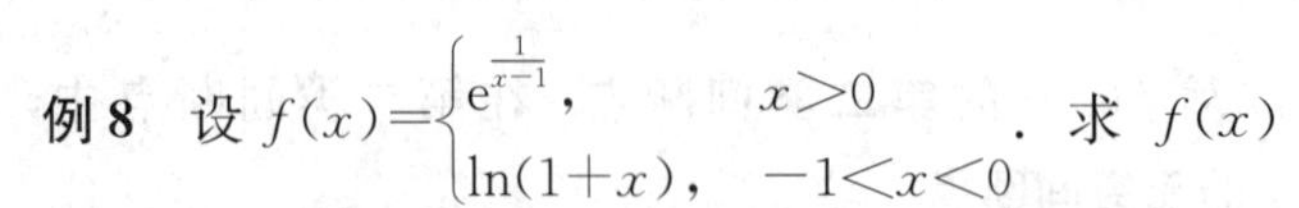

例 8 设 $f(x)=\begin{cases} e^{\frac{1}{x-1}}, & x>0 \\ \ln(1+x), & -1<x<0 \end{cases}$. 求 $f(x)$ 的间断点，并说明其类型.

解： $f(x)$ 在 $x=0$，$x=1$ 处无定义，$f(x)$ 在 $(-1,0)$，$(0,1)$，$(1,+\infty)$ 内连续. 因为

$$f(0-0)=\lim_{x\to 0^-}\ln(1+x)=0,\ f(0+0)=\lim_{x\to 0^+}e^{\frac{1}{x-1}}=\frac{1}{e},$$

所以 $x=0$ 是第一类间断点且是跳跃间断点.

又因为 $f(1-0)=\lim\limits_{x\to 1^-}e^{\frac{1}{x-1}}=0$，$f(1+0)=\lim\limits_{x\to 1^+}e^{\frac{1}{x-1}}=+\infty$，所以 $x=1$ 为第二类间断点且是无穷间断点.

2.7.3　连续函数的运算与初等函数的连续性

1. 连续函数的运算

由连续函数的定义和极限的四则运算法则可知，连续函数的和、差、积、商（分母不为零）的连续性满足如下定理.

定理2　设函数 $f(x)$ 与 $g(x)$ 在同一区间 I 上有定义，且两者均在 I 中的点 x_0 处连续，则函数 $f(x)\pm g(x)$，$f(x)g(x)$，$f(x)/g(x)$ $(g(x_0)\neq 0)$ 在点 x_0 处都连续.

定理3　设函数 $y=f(u)$ 在区间 U 上有定义，函数 $u=\varphi(x)$ 在区间 I 上有定义，且相应的函数值 $u\in U$. 如果函数 $y=f(u)$ 在点 $u=u_0$ 处连续，函数 $u=\varphi(x)$ 在点 $x=x_0$ 处连续且 $u_0=\varphi(x_0)$，则复合函数 $y=f[\varphi(x)]$ 在点 x_0 处连续且有

$$\lim_{x\to x_0}f[\varphi(x)]=f[\varphi(x_0)]=f[\lim_{x\to x_0}\varphi(x)].$$

注释　利用关系式 $\lim\limits_{x\to x_0}f[\varphi(x)]=f[\lim\limits_{x\to x_0}\varphi(x)]$，可以交换极限与函数符号的位置，以此来求复合函数的极限.

例9　求 $\lim\limits_{x\to 0^+}\sin(\sqrt{x+1}-\sqrt{x})$.

解： $\lim\limits_{x\to 0^+}\sin(\sqrt{x+1}-\sqrt{x})=\sin\lim\limits_{x\to 0^+}(\sqrt{x+1}-\sqrt{x})=\sin 1$.

例10　求 $\lim\limits_{x\to 0}(1+2x)^{\frac{3}{\sin x}}$.

解： 因为 $(1+2x)^{\frac{3}{\sin x}}=(1+2x)^{\frac{1}{2x}\cdot\frac{x}{\sin x}\cdot 6}=e^{6\cdot\frac{x}{\sin x}\cdot\ln(1+2x)^{\frac{1}{2x}}}$，所以

$$\lim_{x\to 0}(1+2x)^{\frac{3}{\sin x}}=e^{\lim\limits_{x\to 0}\left[6\cdot\frac{x}{\sin x}\cdot\ln(1+2x)^{\frac{1}{2x}}\right]}=e^6.$$

注释　若 $\lim f(x)=A>0$，$\lim g(x)=B$，则幂指函数 $f(x)^{g(x)}$ $(f(x)>0)$ 的极限 $\lim f(x)^{g(x)}$ 存在，且

$$\lim f(x)^{g(x)}=\lim f(x)^{\lim g(x)}=A^B.$$

2. 初等函数的连续性

由基本初等函数的图形可知，基本初等函数在其定义域内连续．这一结论可以通过连续函数的定义与运算法则进行证明．

例 11 证明：正弦函数 $y=\sin x$ 在 $(-\infty, +\infty)$ 内连续．

证：对于任意的 $x\in(-\infty, +\infty)$ 和在该点处的增量 Δx，有

$$\Delta y=\sin(x+\Delta x)-\sin x=2\sin\frac{\Delta x}{2}\cos\left(x+\frac{\Delta x}{2}\right).$$

由于 $\left|\sin\frac{\Delta x}{2}\right|\leqslant\frac{\Delta x}{2}$，故当 $\Delta x\to 0$ 时，$\sin\frac{\Delta x}{2}\to 0$，而 $\left|\cos\left(x+\frac{\Delta x}{2}\right)\right|\leqslant 1$．利用无穷小的性质，有 $\lim\limits_{\Delta x\to 0}\Delta y=0$．

综上所述，正弦函数 $y=\sin x$ 在点 x 处连续，因此，$y=\sin x$ 在 $(-\infty, +\infty)$ 内连续．

对于余弦函数 $y=\cos x$，有 $y=\cos x=\sin\left(\frac{\pi}{2}-x\right)$．由复合函数的连续性可知，余弦函数 $y=\cos x$ 在 $(-\infty, +\infty)$ 内连续．由连续函数的运算可知，$\tan x$，$\cot x$ 在其定义域内连续．

类似地，运用连续函数的定义和运算可以证明：所有基本初等函数在其定义域内都连续．

将连续的基本初等函数在其定义区间内进行四则运算和复合运算可得初等函数，因此，对于初等函数有重要结论：

定理 4 *一切初等函数在其定义区间内都是连续的．*

由此结论可以方便地讨论初等函数的连续性和确定初等函数的极限．

方法 求初等函数极限的方法：

(1) 求初等函数的连续区间就是求函数的定义区间．

(2) 若 x_0 为初等函数定义区间内的点，则初等函数在点 x_0 处的极限就等于该点的函数值：

$$\lim_{x\to x_0}f(x)=f(x_0)\quad(x_0\text{ 为定义区间内的点}),$$

即求连续函数在点 x_0 处的极限可归结为计算函数在点 x_0 处的函数值 $f(x_0)$．

例 12 求 $\lim\limits_{x\to 1}\dfrac{e^{2x}+\ln(3-2x)}{\arcsin x}$．

解：因为函数 $f(x)=\dfrac{e^{2x}+\ln(3-2x)}{\arcsin x}$ 为初等函数，$x=1$ 为定义区间内的点，所以

$$\lim_{x\to 1}\frac{e^{2x}+\ln(3-2x)}{\arcsin x}=\frac{e^2+\ln 1}{\arcsin 1}=\frac{2e^2}{\pi}.$$

关于分段函数的连续性，除按上述结论考虑每一段函数的连续性外，还必须讨论分界点处的连续性.

2.7.4 闭区间上连续函数的性质

闭区间上的连续函数具有几个良好的性质，它们在理论研究和实际应用中具有重要作用，它们的证明涉及严密的实数理论，因此，这里只给出结论而不予证明.

定义 5 设函数 $f(x)$ 在区间 I 上有定义. 若存在 $x_0\in I$，使得对于每个 $x\in I$，有 $f(x)\leqslant f(x_0)$ 或 $f(x)\geqslant f(x_0)$，则称 $f(x_0)$ 为函数 $f(x)$ 在区间 I 上的**最大值**或**最小值**.

定理 5（最值定理） 若函数 $f(x)$ 在闭区间 $[a, b]$ 上连续，则函数 $f(x)$ 在闭区间 $[a, b]$ 上一定取得最大值和最小值，即一定存在 x_1，$x_2\in[a, b]$，使得

$$f(x_1)=\min\{f(x)\mid x\in[a, b]\},$$
$$f(x_2)=\max\{f(x)\mid x\in[a, b]\},$$

即对一切 $x\in[a, b]$，都有 $f(x_1)\leqslant f(x)\leqslant f(x_2)$. 这里，$x_1$，$x_2$ 可能是区间 (a, b) 内的点，也可能是区间 $[a, b]$ 的端点.

最值定理的几何意义： 闭区间 $[a, b]$ 上的连续曲线 $y=f(x)$ 上必有一点达到最高，也必有一点达到最低（见图 2-31).

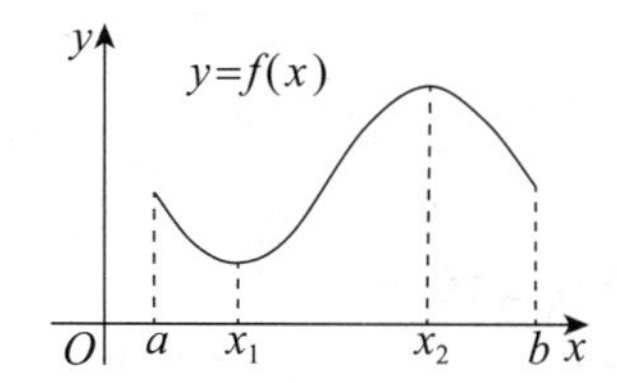

$\min f(x)=f(x_1)$，$\max f(x)=f(x_2)$

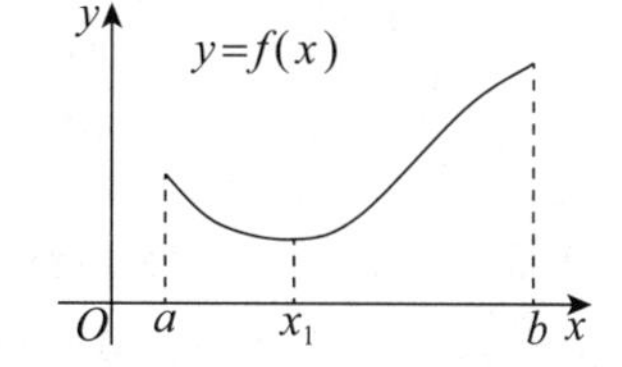

$\min f(x)=f(x_1)$，$\max f(x)=f(b)$

图 2-31 最值定理

推论（有界性定理） 若函数 $f(x)$ 在闭区间 $[a, b]$ 上连续，则函数 $f(x)$ 在闭区间 $[a, b]$ 上有界.

定理 6（介值定理） 若函数 $f(x)$ 在闭区间 $[a, b]$ 上连续且 $f(a)\neq f(b)$，则对于介于 $f(a)$ 与 $f(b)$ 之间的任意一个数 μ，至少存在一点 $\xi\in(a, b)$，使得 $f(\xi)=\mu$.

介值定理的几何意义： 在闭区间 $[a, b]$ 上的连续曲线 $y=f(x)$ 与直线 $y=\mu$（μ 介于 $f(a)$ 与 $f(b)$ 之间）至少有一个交点，即从连续函数 $y=f(x)$ 的图形端点 A 连续画到 B 时，至少要与直线 $y=\mu$ 相交一次，如图 2-32 所示.

推论（零点定理） 若函数 $f(x)$ 在闭区间 $[a, b]$ 上连续且 $f(a)$ 与 $f(b)$ 异号，则至少存在一点 $\xi\in(a, b)$，使得 $f(\xi)=0$.

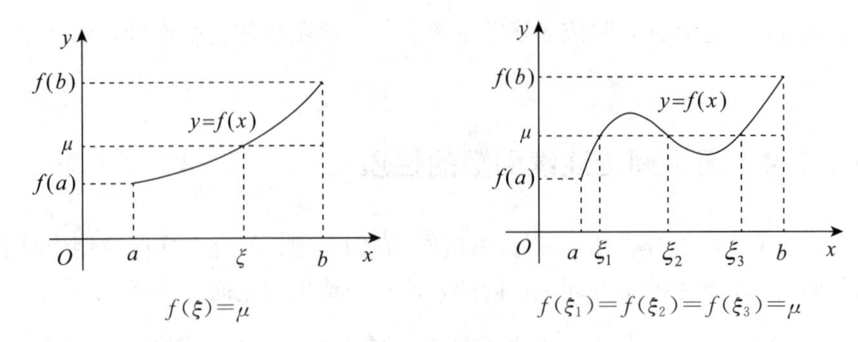

图 2-32　介值定理

对于零点定理，从几何上看，当连续曲线 $y=f(x)$ 从 x 轴下侧的点 A（纵坐标 $f(a)<0$）不间断地画到 x 轴上侧的点 B（纵坐标 $f(b)>0$）时，与 x 轴至少相交于一点 $C(\xi,\ 0)$，如图 2-33 所示．这表明：若函数 $f(x)$ 在闭区间 $[a,\ b]$ 两个端点处的函数值异号，则方程 $f(x)=0$ 在开区间 $(a,\ b)$ 内至少存在一个根．

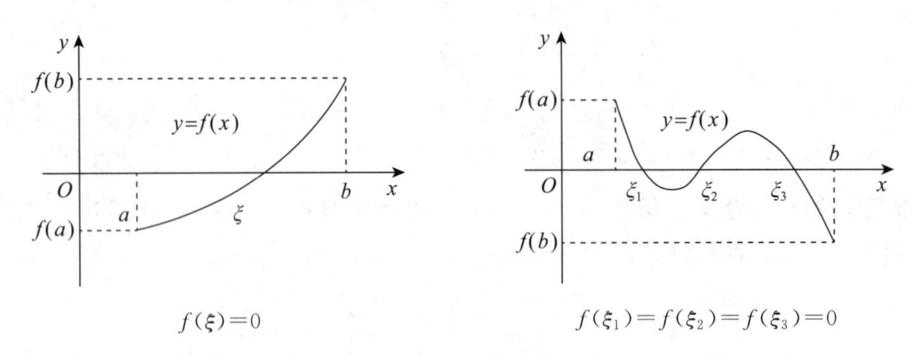

图 2-33　零点定理

例 13　证明方程 $\sin x-x+1=0$ 在 0 与 π 之间有实根．

证： 设 $f(x)=\sin x-x+1$．因为 $f(x)$ 在 $(-\infty,\ +\infty)$ 内连续，所以 $f(x)$ 在 $[0,\ \pi]$ 上也连续，而

$$f(0)=1>0,\quad f(\pi)=-\pi+1<0.$$

所以，由零点定理知，至少有一个 $\xi\in(0,\ \pi)$，使得 $f(\xi)=0$，即方程 $\sin x-x+1=0$ 在 0 与 π 之间至少有一个实根．

例 14　设 $f(x)$ 在闭区间 $[0,\ 2a]$ 上连续且 $f(0)=f(2a)$，则在 $[0,\ a]$ 上至少存在一个 x，使 $f(x)=f(x+a)$．

证： 令 $F(x)=f(x)-f(x+a)$，于是 $F(x)$ 在 $[0,\ a]$ 上连续，由已知条件，得

$$F(0)=f(0)-f(a)=f(2a)-f(a).$$

若 $F(0)=0$，则结果显然成立．

若 $F(0)\neq 0$，$F(a)=f(a)-f(2a)=f(a)-f(0)$，因此

$$F(0)F(a)=-[f(0)-f(a)]^2<0.$$

由零点定理知，存在 $x\in(a, b)$，使得 $F(x)=f(x)-f(x+a)=0$，即

$$f(x)=f(x+a).$$

综上所述，存在 $x\in[0, a]$，使得 $f(x)=f(x+a)$.

习题 2.7

1. 研究函数 $f(x)=\begin{cases}x^2, & 0\leqslant x\leqslant 1\\ 2-x, & 1<x\leqslant 2\end{cases}$ 的连续性，并画出函数图形.

2. 确定 a，b 的值，使函数 $f(x)=\begin{cases}x^2, & x<1\\ ax+b, & 1\leqslant x\leqslant 3\\ x^3, & x>3\end{cases}$ 在 $x=1$ 和 $x=3$ 处连续.

3. 指出下列函数的间断点及类型. 如果是可去间断点，则补充或修改函数的定义使它成为函数的连续点.

(1) $y=\dfrac{x^2-1}{x^2-3x+2}$；

(2) $y=\dfrac{x^2-x}{|x|\cdot(x^2-1)}$；

(3) $y=\dfrac{\sin x}{|x|}$；

(4) $y=\sin x\cos\dfrac{1}{x}$；

(5) $y=\begin{cases}x^2, & x<1\\ 2x-1, & x\geqslant 1\end{cases}$；

(6) $f(x)=\begin{cases}\dfrac{1}{1+e^{\frac{1}{x}}}, & x\neq 0\\ 0, & x=0\end{cases}$.

4. 求下列极限：

(1) $\lim\limits_{x\to 0}\ln\dfrac{\sin x}{x}$；

(2) $\lim\limits_{x\to 0^+}\sin\left(\arctan\dfrac{1}{x}\right)$；

(3) $\lim\limits_{x\to\infty}\left(\dfrac{3+x}{6+x}\right)^{\frac{x-1}{2}}$；

(4) $\lim\limits_{x\to+\infty}\arcsin(\sqrt{x^2+x}-\sqrt{x^2-x})$.

5. 设函数 $f(x)=\begin{cases}a+bx^2, & x\leqslant 0\\ \dfrac{\sin bx}{x}, & x>0\end{cases}$ 在 $(-\infty, +\infty)$ 上连续. 求常数 a 与 b 的关系.

6. 证明方程 $x=a+b\sin x$（其中 $a>0$，$b>0$）至少有一个正根，并且它不超过 $a+b$.

7. 若 $f(x)$ 在 $[0, 1]$ 上连续且 $0<f(x)<1$，则至少存在一点 $\xi\in(0, 1)$，使 $f(\xi)=\xi$.

8. 若 $f(x)$ 在 $[a, b]$ 上连续且 $f(a)<a$，$f(b)>b$，试证在 (a, b) 内至少存在一点 ξ，使 $f(\xi)=\xi$.

2.8 极限与连续内容精要与思想方法*

本节主要对极限与连续内容中的核心要点进行概括，并对极限与连续中蕴含的极限思想、转化思想，以及化归法和分类法在极限与连续中的运用进行介绍.

2.8.1 极限与连续内容精要

本章内容的逻辑主线：由极限、无穷小与连续三条逻辑思维线组成. 一般极限与特殊极限（无穷小）相互依赖、相互转化. 连续可以视为极限的一种特定形式.

主线1：数列极限⟶函数极限⟶运算法则⟶准则与重要极限⟶极限计算；

主线2：无穷大$\xleftrightarrow{\text{反问题}}$无穷小$\xrightarrow{\text{转化}}$与极限关系⟶无穷小的比较⟶等价代换⟶未定式极限；

主线3：间断$\xleftrightarrow{\text{反问题}}$连续⟶连续函数的运算⟶连续函数的极限⟶连续函数的性质.

本章内容的核心要点：极限概念、无穷小与性质、极限运算法则和公式、极限计算方法、连续概念.

1. 极限的定义

$$\lim_{x\to\infty}f(x)=A \Leftrightarrow \forall\varepsilon>0,\ \exists X>0,\text{当}|x|>X\text{时},\ |f(x)-A|<\varepsilon,$$

$$\lim_{x\to x_0}f(x)=A \Leftrightarrow \forall\varepsilon>0,\ \exists\delta>0,\text{当}0<|x-x_0|<\delta\text{时},\ |f(x)-A|<\varepsilon.$$

定义的理解要点如下：

(1) 正数ε具有任意性和给定性，正数δ具有相应性，即ε可以任意小，同时ε又具有给定性，对于给定的ε能够找到依赖于ε的正数$\delta(\varepsilon)$（位置或时刻），使得只要$|x-x_0|$小到δ（位置或时刻）以后，就有$|f(x)-A|<\varepsilon$；

(2) ε的任意性是绝对的，固定性是相对的，ε的绝对任意性是通过无限多个相对固定的ε表现出来的，ε的这种双重属性深刻地体现了极限概念中有限与无限的对立统一，以及通过有限认识无限、通过静态认识动态的辩证思想.

2. 无穷小量

无穷小与极限的关系：极限$\lim\limits_{x\to X}f(x)=A$的充要条件是$f(x)=A+\alpha(x)$，其中$\alpha(x)$是$x\to X$时的无穷小量，即

$$\lim_{x\to X}f(x)=A \Leftrightarrow \lim_{x\to X}[f(x)-A]=0 \Leftrightarrow f(x)=A+\alpha(x),$$

它反映了极限与无穷小之间的转换关系，以及特殊与一般之间的辩证关系.

无穷小等价代换：当 $x\to X$ 时，无穷小量 $\alpha(x)\sim\alpha_1(x)$，$\beta(x)\sim\beta_1(x)$.

(1) 若 $\lim\limits_{x\to X}\alpha_1(x)\beta_1(x)=A$，则 $\lim\limits_{x\to X}\alpha(x)\beta(x)=\lim\limits_{x\to X}\alpha_1(x)\beta_1(x)=A$.

(2) 若 $\lim\limits_{x\to X}\dfrac{\beta_1(x)}{\alpha_1(x)}=A$，则 $\lim\limits_{x\to X}\dfrac{\beta(x)}{\alpha(x)}=\lim\limits_{x\to X}\dfrac{\beta_1(x)}{\alpha_1(x)}=A$.

3. 复合函数的极限运算法则

运算法则：设函数 $y=f(u)$ 与 $u=\varphi(x)$，若 $\lim\limits_{u\to u_0}f(u)=A$，$\lim\limits_{x\to x_0}\varphi(x)=u_0$，且在点 x_0 的某一去心邻域内 $\varphi(x)\neq u_0$，则 $\lim\limits_{x\to x_0}f[\varphi(x)]=\lim\limits_{u\to u_0}f(u)=A$.

(1) 法则表明，在法则的条件下，经过变换 $\varphi(x)=u$ 可将极限 $\lim\limits_{x\to x_0}f[\varphi(x)]$ 化为 $\lim\limits_{u\to u_0}f(u)$，即 $\lim\limits_{x\to x_0}f[\varphi(x)]=\lim\limits_{u\to u_0}f(u)$，这就是变量代换法.

(2) 如果 $\lim\limits_{u\to u_0}f(u)=f(u_0)$，则对于复合函数的极限 $\lim\limits_{x\to x_0}f[\varphi(x)]$ 可将函数符号与极限符号交换次序，即 $\lim\limits_{x\to x_0}f[\varphi(x)]=f[\lim\limits_{x\to x_0}\varphi(x)]$.

4. 两个重要极限

两个重要极限是微积分的两块基石，微积分中关于三角函数、指数函数和对数函数的导数公式就是由它们得到的，利用两个重要极限来求极限是极限计算方法的重点. 两个重要极限的基本形式、一般形式及其使用说明见表 2-10.

表 2-10　两个重要极限

基本形式	一般形式	使用说明
$\lim\limits_{x\to 0}\dfrac{\sin x}{x}=1$	$\lim\limits_{x\to X}\dfrac{\sin\varphi(x)}{\varphi(x)}=1$，其中 $\lim\limits_{x\to X}\varphi(x)=0$	(1) 主要解决含有三角函数的 $\dfrac{0}{0}$ 型极限. (2) 分子、分母中 $\varphi(x)$ 的形式必须完全相同，且 $x\to X$ 时 $\varphi(x)$ 为无穷小量.
$\lim\limits_{x\to\infty}\left(1+\dfrac{1}{x}\right)^x=\mathrm{e}$	$\lim\limits_{x\to X}\left(1+\dfrac{1}{\varphi(x)}\right)^{\varphi(x)}=\mathrm{e}$，其中 $\lim\limits_{x\to X}\varphi(x)=\infty$	(1) 主要解决 1^∞ 型幂指函数极限. (2) 底和指数中 $\varphi(x)$ 的形式必须完全相同，且 $x\to X$ 时 $\varphi(x)$ 为无穷大量.

5. 常用的求极限方法

(1) 利用极限的定义证明极限；
(2) 利用极限存在准则确定极限；
(3) 利用四则运算法则和复合函数的极限运算法则求极限；
(4) 利用两个重要极限求极限；
(5) 利用无穷小的性质与无穷小的等价代换求极限.

6. 函数连续的概念

(1) 函数连续的定义有三种基本形式：

① 若$\lim\limits_{x \to x_0} f(x) = f(x_0)$，则 $f(x)$ 在点 x_0 处连续.

② 若$\lim\limits_{\Delta x \to 0} \Delta y = 0$，则 $f(x)$在点 x_0 处连续.

③ 若$\forall \varepsilon$，$\exists \delta > 0$，当 $0 < |x - x_0| < \delta$ 时，有$|f(x) - f(x_0)| < \varepsilon$ 成立，则 $f(x)$ 在点 x_0 处连续.

(2) 对于分段函数在分段点处的连续性，要讨论函数的单侧连续性，即

$$\lim_{x \to x_0} f(x) = f(x_0) \Leftrightarrow \lim_{x \to x_0^-} f(x) = \lim_{x \to x_0^+} f(x) = f(x_0).$$

7. 函数间断点的分类

函数间断点的分类见表 2－11.

表 2－11　函数间断点的分类

大类	小类	小类分类特征
第一类间断点（左极限与右极限都存在）	可去间断点	左、右极限存在且相等，但 $\lim\limits_{x \to x_0^-} f(x) = \lim\limits_{x \to x_0^+} f(x) \neq f(x_0)$，或 $f(x)$ 在点 x_0 处无定义.
	跳跃间断点	左、右极限存在但不等，即 $\lim\limits_{x \to x_0^+} f(x) \neq \lim\limits_{x \to x_0^-} f(x)$.
第二类间断点（左极限与右极限中至少有一个不存在）	无穷间断点	$\lim\limits_{x \to x_0^-} f(x)$ 与 $\lim\limits_{x \to x_0^+} f(x)$ 中至少有一个为无穷大.
	震荡间断点	$\lim\limits_{x \to x_0^-} f(x)$ 与 $\lim\limits_{x \to x_0^+} f(x)$ 出现震荡，从而极限不存在.
	其他间断点	如狄利克雷函数的间断点

2.8.2　极限思想

极限思想是近代数学的一种重要思想，蕴含着用极限概念和性质来分析和处理数学问题的思想方法. 极限思想充满辩证法，是唯物辩证法的对立统一规律在微积分中的具体运用.

1. 极限定义中的辩证思想

数列极限：$\lim\limits_{n \to \infty} u_n = A \Leftrightarrow \forall \varepsilon > 0$，$\exists N \in \mathbf{Z}^+$，当 $n > N$ 时，有$|u_n - A| < \varepsilon$ 成立.

函数极限：(1) $\lim\limits_{x\to\infty}f(x)=A\Leftrightarrow\forall\varepsilon>0$，$\exists X>0$，当$|x|>X$时，有$|f(x)-A|<\varepsilon$成立.

(2) $\lim\limits_{x\to x_0}f(x)=A\Leftrightarrow\forall\varepsilon>0$，$\exists\delta>0$，当$0<|x-x_0|<\delta$时，有$|f(x)-A|<\varepsilon$成立.

极限定义中的辩证思想：定义中的正数ε具有任意性和给定性双重属性. 如同绪论中提到的，ε的任意性是指它可以取任意小的正数. ε的给定性是指它具有相对的固定性. ε的任意性是绝对的，固定性是相对的，ε的绝对任意性是通过无限多个具有相对固定性的ε表现出来的. ε的这种双重属性深刻地体现了极限概念中有限与无限的对立统一，以及通过有限认识无限、通过静态认识动态的辩证思想.

2. 极限思想的思维功能

极限思想是微积分中最重要的思想方法，贯穿微积分的始终，微积分中所有重要概念都建立在极限的基础上. 极限思想在现代数学、物理学等学科中具有广泛应用，这是由其本身固有的思维功能决定的. 极限思想揭示了变量与常量、有限与无限、运动与静止、曲线与直线、近似与精确等众多矛盾之间的对立统一关系，是唯物辩证法基本规律的具体表现.

3. 极限思想的应用功能

极限思想是微积分中一系列核心概念建立的指导思想和基础，微积分中连续、导数、定积分、反常积分、无穷级数、多元函数偏导数、二重积分等概念都是在极限的基础上建立起来的. 因此可以说：微积分就是用极限思想来研究函数的一门学科.

极限思想是解决实际问题的重要工具，如平面曲线斜率、曲线弧长、曲边图形面积、曲面体体积，以及大量的物理问题、经济问题等都是运用极限思想解决的.

2.8.3　连续思想

微积分研究的对象是函数，主要是连续函数. 因此对函数连续性的讨论是微积分中的一项主要内容. 客观世界中许多现象和事物不仅是运动变化的，而且其运动变化的过程往往是连续不断的，这些连续不断发展变化的事物在量的方面的反映就是连续函数. 连续函数就是刻画变量连续变化的数学模型. 连续的概念是在极限思想的基础上建立的.

连续的定义：设函数$y=f(x)$在点x_0的某邻域内有定义，$\Delta y=f(x_0+\Delta x)-f(x_0)$，若$\lim\limits_{x\to x_0}f(x)=f(x_0)$或$\lim\limits_{\Delta x\to 0}\Delta y=0$，则称函数$f(x)$在点$x_0$处连续.

函数$f(x)$在点x_0处连续的特点是：当自变量x在点x_0的附近有很小的变化时，函数值$f(x)$的变化也很小，且$\lim\limits_{x\to x_0}f(x)=f(x_0)$.

连续函数是由函数极限定义的，因此它具有与函数极限局部性质类似的性质. 连续思想的主要应用有：利用连续性求连续点处的极限；将离散问题转化为连续问题，利用连续性解答问题等.

2.8.4 转化思想与化归法

转化是将数学命题由一种形式向另一种形式转换的策略和过程. 转化思想是数学中最基本的思想方法之一，其哲学基础是人们对事物间的普遍联系和矛盾在一定条件下的相互转换的能动反映，它着眼于揭示联系，实现转化，通过矛盾转化解决问题. 转化思想具体体现在数与数的转化、数与量的转化、数与形的转化、运算关系的转化，等等.

化归法是把待解决的问题，通过某种转化过程，归结到一类已经解决或者比较容易解决的问题，最终求得原问题的解答的一种方法. 化归法解决问题的过程如图 2-34 所示.

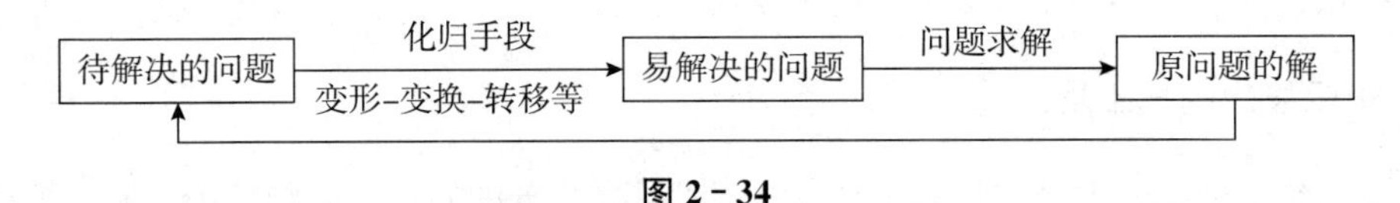

图 2-34

化归法在微积分中具有广泛的应用，随处可见. 我们可以从概念、定理、方法中看到化归法，更能在解题中看到化归法的应用.

下面结合本章内容讨论转化思想与化归法在极限与连续中的应用.

1. 极限定理、公式、运算中的转化思想

转化思想在极限与无穷小之间的关系定理、无穷小的等价代换定理、复合函数的极限运算法则和两个重要极限上都有所体现.

极限与无穷小之间的关系：$\lim\limits_{x\to X}f(x)=A\Leftrightarrow f(x)=A+\alpha(x)$，其中 $\lim\limits_{x\to X}\alpha(x)=0$.

无穷小的等价代换：$\lim\limits_{x\to X}\dfrac{\beta(x)}{\alpha(x)}\xlongequal[\alpha,\ \alpha_1,\ \beta,\ \beta_1\text{ 为无穷小}]{\alpha\sim\alpha_1,\ \beta\sim\beta_1}\lim\limits_{x\to X}\dfrac{\beta_1(x)}{\alpha_1(x)}=A$.

复合函数的极限运算法则：$\lim\limits_{x\to x_0}f[\varphi(x)]\xlongequal[\lim\limits_{x\to x_0}\varphi(x)=u_0]{u=\varphi(x)}\lim\limits_{u\to u_0}f(u)=A$.

两个重要极限：$\lim\limits_{x\to X}\dfrac{\sin\varphi(x)}{\varphi(x)}=1$，$\lim\limits_{x\to X}\left(1+\dfrac{1}{\varphi(x)}\right)^{\varphi(x)}=\mathrm{e}$，其中 $\lim\limits_{x\to X}\varphi(x)=0$.

2. 极限计算中的化归法

微积分解题中常用的化归法有恒等转化法、等价转化法、变量代换法等，特别是在求极限时经常使用.

恒等转化法：将复杂问题通过恒等变形转化为较容易解决的简单问题.

等价转化法：将难解决的问题通过等价变形转化为较容易解决的简单问题.

变量代换法：将一个或几个变量通过某种变换（映射）转化为一个或几个新的变量.

例 1 求 $\lim\limits_{x\to 0}\dfrac{\cos x+\cos^2 x+\cdots+\cos^n x-n}{\cos x-1}$.

解： 将极限恒等变形，有

$$\lim_{x\to 0}\frac{\cos x+\cos^2 x+\cdots+\cos^n x-n}{\cos x-1}$$
$$=\lim_{x\to 0}\frac{(\cos x-1)+(\cos^2 x-1)+\cdots+(\cos^n x-1)}{\cos x-1}$$
$$=\lim_{x\to 0}[1+(\cos x+1)+\cdots+(\cos^{n-1}x+\cos^{n-2}x+\cdots+\cos x+1)]$$
$$=1+2+3+\cdots+n=\frac{1}{2}n(n+1).$$

例 2　设 $x_n=(1+a)(1+a^2)\cdots(1+a^{2^n})$，其中 $|a|<1$，求 $\lim\limits_{n\to\infty}x_n$.

解： 将 x_n 恒等变形为

$$x_n=(1-a)(1+a)(1+a^2)\cdots(1+a^{2^n})\cdot\frac{1}{1-a}$$
$$=(1-a^2)(1+a^2)\cdots(1+a^{2^n})\cdot\frac{1}{1-a}$$
$$=(1-a^4)(1+a^4)\cdots(1+a^{2^n})\cdot\frac{1}{1-a}=\cdots=\frac{1-a^{2^{n+1}}}{1-a},$$

由于 $|a|<1$，所以 $\lim\limits_{n\to\infty}a^{2^{n+1}}=0$，从而 $\lim\limits_{n\to\infty}x_n=\dfrac{1}{1-a}$.

例 3　求 $\lim\limits_{x\to 0}\dfrac{1-\cos^2 x}{x(1-e^x)}$.

解： 利用等价无穷小代换，当 $x\to 0$ 时，$\sin x\sim x$，$e^x-1\sim x$，于是

$$\lim_{x\to 0}\frac{1-\cos^2 x}{x(1-e^x)}=\lim_{x\to 0}\frac{\sin^2 x}{x\cdot(-x)}=-\lim_{x\to 0}\left(\frac{\sin x}{x}\right)^2=-1.$$

例 4　求 $\lim\limits_{x\to 0}\dfrac{\cos x(e^{\sin x}-1)^2}{\tan^2 x}$.

解： 利用等价无穷小代换，当 $x\to 0$ 时，$\sin x\sim x$，$e^x-1\sim x$，$\tan x\sim x$，可得

$$e^{\sin x}-1\sim\sin x.$$

于是

$$\lim_{x\to 0}\frac{\cos x(e^{\sin x}-1)^2}{\tan^2 x}=\lim_{x\to 0}\cos x\ \frac{\sin^2 x}{x^2}=1\cdot 1^2=1.$$

例 5　已知 $\lim\limits_{x\to 0}\dfrac{\ln\left(1+\dfrac{f(x)}{\sin x}\right)}{a^x-1}=b$（其中 $a>1$），求 $\lim\limits_{x\to 0}\dfrac{f(x)}{x^2}$.

解： 由条件 $\lim\limits_{x\to 0}\dfrac{\ln\left(1+\dfrac{f(x)}{\sin x}\right)}{a^x-1}=b$ 和 $\lim\limits_{x\to 0}(a^x-1)=0$，知 $\lim\limits_{x\to 0}\dfrac{f(x)}{\sin x}=0$.

当 $x\to 0$ 时，$e^x-1\sim x$，$\ln(1+x)\sim x$，$\sin x\sim x$，可得

$$b=\lim_{x\to 0}\frac{\ln\left(1+\frac{f(x)}{\sin x}\right)}{a^x-1}=\lim_{x\to 0}\frac{\ln\left(1+\frac{f(x)}{\sin x}\right)}{e^{x\ln a}-1}=\lim_{x\to 0}\frac{\frac{f(x)}{\sin x}}{x\ln a}=\lim_{x\to 0}\frac{f(x)}{x^2\ln a},$$

所以 $\lim\limits_{x\to 0}\frac{f(x)}{x^2}=b\ln a.$

2.8.5 分类法

当研究对象包含多种可能的情况，而又不能对它们一概而论时，就必须按照可能出现的所有不同情况得出相应的结论，这种解决问题的方法称为分类法.

分类法以比较为基础，通过比较将具有相同点的对象归为一类，将具有相异点的对象归入不同的类，然后按不同的类逐一考察. 分类可使研究的对象条理化、层次化、系统化，是一种重要的数学方法.

分类的规则：

(1) 对于同一次分类，标准必须统一；

(2) 分类必须不重复且不遗漏；

(3) 分类必须按照一定层次逐级进行，不能越级.

分类的步骤：

(1) 确定讨论的对象及其范围；

(2) 确定分类讨论的标准；

(3) 按所分类别进行讨论；

(4) 归纳小结，综合得出结论.

下面结合本章内容讨论分类法在极限与连续中的应用.

1. 概念、定理、公式和法则中的分类

在微积分的概念、定理、公式、性质和方法中，经常要用到分类思想和方法，如在本章内容中无穷小比较的分类、间断点的分类、未定式极限类型的分类等.

例 6 无穷小比较的分类.

无穷小比较的分类见表 2-12.

表 2-12 无穷小比较的分类

类别	分类定义
高阶无穷小	若 $\lim\limits_{x\to X}\frac{\beta(x)}{\alpha(x)}=0$，则称 $\beta(x)$ 是比 $\alpha(x)$ 高阶的无穷小，记为 $\beta(x)=o[\alpha(x)]$.
同阶无穷小	若 $\lim\limits_{x\to X}\frac{\beta(x)}{\alpha(x)}=C$ $(C\neq 0)$，则称 $\alpha(x)$ 与 $\beta(x)$ 是同阶无穷小.
等价无穷小	若 $\lim\limits_{x\to X}\frac{\beta(x)}{\alpha(x)}=1$，则称 $\alpha(x)$ 与 $\beta(x)$ 是等价无穷小，记为 $\alpha(x)\sim\beta(x)$.

注：极限过程 $x\to X$ 下，$\alpha(x)$ 与 $\beta(x)$ 都是无穷小，且 $\alpha(x)\neq 0$.

2. 重要知识点的分类概括

运用分类法，可以对某些具有共性特征的知识点、知识结构进行分类概括．这样可以使我们更清晰、系统地认识和掌握课程内容．

例 7　无穷小与无穷大的对比（见表 2－13）．

表 2－13　无穷小与无穷大的对比

	无穷小量	无穷大量
定义	若当 $x\to X$ 时，$f(x)$ 的极限为零，则称 $f(x)$ 是极限过程 $x\to X$ 下的无穷小量，简称无穷小．	若当 $x\to X$ 时，$\|f(x)\|$ 无限增大，则称 $f(x)$ 是极限过程 $x\to X$ 下的无穷大量，简称无穷大，记作 $\lim\limits_{x\to X}f(x)=\infty$．
性质	(1) 有限个无穷小的代数和是无穷小． (2) 有限个无穷小的乘积是无穷小． (3) 无穷小与有界函数的乘积是无穷小．	(1) 两个正（负）无穷大的和为正（负）无穷大； (2) 两个无穷大的乘积为无穷大； (3) 无穷大与非零极限函数的乘积是无穷大．
关系	若 $f(x)$ 为极限过程 $x\to X$ 下的无穷小，且 $f(x)\neq0$，则 $\frac{1}{f(x)}$ 为无穷大； 若 $\frac{1}{f(x)}$ 为极限过程 $x\to X$ 下的无穷大，则 $f(x)$ 为 $x\to X$ 下的无穷小．	

注：$x\to X$ 代表任一种极限过程．

例 8　极限类型与计算方法的概括（见表 2－14）．

表 2－14　极限类型与计算方法

大类	小类	极限类型与计算方法
确定式	$\lim\limits_{x\to x_0}f(x)=f(x_0)$，连续函数的极限	类型：初等函数的极限 计算方法：初等函数定义域内连续，复合函数极限法则
未定式	$\frac{0}{0}$ 型未定式，无穷小相除型	类型：有理分式、无理分式、三角函数分式的极限 计算方法：恒等变形，重要极限，等价代换
	$\frac{\infty}{\infty}$ 型未定式，无穷大相除型	类型：有理分式、无理分式的极限 计算方法：恒等变形，或作倒数变换化为无穷小相除型
	$0\cdot\infty$ 型未定式，无穷小乘无穷大型	类型：无穷小乘以无穷大 计算方法：恒等变形化为无穷小相除型或无穷大相除型
	$\infty-\infty$ 型未定式，无穷大相减型	类型：两个无穷大相减 计算方法：恒等变形化为无穷小相除型或无穷大相除型
	0^0 型、1^∞ 型、∞^0 型未定式，幂指函数	类型：幂指函数形式的极限 计算方法：0^0 型和 ∞^0 型作对数变换化为 $0\cdot\infty$ 型，1^∞ 型可用重要极限

3. 问题求解中的分类

在解答微积分问题时，经常需要针对问题的条件和结论特征，采取分类法进行讨论.如含有绝对值、分段函数或参变量函数等的问题通常需要采取分类法解决.

例 9 求函数 $f(x)=\lim\limits_{t\to+\infty}\dfrac{x+e^{tx}}{1+e^{tx}}$ 的表达式.

解： 当 $x<0$ 时，因为 $\lim\limits_{t\to+\infty}e^{tx}=0$，所以

$$f(x)=\lim_{t\to+\infty}\frac{x+e^{tx}}{1+e^{tx}}=x.$$

当 $x=0$ 时，有

$$f(x)=\lim_{t\to+\infty}\frac{0+1}{1+1}=\frac{1}{2}.$$

当 $x>0$ 时，因为 $\lim\limits_{t\to+\infty}e^{-tx}=0$，所以

$$f(x)=\lim_{t\to+\infty}\frac{x+e^{tx}}{1+e^{tx}}=\lim_{t\to+\infty}\frac{xe^{-tx}+1}{e^{-tx}+1}=1.$$

故

$$f(x)=\lim_{t\to+\infty}\frac{x+e^{tx}}{1+e^{tx}}=\begin{cases}x, & x<0\\ \dfrac{1}{2}, & x=0.\\ 1, & x>0\end{cases}$$

例 10 求极限 $\lim\limits_{n\to\infty}\dfrac{x^n-1}{x^n+1}$（$x>0$）的连续性，并判断其间断点的类型.

解： 当 $x>1$ 时，$\lim\limits_{n\to\infty}\dfrac{x^n-1}{x^n+1}=\lim\limits_{n\to\infty}\dfrac{1-x^{-n}}{1+x^{-n}}=\dfrac{1-0}{1+0}=1.$

当 $x=1$ 时，$\lim\limits_{n\to\infty}\dfrac{x^n-1}{x^n+1}=\dfrac{1-1}{1+1}=0.$

当 $x<1$ 时，$\lim\limits_{n\to\infty}\dfrac{x^n-1}{x^n+1}=\dfrac{0-1}{0+1}=-1.$

所以

$$\lim_{n\to\infty}\frac{x^n-1}{x^n+1}=\begin{cases}1, & x>1\\ 0, & x=1,\\ -1, & x<1\end{cases}$$

且 $x=1$ 为函数的跳跃间断点.

例 11　讨论函数 $f(x)=\lim\limits_{n\to\infty}\dfrac{x^n-x^{-n}}{x^n+x^{-n}}$ $(x\neq0)$ 的连续性，并判断其间断点的类型.

解：$f(x)=\lim\limits_{n\to\infty}\dfrac{x^n-x^{-n}}{x^n+x^{-n}}=\lim\limits_{n\to\infty}\dfrac{x^{2n}-1}{x^{2n}+1}=\begin{cases}-1, & |x|<1\\0, & |x|=1.\\1, & |x|>1\end{cases}$

只需判断函数在分界点 $x=-1$，$x=0$，$x=1$ 处的连续性，因为

$$\lim_{x\to-1^-}f(x)=\lim_{x\to-1^-}1=1,\ \lim_{x\to-1^+}f(x)=\lim_{x\to-1^+}(-1)=-1,$$

$$\lim_{x\to0}f(x)=\lim_{x\to0}(-1)=-1,\ f(0)\text{无定义},$$

$$\lim_{x\to1^-}f(x)=\lim_{x\to1^-}(-1)=-1,\ \lim_{x\to1^+}f(x)=\lim_{x\to1^+}1=1,$$

所以函数在 $x=-1$，$x=0$，$x=1$ 处不连续，且 $x=-1$ 和 $x=1$ 为函数 $f(x)$ 的跳跃间断点，$x=0$ 为函数 $f(x)$ 的可去间断点.

注释　微积分中的数学思想方法内容丰富，在后续章节中，根据内容的特征和学习需要，将穿插介绍一些常见的数学思想方法及其应用.

总习题二

A. 基础测试题

1. 填空题

(1) 极限 $\lim\limits_{x\to1}\dfrac{\sqrt{5-x}-\sqrt{3+x}}{x^2-1}=$ ________.

(2) 极限 $\lim\limits_{x\to0}\dfrac{x(x+\sin x)^3}{1-\cos2x^2}=$ ________.

(3) 极限 $\lim\limits_{x\to\infty}x\sin\dfrac{2x}{x^2+1}=$ ________.

(4) 极限 $\lim\limits_{x\to+\infty}\arccos(\sqrt{x^2+x}-x)=$ ________.

(5) 若当 $x\to0$ 时，$x\sin\sqrt{x}\sim ax^k$，则 $a=$ ________，$k=$ ________.

(6) 已知 $\lim\limits_{x\to\infty}[f(x)-ax-b]=0$，则 $\lim\limits_{x\to\infty}\dfrac{f(x)}{x}=$ ________.

(7) 若 $\lim\limits_{x\to1}\dfrac{x^2+2x-a}{x^2-1}=2$，则 $a=$ ________.

(8) 若 $\lim\limits_{x\to0}\left(1+\dfrac{2x}{a}\right)^{\frac{1}{x}}=e^2$，则 $a=$ ________.

(9) 设 $f(x)=\begin{cases} e^{-\frac{1}{x^2}}, & x\neq 0 \\ 0, & x=0 \end{cases}$，则 $f(x)$ 的连续区间为 ________.

(10) 设 $f(x)=\begin{cases} 1+x^2, & x\leqslant 0 \\ \dfrac{\sin ax}{x}, & x>0 \end{cases}$ 在 $x=0$ 处连续，则 $a=$ ________.

2. 单项选择题

(1) 下列数列 $\{u_n\}$ 中收敛的是（　　）.

(A) $u_n=(-1)^n\dfrac{n+1}{n}$　　(B) $u_n=(-1)^n\dfrac{1}{n}$

(C) $u_n=\sin\dfrac{n\pi}{2}$　　(D) $u_n=2^n$

(2) $\lim\limits_{x\to 0}\left(x\sin\dfrac{1}{x}+\dfrac{1}{x}\sin x\right)=$（　　）.

(A) 不存在　　(B) 0　　(C) 1　　(D) 2

(3) 当 $x\to 0$ 时，与 x 等价的无穷小是（　　）.

(A) $x\sin x$　　(B) $x^2+\sin x$　　(C) $\tan\sqrt{x}$　　(D) $x+\ln(1+x)$

(4) 若 $f(x)=\dfrac{\sin(x-1)}{|x-1|}$，则 $x=1$ 是 $f(x)$ 的（　　）.

(A) 连续点　　(B) 可去间断点　　(C) 跳跃间断点　　(D) 无穷间断点

(5) 下列各式中正确的是（　　）.

(A) $\lim\limits_{x\to\infty}\left(1-\dfrac{1}{x}\right)^x=-e$　　(B) $\lim\limits_{x\to\infty}\left(1+\dfrac{1}{x}\right)^{-x}=e^{-1}$

(C) $\lim\limits_{x\to\infty}\dfrac{\sin x}{x}=1$　　(D) $\lim\limits_{x\to 0}x\sin\dfrac{1}{x}=1$

(6) 若 $f(x)=\begin{cases} 0, & x=0 \\ 1, & x\neq 0 \end{cases}$，则（　　）.

(A) $\lim\limits_{x\to 0}f(x)$ 不存在　　(B) $\lim\limits_{x\to 0}\dfrac{1}{f(x)}$ 不存在

(C) $\lim\limits_{x\to 0}f(x)=1$　　(D) $\lim\limits_{x\to 0}f(x)=0$

(7) 若 $\lim\limits_{x\to 0}\dfrac{x}{f(3x)}=2$，则 $\lim\limits_{x\to 0}\dfrac{f(2x)}{x}=$（　　）.

(A) $\dfrac{1}{6}$　　(B) $\dfrac{1}{3}$　　(C) $\dfrac{1}{2}$　　(D) $\dfrac{4}{3}$

(8) 当 $x\to 0$ 时，下列四个无穷小量中，比其他三个更高阶的无穷小量是（　　）.

(A) $\ln(1+x^2)$　　(B) $1-\cos x$　　(C) $\sqrt{1-x^2}-1$　　(D) $\sin x-\tan x$

(9) 下列命题中正确的是（　　）.

(A) 若在点 x_0 处 $f(x)$ 连续而 $g(x)$ 不连续，则 $f(x)+g(x)$ 在点 x_0 处必不连续

(B) 若在点 x_0 处 $f(x)$ 与 $g(x)$ 均不连续，则 $f(x)+g(x)$ 在点 x_0 处必不连续

(C) 若在点 x_0 处 $f(x)$ 不连续，则 $|f(x)|$ 在点 x_0 处不连续

(D) 若在点 x_0 处 $|f(x)|$ 连续，则 $f(x)$ 必在点 x_0 处连续

(10) 若对任意的 x，有 $g(x)\leqslant f(x)\leqslant h(x)$，且 $\lim\limits_{x\to\infty}[h(x)-g(x)]=0$，则 $\lim\limits_{x\to\infty}f(x)$（　　）.

(A) 存在且等于零　　　　(B) 存在但不一定等于零

(C) 一定不存在　　　　(D) 不一定存在

3. 求下列极限：

(1) $\lim\limits_{x\to 0}\dfrac{\tan x-\sin x}{\tan^3 2x}$；　　　　(2) $\lim\limits_{x\to 0^+}\dfrac{1-\sqrt{\cos x}}{x(1-\cos\sqrt{x})}$；

(3) $\lim\limits_{x\to\infty}\left(\cos\dfrac{1}{x}+\sin\dfrac{1}{x}\right)^x$.

4. 证明：$\lim\limits_{n\to\infty}\left(\dfrac{1}{n^2+n+1}+\dfrac{2}{n^2+n+2}+\cdots+\dfrac{n}{n^2+n+n}\right)=\dfrac{1}{2}$.

5. 确定常数 a，b 的值，使 $\lim\limits_{x\to+\infty}(\sqrt{x^2-x+1}-ax-b)=0$.

6. 设极限 $\lim\limits_{x\to\infty}\left(\dfrac{x+2a}{x-a}\right)^x=8$. 求常数 a 的值.

7. 讨论下列函数的连续性，并判断间断点的类型：

(1) $y=\dfrac{e^{2x}-1}{x(x-1)}$；　　　　(2) $y=\dfrac{1}{1-e^{\frac{x}{1-x}}}$.

8. 设函数 $f(x)=\begin{cases}2e^x+1, & x\leqslant 0\\ \dfrac{\ln(1+ax)}{x}, & x>0\end{cases}$. 试确定常数 a，使函数 $f(x)$ 处处连续.

9. 证明：若 $f(x)$ 和 $g(x)$ 在 $[a, b]$ 上连续，且 $f(a)<g(a)$，$f(b)>g(b)$，则至少存在一点 $\xi\in(a, b)$，使 $f(\xi)=g(\xi)$.

B. 考研提高题

1. 计算极限 $\lim\limits_{x\to 0}\left(\dfrac{a^x+b^x+c^x}{3}\right)^{\frac{1}{x}}$ $(a>0, b>0, c>0)$.

2. 已知 $\lim\limits_{x\to+\infty}(3x-\sqrt{ax^2+bx+1})=2$，求常数 a，b 的值.

3. 设 $\lim\limits_{x\to 0}f(x)$ 存在，且当 $x\to 0$ 时，$\sqrt{1+f(x)\sin x}-1$ 与 $e^{2x}-1$ 为等价无穷小，求 $\lim\limits_{x\to 0}f(x)$.

4. 设 $f(x)=\begin{cases}\dfrac{\cos x}{x+2}, & x\geqslant 0\\ \dfrac{\sqrt{a}-\sqrt{a-x}}{x}, & x<0\end{cases}$，则当 a 为何值时，$x=0$ 是 $f(x)$ 的间断点？是

什么间断点？

5. 讨论函数 $f(x)=\lim\limits_{n\to\infty}\dfrac{x^n-x^{-n}}{x^n+x^{-n}}$ （$x\neq 0$）的连续性并判断其间断点的类型.

6. 设 $a_1=2$，$a_{n+1}=\dfrac{1}{2}\left(a_n+\dfrac{1}{a_n}\right)$ （$n=1, 2, \cdots$），证明 $\lim\limits_{n\to\infty}a_n$ 存在.

7. 设函数 $f(x)$ 在区间 $[0, +\infty)$ 内连续且极限 $\lim\limits_{x\to+\infty}f(x)$ 存在，证明函数 $f(x)$ 在区间 $[0, +\infty)$ 内有界.

8. 设函数 $f(x)$ 在区间 $[a, b]$ 上连续，且 $a<c<d<b$，证明：

(1) 存在 $\xi\in(a, b)$，使得 $f(c)+f(d)=2f(\xi)$；

(2) 存在 $\xi\in(a, b)$，使得 $pf(c)+qf(d)=(p+q)f(\xi)$，其中 $p>0$，$q>0$.

9. 设 $f(x)$ 在区间 $[a, b]$ 上连续，且 $a\leqslant x_1<x_2<\cdots<x_n\leqslant b$，证明：存在 $\xi\in(a, b)$，使

$$f(\xi)=\frac{1}{n}[f(x_1)+f(x_2)+\cdots+f(x_n)].$$

第3章　导数与微分

在现实生活中，经常需要从数量上研究函数相对于自变量的变化率问题，这就引出了导数的概念．而微分则与导数密切相关，它表示当自变量有微小变化时，函数在局部范围内的线性代替．这两个问题构成了微分学中两个最基本的概念．本章主要阐明导数与微分的概念及运算．

3.1　导数的概念

17世纪，力学、航海、天文学的发展向数学提出了一系列与运动变化相关的问题，如光线在曲面上的反射角、运动物体在其运动轨迹上的运动方向、变速直线运动物体的瞬时速度与加速度、各种抛射物体运动的轨迹以及最大的水平抛射距离等问题．正是对这些问题的探讨和研究产生了微积分中的微分学．

3.1.1　两个经典问题——速度与切线

探究　微分学的第一个最基本的概念——导数源于实际生活中两个最典型的朴素概念：速度与切线．

1．变速直线运动的瞬时速度

例1　自由落体运动的速度问题．

设某一物体做自由落体运动，物体运动的路程 s（单位：m）与时间 t（单位：s）之间的运动方程为 $s=\frac{1}{2}gt^2$，其中 g 为重力加速度（$g\approx 9.8\ \mathrm{m/s^2}$）．

(1) 求时间 t 从 t_0 变到 $t_0+\Delta t$ 时物体运动的平均速度．

(2) 求 t_0 时物体运动的瞬时速度．

解：(1) 求平均速度．

当时间 t 从 t_0 变到 $t_0+\Delta t$ 时，路程 s 有相应的改变量

$$\Delta s=\frac{1}{2}g(t_0+\Delta t)^2-\frac{1}{2}g{t_0}^2=gt_0\Delta t+\frac{1}{2}g(\Delta t)^2.$$

于是物体在 t_0 到 $t_0+\Delta t$ 这段时间内的平均速度为

$$\overline{v}=\frac{\Delta s}{\Delta t}=\frac{gt_0\Delta t+\frac{1}{2}g(\Delta t)^2}{\Delta t}=gt_0+\frac{1}{2}g\Delta t .$$

（2）求瞬时速度.

由于变速运动的速度通常是连续变化的，因此随着时间的推移改变量 Δt 越来越小，平均速度就越来越接近物体在 t_0 时刻的瞬时速度.

例如，取 $t_0=1$，由图 3－1 和表 3－1 可以看出：当 Δt 越来越小时，$\frac{\Delta s}{\Delta t}$ 越来越逼近 9.8.

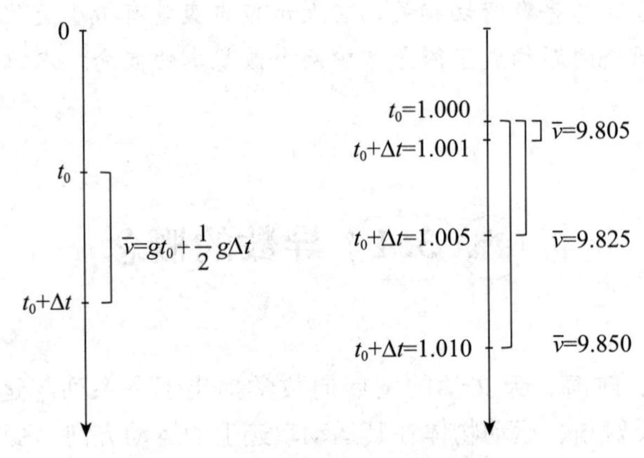

图 3－1

表 3－1　当 Δt 越来越小时，Δs 和 $\frac{\Delta s}{\Delta t}$ 的变化趋势

Δt	−0.1	−0.01	−0.001	−0.000 1	0	0.000 1	0.001	0.01	0.1
Δs	−0.93	−0.097 5	−0.009 795	−0.000 979 95	0	0.000 980 05	0.009 805	0.098 5	1.029
$\frac{\Delta s}{\Delta t}$	9.3	9.750	9.795	9.799 5		9.800 5	9.805	9.850	10.29

这样，当 $\Delta t\to 0$ 时，比值 $\frac{\Delta s}{\Delta t}$ 的极限就反映了物体在 t_0 时刻的瞬时速度. 因此，物体在 t_0 时刻的瞬时速度定义为当 $\Delta t\to 0$ 时，比值 $\frac{\Delta s}{\Delta t}$ 的极限，即

$$v(t_0)=\lim_{\Delta t\to 0}\frac{\Delta s}{\Delta t}=\lim_{\Delta t\to 0}\left(gt_0+\frac{1}{2}g\Delta t\right)=gt_0.$$

一般地，若物体做变速直线运动，则路程 s 与时间 t 之间的函数关系为 $s=s(t)$. 这个函数习惯上叫作路程函数.

当时间 t 从 t_0 变到 $t_0+\Delta t$ 时，路程 s 有相应的改变量 $\Delta s=s(t_0+\Delta t)-s(t_0)$，于是比值

$$\frac{\Delta s}{\Delta t}=\frac{s(t_0+\Delta t)-s(t_0)}{\Delta t}$$

就是物体在 t_0 到 $t_0+\Delta t$ 这段时间内的平均速度，如果该比值极限存在，就把该极限值称为物体在 t_0 时刻的瞬时速度，即

$$v(t_0)=\lim_{\Delta t\to 0}\frac{\Delta s}{\Delta t}=\lim_{\Delta t\to 0}\frac{s(t_0+\Delta t)-s(t_0)}{\Delta t}.$$

物体运动的瞬时速度是路程函数的改变量和时间的改变量之比在时间改变量趋于零时的极限. 解决该问题的辩证思想是在局部以匀速代替变速，通过极限实现匀速与变速的转化.

2. 平面曲线的切线斜率

考虑自由落体运动的路程函数 $s(t)=\frac{1}{2}gt^2$ 在点 t_0 处的几何特征. 作出其函数图形（见图 3-2），从中可以看出比值 $\frac{\Delta s}{\Delta t}$ 表示割线 PM 的斜率. 当 $\Delta t\to 0$ 时，由于点 P 不动，割线就以点 P 为中心转动，割线 PM 的极限位置 PT 就是曲线在点 P 处的切线位置.

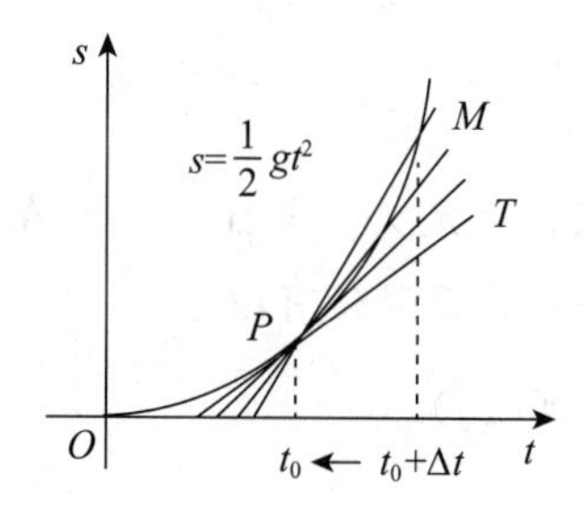

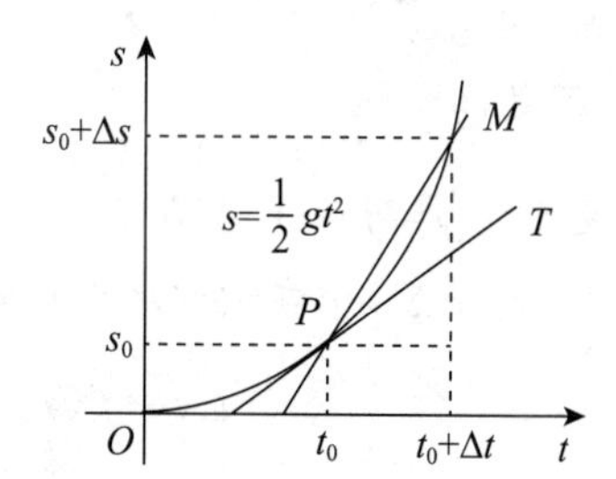

图 3-2

相应地，若割线 PM 的斜率 $\frac{\Delta s}{\Delta t}$ 在 $\Delta t\to 0$ 时的极限存在，则称该极限值为曲线 $s=\frac{1}{2}gt^2$ 在点（t_0，$s(t_0)$）处的切线斜率 k，即

$$k=\lim_{\Delta t\to 0}\frac{\Delta s}{\Delta t}=\lim_{\Delta t\to 0}\frac{s(t_0+\Delta t)-s(t_0)}{\Delta t}=\lim_{\Delta t\to 0}\left(gt_0+\frac{1}{2}g\Delta t\right)=gt_0.$$

也就是说，瞬时速度从几何上看就是曲线在该点的切线斜率，即变速直线运动的瞬时速度与平面曲线的切线斜率在数学结构上是相同的.

一般地，函数 $y=f(x)$ 的图形所表示的曲线 L（见图 3-3）在点 $P(x_0, f(x_0))$ 处的切线斜率的定义为曲线 L 上过点 $P(x_0, f(x_0))$ 的割线斜率的极限，即

$$k=\lim_{\Delta x\to 0}\frac{\Delta y}{\Delta x}=\lim_{\Delta x\to 0}\frac{f(x_0+\Delta x)-f(x_0)}{\Delta x}.$$

由此可见，曲线 $y=f(x)$ 在点 M 处的纵坐标 y 的增量 Δy 与横坐标 x 的增量 Δx 之比当 $\Delta x\to 0$ 时的极限即为曲线在点 M 处的切线斜率.

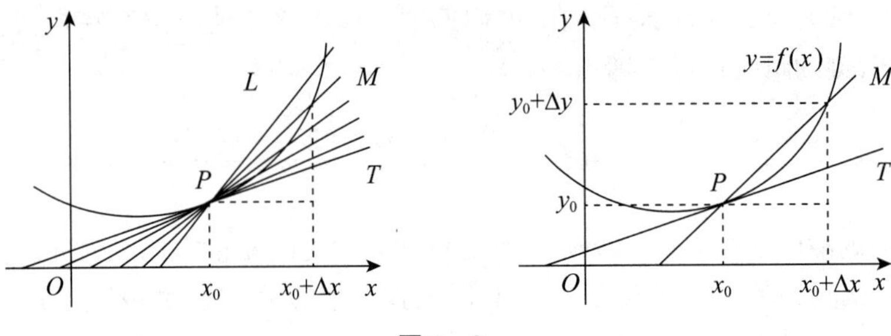

图 3-3

3.1.2 导数的概念

概括 上面我们研究了变速直线运动的速度和平面曲线的切线斜率，虽然它们的具体意义不相同，但是从数学结构上看，具有完全相同的形式，其数量特征都可以归结为 $\lim\limits_{\Delta x\to 0}\dfrac{\Delta y}{\Delta x}=\lim\limits_{\Delta x\to 0}\dfrac{f(x_0+\Delta x)-f(x_0)}{\Delta x}$. 由此就形成了导数的概念.

1. 导数的定义

定义 1 设函数 $y=f(x)$ 在点 x_0 的某一邻域内有定义，当自变量 x 在点 x_0 处有增量 Δx（$\Delta x\neq 0$，$x_0+\Delta x$ 仍在该邻域内）时，相应地，函数值有增量

$$\Delta y=f(x_0+\Delta x)-f(x_0).$$

如果 Δy 与 Δx 之比 $\dfrac{\Delta y}{\Delta x}$ 当 $\Delta x\to 0$ 时的极限

$$\lim_{\Delta x\to 0}\frac{\Delta y}{\Delta x}=\lim_{\Delta x\to 0}\frac{f(x_0+\Delta x)-f(x_0)}{\Delta x}$$

存在，那么这个极限值称为函数 $y=f(x)$ 在点 x_0 处的**导数**或**微商**，并且称函数 $y=f(x)$ 在点 x_0 处**可导**，记作 $f'(x_0)$，也记作

$$y'\big|_{x=x_0},\quad \left.\frac{\mathrm{d}y}{\mathrm{d}x}\right|_{x=x_0}\quad 或\quad \left.\frac{\mathrm{d}f}{\mathrm{d}x}\right|_{x=x_0},$$

即

$$f'(x_0)=\lim_{\Delta x\to 0}\frac{\Delta y}{\Delta x}=\lim_{\Delta x\to 0}\frac{f(x_0+\Delta x)-f(x_0)}{\Delta x}.$$

如果极限不存在，则称函数 $y=f(x)$ 在点 x_0 处**不可导**.

如果固定 x_0，令 $x_0+\Delta x=x$，则当 $\Delta x\to 0$ 时，有 $x\to x_0$，故函数在点 x_0 处的导数

$f'(x_0)$ 可表示为 $f'(x_0)=\lim\limits_{x\to x_0}\dfrac{f(x)-f(x_0)}{x-x_0}$.

令 $\Delta x=h$，则导数 $f'(x_0)$ 也可表示为 $f'(x_0)=\lim\limits_{h\to 0}\dfrac{f(x_0+h)-f(x_0)}{h}$.

由前述对平面曲线切线斜率的讨论和导数定义，可知导数的几何意义.

导数的几何意义： 函数 $y=f(x)$ 在点 x_0 处的导数等于函数 $y=f(x)$ 所表示的曲线 L 在相应点 (x_0, y_0) 处的切线斜率.

相应地，曲线 $y=f(x)$ 在点 (x_0, y_0) 处的切线定义为过点 (x_0, y_0) 且斜率为 $f'(x_0)$ 的直线，其方程为

$$y-y_0=f'(x_0)(x-x_0).$$

若 $f'(x_0)=\infty$，则切线垂直于 x 轴，切线方程就是 x 轴的垂线 $x=x_0$.

若 $f'(x_0)\neq 0$，则过点 $M(x_0, y_0)$ 的法线方程是

$$y-y_0=-\frac{1}{f'(x_0)}(x-x_0).$$

当 $f'(x_0)=0$ 时，法线为 x 轴的垂线 $x=x_0$.

对变速直线运动 $s=s(t)$ 而言，导数 $s'(t_0)$ 就代表变速直线运动 $s=s(t)$ 在 t_0 时刻的瞬时速度.

例 2　求函数 $y=x^2$ 在点 $x_0=1$ 处的导数和在点 $(1, 1)$ 处的切线方程.

解： 记 $f(x)=x^2$. 当变量 x 在点 $x_0=1$ 处有增量 Δx 时，相应的函数增量为

$$\Delta y=f(1+\Delta x)-f(1)=(1+\Delta x)^2-1^2=2\Delta x+(\Delta x)^2.$$

于是有

$$f'(1)=\lim_{\Delta x\to 0}\frac{\Delta y}{\Delta x}=\lim_{\Delta x\to 0}\frac{2\Delta x+(\Delta x)^2}{\Delta x}=\lim_{\Delta x\to 0}(2+\Delta x)=2.$$

由导数的几何意义知，曲线 $y=x^2$ 在点 $(1, 1)$ 处的切线斜率为 $f'(1)=2$. 所以，切线方程为

$$y-1=2(x-1),$$

即 $y=2x-1$.

例 3　设 $f(x)$ 在点 x_0 处可导，求 $\lim\limits_{x\to 0}\dfrac{f(x_0+x)-f(x_0-2x)}{x}$.

解： $f(x)$ 在点 x_0 处可导，所以根据导数定义有

$$\begin{aligned}&\lim_{x\to 0}\frac{f(x_0+x)-f(x_0-2x)}{x}\\=&\lim_{x\to 0}\frac{[f(x_0+x)-f(x_0)]+[f(x_0)-f(x_0-2x)]}{x}\end{aligned}$$

$$= \lim_{x \to 0} \frac{f(x_0+x)-f(x_0)}{x} + 2\lim_{x \to 0} \frac{f(x_0-2x)-f(x_0)}{-2x}$$
$$= f'(x_0)+2f'(x_0)=3f'(x_0).$$

2. 导函数

如果函数 $y=f(x)$ 在区间 (a, b) 内每一点处都可导，则称 $y=f(x)$ 在区间 (a, b) 内可导.

若函数 $y=f(x)$ 在区间 (a, b) 内可导，那么对应于区间 (a, b) 内每一个确定的 x 值，都有一个确定的导数值 $f'(x)$，这样就确定了一个新的函数

$$f': x \mapsto f'(x),\ x \in I.$$

此函数称为函数 $y=f(x)$ 的**导函数**，记作 $f'(x)$，y'，$\frac{\mathrm{d}y}{\mathrm{d}x}$ 或 $\frac{\mathrm{d}f}{\mathrm{d}x}$. 在不致发生混淆的情况下，导函数也简称导数. 在导数的定义中将 x_0 换成 x 即得导函数的定义式：

$$f'(x) = \lim_{\Delta x \to 0} \frac{f(x+\Delta x)-f(x)}{\Delta x},$$

或

$$f'(x) = \lim_{h \to 0} \frac{f(x+h)-f(x)}{h}.$$

注释 在以上两式中，虽然 x 可取区间 (a, b) 内的任意值，但在极限过程中，x 是常量，Δx 与 h 是变量.

显然，函数 $y=f(x)$ 在点 x_0 处的导数 $f'(x_0)$ 就是导函数 $f'(x)$ 在点 $x=x_0$ 处的函数值，即

$$f'(x_0)=f'(x)\big|_{x=x_0}.$$

例 4 证明：可导的偶函数的导数为奇函数.

证： 因为 $f(x)$ 为偶函数，所以 $f(-x)=f(x)$，由导数的定义有：

$$f'(-x) = \lim_{\Delta x \to 0} \frac{f(-x+\Delta x)-f(-x)}{\Delta x}$$
$$= \lim_{\Delta x \to 0} \frac{f(x-\Delta x)-f(x)}{\Delta x}$$
$$= -\lim_{\Delta x \to 0} \frac{f(x-\Delta x)-f(x)}{-\Delta x} = -f'(x),$$

所以，$f'(x)$ 为奇函数.

3. 求导数

由导数的定义可知，求函数 $y=f(x)$ 的导数 y' 可以分为以下三个步骤：

(1) 求增量：$\Delta y=f(x+\Delta x)-f(x)$；

(2) 算比值：$\dfrac{\Delta y}{\Delta x}=\dfrac{f(x+\Delta x)-f(x)}{\Delta x}$；

(3) 求极限：$y'=\lim\limits_{\Delta x\to 0}\dfrac{\Delta y}{\Delta x}=\lim\limits_{\Delta x\to 0}\dfrac{f(x+\Delta x)-f(x)}{\Delta x}$.

下面根据导数的定义求一些基本初等函数的导数.

例 5　求函数 $y=C$（C 是常数）的导数.

解：$y'=\lim\limits_{\Delta x\to 0}\dfrac{\Delta y}{\Delta x}=\lim\limits_{\Delta x\to 0}\dfrac{C-C}{\Delta x}=\lim\limits_{\Delta x\to 0}0=0$.

这就是说，常数函数的导数等于零.

例 6　求函数 $y=\sin x$ 的导数.

解：因为 $\Delta y=f(x+\Delta x)-f(x)=\sin(x+\Delta x)-\sin x$，应用三角函数的和差化积公式，有

$$\begin{aligned}\Delta y&=2\cos\frac{(x+\Delta x)+x}{2}\sin\frac{(x+\Delta x)-x}{2}\\&=2\cos\left(x+\frac{\Delta x}{2}\right)\sin\frac{\Delta x}{2},\end{aligned}$$

所以

$$\frac{\Delta y}{\Delta x}=\frac{2\cos\left(x+\frac{\Delta x}{2}\right)\sin\frac{\Delta x}{2}}{\Delta x}=\cos\left(x+\frac{\Delta x}{2}\right)\frac{\sin\frac{\Delta x}{2}}{\frac{\Delta x}{2}}.$$

由 $\cos x$ 的连续性及重要极限 $\lim\limits_{x\to 0}\dfrac{\sin x}{x}=1$，得

$$\begin{aligned}\frac{\mathrm{d}y}{\mathrm{d}x}&=\lim_{\Delta x\to 0}\frac{\Delta y}{\Delta x}=\lim_{\Delta x\to 0}\cos\left(x+\frac{\Delta x}{2}\right)\frac{\sin\frac{\Delta x}{2}}{\frac{\Delta x}{2}}\\&=\lim_{\Delta x\to 0}\cos\left(x+\frac{\Delta x}{2}\right)\lim_{\Delta x\to 0}\frac{\sin\frac{\Delta x}{2}}{\frac{\Delta x}{2}}=\cos x,\end{aligned}$$

即 $(\sin x)'=\cos x$.

用类似的方法，可求得余弦函数 $y=\cos x$ 的导数为

$$(\cos x)'=-\sin x.$$

例 7　求对数函数 $y=\log_a x$（$a>0$，$a\neq 1$，$x>0$）的导数.

解：因为

$$\Delta y=\log_a(x+\Delta x)-\log_a x=\log_a\frac{x+\Delta x}{x}=\log_a\left(1+\frac{\Delta x}{x}\right),$$

所以

$$\frac{\Delta y}{\Delta x}=\frac{\log_a\left(1+\frac{\Delta x}{x}\right)}{\Delta x}=\frac{1}{x}\log_a\left(1+\frac{\Delta x}{x}\right)^{\frac{x}{\Delta x}}.$$

由对数函数的连续性及重要极限 $\lim\limits_{x\to 0}(1+x)^{\frac{1}{x}}=\mathrm{e}$，得

$$\frac{\mathrm{d}y}{\mathrm{d}x}=\lim_{\Delta x\to 0}\frac{\Delta y}{\Delta x}=\lim_{\Delta x\to 0}\frac{1}{x}\log_a\left(1+\frac{\Delta x}{x}\right)^{\frac{x}{\Delta x}}=\frac{1}{x}\log_a\mathrm{e}=\frac{1}{x\ln a},$$

即 $(\log_a x)'=\dfrac{1}{x\ln a}$.

特别地，当 $a=\mathrm{e}$ 时，可得自然对数的导数 $(\ln x)'=\dfrac{1}{x}$.

例 8 求函数 $y=x^n$（n 为正整数）的导数.

解：由二项式定理，有

$$\Delta y=(x+\Delta x)^n-x^n=nx^{n-1}\Delta x+\frac{n(n-1)}{2!}x^{n-2}(\Delta x)^2+\cdots+(\Delta x)^n,$$

则

$$\frac{\Delta y}{\Delta x}=nx^{n-1}+\frac{n(n-1)}{2!}x^{n-2}\Delta x+\cdots+(\Delta x)^{n-1}.$$

所以

$$\frac{\mathrm{d}y}{\mathrm{d}x}=\lim_{\Delta x\to 0}\frac{\Delta y}{\Delta x}=\lim_{\Delta x\to 0}\left[nx^{n-1}+\frac{n(n-1)}{2!}x^{n-2}\Delta x+\cdots+(\Delta x)^{n-1}\right]=nx^{n-1},$$

即 $(x^n)'=nx^{n-1}$（n 为正整数）.

一般地，对 $y=x^\alpha$（α 是实数），也有 $(x^\alpha)'=\alpha x^{\alpha-1}$. 这个公式的证明将在后面给出. 例如

$$(\sqrt{x})'=(x^{\frac{1}{2}})'=\frac{1}{2\sqrt{x}},\qquad \left(\frac{1}{x}\right)'=(x^{-1})'=-\frac{1}{x^2}.$$

4. 单侧导数

既然导数是由极限定义的，那么根据单侧极限概念可以定义单侧导数.

定义 2 设函数 $y=f(x)$ 在 $(x_0-\delta, x_0]$ 内有定义. 如果极限

$$\lim_{\Delta x\to 0^-}\frac{\Delta y}{\Delta x}=\lim_{\Delta x\to 0^-}\frac{f(x_0+\Delta x)-f(x_0)}{\Delta x}$$

存在，则称此极限值为函数 $f(x)$ 在点 x_0 处的**左导数**，记为 $f'_-(x_0)$.

设函数 $y=f(x)$ 在 $[x_0, x_0+\delta)$ 内有定义. 如果极限

$$\lim_{\Delta x\to 0^+}\frac{\Delta y}{\Delta x}=\lim_{\Delta x\to 0^+}\frac{f(x_0+\Delta x)-f(x_0)}{\Delta x}$$

存在，则称此极限值为函数 $f(x)$ 在点 x_0 处的**右导数**，记为 $f'_+(x_0)$.

根据左、右极限的性质，我们有下面的定理：

定理 1　函数 $y=f(x)$ 在点 x_0 处的左、右导数存在且相等，是 $f(x)$ 在点 x_0 处可导的充要条件，即 $f'(x_0)=A \Leftrightarrow f'_-(x_0)=f'_+(x_0)=A$.

如果函数 $y=f(x)$ 在区间 (a, b) 内可导，且 $f'_+(a)$ 与 $f'_-(b)$ 都存在，则称 $y=f(x)$ 在区间 $[a, b]$ 上可导.

例 9　考察函数 $f(x)=\begin{cases} x\sin\dfrac{1}{x}, & x>0 \\ 0, & x\leqslant 0\end{cases}$ 在点 $x=0$ 处的可导性.

解：当 $\Delta x\leqslant 0$ 时，$f(\Delta x)=0$，则

$$f'_-(0)=\lim_{\Delta x\to 0^-}\frac{f(\Delta x)-f(0)}{\Delta x}=0;$$

当 $\Delta x>0$ 时，$f(\Delta x)=\Delta x\sin\dfrac{1}{\Delta x}$，则

$$f'_+(0)=\frac{f(\Delta x)-f(0)}{\Delta x}=\sin\frac{1}{\Delta x}.$$

因为 $\lim\limits_{\Delta x\to 0^+}\sin\dfrac{1}{\Delta x}$ 不存在，所以 $f'_+(0)$ 不存在，故函数在点 $x=0$ 处不可导.

3.1.3　函数可导性与连续性的关系

问题　连续性与可导性是函数的两个重要特性. 那么，连续与可导两者之间的关系如何？从几何直观上推测：如果一个函数可导，即其图形的切线斜率存在，曲线就应该是连续的. 事实上也是如此.

探究　假设函数 $y=f(x)$ 在点 x 处可导，有

$$\lim_{\Delta x\to 0}\frac{\Delta y}{\Delta x}=f'(x).$$

根据函数的极限与无穷小的关系，由上式可得

$$\frac{\Delta y}{\Delta x}=f'(x)+\alpha(\Delta x),$$

其中 $\alpha(\Delta x)$ 为当 $\Delta x\to 0$ 时的无穷小. 上式两端各乘以 Δx，得

$$\Delta y=f'(x)\Delta x+\alpha(\Delta x)\Delta x. \tag{*}$$

由此可见

$$\lim_{\Delta x\to 0}\Delta y=0,$$

也就是说 $y=f(x)$ 在点 x 处连续.

注释 上述式（*）$\Delta y=f'(x)\Delta x+\alpha(\Delta x)\Delta x$，即 $\Delta y=f'(x)\Delta x+o(\Delta x)$ 是一个重要结论，称为 $y=f(x)$ 在点 x 处的有限增量公式. 它反映了函数改变量的结构特征.

概括 如果函数 $y=f(x)$ 在点 x 处可导，那么在点 x 处必连续. 从而有如下定理，上述探究过程即为证明.

定理 2 如果函数 $y=f(x)$ 在某点处的导数存在，那么它在该点一定连续.

但反过来，定理 2 的逆命题却不成立，即在点 x 处连续的函数未必在点 x 处可导.

反例：函数 $y=|x|=\begin{cases}x, & x\geqslant 0\\ -x, & x<0\end{cases}$，显然在点 $x=0$ 处连续，但是在该点不可导.

因为

$$\Delta y=f(0+\Delta x)-f(0)=|\Delta x|,$$

所以在点 $x=0$ 处的右导数是

$$f'_+(0)=\lim_{\Delta x\to 0^+}\frac{\Delta y}{\Delta x}=\lim_{\Delta x\to 0^+}\frac{|\Delta x|}{\Delta x}=\lim_{\Delta x\to 0^+}\frac{\Delta x}{\Delta x}=1,$$

而左导数是

$$f'_-(0)=\lim_{\Delta x\to 0^-}\frac{\Delta y}{\Delta x}=\lim_{\Delta x\to 0^-}\frac{|\Delta x|}{\Delta x}=\lim_{\Delta x\to 0^-}\frac{-\Delta x}{\Delta x}=-1.$$

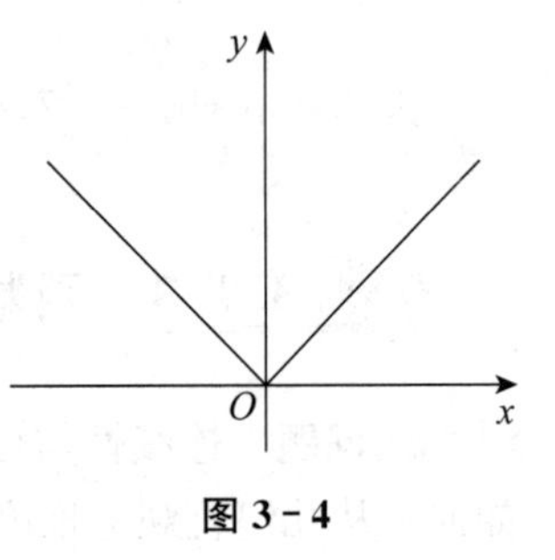

图 3-4

左、右导数不相等，故函数在该点处不可导. 从几何上看，$x=0$ 为 $y=|x|$ 图形的折点（见图 3-4），因此，该点的切线不存在. 所以，函数连续是可导的必要条件而不是充分条件.

概括 函数 $y=f(x)$ 在点 x_0 处可导与连续的关系：

可导：$f'(x_0)=\lim\limits_{x\to x_0}\dfrac{f(x)-f(x_0)}{x-x_0}$ $\rightleftarrows$（反向箭头带删除线）连续：$\lim\limits_{x\to x_0}f(x)=f(x_0)$

例 10 证明函数 $f(x)=\begin{cases}\sqrt{x}, & 0\leqslant x\leqslant 1\\ 2x-1, & 1\leqslant x<+\infty\end{cases}$ 在点 $x=1$ 处连续但不可导.

证： 因为 $\lim\limits_{x\to 1^-}f(x)=\lim\limits_{x\to 1^-}\sqrt{x}=1$，$\lim\limits_{x\to 1^+}f(x)=\lim\limits_{x\to 1^+}(2x-1)=1$ 且 $f(1)=1$，所以 $\lim\limits_{x\to 1^-}f(x)=\lim\limits_{x\to 1^+}f(x)=f(1)$，故 $f(x)$ 在点 $x=1$ 处连续.

又

$$f'_-(1)=\lim_{x\to1^-}\frac{f(x)-f(1)}{x-1}=\lim_{x\to1^-}\frac{\sqrt{x}-1}{x-1}=\lim_{x\to1^-}\frac{1}{\sqrt{x}+1}=\frac{1}{2},$$

$$f'_+(1)=\lim_{x\to1^+}\frac{f(x)-f(1)}{x-1}=\lim_{x\to1^+}\frac{(2x-1)-1}{x-1}=\lim_{x\to1^+}2=2,$$

即 $f'_-(1)\neq f'_+(1)$，故 $f(x)$ 在点 $x=1$ 处不可导.

例 11 设函数 $f(x)=\begin{cases}ax+b, & x\leqslant1\\ x^2, & x>1\end{cases}$，试确定常数 a，b，使函数在点 $x=1$ 处可导.

解：要使函数 $f(x)$ 在点 $x=1$ 处可导，则 $f(x)$ 必须在点 $x=1$ 处连续，所以

$$\lim_{x\to1^-}f(x)=\lim_{x\to1^-}(ax+b)=a+b,$$

$$\lim_{x\to1^+}f(x)=\lim_{x\to1^+}x^2=1,$$

得 $f(1)=a+b=1$.

要使函数 $f(x)$ 在点 $x=1$ 处可导，则 $f(x)$ 必须满足 $f'_-(1)=f'_+(1)$. 由导数的定义，有

$$f'_-(1)=\lim_{x\to1^-}\frac{f(x)-f(1)}{x-1}=\lim_{x\to1^-}\frac{ax+b-(a+b)}{x-1}=a,$$

$$f'_+(1)=\lim_{x\to1^+}\frac{f(x)-f(1)}{x-1}=\lim_{x\to1^+}\frac{x^2-1}{x-1}=\lim_{x\to1^+}(x+1)=2.$$

因此，当 $a=2$，$b=-1$ 时，函数 $f(x)$ 在点 $x=1$ 处可导，且 $f'(1)=2$.

例 12 设 $f(x)$ 在点 $x=0$ 处连续，且 $\lim\limits_{x\to0}\frac{f(x)}{x}=A$（$A$ 为常数）. 证明：$f(x)$ 在点 $x=0$ 处可导.

证：因为 $\lim\limits_{x\to0}\frac{f(x)}{x}=A$，所以

$$\lim_{x\to0}f(x)=\lim_{x\to0}\left(\frac{f(x)}{x}\cdot x\right)=A\cdot0=0.$$

因为 $f(x)$ 在点 $x=0$ 处连续，所以 $f(0)=\lim\limits_{x\to0}f(x)=0$，故

$$f'(0)=\lim_{x\to0}\frac{f(x)-f(0)}{x-0}=\lim_{x\to0}\frac{f(x)}{x}=A,$$

即 $f(x)$ 在点 $x=0$ 处可导，且 $f'(0)=A$.

3.1.4 变化率

前面我们从实际问题中抽象出了导数的概念，并且利用导数的定义求出了一些函数的

导数，这当然是重要的一方面；但另一方面，我们还应使抽象的概念回到具体的问题中. 导数通常称为变化率，因为对于一个赋予具体含义的一般函数 $y=f(x)$ 来说，

$$\frac{\Delta y}{\Delta x}=\frac{f(x_0+\Delta x)-f(x_0)}{\Delta x}$$

表示自变量 x 在以 x_0 与 $x_0+\Delta x$ 为端点的区间内每改变一个单位时，函数 y 的平均变化量. 从而 $\frac{\Delta y}{\Delta x}$ 称为函数 $y=f(x)$ 在该区间内的**平均变化率**；当 $\Delta x\to 0$ 时，平均变化率的极限 $f'(x_0)$ 称为函数在点 x_0 处的**变化率**. 变化率反映了函数 y 随着自变量 x 在点 x_0 处的变化而变化的快慢程度.

当函数有不同的实际含义时，变化率的含义也不同：

- 在物理学中，瞬时速率是物体位移 s 对时间 t 的变化率 $\frac{\mathrm{d}s}{\mathrm{d}t}$；
- 在化学中，化学反应速率是液体的浓度 N 对时间 t 的变化率 $\frac{\mathrm{d}N}{\mathrm{d}t}$；
- 在社会学中，人口的增长速率是人口总量 P 对时间 t 的变化率 $\frac{\mathrm{d}P}{\mathrm{d}t}$.

在经济学中，经济变量 $y=f(x)$ 的变化率 $f'(x)$ 称为**边际经济变量**，亦称**边际函数**. 设某产品产量为 q 单位时成本函数为 $C=C(q)$，收益函数为 $R=R(q)$，利润函数为 $L=L(q)$，从而有表 3-2 所示的边际函数.

表 3-2　边际函数及其经济含义

边际函数	经济含义
边际成本 $C'(q)=\lim\limits_{\Delta q\to 0}\frac{C(q+\Delta q)-C(q)}{\Delta q}$	产量增加一个单位时所增加的总成本
边际收益 $R'(q)=\lim\limits_{\Delta q\to 0}\frac{R(q+\Delta q)-R(q)}{\Delta q}$	产量增加一个单位时所增加的收益
边际利润 $L'(q)=\lim\limits_{\Delta q\to 0}\frac{L(q+\Delta q)-L(q)}{\Delta q}$	产量增加一个单位时所增加的利润

在经济学中还有许多用变化率表达的边际概念，如边际生产率、边际供给、边际需求、边际消费等边际函数.

函数变化率（导数）在每门学科中都有不同的解释，当彻底理解了导数概念的本质后，这些抽象的数学结果在应用于实际问题时才能发挥出更大的作用.

习题 3.1

1. 利用导数的定义，求下列函数在指定点处的导数：

(1) $f(x)=x^3+1$ 在 $x=1$ 处；　　(2) $f(x)=\sqrt{x-1}$ 在 $x=2$ 处.

2. 利用导数的定义，证明：

(1) $(\cos x)'=-\sin x$；　　　　(2) $(e^x)'=e^x$.

3. 一物体的运动方程为 $s=\frac{1}{2}t^2+t$. 求该物体在 $t=2$ 时的瞬时速度.

4. 求曲线 $y=\sqrt{x}$ 在点 (1，1) 处的切线方程与法线方程.

5. 设 $f'(x_0)$ 存在，指出下列极限各表示什么：

(1) $\lim\limits_{\Delta x\to 0}\frac{f(x_0-\Delta x)-f(x_0)}{\Delta x}$；　　　　(2) $\lim\limits_{h\to 0}\frac{f(x_0+h)-f(x_0-2h)}{h}$.

6. 讨论下列函数在点 $x=0$ 处的连续性和可导性：

(1) $f(x)=\begin{cases}x\sin\frac{1}{x}, & x\neq 0\\ 0, & x=0\end{cases}$；　　　　(2) $f(x)=x|x|$.

7. 设函数 $f(x)$ 在点 $x=0$ 处连续，且 $\lim\limits_{x\to 0}\frac{f(x)-1}{x}=-1$. 试问 $f(x)$ 在点 $x=0$ 处是否可导？若可导，求出 $f'(0)$.

8. 已知生产某产品的成本函数和收益函数分别为 $C(x)=4x+10$ 和 $R(x)=50x-0.5x^2$. 求边际成本 $C'(x)$、边际收益 $R'(x)$ 和边际利润 $L'(x)$，并对 $L'(20)$ 给出经济解释.

9. 证明：双曲线 $xy=a^2$ 上任一点处的切线与两坐标轴构成的三角形的面积都等于 $2a^2$.

3.2 求导法则

在上一节中，我们给出了根据定义求函数导数的方法. 但是，如果对每个函数都直接利用定义求导数是很麻烦的，有时甚至是很困难的. 本节我们将介绍一些求导数的基本法则，借助这些法则，就能比较方便地求出初等函数的导数.

3.2.1 函数的和、差、积、商的求导法则

定理 1 设函数 $u=u(x)$ 与 $v=v(x)$ 在点 x 处可导，则函数 $u(x)+v(x)$，$u(x)v(x)$，$\frac{u(x)}{v(x)}$ $(v(x)\neq 0)$ 也在点 x 处可导，且有以下法则：

(1) $[u(x)\pm v(x)]'=u'(x)\pm v'(x)$；

(2) $[u(x)v(x)]'=u'(x)v(x)+u(x)v'(x)$，特别地，$[Cu(x)]'=Cu'(x)$ (C 为常数)；

(3) $\left[\frac{u(x)}{v(x)}\right]'=\frac{u'(x)v(x)-u(x)v'(x)}{v^2(x)}$，特别地，$\left[\frac{C}{v(x)}\right]'=-\frac{Cv'(x)}{v^2(x)}$其中 $v(x)\neq 0$，C 为常数.

下面我们给出法则（2）的证明，法则（1）（3）的证明留给读者.

证： 令 $y=u(x)v(x)$. 当 x 有增量 Δx 时，$u(x)$ 有增量

$$\Delta u=u(x+\Delta x)-u(x),$$

即 $u(x+\Delta x)=\Delta u+u(x)$. $v(x)$ 有增量

$$\Delta v=v(x+\Delta x)-v(x),$$

即 $v(x+\Delta x)=\Delta v+v(x)$.

对应的 y 有增量 Δy，且

$$\begin{aligned}\Delta y&=u(x+\Delta x)v(x+\Delta x)-u(x)v(x)\\&=[\Delta u+u(x)][\Delta v+v(x)]-u(x)v(x)\\&=v(x)\Delta u+u(x)\Delta v+\Delta u\Delta v,\end{aligned}$$

则

$$\frac{\Delta y}{\Delta x}=u(x)\frac{\Delta v}{\Delta x}+v(x)\frac{\Delta u}{\Delta x}+\frac{\Delta u}{\Delta x}\Delta v.$$

由于 $u(x)$ 与 $v(x)$ 均在点 x 处可导，所以

$$\lim_{\Delta x\to 0}\frac{\Delta u}{\Delta x}=u'(x),\quad \lim_{\Delta x\to 0}\frac{\Delta v}{\Delta x}=v'(x).$$

由于函数 $v(x)$ 在点 x 处可导，于是必在点 x 处连续，因此 $\lim\limits_{\Delta x\to 0}\Delta v=0$.

由极限运算法则，有

$$\begin{aligned}\lim_{\Delta x\to 0}\frac{\Delta y}{\Delta x}&=\lim_{\Delta x\to 0}v(x)\frac{\Delta u}{\Delta x}+\lim_{\Delta x\to 0}u(x)\frac{\Delta v}{\Delta x}+\lim_{\Delta x\to 0}\frac{\Delta u}{\Delta x}\Delta v\\&=u'(x)v(x)+u(x)v'(x),\end{aligned}$$

所以 $[u(x)v(x)]'=u'(x)v(x)+u(x)v'(x)$.

求导法则还可以推广到有限个函数的和、差、积运算上. 以 3 个函数为例，设函数 $u(x)$，$v(x)$，$w(x)$ 在点 x 处可导，则

(1) $[au(x)\pm bv(x)\pm cw(x)]'=au'(x)\pm bv'(x)\pm cw'(x)$（$a$，$b$，$c$ 为常数）；

(2) $[u(x)v(x)w(x)]'=u'vw+uv'w+uvw'$.

例 1 求函数 $y=\sqrt{x}\cos x+6\ln x+\sin\frac{\pi}{5}$ 的导数.

解： $y'=(\sqrt{x}\cos x)'+(6\ln x)'+\left(\sin\frac{\pi}{5}\right)'=\frac{\cos x}{2\sqrt{x}}-\sqrt{x}\sin x+\frac{6}{x}$.

例 2　求函数 $y=\tan x$ 的导数.

解：$y'=(\tan x)'=\left(\dfrac{\sin x}{\cos x}\right)'=\dfrac{(\sin x)'\cos x-\sin x(\cos x)'}{\cos^2 x}$

$=\dfrac{\cos^2 x+\sin^2 x}{\cos^2 x}=\dfrac{1}{\cos^2 x}=\sec^2 x$，

即 $(\tan x)'=\sec^2 x$.

用类似的方法，可求得 $(\cot x)'=-\csc^2 x$.

例 3　求函数 $y=\sec x$ 的导数.

解：$y'=(\sec x)'=\left(\dfrac{1}{\cos x}\right)'=-\dfrac{(\cos x)'}{\cos^2 x}=\dfrac{\sin x}{\cos^2 x}=\sec x\tan x$.

用类似的方法，可求得 $(\csc x)'=-\csc x\cot x$.

3.2.2　反函数的求导法则

前面已经求出一些基本初等函数的导数公式. 在此主要解决反三角函数的求导问题. 为此，先推导一般的反函数的求导法则.

探究　如图 3-5 所示，由导数的几何意义知，函数 $f(x)$ 在点 x 处的导数为曲线 $y=f(x)$ 在点 P 处的切线与 x 轴正向夹角 α 的正切值，即 $f'(x)=\tan\alpha$（见图 3-5）；而函数 $f(x)$ 的反函数 $\varphi(y)$ 在点 x 处的导数为曲线 $x=\varphi(y)$ 在点 P 处的切线与 y 轴正向夹角 β 的正切值，即 $\varphi'(y)=\tan\beta$.

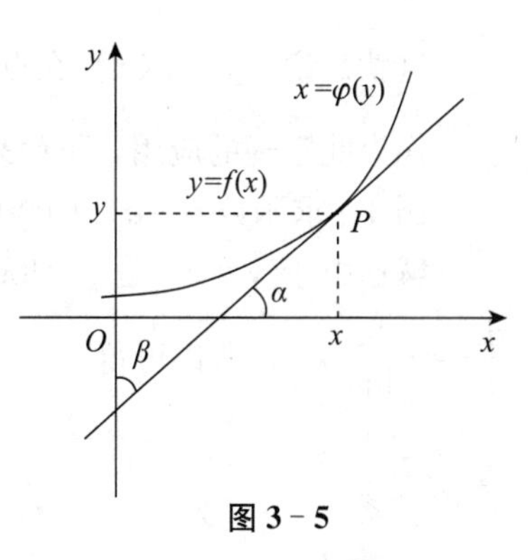

图 3-5

因为 $\alpha=\dfrac{\pi}{2}-\beta$，所以

$$f'(x)=\tan\alpha=\tan\left(\frac{\pi}{2}-\beta\right)=\cot\beta=\frac{1}{\tan\beta}=\frac{1}{\varphi'(y)}.$$

概括　由上面分析可以看到，如果一个函数的反函数存在，则该函数的导数与其反函数的导数互为倒数关系. 由此可得下述反函数的导数定理.

定理 2　如果单调连续函数 $x=\varphi(y)$ 在点 y 处可导，而且 $\varphi'(y)\neq 0$，那么它的反函数 $y=f(x)$ 在对应的点 x 处可导，且有

$$f'(x)=\frac{1}{\varphi'(y)}\quad 或 \quad \frac{\mathrm{d}y}{\mathrm{d}x}=\frac{1}{\frac{\mathrm{d}x}{\mathrm{d}y}}.$$

证：由于 $x=\varphi(y)$ 单调连续，所以它的反函数 $y=f(x)$ 也单调连续. 给 x 以增量 $\Delta x\neq 0$，由 $y=f(x)$ 的单调性可知

$$\Delta y=f(x+\Delta x)-f(x)\neq 0.$$

因而有

$$\frac{\Delta y}{\Delta x}=\frac{1}{\frac{\Delta x}{\Delta y}}.$$

根据 $y=f(x)$ 的连续性，当 $\Delta x\to 0$ 时，必有 $\Delta y\to 0$，而 $x=\varphi(y)$ 可导，于是

$$\lim_{\Delta y\to 0}\frac{\Delta x}{\Delta y}=\varphi'(y)\neq 0.$$

所以

$$\lim_{\Delta x\to 0}\frac{\Delta y}{\Delta x}=\lim_{\Delta y\to 0}\frac{1}{\frac{\Delta x}{\Delta y}}=\frac{1}{\lim\limits_{\Delta y\to 0}\frac{\Delta x}{\Delta y}}=\frac{1}{\varphi'(y)}.$$

这就是说，$y=f(x)$ 在点 x 处可导，且有 $f'(x)=\dfrac{1}{\varphi'(y)}$.

作为此定理的应用，下面来推导几个基本初等函数的导数公式.

例 4 求函数 $y=a^x$ $(a>0，a\neq 1)$ 的导数.

解：由于 $y=a^x$ 是 $x=\log_a y$ 的反函数，$x=\log_a y$ 在 $(0，+\infty)$ 内单调可导，且有 $\dfrac{\mathrm{d}x}{\mathrm{d}y}=\dfrac{1}{y\ln a}\neq 0$，所以可得

$$y'=\frac{1}{\frac{\mathrm{d}x}{\mathrm{d}y}}=y\ln a=a^x\ln a,$$

即 $(a^x)'=a^x\ln a$.

特别地，有 $(\mathrm{e}^x)'=\mathrm{e}^x$.

例 5 求函数 $y=\arcsin x$ 的导数.

解：由于 $y=\arcsin x$ 是 $x=\sin y$ 的反函数，$x=\sin y$ 在区间 $\left(-\dfrac{\pi}{2}，\dfrac{\pi}{2}\right)$ 内单调可导，且有 $\dfrac{\mathrm{d}x}{\mathrm{d}y}=\cos y>0$，所以可得

$$y'=\frac{1}{\frac{\mathrm{d}x}{\mathrm{d}y}}=\frac{1}{\cos y}=\frac{1}{\sqrt{1-\sin^2 y}}=\frac{1}{\sqrt{1-x^2}},$$

即 $(\arcsin x)'=\dfrac{1}{\sqrt{1-x^2}}$.

类似地，有 $(\arccos x)'=-\dfrac{1}{\sqrt{1-x^2}}$.

例 6　求函数 $y=\arctan x$ 的导数.

解：由于 $y=\arctan x$ 是 $x=\tan y$ 的反函数，$x=\tan y$ 在区间 $\left(-\frac{\pi}{2},\ \frac{\pi}{2}\right)$ 内单调可导，且有 $\frac{\mathrm{d}x}{\mathrm{d}y}=\sec^2 y\neq 0$，所以可得

$$y'=\frac{1}{\frac{\mathrm{d}x}{\mathrm{d}y}}=\frac{1}{\sec^2 y}=\frac{1}{1+\tan^2 y}=\frac{1}{1+x^2},$$

即 $(\arctan x)'=\frac{1}{1+x^2}$.

类似地，有 $(\operatorname{arccot} x)'=-\frac{1}{1+x^2}$.

3.2.3　复合函数的求导法则

利用函数四则运算的求导法则和基本初等函数的导数公式，可以求出一些比较复杂的初等函数的导数. 但是，产生初等函数的方法，除了四则运算外，还有函数的复合，因而复合函数的求导法则是求初等函数的导数所不可缺少的工具.

探究　如何解决复合函数的求导问题？通过对下面实际问题的探讨，可发现复合函数导数的规律.

例 7　设某金属棒的长度 L（单位：cm）取决于温度 H（单位：℃）的变化，而温度的变化又取决于时间 t（单位：h). 如果温度每升高 1℃，长度增加 2cm，而每隔 1h，温度又升高 3℃. 问金属棒长度的增加有多快？

解：显然金属棒的长度 $L=L(H)$，而 $H=H(t)$，所以 $L=L[H(t)]$.

由于 L 对 H 的变化率为 $\frac{\mathrm{d}L}{\mathrm{d}H}=2$，$H$ 对 t 的变化率为 $\frac{\mathrm{d}H}{\mathrm{d}t}=3$，所以，金属棒长度的增长率为

$$\frac{\mathrm{d}L}{\mathrm{d}t}=\frac{\mathrm{d}L}{\mathrm{d}H}\cdot\frac{\mathrm{d}H}{\mathrm{d}t}=2\times 3=6(\mathrm{cm/h}).$$

概括　此例说明复合函数的变化率似乎是按层传递的，即复合函数 $L=L(H(t))$ 的导数等于 $L=L(H)$ 对 H 的导数乘以 $H=H(t)$ 对 t 的导数，即 $\frac{\mathrm{d}L}{\mathrm{d}t}=\frac{\mathrm{d}L}{\mathrm{d}H}\cdot\frac{\mathrm{d}H}{\mathrm{d}t}$. 这种特性是否具有一般性？事实上有下述定理.

定理 3　如果函数 $u=\varphi(x)$ 在点 x 处可导，而函数 $y=f(u)$ 在对应的点 u 处可导，那么复合函数 $y=f[\varphi(x)]$ 也在点 x 处可导，且有

$$\frac{\mathrm{d}y}{\mathrm{d}x}=\frac{\mathrm{d}y}{\mathrm{d}u}\cdot\frac{\mathrm{d}u}{\mathrm{d}x}\quad \text{或}\quad \{f[\varphi(x)]\}'=f'(u)\varphi'(x).$$

证： 当 x 有改变量 $\Delta x(\Delta x\neq 0)$ 时，对应的 $u=\varphi(x)$ 与 $y=f(u)$ 的改变量分别为 Δu 和 Δy. 由于函数 $y=f(u)$ 可导，即 $\lim\limits_{\Delta u\to 0}\dfrac{\Delta y}{\Delta u}=\dfrac{\mathrm{d}y}{\mathrm{d}u}$ 存在，于是由无穷小与函数极限的关系，有

$$\frac{\Delta y}{\Delta u}=\frac{\mathrm{d}y}{\mathrm{d}u}+a(\Delta u),$$

其中 $a(\Delta u)$ 是 $\Delta u\to 0$ 时的无穷小. 以 Δu 乘以上式两端，得

$$\Delta y=\frac{\mathrm{d}y}{\mathrm{d}u}\Delta u+a(\Delta u)\Delta u. \tag{$*$}$$

式（*）仅在 $\Delta u\neq 0$ 时成立. 当 $\Delta u=0$ 时，规定 $a(\Delta u)=0$，则由

$$\Delta y=f(u+\Delta u)-f(u)=0,$$

可知式（*）右端也为零，因此，当 $\Delta u=0$ 时，式（*）也成立.

用 Δx 除式（*）两端，得

$$\frac{\Delta y}{\Delta x}=\frac{\mathrm{d}y}{\mathrm{d}u}\frac{\Delta u}{\Delta x}+a(\Delta u)\frac{\Delta u}{\Delta x}.$$

因为 $u=\varphi(x)$ 在点 x 处可导，又根据定理 2，函数在某点可导必在该点连续，可知 $u=\varphi(x)$ 在点 x 处也是连续的，故 $\lim\limits_{\Delta x\to 0}\dfrac{\Delta u}{\Delta x}=\dfrac{\mathrm{d}u}{\mathrm{d}x}$，且当 $\Delta x\to 0$ 时，有 $\Delta u\to 0$，从而 $\lim\limits_{\Delta x\to 0}a(\Delta u)=\lim\limits_{\Delta u\to 0}a(\Delta u)=0$. 所以

$$\begin{aligned}\lim_{\Delta x\to 0}\frac{\Delta y}{\Delta x}&=\lim_{\Delta x\to 0}\left[\frac{\mathrm{d}y}{\mathrm{d}u}\frac{\Delta u}{\Delta x}+a(\Delta u)\frac{\Delta u}{\Delta x}\right]\\&=\frac{\mathrm{d}y}{\mathrm{d}u}\lim_{\Delta x\to 0}\frac{\Delta u}{\Delta x}+\lim_{\Delta x\to 0}a(\Delta u)\lim_{\Delta x\to 0}\frac{\Delta u}{\Delta x}=\frac{\mathrm{d}y}{\mathrm{d}u}\frac{\mathrm{d}u}{\mathrm{d}x},\end{aligned}$$

即 $\dfrac{\mathrm{d}y}{\mathrm{d}x}=\dfrac{\mathrm{d}y}{\mathrm{d}u}\dfrac{\mathrm{d}u}{\mathrm{d}x}$ 或记为 $\{f[\varphi(x)]\}'=f'(u)\varphi'(x)$.

上式说明求复合函数 $y=f[\varphi(x)]$ 对 x 的导数时，可先求出 $y=f(u)$ 对 u 的导数和 $u=\varphi(x)$ 对 x 的导数，然后相乘即得.

此法则也可用于多次复合的情形. 设 $y=f(u)$，$u=\varphi(v)$，$v=\psi(x)$ 都可导，则

$$\frac{\mathrm{d}y}{\mathrm{d}x}=\frac{\mathrm{d}y}{\mathrm{d}u}\frac{\mathrm{d}u}{\mathrm{d}v}\frac{\mathrm{d}v}{\mathrm{d}x}\quad 或\quad \{f[\varphi(\psi(x))]\}'=f'(u)\varphi'(v)\psi'(x).$$

注释 复合函数求导法则的使用要点：

(1) 明确复合函数的复合结构与复合顺序；

(2) 从外层到内层逐层求导，层层不漏，直至求到自变量一层为止.

例 8　求函数 $y=\sin\sqrt{x}$ 的导数.

解：函数 $y=\sin\sqrt{x}$ 可以看作由函数 $y=\sin u$ 与 $u=\sqrt{x}$ 复合而成，因此

$$y'=(\sin u)'(\sqrt{x})'=\cos u\,\frac{1}{2\sqrt{x}}=\frac{\cos\sqrt{x}}{2\sqrt{x}}.$$

例 9　求函数 $y=x^{\alpha}$（α 为实数）的导数.

解：$y=x^{\alpha}=\mathrm{e}^{\alpha\ln x}$ 可以看作由指数函数 e^{u} 与对数函数 $u=\alpha\ln x$ 复合而成. 由复合函数求导法则，有

$$y'=(\mathrm{e}^{u})'(\alpha\ln x)'=\mathrm{e}^{\alpha\ln x}\alpha\,\frac{1}{x}=x^{\alpha}\alpha\,\frac{1}{x}=\alpha x^{\alpha-1},$$

即$(x^{\alpha})'=\alpha x^{\alpha-1}$.

对于复合函数的分解比较熟悉后，就不必再写出中间变量，或者在过程中体现中间变量，可以按照复合的前后次序层层求导，直接得出最后结果.

例 10　求函数 $y=\ln\tan\dfrac{x}{2}$ 的导数.

解：$y'=\left(\ln\tan\dfrac{x}{2}\right)'=\dfrac{1}{\tan\dfrac{x}{2}}\left(\tan\dfrac{x}{2}\right)'=\dfrac{1}{\tan\dfrac{x}{2}}\sec^{2}\dfrac{x}{2}\left(\dfrac{x}{2}\right)'$

$$=\frac{\cos\dfrac{x}{2}}{\sin\dfrac{x}{2}}\cdot\frac{1}{\cos^{2}\dfrac{x}{2}}\cdot\frac{1}{2}=\frac{1}{\sin x}=\csc x.$$

例 11　求函数 $y=\sin\ln\sqrt{2x+1}$ 的导数.

解：$y'=\cos\ln\sqrt{2x+1}\cdot\dfrac{1}{\sqrt{2x+1}}\cdot\dfrac{1}{2\sqrt{2x+1}}\cdot 2=\dfrac{\cos\ln\sqrt{2x+1}}{2x+1}.$

例 12　求函数 $y=\mathrm{e}^{\arctan\sqrt{x}}$ 的导数.

解：$y'=\mathrm{e}^{\arctan\sqrt{x}}\dfrac{1}{1+(\sqrt{x})^{2}}\cdot\dfrac{1}{2\sqrt{x}}=\dfrac{\mathrm{e}^{\arctan\sqrt{x}}}{2\sqrt{x}(1+x)}.$

由以上各例可见，复合函数的求导法则是求导的灵魂，必须熟练掌握.

3.2.4　求导公式与初等函数的导数

前面已经求出了所有基本初等函数的导数，这些公式是导数计算的基础，现将基本初等函数求导公式归纳为表 3-3.

表 3-3　导数公式表

函数类型	导数公式
常数	$(C)'=0$（C 为常数）

续表

函数类型	导数公式
幂函数	$(x^\alpha)'=\alpha x^{\alpha-1}$，特例：$(x)'=1$，$(\sqrt{x})'=\frac{1}{2\sqrt{x}}$，$\left(\frac{1}{x}\right)'=-\frac{1}{x^2}$
指数函数	$(a^x)'=a^x\ln a$，$(e^x)'=e^x$
对数函数	$(\log_a x)'=\frac{1}{x\ln a}$，$(\ln x)'=\frac{1}{x}$
三角函数	$(\sin x)'=\cos x$，$(\cos x)'=-\sin x$
	$(\tan x)'=\frac{1}{\cos^2 x}=\sec^2 x$，$(\cot x)'=-\frac{1}{\sin^2 x}=-\csc^2 x$
	$(\sec x)'=\sec x\tan x$，$(\csc x)'=-\csc x\cot x$
反三角函数	$(\arcsin x)'=\frac{1}{\sqrt{1-x^2}}$，$(\arccos x)'=-\frac{1}{\sqrt{1-x^2}}$
	$(\arctan x)'=\frac{1}{1+x^2}$，$(\text{arccot}\, x)'=-\frac{1}{1+x^2}$

建立了函数的和、差、积、商的求导法则和复合函数的求导法则，我们就解决了初等函数的求导问题. 对于初等函数的求导进一步举例如下.

例 13 求下列函数的导数：

(1) $y=\ln(x+\sqrt{1+x^2})$； (2) $y=\cos x^2\cdot\sin^2\frac{1}{x}$.

解：(1) $y'=[\ln(x+\sqrt{1+x^2})]'=\frac{1}{x+\sqrt{1+x^2}}\left(1+\frac{x}{\sqrt{1+x^2}}\right)=\frac{1}{\sqrt{1+x^2}}$.

(2) $$y'=-\sin x^2\cdot 2x\cdot\sin^2\frac{1}{x}+\cos x^2\cdot 2\sin\frac{1}{x}\cdot\cos\frac{1}{x}\cdot\left(-\frac{1}{x^2}\right)$$

$$=-2x\sin x^2\cdot\sin^2\frac{1}{x}-\frac{1}{x^2}\cos x^2\cdot\sin\frac{2}{x}.$$

例 14 求下列函数的导数：

(1) $y=x^{\sin x}\ (x>0)$； (2) $y=(1+x^2)^{\arctan x}$.

解：(1) $y=x^{\sin x}=e^{\sin x\ln x}$，由复合函数求导法则，得

$$y'=(e^{\sin x\ln x})'=e^{\sin x\ln x}\left(\cos x\ln x+\frac{\sin x}{x}\right)=x^{\sin x}\left(\cos x\ln x+\frac{\sin x}{x}\right).$$

(2) $y=(1+x^2)^{\arctan x}=e^{\arctan x\ln(1+x^2)}$，由复合函数求导法则，得

$$y'=[e^{\arctan x\ln(1+x^2)}]'=e^{\arctan x\ln(1+x^2)}\left[\frac{\ln(1+x^2)}{1+x^2}+\frac{2x\arctan x}{1+x^2}\right]$$

$$=\frac{(1+x^2)^{\arctan x}}{1+x^2}[\ln(1+x^2)+2x\arctan x].$$

例 15 设 $f(u)$ 可导. 求下列函数的导数：

(1) $y=\sin[f(x^2)]$； (2) $y=e^{f^2(\sin x)}+\sin^2 f(e^x)$.

解：(1) $y'=\{\sin[f(x^2)]\}'=\cos[f(x^2)]\cdot f'(x^2)\cdot 2x=2xf'(x^2)\cos[f(x^2)]$.

(2) $y'=[e^{f^2(\sin x)}+\sin^2 f(e^x)]'$

$$=e^{f^2(\sin x)}\cdot 2f(\sin x)\cdot f'(\sin x)\cdot \cos x+2\sin f(e^x)\cos f(e^x)\cdot f'(e^x)\cdot e^x$$

$$=2\cos x\cdot f(\sin x)\cdot e^{f^2(\sin x)}\cdot f'(\sin x)+e^x\sin 2f(e^x)\cdot f'(e^x).$$

例 16　设 $f'(x)$ 存在. 求 $y=\ln|f(x)|$ ($f(x)\neq 0$) 的导数.

解：当 $f(x)>0$ 时，$y=\ln f(x)$，$y'=[\ln f(x)]'=\dfrac{1}{f(x)}f'(x)=\dfrac{f'(x)}{f(x)}$.

当 $f(x)<0$ 时，$y=\ln[-f(x)]$，$y'=\dfrac{1}{-f(x)}[-f(x)]'=\dfrac{f'(x)}{f(x)}$.

综上所述，$[\ln|f(x)|]'=\dfrac{f'(x)}{f(x)}$.

习题 3.2

1. 求下列函数的导数：

(1) $y=x^3-3x+\dfrac{3}{x}$；　(2) $y=x^3+3^x-\ln 3$；

(3) $y=\dfrac{\sqrt{x}-1}{x^2}$；　(4) $y=x^3\cos x$；

(5) $y=\dfrac{2\ln x}{x}$；　(6) $y=x^2e^x\sin x$；

(7) $y=2\sqrt{x}+x\arctan x$；　(8) $y=2^x(x\sin x+\cos x)$；

(9) $y=\dfrac{1-\ln x}{1+\ln x}$；　(10) $y=\dfrac{\tan x}{x+\sin x}$.

2. 求下列函数在指定点处的导数：

(1) $f(x)=\dfrac{5}{3-x}+\dfrac{x^2}{2}$，$x=2$；

(2) $s(t)=t\sin t+\dfrac{1}{2}\cos t$，$t=\dfrac{\pi}{4}$.

3. 求下列函数的导数：

(1) $y=(2x+3)^3$；　(2) $y=\cos(1-3x)$；

(3) $y=e^{-3x^2+1}$；　(4) $y=\ln(1+x^2)$；

(5) $y=\arcsin\sqrt{x}$；　(6) $y=\arctan^3 x$；

(7) $y=\sqrt{\tan\dfrac{x}{2}}$；　(8) $y=e^{-\cos^2\frac{1}{x}}$；

(9) $y=\sqrt{x+\ln^2 x}$；　(10) $y=\sin^n x\cos nx$；

(11) $y=(\arctan^2 x+\tan x)^2$；　(12) $y=\sin(\cos^2 x)\cdot\cos(\sin^2 x)$；

(13) $y=\sqrt{x+\sqrt{x+\sqrt{x}}}$；　　(14) $y=\ln\tan\dfrac{x}{2}-\cos x\ln\tan x$.

4. 设函数 $f(x)$ 可导，且 $f(x)>0$. 求下列函数的导数：

(1) $y=f(\sqrt{x}+1)$；　　(2) $y=\arctan f(2x)$；

(3) $y=f(\mathrm{e}^x)\mathrm{e}^{f(x)}$；　　(4) $y=\ln[1+f^2(x)]$；

(5) $y=\ln|f(x)|$；　　(6) $y=x\sin f^2(x+1)$.

5. 证明：可导的偶函数的导数是奇函数，可导的奇函数的导数是偶函数.

6. 求曲线 $y=2\sin x+x^2$ 在点 (0，0) 处的切线方程与法线方程.

7. 在某项记忆力测试中，某人在 t 分钟后能够记住 M 个单词，其中

$$M=-0.001t^3+0.1t^2.$$

求记住的单词数关于时间的变化率，以及在 $t=10$ 分钟时的记忆率.

8. 某公司预计，在花费 x（单位：千元）做广告后，公司将卖出 N 件产品，其中

$$N(x)=-x^2+300x+6.$$

(1) 求卖出的件数关于花在广告上的总费用的变化率.

(2) 在花费 10 000 元广告费以后能卖出多少件产品？

(3) $x=10$ 时的变化率是多少？

9. 在一定条件下，传闻按照模型 $p(t)=\dfrac{1}{1+a\mathrm{e}^{-kt}}$ 传播，其中 $p(t)$ 是在时刻 t 知道传闻的人数的比例，a 和 k 是正常数. 求 $\lim\limits_{t\to\infty}p(t)$ 及传闻传播的速度.

3.3 高阶导数

设物体的运动方程为 $s=s(t)$，则物体运动的速度为 $v(t)=s'(t)$，而速度在时刻 t_0 的变化率

$$\lim_{\Delta t\to 0}\frac{\Delta v}{\Delta t}=\lim_{\Delta t\to 0}\frac{v(t_0+\Delta t)-v(t_0)}{\Delta t}=\lim_{t\to t_0}\frac{v(t)-v(t_0)}{t-t_0}$$

就是运动物体在时刻 t_0 的加速度. 因此，加速度是速度函数的导数，也就是路程函数 $s=s(t)$ 的导函数的导数，这就产生了高阶导数的概念.

定义 1 若函数 $f(x)$ 的导函数 $f'(x)$ 在点 x_0 处可导，则称 $f'(x)$ 在点 x_0 处的导数为函数 $f(x)$ 在点 x_0 处的**二阶导数**，记作 $f''(x_0)$，即

$$f''(x_0)=\lim_{\Delta x\to 0}\frac{f'(x_0+\Delta x)-f'(x_0)}{\Delta x}=\lim_{x\to x_0}\frac{f'(x)-f'(x_0)}{x-x_0}.$$

如果函数 $y=f(x)$ 在区间 I 上的导数 $y'=f'(x)$ 仍是 x 的可导函数，就称 $y'=f'(x)$ 的导数为函数 $y=f(x)$ 的**二阶导函数**，简称**二阶导数**，记作 y''，f'' 或 $\frac{\mathrm{d}^2y}{\mathrm{d}x^2}$，即

$$y''=(y')' \quad 或 \quad \frac{\mathrm{d}^2y}{\mathrm{d}x^2}=\frac{\mathrm{d}}{\mathrm{d}x}\left(\frac{\mathrm{d}y}{\mathrm{d}x}\right).$$

相应地，把 $y=f(x)$ 的导数 $f'(x)$ 叫作函数 $y=f(x)$ 的**一阶导数**.

类似地，二阶导数的导数叫作**三阶导数**，三阶导数的导数叫作**四阶导数**，依此类推，一般地，函数 $f(x)$ 的 $n-1$ 阶导数的导数叫作 ***n* 阶导数**，分别记作

$$y''',\ y^{(4)},\ \cdots,\ y^{(n)} \quad 或 \quad f'''(x),\ \cdots,\ f^{(4)}(x),\ \cdots,\ f^{(n)}(x) \quad 或 \quad \frac{\mathrm{d}^3y}{\mathrm{d}x^3},\ \frac{\mathrm{d}^4y}{\mathrm{d}x^4},\ \cdots,\ \frac{\mathrm{d}^ny}{\mathrm{d}x^n},$$

且有

$$y^{(n)}=[y^{(n-1)}]' \quad 或 \quad \frac{\mathrm{d}^ny}{\mathrm{d}x^n}=\frac{\mathrm{d}}{\mathrm{d}x}\left(\frac{\mathrm{d}^{n-1}y}{\mathrm{d}x^{n-1}}\right).$$

二阶及二阶以上的导数统称为**高阶导数**. 显然，求高阶导数并不需要更新的方法，只要逐阶求导，直到所求的阶数即可. 所以，仍可用前面学过的求导方法来计算高阶导数.

例1 求函数 $y=\mathrm{e}^{-x}$ 的二阶及三阶导数.

解： $y'=-\mathrm{e}^{-x}$，$y''=(y')'=(-\mathrm{e}^{-x})'=\mathrm{e}^{-x}$，$y'''=(y'')'=(\mathrm{e}^{-x})'=-\mathrm{e}^{-x}$.

例2 求 n 次多项式 $y=a_0x^n+a_1x^{n-1}+\cdots+a_n$ 的各阶导数.

解： $y'=na_0x^{n-1}+(n-1)a_1x^{n-2}+\cdots+a_{n-1}$，

$y''=n(n-1)a_0x^{n-2}+(n-1)(n-2)a_1x^{n-3}+\cdots+2a_{n-2}$.

可见每经过一次求导运算，多项式的次数就降低一次，继续求导，得

$$y^{(n)}=n!a_0.$$

这是一个常数，因而 $y^{(n+1)}=y^{(n+2)}=\cdots=0$. 这就是说，$n$ 次多项式的一切高于 n 阶的导数都是零.

例3 求指数函数 $y=\mathrm{e}^{ax}$ 与 $y=a^x$ 的 n 阶导数.

解： 对 $y=\mathrm{e}^{ax}$，

$$y'=a\mathrm{e}^{ax},\ y''=a^2\mathrm{e}^{ax},\ y'''=a^3\mathrm{e}^{ax}.$$

依此类推，可得 $y^{(n)}=a^n\mathrm{e}^{ax}$，即 $(\mathrm{e}^{ax})^{(n)}=a^n\mathrm{e}^{ax}$.

特别地，$(\mathrm{e}^x)^{(n)}=\mathrm{e}^x$.

对 $y=a^x$，

$$y'=a^x\ln a,\ y''=a^x\ln^2a,\ y'''=a^x\ln^3a.$$

依此类推，可得 $y^{(n)}=a^x\ln^na$，即 $(a^x)^{(n)}=a^x\ln^na$.

例4 求 $y=\sin x$ 与 $y=\cos x$ 的 n 阶导数.

解： 对 $y=\sin x$，

$$y'=\cos x=\sin\left(x+\frac{\pi}{2}\right),$$

$$y''=\cos\left(x+\frac{\pi}{2}\right)=\sin\left(x+\frac{\pi}{2}+\frac{\pi}{2}\right)=\sin\left(x+2\cdot\frac{\pi}{2}\right),$$

$$y'''=\cos\left(x+2\cdot\frac{\pi}{2}\right)=\sin\left(x+3\cdot\frac{\pi}{2}\right).$$

依此类推，可得 $y^{(n)}=\sin\left(x+n\cdot\frac{\pi}{2}\right)$，即 $(\sin x)^{(n)}=\sin\left(x+n\cdot\frac{\pi}{2}\right)$.

用类似的方法，可得 $(\cos x)^{(n)}=\cos\left(x+n\cdot\frac{\pi}{2}\right)$.

例 5 求对数函数 $y=\ln(1+x)$ 的 n 阶导数.

解： $y'=\frac{1}{1+x}$，$y''=-\frac{1}{(1+x)^2}$，$y'''=\frac{1\cdot 2}{(1+x)^3}$，$y^{(4)}=-\frac{1\cdot 2\cdot 3}{(1+x)^4}$.

依此类推，可得 $y^{(n)}=(-1)^{n-1}\frac{(n-1)!}{(1+x)^n}$，即

$$[\ln(1+x)]^{(n)}=(-1)^{n-1}\frac{(n-1)!}{(1+x)^n}.$$

通常我们规定 $0!=1$，所以这个公式当 $n=1$ 时也成立.

例 6 设 $y=\frac{1}{x^2-1}$，求 $y^{(n)}$.

解： 由 $y=\frac{1}{2}\left(\frac{1}{x-1}-\frac{1}{x+1}\right)$，得

$$y^{(n)}=\frac{1}{2}\left[\left(\frac{1}{x-1}\right)^{(n)}-\left(\frac{1}{x+1}\right)^{(n)}\right],$$

而

$$\left(\frac{1}{x-1}\right)^{(n)}=\frac{(-1)^n n!}{(x-1)^{n+1}},\ \left(\frac{1}{x+1}\right)^{(n)}=\frac{(-1)^n n!}{(x+1)^{n+1}},$$

所以

$$y^{(n)}=\frac{(-1)^n}{2}\left[\frac{n!}{(x-1)^{n+1}}-\frac{n!}{(x+1)^{n+1}}\right].$$

习题 3.3

1. 求下列函数的二阶导数：

(1) $y=e^{-x^2}$；　　(2) $y=\ln(1-x^2)$；

(3) $y=e^{-x}\cos 2x$；　　(4) $y=\cos^2 x\ln x$；

(5) $y=\ln(x+\sqrt{1+x^2})$；　　(6) $y=\frac{1-x}{1+x}$.

2. 设函数 $f(x)=\mathrm{e}^{\sin x}\cos(\sin x)$. 求 $f(0)$, $f'(0)$, $f''(0)$.

3. 设函数 $f(x)$ 二阶可导. 求下列函数的二阶导数：

(1) $y=f(x^2)$；　(2) $y=\ln[f(x)]$；　(3) $y=\mathrm{e}^{-f(x)}$.

4. 验证函数 $y=\mathrm{e}^x\sin x$ 满足关系式 $y''-2y'+2y=0$.

5. 验证函数 $y=(C_1+xC_2)\mathrm{e}^x$（C_1, C_2 是常数）满足关系式 $y''-2y'+y=0$.

6. 求下列函数的 n 阶导数：

(1) $y=\dfrac{1}{ax+b}$；　(2) $y=x\ln x$；

(3) $y=\cos^2 x$；　(4) $y=x\mathrm{e}^x$.

3.4 隐函数与参变量函数的导数

函数的常见表达形式主要有显函数形式、隐函数形式和参变量函数形式.

例如：圆心在原点、半径为 1 的上半圆周可以由函数 $y=\sqrt{1-x^2}$, $x\in[-1, 1]$ 表示，称为显函数形式；可以由方程 $x^2+y^2=1$ $(y\geqslant 0)$ 表示，称为隐函数形式；也可以由参数方程 $\begin{cases}x=\cos t\\ y=\sin t\end{cases}$ $(0\leqslant t\leqslant \pi)$ 表示，称为参变量函数形式.

前面讨论的函数导数主要是显函数 $y=f(x)$ 的形式，对由隐函数和参变量函数形式表达的函数如何求导，就是本节所要讨论的内容.

3.4.1 隐函数求导法

如果变量 x 与 y 满足方程 $F(x, y)=0$，在一定条件下，对于 x 取值区间内的任一值，都有满足方程的唯一 y 值存在，则称由方程 $F(x, y)=0$ 确定了一个隐函数 $y=f(x)$.

对于某些隐函数，可以由方程 $F(x, y)=0$ 解出 $y=f(x)$，称为隐函数的显化. 例如，由方程 $x+y^3-1=0$ 解出 $y=\sqrt[3]{1-x}$. 但有的隐函数不易显化甚至不可能显化. 例如，由方程 $\mathrm{e}^y-xy=0$ 确定的隐函数就不能用显函数形式表示出来.

对于由方程 $F(x, y)=0$ 确定的隐函数的求导，当然不能完全寄希望于把它显化，关键是要能从 $F(x, y)=0$ 中直接把 y' 求出来. 其方法如下：

方法　隐函数求导法：

(1) 将隐函数 $y=f(x)$ 代入原方程 $F(x, y)=0$，得到等式 $F[x, f(x)]=0$. 其左端 $F[x, f(x)]$ 为 x 的函数.

(2) 等式 $F[x, f(x)]=0$ 的两端对 x 求导. 特别需要注意等式左端对 x 求导时，要记住 y 是 x 的函数，要用复合函数求导法则来求导.

(3) 从求完导数的等式中，解出 y' 便可得到要求的导数.

下面举例说明这种方法.

例 1 求由方程 $xy-\mathrm{e}^x+\mathrm{e}^y=0$ 确定的隐函数的导数 $\frac{\mathrm{d}y}{\mathrm{d}x}$.

解： 方程 $xy-\mathrm{e}^x+\mathrm{e}^y=0$ 的两端对 x 求导，记住 y 是 x 的函数，得

$$y+xy'-\mathrm{e}^x+\mathrm{e}^y y'=0.$$

由上式解出 y'，便得隐函数的导数为

$$y'=\frac{\mathrm{e}^x-y}{x+\mathrm{e}^y}\quad(x+\mathrm{e}^y\neq 0).$$

例 2 求曲线 $3y^2=x^2(x+1)$ 在点（2，2）处的切线方程.

解： 方程两边对 x 求导，得

$$6yy'=3x^2+2x.$$

由上式解出 y'，得

$$y'=\frac{3x^2+2x}{6y}\quad(y\neq 0).$$

所以

$$y'|_{(2,2)}=\frac{4}{3}.$$

因而所求切线方程为

$$y-2=\frac{4}{3}(x-2),$$

即 $4x-3y-2=0$.

例 3 求由方程 $x-y+\frac{1}{2}\sin y=0$ 确定的隐函数 y 的二阶导数 $\frac{\mathrm{d}^2y}{\mathrm{d}x^2}$.

解： 方程两边对 x 求导，得

$$1-\frac{\mathrm{d}y}{\mathrm{d}x}+\frac{1}{2}\cos y\,\frac{\mathrm{d}y}{\mathrm{d}x}=0.$$

上式两边再对 x 求导，得

$$-\frac{\mathrm{d}^2y}{\mathrm{d}x^2}-\frac{1}{2}\sin y\left(\frac{\mathrm{d}y}{\mathrm{d}x}\right)^2+\frac{1}{2}\cos y\,\frac{\mathrm{d}^2y}{\mathrm{d}x^2}=0.$$

于是有

$$\frac{\mathrm{d}^2y}{\mathrm{d}x^2}=\frac{\sin y\left(\frac{\mathrm{d}y}{\mathrm{d}x}\right)^2}{\cos y-2}.$$

将一阶导数 $\frac{dy}{dx}=\frac{2}{2-\cos y}$ 代入上式，得

$$\frac{d^2y}{dx^2}=\frac{4\sin y}{(\cos y-2)^3}.$$

此式右端分式中的 y 是由方程 $x-y+\frac{1}{2}\sin y=0$ 确定的隐函数.

根据隐函数求导法，我们还可以得到一种简化求导运算的方法.

方法　对数求导法：

先取对数，然后利用隐函数求导法求导，因此称为**对数求导法**.

它适用于由几个因子通过乘、除、乘方、开方所构成的比较复杂的函数及幂指函数的求导.

例 4　设 $y=(x-1)\sqrt[3]{(3x+1)^2(x-2)}$. 求 y'.

解：先在等式两边取绝对值，再取对数，得

$$\ln|y|=\ln|x-1|+\frac{2}{3}\ln|3x+1|+\frac{1}{3}\ln|x-2|.$$

两边对 x 求导，得

$$\frac{1}{y}y'=\frac{1}{x-1}+\frac{2}{3}\cdot\frac{3}{3x+1}+\frac{1}{3}\cdot\frac{1}{x-2},$$

所以

$$y'=(x-1)\sqrt[3]{(3x+1)^2(x-2)}\left(\frac{1}{x-1}+\frac{2}{3x+1}+\frac{1}{3x-6}\right).$$

注释　以后解题时，为了方便起见，取绝对值这一过程可以略去，不影响求解结果.

例 5　求函数 $y=x^{\sin x}$ $(x>0)$ 的导数.

解：$y=x^{\sin x}$ $(x>0)$ 两边取对数，得

$$\ln y=\sin x\ln x.$$

两边求导，得

$$\frac{1}{y}y'=\frac{\sin x}{x}+\cos x\ln x.$$

所以

$$y'=y\left(\frac{\sin x}{x}+\cos x\ln x\right)=x^{\sin x}\left(\frac{\sin x}{x}+\cos x\ln x\right).$$

公式　设 $u(x)$ 与 $v(x)$ 可导，则幂指函数 $y=u(x)^{v(x)}$ $(u(x)>0)$ 的导数为

$$y'=u(x)^{v(x)}\left[v'(x)\ln u(x)+\frac{v(x)u'(x)}{u(x)}\right].$$

该公式可以通过对数求导法得到.

例 6 求函数 $y=\left(\frac{x}{1+x}\right)^x$ 的导数.

解：方法一 函数 $y=\left(\frac{x}{1+x}\right)^x$ 两边取对数，得 $\ln y=x\ln\frac{x}{1+x}$.

两边关于 x 求导，得

$$\frac{1}{y}y'=\ln\frac{x}{1+x}+x\cdot\frac{1+x}{x}\cdot\left(\frac{x}{1+x}\right)'=\ln\frac{x}{1+x}+\frac{1}{1+x},$$

所以

$$y'=\left(\ln\frac{x}{1+x}+\frac{1}{1+x}\right)\cdot y=\left(\frac{x}{1+x}\right)^x\left(\ln\frac{x}{1+x}+\frac{1}{1+x}\right).$$

方法二 原函数可化为 $y=\mathrm{e}^{x\ln\left(\frac{x}{1+x}\right)}$，则

$$\begin{aligned}y'&=\mathrm{e}^{x\ln\left(\frac{x}{1+x}\right)}\cdot\left[x\ln\left(\frac{x}{1+x}\right)\right]'=\mathrm{e}^{x\ln\left(\frac{x}{1+x}\right)}\cdot\left[\ln\frac{x}{1+x}+x\cdot\frac{1+x}{x}\cdot\left(\frac{x}{1+x}\right)'\right]\\&=\left(\frac{x}{1+x}\right)^x\left(\ln\frac{x}{1+x}+\frac{1}{1+x}\right).\end{aligned}$$

3.4.2 参变量函数求导法

设变量 y 与 x 之间的函数关系由参数方程

$$\begin{cases}x=\varphi(t)\\y=\psi(t)\end{cases}$$

确定，其中 $\varphi(t)$ 与 $\psi(t)$ 都是 t 的可导函数，$x=\varphi(t)$ 严格单调连续，且 $\varphi'(t)\neq0$，这样 $x=\varphi(t)$ 的反函数 $t=\varphi^{-1}(x)$ 存在. 因此，参数方程所确定的函数可以看作 $y=\psi(t)$ 与 $t=\varphi^{-1}(x)$ 复合而成的复合函数 $y=\psi[\varphi^{-1}(x)]$. 根据复合函数与反函数的求导法则，有

$$\frac{\mathrm{d}y}{\mathrm{d}x}=\frac{\mathrm{d}y}{\mathrm{d}t}\frac{\mathrm{d}t}{\mathrm{d}x}=\frac{\mathrm{d}y}{\mathrm{d}t}\frac{1}{\frac{\mathrm{d}x}{\mathrm{d}t}}=\psi'(t)\frac{1}{\varphi'(t)}=\frac{\psi'(t)}{\varphi'(t)}.$$

公式 由参数方程 $\begin{cases}x=\varphi(t)\\y=\psi(t)\end{cases}$ 表示的函数 $y=y(x)$ 的导数为 $\frac{\mathrm{d}y}{\mathrm{d}x}=\frac{\psi'(t)}{\varphi'(t)}$.

例 7 设参变量函数

$$\begin{cases}x=a(t-\sin t)\\y=a(1-\cos t)\end{cases}\quad(0\leqslant t\leqslant2\pi).$$

求：(1) 参变量函数所表示的曲线在任意点处的切线斜率；

(2) 参变量函数所表示的曲线在 $t=\frac{\pi}{2}$ 处的切线方程.

解：(1) 曲线在任意点的切线斜率为

$$\frac{dy}{dx}=\frac{a\sin t}{a(1-\cos t)}=\cot\frac{t}{2}.$$

(2) 当 $t=\frac{\pi}{2}$ 时，曲线上对应的点为 $\left(a\left(\frac{\pi}{2}-1\right), a\right)$，此点的切线斜率为

$$\left.\frac{dy}{dx}\right|_{t=\frac{\pi}{2}}=\left.\cot\frac{t}{2}\right|_{t=\frac{\pi}{2}}=1.$$

于是，切线方程为

$$y-a=x-a\left(\frac{\pi}{2}-1\right),$$

即 $y=x+a\left(2-\frac{\pi}{2}\right)$.

例 8　设方程 $\begin{cases}x=a(\cos t+t\sin t)\\ y=a(\sin t-t\cos t)\end{cases}$ 确定 $y=y(x)$，求 $\frac{d^2y}{dx^2}$.

解：由参数方程求导公式，得

$$\frac{dy}{dx}=\frac{[a(\sin t-t\cos t)]'}{[a(\cos t+t\sin t)]'}=\frac{\sin t}{\cos t}=\tan t.$$

由复合函数及反函数求导法则，得

$$\frac{d^2y}{dx^2}=\frac{d}{dx}\left(\frac{dy}{dx}\right)=\frac{d}{dt}\left(\frac{dy}{dx}\right)\frac{dt}{dx}=\frac{d(\tan t)}{dt}\Big/\left(\frac{dx}{dt}\right)=\frac{\sec^2 t}{at\cos t}=\frac{1}{at\cos^3 t}.$$

习题 3.4

1. 求由下列方程确定的隐函数 $y=y(x)$ 的导数 y'：

(1) $x^2-xy+y^2=2$；　　(2) $xy+e^{xy}+y=2$；

(3) $y\sin x-\cos(x-y)=0$；　　(4) $e^y=\sin(x+y)$.

2. 设由方程 $\ln y=xy+\cos x$ 确定的隐函数为 $y=y(x)$. 求 $\frac{dy}{dx}$，$\left.\frac{dy}{dx}\right|_{(0,e)}$.

3. 求由下列方程确定的隐函数 $y=y(x)$ 的二阶导数 y''：

(1) $\arctan\frac{x}{y}=\ln\sqrt{x^2+y^2}$；　　(2) $y=1+xe^y$.

4. 求下列曲线在给定点处的切线方程：

(1) $xy+\ln y=1$ 在点 (1，1) 处；　　(2) $x^2+y^2+xy=4$ 在 $x=2$ 处.

5. 求下列函数的导数：

(1) $y=(1+\cos x)^{\frac{1}{x}}$；　　(2) $y=\frac{\sqrt{x+2}(3-x)^4}{(x+1)^5}$；

(3) $y=\frac{(1-x)\sqrt{\sin x}}{e^{2x-1}(2+x)^3}$.

6. 求下列参变量函数的导数 $\frac{dy}{dx}$：

(1) $\begin{cases}x=a\cos t\\y=b\sin t\end{cases}$；　　(2) $\begin{cases}x=1-t^3\\y=t-t^3\end{cases}$；

(3) $\begin{cases}x=\ln(1+t^2)\\y=t-\arctan t\end{cases}$.

7. 求曲线 $\begin{cases}x=\sin t\\y=\cos 2t\end{cases}$ 在 $t=\frac{\pi}{4}$ 处的切线方程和法线方程.

3.5 微　分

函数 $y=f(x)$ 在点 x_0 的改变量 $\Delta y=f(x_0+\Delta x)-f(x_0)$ 反映了函数在点 x_0 周围的局部特征，对函数在此点周围的性态研究具有重要意义，微积分的连续和导数概念就是研究有关改变量的某种极限特征.

对函数的改变量的研究不仅要考虑其极限特征，有时还要考虑函数的改变量 Δy 与自变量的改变量 Δx 之间的内在联系及结构特征，从而形成了微分的概念.

3.5.1 微分概念的提出

在解决实际问题时，经常要计算函数改变量 Δy，对于线性函数 $y=kx+b$ 有 $\Delta y=k\Delta x$，此时 Δy 是 Δx 的线性函数，函数的改变量容易计算. 但对于非线性函数来说，Δy 与 Δx 之间的关系要复杂得多，Δy 的计算比较困难.

问题 1　为了简化和方便 Δy 的计算，能否找到某个关于 Δx 的线性函数近似代替 Δy 呢?

探究　以函数 $y=x^2$ 为例，研究函数的改变量 Δy 的近似代替问题.

观察 $y=x^2$ 在点 x_0 的局部范围内，函数曲线逐步放大的特征（见图 3-6). 可以看到，随着曲线的逐步放大，被放大的曲线越来越像直线，这样在点 x_0 的局部范围内可以用直线近似代替曲线.

事实上，若将函数 $y=x^2$ 看作边长为 x 的正方形的面积函数，则当自变量 x 自 x_0 取得增量 Δx 时，函数 y 有相应增量 Δy，即

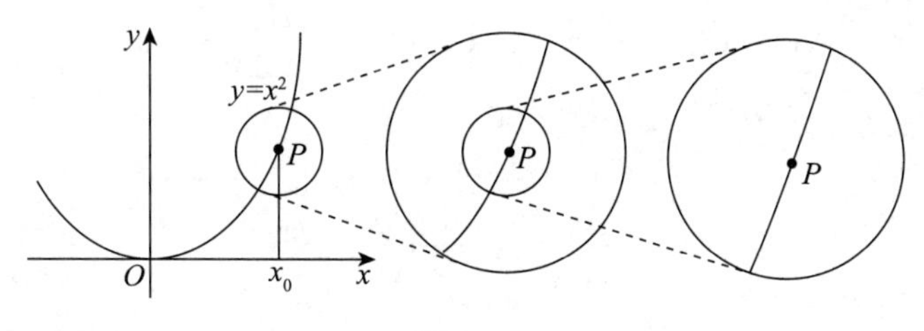

图 3-6

$$\Delta y=(x_0+\Delta x)^2-x_0^2=2x_0\Delta x+(\Delta x)^2.$$

从上式可以看出，Δy 可分成两部分：一部分是 $2x_0\Delta x$，它是 Δx 的线性函数，即图 3-7 中带有斜线的两个矩形面积之和；另一部分是 $(\Delta x)^2$，即图 3-7 中带有交叉线的小正方形的面积. 因为 $\lim\limits_{\Delta x\to 0}\dfrac{(\Delta x)^2}{\Delta x}=\lim\limits_{\Delta x\to 0}\Delta x=0$，所以，当 $\Delta x\to 0$ 时，$(\Delta x)^2$ 是比 Δx 高阶的无穷小，即 $(\Delta x)^2=o(\Delta x)$，因此

$$\Delta y=2x_0\Delta x+o(\Delta x).$$

显然，如图 3-7 所示，$2x_0\Delta x$ 是增量 Δy 的主要部分，而$(\Delta x)^2$ 是次要部分，当$|\Delta x|$很小时，$(\Delta x)^2$ 比 $2x_0\Delta x$ 要小得多. 也就是说，当$|\Delta x|$很小时，增量 Δy 可以近似地用 $2x_0\Delta x$ 表示，即 $\Delta y\approx 2x_0\Delta x$，这样就给函数的改变量 Δy 的计算带来了方便.

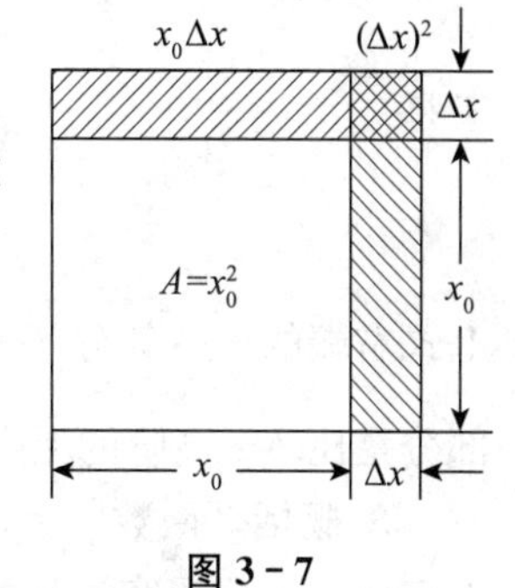

图 3-7

概括　若函数 $y=f(x)$ 的改变量 $\Delta y=f(x_0+\Delta x)-f(x_0)$ 可以表示成

$$\Delta y=A\Delta x+o(\Delta x),$$

其中 A 是不依赖于 Δx 的常数，$o(\Delta x)$ 是当 $\Delta x\to 0$ 时比 Δx 高阶的无穷小，则当 $A\neq 0$ 且$|\Delta x|$很小时，增量 Δy 就可以近似地用 $A\Delta x$ 表示，由此引出了微分的概念.

3.5.2　微分的概念

定义 1　若函数 $y=f(x)$ 在点 x_0 处的改变量 $\Delta y=f(x_0+\Delta x)-f(x_0)$ 可以表示成

$$\Delta y=A\Delta x+o(\Delta x),$$

其中 A 是依赖于 x_0 但不依赖于 Δx 的常数，$o(\Delta x)$ 是当 $\Delta x\to 0$ 时比 Δx 高阶的无穷小，则称函数 $f(x)$ 在点 x_0 处**可微**，并称 $A\Delta x$ 为函数 $y=f(x)$ 在点 x_0 处相对于 Δx 的**微分**，记为 $\mathrm{d}y|_{x=x_0}$，即 $\mathrm{d}y|_{x=x_0}=A\Delta x$.

问题 2　函数 $y=f(x)$ 满足什么条件时在点 x_0 处可微？如果可微，则依赖于 x_0 但不依赖于 Δx 的常数 A 是什么？

探究　假设函数 $y=f(x)$ 在点 x_0 处可微，则改变量 Δy 可以表示成

$$\Delta y=A\Delta x+o(\Delta x)\quad（其中\lim_{\Delta x\to 0}\frac{o(\Delta x)}{\Delta x}=0），$$

即有

$$\frac{\Delta y}{\Delta x}=A+\frac{o(\Delta x)}{\Delta x},$$

这样

$$\lim_{\Delta x\to 0}\frac{\Delta y}{\Delta x}=\lim_{\Delta x\to 0}\left(A+\frac{o(\Delta x)}{\Delta x}\right)=A.$$

上式说明函数 $y=f(x)$ 在点 x_0 处可导，且 $A=f'(x_0)$.

反之，如果函数 $y=f(x)$ 在点 x_0 处可导，则有 $\lim\limits_{\Delta x\to 0}\frac{\Delta y}{\Delta x}=f'(x_0)$，根据极限与无穷小的关系，有

$$\frac{\Delta y}{\Delta x}=f'(x_0)+\alpha\quad（其中\lim_{\Delta x\to 0}\alpha=0），$$

于是

$$\Delta y=f'(x_0)\Delta x+\alpha\Delta x.$$

上式右端的第一部分 $f'(x_0)\Delta x$ 是 Δx 的线性函数；因为 $\lim\limits_{\Delta x\to 0}\frac{\alpha\Delta x}{\Delta x}=\lim\limits_{\Delta x\to 0}\alpha=0$，所以第二部分是比 Δx 高阶的无穷小. 根据微分定义知，函数 $y=f(x)$ 在点 x_0 处可微.

概括 函数 $y=f(x)$ 在点 x_0 处可导与可微是等价的，且 $A=f'(x_0)$. 因此有如下定理，上述探究过程即为证明.

定理 函数 $y=f(x)$ 在点 x_0 处可微的充要条件是它在点 x_0 处可导，此时，$A=f'(x_0)$，且 $\mathrm{d}y\big|_{x=x_0}=f'(x_0)\Delta x$.

若函数 $y=f(x)$ 在区间 I 内的每一点都可微，则称 $f(x)$ 为区间 I 内的可微函数. 函数 $y=f(x)$ 在区间 I 内任意一点 x 处的微分称为函数的微分，记为 $\mathrm{d}y$，即有 $\mathrm{d}y=f'(x)\Delta x$.

通常把自变量 x 的改变量 Δx 称为自变量的微分，记作 $\mathrm{d}x$，并规定自变量的微分等于自变量的增量，即 $\mathrm{d}x=\Delta x$，这样函数 $y=f(x)$ 的微分可以写成

$$\mathrm{d}y=f'(x)\Delta x=f'(x)\mathrm{d}x,$$

即函数的微分等于函数的导数与自变量的微分的乘积. 因此，

$$\mathrm{d}y=f'(x)\mathrm{d}x\Leftrightarrow\frac{\mathrm{d}y}{\mathrm{d}x}=f'(x).$$

由此可见，导数等于函数的微分与自变量的微分的商，即 $f'(x)=\frac{\mathrm{d}y}{\mathrm{d}x}$. 正因为这样，导数

也称为**微商**，而微分的分式 $\frac{\mathrm{d}y}{\mathrm{d}x}$ 也常常用作导数的符号.

注释　虽然微分与导数有着密切的联系，但它们是有区别的：导数是函数在一点处的变化率，而微分是函数在一点处由自变量的增量所引起的函数的变化量的主要部分；导数的值只与 x 有关，而微分的值与 x 和 Δx 都有关.

例 1　求函数 $y=x^2$ 在 $x=1$，$\Delta x=0.1$ 时的改变量及微分.

解：$\Delta y=(x+\Delta x)^2-x^2$. 代入数值，得 $\Delta y=1.1^2-1^2=0.21$. 在点 $x=1$ 处，

$$y'|_{x=1}=2x|_{x=1}=2,$$

所以 $\mathrm{d}y=y'\Delta x=2\times 0.1=0.2$.

3.5.3　微分的几何意义

设函数 $y=f(x)$ 的图形是一条曲线，MP 是曲线上点 $M(x_0, y_0)$ 处的切线，并设 MP 的倾角为 α，则切线的斜率为 $\tan\alpha=f'(x_0)$. 当自变量 x 有改变量 Δx 时，得到曲线上另一点 $N(x_0+\Delta x, y_0+\Delta y)$，由图 3-8 可知

$$MQ=\Delta x,\quad QN=\Delta y,$$

则

$$QP=MQ\cdot\tan\alpha=f'(x_0)\Delta x,$$

即 $\mathrm{d}y=QP$. 由此可知微分的几何意义.

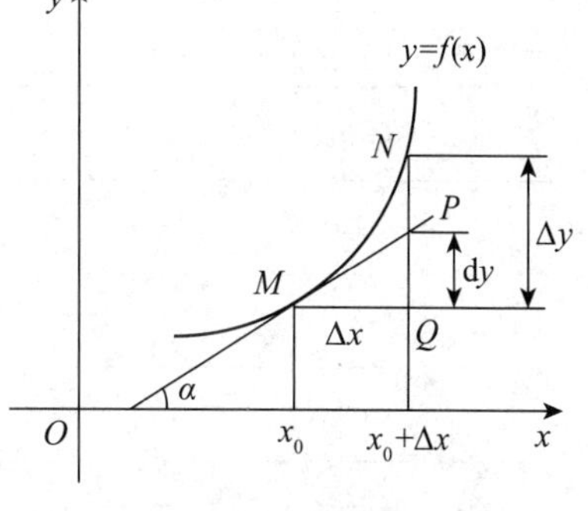

图 3-8

微分的几何意义：当自变量 x 有改变量 Δx 时，曲线 $y=f(x)$ 在点 (x_0, y_0) 处的切线的纵坐标的改变量即为微分 $\mathrm{d}y$.

当 $|\Delta x|$ 很小时，$|\Delta y-\mathrm{d}y|=PN$ 比 $|\Delta x|$ 要小得多. 用 $\mathrm{d}y$ 近似代替 Δy 就是用点 $M(x_0, y_0)$ 处的切线纵坐标的改变量 QP 来近似代替曲线 $y=f(x)$ 的纵坐标的改变量 QN.

记 $x=x_0+\Delta x$，过 M 点的切线为 $y=f(x_0)+f'(x_0)(x-x_0)$，则对 x_0 邻近的 x，就可以用线性函数 $y=f(x_0)+f'(x_0)(x-x_0)$ 代替函数 $y=f(x)$，即

$$f(x)\approx f(x_0)+f'(x_0)(x-x_0).$$

注释　这种在微小局部用线性函数近似代替非线性函数，或者在几何上用切线近似代替曲线的思想方法是微积分的基本思想方法之一，通常称为非线性函数的局部线性化.

3.5.4　微分公式与微分的运算法则

因为函数 $y=f(x)$ 的微分等于导数 $f'(x)$ 乘以 $\mathrm{d}x$，所以根据导数公式和导数的运

算法则，就能得到相应的微分公式和微分运算法则.

1. 微分基本公式

对比基本初等函数的求导公式可以得到基本初等函数的微分公式，如表 3-4 所示.

表 3-4　基本初等函数的求导公式与微分公式

基本初等函数的求导公式	基本初等函数的微分公式
$(C)'=0$（C 为常数）	$\mathrm{d}C=0$（C 为常数）
$(x^\alpha)'=\alpha x^{\alpha-1}$	$\mathrm{d}x^\alpha=\alpha x^{\alpha-1}\mathrm{d}x$
$(\log_a x)'=\dfrac{1}{x\ln a}$	$\mathrm{d}\log_a x=\dfrac{1}{x\ln a}\mathrm{d}x$
$(\ln x)'=\dfrac{1}{x}$	$\mathrm{d}\ln x=\dfrac{1}{x}\mathrm{d}x$
$(a^x)'=a^x\ln a$	$\mathrm{d}a^x=a^x\ln a\,\mathrm{d}x$
$(\mathrm{e}^x)'=\mathrm{e}^x$	$\mathrm{d}\mathrm{e}^x=\mathrm{e}^x\mathrm{d}x$
$(\sin x)'=\cos x$	$\mathrm{d}\sin x=\cos x\,\mathrm{d}x$
$(\cos x)'=-\sin x$	$\mathrm{d}\cos x=-\sin x\,\mathrm{d}x$
$(\tan x)'=\dfrac{1}{\cos^2 x}=\sec^2 x$	$\mathrm{d}\tan x=\dfrac{1}{\cos^2 x}\mathrm{d}x=\sec^2 x\,\mathrm{d}x$
$(\cot x)'=-\dfrac{1}{\sin^2 x}=-\csc^2 x$	$\mathrm{d}\cot x=-\dfrac{1}{\sin^2 x}\mathrm{d}x=-\csc^2 x\,\mathrm{d}x$
$(\arcsin x)'=\dfrac{1}{\sqrt{1-x^2}}$	$\mathrm{d}\arcsin x=\dfrac{1}{\sqrt{1-x^2}}\mathrm{d}x$
$(\arccos x)'=-\dfrac{1}{\sqrt{1-x^2}}$	$\mathrm{d}\arccos x=-\dfrac{1}{\sqrt{1-x^2}}\mathrm{d}x$
$(\arctan x)'=\dfrac{1}{1+x^2}$	$\mathrm{d}\arctan x=\dfrac{1}{1+x^2}\mathrm{d}x$
$(\mathrm{arccot}\,x)'=-\dfrac{1}{1+x^2}$	$\mathrm{d}\,\mathrm{arccot}\,x=-\dfrac{1}{1+x^2}\mathrm{d}x$

2. 函数的和、差、积、商的微分运算法则

对比导数的四则运算法则可以得到微分的四则运算法则，如表 3-5 所示.

表 3-5　导数与微分的四则运算法则

导数的四则运算法则	微分的四则运算法则
$[u(x)\pm v(x)]'=u'(x)\pm v'(x)$	$\mathrm{d}[u(x)\pm v(x)]=\mathrm{d}u(x)\pm \mathrm{d}v(x)$
$[u(x)v(x)]'=u'(x)v(x)+u(x)v'(x)$	$\mathrm{d}[u(x)v(x)]=v(x)\mathrm{d}u(x)+u(x)\mathrm{d}v(x)$
$\left[\dfrac{u(x)}{v(x)}\right]'=\dfrac{u'(x)v(x)-u(x)v'(x)}{v^2(x)}$	$\mathrm{d}\left[\dfrac{u(x)}{v(x)}\right]=\dfrac{v(x)\mathrm{d}u(x)-u(x)\mathrm{d}v(x)}{v^2(x)}$

3. 复合函数的微分法则

设函数 $y=f(u)$ 及 $u=\varphi(x)$ 都可导，则复合函数 $y=f[\varphi(x)]$ 的微分为

$$dy=\{f[\varphi(x)]\}'dx=f'(u)\varphi'(x)dx=f'[\varphi(x)]\varphi'(x)dx.$$

对于复合函数 $y=f[\varphi(x)]$，由于 $u=\varphi(x)$ 是中间变量，因而

$$\varphi'(x)dx=du.$$

所以复合函数 $y=f[\varphi(x)]$ 的微分可记作 $dy=f'(u)du$.

当函数 $y=f(u)$，u 是自变量时，函数 $y=f(u)$ 的微分是 $dy=f'(u)du$.

概括　不论 u 是自变量还是函数（中间变量），函数 $y=f(u)$ 的微分总保持同一形式 $dy=f'(u)du$，这一性质称为一阶微分形式不变性. 有时，利用一阶微分形式不变性求复合函数的微分比较方便.

例 2　设函数 $y=x^3e^{2x}$，求 dy.

解： 利用微分运算法则，得

$$\begin{aligned}dy&=d(x^3e^{2x})=e^{2x}d(x^3)+x^3de^{2x}=e^{2x}\cdot 3x^2dx+x^3e^{2x}d2x\\&=e^{2x}\cdot 3x^2dx+2x^3e^{2x}dx=e^{2x}(3x^2+2x^3)dx.\end{aligned}$$

例 3　设函数 $y=\cos\sqrt{x}$. 求 dy.

解：方法一　利用公式 $dy=f'(x)dx$，得

$$dy=(\cos\sqrt{x})'dx=-\frac{1}{2\sqrt{x}}\sin\sqrt{x}\,dx.$$

方法二　利用一阶微分形式的不变性，得

$$\begin{aligned}dy&=d(\cos\sqrt{x})=-\sin\sqrt{x}\,d\sqrt{x}\\&=-\sin\sqrt{x}\frac{1}{2\sqrt{x}}dx=-\frac{1}{2\sqrt{x}}\sin\sqrt{x}\,dx.\end{aligned}$$

例 4　设函数 $y=e^{\sin x}$. 求 dy.

解：方法一　利用公式 $dy=f'(x)dx$，得

$$dy=(e^{\sin x})'dx=e^{\sin x}\cos x\,dx.$$

方法二　利用一阶微分形式的不变性，得

$$dy=de^{\sin x}=e^{\sin x}d\sin x=e^{\sin x}\cos x\,dx.$$

例 5　设函数 $y=x^2\ln\sin\frac{1-x}{x}$，求 dy.

解： 利用微分运算法则，得

$$\begin{aligned}dy&=\ln\sin\frac{1-x}{x}dx^2+x^2d\ln\sin\frac{1-x}{x}\\&=2x\ln\sin\frac{1-x}{x}dx+x^2\frac{1}{\sin\frac{1-x}{x}}d\sin\frac{1-x}{x}\end{aligned}$$

$$=2x\ln\sin\frac{1-x}{x}dx+x^2\frac{1}{\sin\frac{1-x}{x}}\cos\frac{1-x}{x}\cdot\frac{-1}{x^2}dx$$

$$=\left[2x\ln\sin\frac{1-x}{x}-\cot\frac{1-x}{x}\right]dx.$$

例 6 设函数 $y=(1+x)^x\cdot\sin^2x$，求 dy.

解: 由 $\ln y=x\ln(1+x)+2\ln\sin x$，求微分

$$\frac{1}{y}dy=\ln(1+x)dx+\frac{x}{1+x}dx+2\frac{\cos x}{\sin x}dx,$$

所以

$$dy=(1+x)^x\sin^2x\left[\ln(1+x)+\frac{x}{1+x}+2\cot x\right]dx.$$

例 7 设 $y=f(\ln x)e^{f(x)}$，且 $f(x)$ 可导，求 dy.

解: 利用微分运算法则，得

$$\begin{aligned}dy&=e^{f(x)}df(\ln x)+f(\ln x)de^{f(x)}=e^{f(x)}f'(\ln x)d\ln x+f(\ln x)e^{f(x)}df(x)\\&=e^{f(x)}\left[\frac{f'(\ln x)}{x}+f(\ln x)f'(x)\right]dx.\end{aligned}$$

例 8 设方程 $xy^2+e^y=\cos(x+y^2)$ 确定隐函数 $y=y(x)$，求 dy.

解: 对方程两边取微分，得

$$y^2dx+xdy^2+de^y=d\cos(x+y^2),$$

即

$$y^2dx+2xydy+e^ydy=-\sin(x+y^2)(dx+2ydy),$$

亦即

$$[2xy+e^y+2y\sin(x+y^2)]dy=-[y^2+\sin(x+y^2)]dx,$$

所以

$$dy=\frac{-[y^2+\sin(x+y^2)]}{2xy+e^y+2y\sin(x+y^2)}dx.$$

例 9 设 $y=y(x)$ 由方程组 $\begin{cases}x=\ln(1+t^2)\\y=t-\arctan t\end{cases}$ 确定，求 $\frac{d^2y}{dx^2}$.

解: 由导数为微分之商可得

$$\frac{dy}{dx}=\frac{(t-\arctan t)'dt}{[\ln(1+t^2)]'dt}=\frac{1-\frac{1}{1+t^2}}{\frac{2t}{1+t^2}}=\frac{t}{2},$$

$$\frac{d^2y}{dx^2}=\frac{d}{dx}\left(\frac{dy}{dx}\right)=\frac{dy'}{dx}=\frac{d\left(\frac{t}{2}\right)}{dx}=\frac{\frac{1}{2}dt}{\frac{2t}{1+t^2}dt}=\frac{1+t^2}{4t}.$$

3.5.5　利用微分作近似计算

由微分的定义可知，当函数 $y=f(x)$ 在点 x_0 处的导数 $f'(x_0)\neq 0$ 且 $|\Delta x|$ 很小时，有近似公式

$$\Delta y\approx f'(x_0)\Delta x, \qquad ①$$

或

$$f(x_0+\Delta x)\approx f(x_0)+f'(x_0)\Delta x. \qquad ②$$

令 $x_0+\Delta x=x$，则

$$f(x)\approx f(x_0)+f'(x_0)(x-x_0). \qquad ③$$

特别地，当 $x_0=0$ 且 $|x|$ 很小时，有

$$f(x)\approx f(0)+f'(0)x, \qquad ④$$

这里，式 ① 可以用于求函数增量的近似值，而式 ② 至式 ④ 可用于求函数的近似值. 应用式 ④ 可以推得下面的公式.

公式　当 $|x|$ 很小时，有下面常用的近似公式.

(1) $\sqrt[n]{1+x}\approx 1+\frac{1}{n}x$，$(1+x)^\alpha\approx 1+\alpha x$；

(2) $\sin x\approx x$，$\tan x\approx x$，其中 x 用弧度表示；

(3) $e^x\approx 1+x$，$\ln(1+x)\approx x$.

证： (1) 取 $f(x)=\sqrt[n]{1+x}$，于是 $f(0)=1$，

$$f'(0)=\frac{1}{n}(1+x)^{\frac{1}{n}-1}\Big|_{x=0}=\frac{1}{n}.$$

代入式 ④，得

$$\sqrt[n]{1+x}\approx 1+\frac{1}{n}x.$$

(2) 取 $f(x)=e^x$，于是 $f(0)=1$，$f'(0)=(e^x)'\,|_{x=0}=1$，代入式 ④，得

$$e^x\approx 1+x.$$

其他几个公式也可用类似的方法证明，留给读者完成.

例 10 计算 $f(x)=\arctan 1.05$ 的近似值.

解： 设 $f(x)=\arctan x$. 由式 ②，有

$$\arctan(x_0+\Delta x)\approx\arctan x_0+\frac{1}{1+x_0^2}\Delta x.$$

取 $x_0=1$，$\Delta x=0.05$，有

$$\arctan 1.05=\arctan(1+0.05)\approx\arctan 1+\frac{1}{1+1^2}\times 0.05$$

$$=\frac{\pi}{4}+\frac{0.05}{2}\approx 0.810.$$

例 11 计算 $\sqrt[3]{65}$ 的近似值.

解： 因为

$$\sqrt[3]{65}=\sqrt[3]{64+1}=\sqrt[3]{64\times\left(1+\frac{1}{64}\right)}=4\times\sqrt[3]{1+\frac{1}{64}},$$

故由近似公式 $\sqrt[n]{1+x}\approx 1+\frac{1}{n}x$，得

$$\sqrt[3]{65}=4\times\sqrt[3]{1+\frac{1}{64}}\approx 4\times\left(1+\frac{1}{3}\times\frac{1}{64}\right)=4+\frac{1}{48}\approx 4.021.$$

例 12 某公司预测，在花费 x（单位：千元）广告费以后，将卖出 N 件产品，其中

$$N(x)=-x^2+300x+6.$$

当广告费从 100（千元）增加到 101（千元）时，公司大约多卖出多少件产品？

解： 由 $N'(x)=-2x+300$，知

$$N'(100)=(-2)\times 100+300=100,$$

$$\Delta N\approx N'(100)\mathrm{d}x=100(\text{件}),$$

所以，当广告费从 100（千元）增加到 101（千元）时，公司大约多卖出 100 件产品.

习题 3.5

1. 设函数 $y=x^2+x$. 计算在 $x=1$ 处，当 $\Delta x=10$，1，0.1，0.001 时，相应的函数改变量 Δy 与微分 $\mathrm{d}y$，并观察两者之差 $\Delta y-\mathrm{d}y$ 随着 Δx 减少的变化情况.

2. 求下列函数的微分：

(1) $y=\sqrt{1+x^2}$；

(2) $y=x\cos 2x$；

(3) $y=\ln(\mathrm{e}^{2x}-1)$；

(4) $y=x^2\mathrm{e}^{2x}$；

(5) $y=\frac{x}{\sqrt{1+x^2}}$；

(6) $y=\ln\tan\frac{x}{2}$；

(7) $y=e^{-x}\cos(3-x)$；　　(8) $y=\ln^2(1+\sqrt{x})$.

3. 在下列各题的括号内填入一个适当的函数：

(1) $d(\quad)=3dx$；　　(2) $d(\quad)=2x\,dx$；

(3) $d(\quad)=\cos 2x\,dx$；　　(4) $d(\quad)=e^{-5x}dx$；

(5) $d(\quad)=\frac{1}{1+x}dx$；　　(6) $d(\quad)=\frac{1}{\sqrt{x}}dx$.

4. 求下列方程确定的隐函数 $y=f(x)$ 的微分：

(1) $x^2y-e^{2x}=\sin y$；　　(2) $e^{xy}+y\ln x=\sin 2x$.

5. 证明当 $|x|$ 很小时，有近似公式：

(1) $\tan x\approx x$（x 用弧度表示）；　　(2) $\ln(1+x)\approx x$.

6. 求下列各数的近似值：

(1) $\sqrt[3]{1.02}$；　　(2) $\ln 1.002$；

(3) $\sin 30°30'$；　　(4) $\arctan 1.02$.

7. 某公司生产 q 件产品的平均成本可表示为 $A(q)=\frac{13q+100}{q}$. 当产量从 100 件增加到 101 件时，平均成本近似增加了多少？

8. 设药物在人体内的浓度 N 随时间 t 的变化满足函数模型 $N(t)=\frac{0.8t+1\,000}{5t+4}$. 当时间从 2.8 小时变到 2.9 小时的时候，其浓度大约变化了多少？

9. 假设有一条很长的绳子，恰好可以绕地球赤道一周. 如果把绳子再接长 15 米后，绕着赤道一周悬在空中（如果能做到的话），问在赤道的任何地方，一个身高 2.39 米的巨人是否可以在绳子下自由穿过？

阅读材料

微分学思想与概念的形成

微积分是微分学和积分学的总称，微积分成为一门科学是在 17 世纪. 积分学可以追溯到古希腊对面积和体积问题的求解. 与积分学相比，微分学的起源则要晚得多，刺激微分学发展的主要问题是求曲线的切线和函数的极大值、极小值问题.

1. 微分学思想的酝酿

微分学主要源于对两个问题的研究：一个是求曲线的切线问题，另一个是求函数的极大值、极小值问题.

切线概念在古希腊就已存在，当时曲线的切线概念仅限于圆锥曲线，因此对于封闭的圆锥曲线，把切线定义为同曲线有唯一交点的直线；对于非封闭的圆锥曲线，则定义为和曲线只交于一点而且位于曲线一侧的直线. 随着运动学和解析几何学的产生和发展，许多比较复杂的曲线逐渐开始被研究，上述切线的定义已不够用，于是寻求一般曲线的切线定义成为研究的焦点.

法国数学家费马（1601—1665）在《求最大值和最小值的方法》一文中，提出了求极大值与极小值的代数方法：以某两点间的距离去除这两点函数值的差，然后取消两点间距，能使所得结果为零的点就是函数的极值点. 这种方法相当于现在的微积分学中所用的方法. 费马求极大值与极小值的方法也可以用来求曲线的切线，并给出了怎样用他的方法求抛物线 $y=x^2$ 在给定点处的切线的例子.

英国数学家巴罗（1630—1677）在《几何讲义》一书中叙述了求曲线切线的几何方法，即后来著名的“微分三角形”方法，据此可以求出切线的斜率，从而作出切线. 从巴罗求切线的方法中可以看到，他认识到了微分三角形两边之商对于决定切线的重要性. 巴罗的方法实质上是把切线看作割线的极限位置，这已经非常接近微分学中所采用的方法，但是由于没有明确的极限概念，因此其论证在逻辑上还缺乏严密性.

2. 牛顿的微分学思想

牛顿对微积分的贡献体现在他的三部著作《分析学》《流数法》《求积术》中.

《分析学》写成于1669年，出版于1711年. 在这部著作中，牛顿继承了费马、瓦里斯和巴罗等先驱者的“无穷小”理念，不过牛顿并不称之为“无穷小”，而称之为“瞬”，并且用符号“o”表示. 但是他在概念上仍有不清楚的地方. 第一，他的无穷小增量“o”是不是零？牛顿认为不是. 既然这样，运算中为什么可以略去含“o”的项呢？牛顿没有给出合乎逻辑的论证. 第二，牛顿虽然提出变化率的概念，但没有提出一个普遍适用的定义，只是把它想象成“流动的”速度. 牛顿自己也认为，他的工作主要是建立有效的计算方法，而不是澄清概念，他对这些方法仅仅做了简略的说明而不是准确的论证.

《流数法》写成于1671年，出版于牛顿去世后的1736年.《流数法》是一部内容广泛的微积分专著，是牛顿在数学方面的代表作. 在《分析学》的基础上，牛顿提出了更加完整的理论.

从该书中可以看出，牛顿的流数概念已发展到成熟的阶段. 他把随时间变化的量，即以时间为自变量的函数称为流量，用字母 x，y，z 表示；把流量的变化速度，即变化率称为流数，用符号 $\dot{x}$，$\dot{y}$，$\dot{z}$ 表示.

牛顿在书中明确表述了他的流数法的理论依据. 他明确地说：“流数法赖以建立的主要原理，乃是取自理论力学中的一个非常简单的原理，这就是：数学量，特别是外延量，都可以看成是由连续轨迹运动产生的；而且不管什么量，都可以认为是在同样方式下产生的.”又说：“这就是假定一个量可以无限分割，或者可以（至少在理论上说）连续减小，直至它最终完全消失，达到可以把它称为零量的程度，或者它们是无限小，比任何一个指定的量都小.”

从这段话中，可以看出牛顿思想的转变和进步，他认为数学量（即通常的 x，y）和它的外延量（即 Δx，Δy）都是由连续运动生成的. 牛顿在这里提出的“连续”思想以及使一个量小到“比任何一个指定的量都小”的思想是极其深刻的，正是在这种思想的指导下，他解决了已知流量的关系求它们的流数之比这一问题.

《求积术》写成于1676年，出版于1704年. 在书中，导数概念被引入，而且其考察对象由两个变量构成的方程变为关于一个变量的函数. 牛顿的流数演算已相当熟练和灵活，他算出了许多复杂图形的面积.

值得注意的是，在《求积术》中，牛顿认为没有必要把无穷小引入微积分. 他在序言中明确指出："数学的量并不是由非常小的部分组成的，而是用连续的运动来描述的. 直线不是一部分一部分的连接，而是由点的连续运动画出的，因而是这样生成的：面是由线的运动生成的，体是由面的运动生成的，角是由边的旋转生成的，时间段落是由连续的流动生成的."在这种思想的指导下，他放弃了无穷小的概念，代之以最初比和最终比的新概念.

牛顿在《求积术》中对最初比和最终比进行了解释，他说："消失量的最终比严格地说并不是最终量之比，而是这些量无限减小时它们之比所趋近的极限，并且虽然这些比值比任何给定的差值都接近它，但是在这些量无限减小之前，其比既不能超过也不能达到它."这是牛顿对"最终比"的解释.

在没有建立起极限理论之前，这样的解释并不容易被人理解，所以牛顿又结合实例进行了说明. 从他的说明中可以看出"最初比"和"最终比"的原型分别是力学的"初速度"和"末速度"，对于同一个时刻来说，初速度与末速度是相同的.

牛顿已经把微积分的大厦建筑在了极限的基础之上，他用极限观点解释了微积分中的许多概念. 当然，他还没有提出如同我们现在使用的那样严格的极限定义.

3. 莱布尼茨的微分学思想

莱布尼茨的微积分思想主要体现在他的微积分代表著作《数学笔记》和1684年的论文《新方法》中.《数学笔记》与《新方法》中蕴含的微分思想主要有如下几点.

(1) 在《数学笔记》中他提出了微分中的变量代换法，即链式法则；函数的和、差、积、商的微分运算法则.

(2) 在《新方法》中他对其微分成果进行了概括，对微分给出了如下定义："横坐标 x 的微分 $\mathrm{d}x$ 是一个任意量，而纵坐标 y 的微分 $\mathrm{d}y$ 则可定义为它与 $\mathrm{d}x$ 之比等于纵坐标与次切线之比的那个量"，即 $\mathrm{d}y:\mathrm{d}x=y:$ 次切线.

用现代的标准来衡量，这个定义是相当好的，因为 y 与次切线之比就是切线的斜率，所以该定义与今天的导数定义一致. 不过莱布尼茨没有给出严格的切线定义，他只是说："求切线就是画一条连接曲线上距离为无穷小的两点的直线."

(3) 他给出了微分法则 $\mathrm{d}x^n=nx^{n-1}\mathrm{d}x$ 以及函数的和、差、积、商的微分法则的证明，讨论了用微分法求切线、极大值和极小值以及拐点的方法.

莱布尼茨充分认识到微分法的威力，他说，这种方法"可以用来解决一些最困难的、最奇妙的数学问题，如果没有微分学或者类似的方法，这些问题处理起来绝不会这样容易".

牛顿和莱布尼茨的特殊功绩在于，站在更高的角度，分析和综合了前人的工作，将前人解决各种具体问题的特殊技巧统一为两类普遍的算法——微分与积分.

3.6 导数在经济分析中的简单应用

在经济分析中，经常需要用变化率来描述一个变量关于另一个变量的变化情况．经济函数的变化率通常称为边际，即边际概念是导数概念的经济学解释．利用导数研究经济变量的边际变化的方法称为边际分析法．边际分析法是经济理论中的一种重要方法．

3.6.1 边际函数的概念

定义 1 设经济函数 $y=f(x)$ 是一个可导函数，其导数 $f'(x)$ 称为 $f(x)$ 的**边际函数**，$f'(x_0)$ 称为 $f(x)$ 在点 x_0 处的**边际函数值**．

$f'(x_0)$ 的经济意义：当 $x=x_0$ 时，x 改变一单位，y 改变 $f'(x_0)$ 单位．

对于经济函数 $y=f(x)$，设经济变量 x 在点 x_0 处有一个改变量 Δx，则经济变量 y 有相应的改变量

$$\Delta y=f(x_0+\Delta x)-f(x_0).$$

若函数 $y=f(x)$ 在点 x_0 处可微，则 $\Delta y\approx f'(x_0)\Delta x$；当 $\Delta x=1$ 时，$\Delta y\approx f'(x_0)$．

这说明当 x 在点 x_0 处改变一单位时，y 相应地近似改变 $f'(x_0)$ 单位．在经济应用中，常常略去“近似”两字，而直接说 y 改变 $f'(x_0)$ 单位，这就是边际函数值的含义．

在经济分析中，常用的边际函数有边际成本 $C'(q)$、边际收益 $R'(q)$、边际利润 $L'(q)$等．

3.6.2 边际成本

总成本函数 $C=C(q)$ 的导数 $C'(q)=\lim\limits_{\Delta q\to 0}\dfrac{C(q+\Delta q)-C(q)}{\Delta q}$ 称为**边际成本**．边际成本 $C'(q)$ 表示生产 q 单位产品时，再增加一单位产品使总成本增加的数量．

一般情况下，总成本 $C(q)=C_1+C_2(q)$，其中 C_1 为固定成本，$C_2(q)$ 为可变成本．所以，边际成本为

$$C'(q)=[C_1+C_2(q)]'=C_2'(q).$$

因此，边际成本与固定成本无关，只与可变成本有关．

下面讨论边际成本与平均成本的关系．平均成本函数为 $\overline{C}(q)=\dfrac{C(q)}{q}$，则有

$$\overline{C}'(q)=\left[\frac{C(q)}{q}\right]'=\frac{qC'(q)-C(q)}{q^2}=\frac{1}{q}\left[C'(q)-\frac{C(q)}{q}\right]=\frac{1}{q}[C'(q)-\overline{C}(q)].$$

$\overline{C}'(q)$ 称为**平均边际成本**.

由于产量 $q>0$，故当 $C'(q)<\overline{C}(q)$ 时，$\overline{C}'(q)<0$，此时增加产量将使平均成本减少；当 $C'(q)>\overline{C}(q)$ 时，$\overline{C}'(q)>0$，此时增加产量将使平均成本增加.

例 1　设生产某种产品 q 单位的成本函数（单位：元）为

$$C(q)=0.001q^3-0.4q^2+60q+500.$$

求：(1) 边际成本函数；

(2) 生产 40 单位产品时的平均成本和边际成本，并解释后者的经济意义.

解：(1) 边际成本函数为

$$C'(q)=0.003q^2-0.8q+60.$$

(2) 生产 40 单位产品时的平均成本为

$$\overline{C}(40)=\frac{C(40)}{40}=\frac{0.001\times40^3-0.4\times40^2+60\times40+500}{40}=58.1(\text{元}).$$

生产 40 单位产品时的边际成本为

$$C'(40)=0.003\times40^2-0.8\times40+60=32.8(\text{元}).$$

它表示生产第 41 单位产品时所追加的成本为 32.8 元.

3.6.3　边际收益

总收益函数 $R=R(q)$ 的导数 $R'(q)=\lim\limits_{\Delta q\to0}\dfrac{R(q+\Delta q)-R(q)}{\Delta q}$ 称为**边际收益**. 边际收益 $R'(q)$ 表示已销售 q 单位产品后，再销售一单位产品所增加的总收益.

若已知需求函数 $P=P(q)$，其中 P 为价格，q 为销售量，则总收益为 $R(q)=qP(q)$，边际收益为 $R'(q)=P(q)+qP'(q)$.

例 2　设某产品的需求函数为 $P=20-\dfrac{q}{5}$，其中 P 为价格，q 为销售量. 求销售量为 15 单位时的总收益、平均收益和边际收益.

解：总收益 $R(q)=qP(q)=20q-\dfrac{q^2}{5}$；平均收益 $\overline{R}(q)=\dfrac{R(q)}{q}=20-\dfrac{q}{5}$；边际收益 $R'(q)=20-\dfrac{2}{5}q$.

当销售量为 15 单位时，总收益 $R(15)=20\times15-\dfrac{15^2}{5}=255$，平均收益 $\overline{R}(15)=20-\dfrac{15}{5}=17$，边际收益 $R'(15)=20-\dfrac{2\times15}{5}=14$.

3.6.4 边际利润

总利润函数 $L=L(q)$ 的导数 $L'(q)=\lim\limits_{\Delta q\to 0}\dfrac{L(q+\Delta q)-L(q)}{\Delta q}$ 称为**边际利润**. 边际利润 $L'(q)$ 表示已生产 q 单位产品后，再多生产一单位产品所增加的总利润.

一般情况下，总利润函数等于总收益函数与总成本函数之差，即 $L(q)=R(q)-C(q)$，故边际利润为 $L'(q)=R'(q)-C'(q)$.

例 3 设某厂每月生产的产品的固定成本为 1 000 元，生产 q 单位产品的可变成本为 $(0.01q^2+10q)$ 元. 如果每单位产品售价为 30 元，求边际成本、边际收益及边际利润为零时的产量.

解： 总成本为可变成本与固定成本之和. 依题设，总成本函数为

$$C(q)=0.01q^2+10q+1\ 000,$$

总收益函数为

$$R(q)=pq=30q,$$

总利润函数为

$$\begin{aligned}L(q)=R(q)-C(q)&=30q-0.01q^2-10q-1\ 000\\&=-0.01q^2+20q-1\ 000.\end{aligned}$$

所以边际成本 $C'(q)=0.02q+10$，边际收益 $R'(q)=30$，边际利润 $L'(q)=-0.02q+20$.

令 $L'(q)=0$，即 $-0.02q+20=0$，得 $q=1\ 000$，即每月产量为 1 000 单位时，边际利润为零. 这说明，当月产量为 1 000 单位时，再多生产一单位产品不会增加利润.

习题 3.6

1. 设生产某产品 q 单位的总成本为 $C(q)=100+\dfrac{q^2}{4}$. 求当 $q=10$ 时的总成本、平均成本及边际成本，并解释边际成本的经济意义.

2. 设生产某产品 q 单位的总收益函数为 $R(q)=200q-0.01q^2$. 求生产 50 单位产品时的总收益和边际收益，并解释边际收益的经济意义.

3. 设生产某产品的固定成本为 60 000 元，可变成本为每件 20 元，价格函数为 $P=60-\dfrac{q}{1\ 000}$，其中 q 为销售量，设供销平衡. 求：

(1) 边际利润；

(2) 当 $P=10$ 元时，价格上涨 1% 使收益增加（或减少）的百分数.

3.7 导数与微分内容精要与思想方法*

本节主要对导数与微分内容中的核心要点进行概括，并对导数与微分中蕴含的典型数学思想方法及应用进行讨论. 导数与微分思想方法是微积分思想的核心，也是本节讨论的重点，同时介绍导数与微分运算中常用的数学思想方法及应用.

3.7.1 导数与微分内容精要

本章内容的逻辑主线：由导数线与微分线两条主线共同组成一元函数微分学.

主线 1：高阶导数$\xleftarrow{\text{推广}}$导数概念$\longrightarrow$运算法则$\longrightarrow$导数计算$\longrightarrow$导数应用.

主线 2：导数概念 $\Leftrightarrow$ 微分概念$\longrightarrow$运算法则$\longrightarrow$微分计算$\longrightarrow$微分应用.

本章内容的核心要点：导数的概念、微分的概念、导数与微分的关系、复合函数的微分法则.

1. 导数与微分的概念

导数的概念源于对变速直线运动的瞬时速度和平面曲线的切线斜率问题的研究. 对于变速直线运动的瞬时速度问题，假设路程函数 $s=s(t)$，求 t_0 时刻的瞬时速度.

方法：$s=s(t)$，$v(t_0)=?\ \xrightarrow[\text{平均速度}]{t_0\to t_0+\Delta t}\bar{v}=\dfrac{\Delta s}{\Delta t}\xrightarrow[\text{瞬时速度}]{\Delta t\to 0}v(t_0)=\lim\limits_{\Delta t\to 0}\dfrac{\Delta s}{\Delta t}=s'(t_0)$.

将变速直线运动的瞬时速度和平面曲线的切线斜率问题的解决方法和结果进行抽象概括，就可以得到导数的定义.

导数的定义：$f'(x_0)=\lim\limits_{\Delta x\to 0}\dfrac{\Delta y}{\Delta x}=\lim\limits_{\Delta x\to 0}\dfrac{f(x_0+\Delta x)-f(x_0)}{\Delta x}$.

导数定义理解要点：

(1) 导数 $f'(x_0)$ 只是 x_0 的函数，取决于 f 和 x_0，与 Δx 无关；在导数定义的极限表达式中 Δx 只是无穷小量，与它的具体形式无关，因此

$$f'(x_0)=\lim_{\Delta x\to 0}\frac{f(x_0-\Delta x)-f(x_0)}{-\Delta x}=\lim_{h\to x_0}\frac{f(3h)-f(x_0)}{3h-x_0}.$$

(2) 函数改变量 Δy 与自变量改变量 Δx 的比值 $\dfrac{\Delta y}{\Delta x}$ 是函数 y 在以 x_0 及 $x_0+\Delta x$ 为端点的区间上的平均变化率，而导数 $f'(x_0)$ 则是函数 y 在点 x_0 处的瞬时变化率，它反映了函数随自变量变化而变化的快慢程度.

(3) $f'(x_0)$ 可以直接根据定义计算，也可以先求出 $f'(x)$ 的一般表达式，再计算 $f'(x_0)$ 值，即 $f'(x_0)=f'(x)\big|_{x=x_0}$.

（4）导数的定义一般用于讨论函数在某一点处的可导性，特别地，分段函数在分段点处的可导性要通过左、右导数定义进行讨论.

（5）对于导数概念的理解，还要把握导数的几何意义、导数与连续的关系.

（6）导数的实际意义表示函数的变化率. 变化率具有广泛的应用，不同的应用领域中变化率的含义也不同. 常见的变化率有瞬时速度、化学反应速度、人口增长速度；经济学中的边际生产率、边际供给、边际需求、边际消费等边际函数.

微分的定义：若 $\Delta y=f'(x_0)\Delta x+o(\Delta x)$，则 $\mathrm{d}y=f'(x_0)\Delta x=f'(x_0)\mathrm{d}x$.

微分的定义是对函数改变量 Δy 结构特征的研究，其目的是在局部用线性函数代替函数改变量，即 $\Delta y\approx f'(x_0)\Delta x$.

微分定义的特征：

（1）微分 $\mathrm{d}y$ 与增量 Δx 呈线性关系，即 $\mathrm{d}y$ 随 Δx 均匀变化，亦即微分的计算具有简单性.

（2）微分 $\mathrm{d}y$ 与函数增量 Δy 的关系是：若 $f'(x_0)\neq 0$，则当 $\Delta x\to 0$ 时，$\mathrm{d}y$ 是 Δy 的线性主部，即 $\Delta y-\mathrm{d}y=o(\Delta x)$.

（3）当 $|\Delta x|$ 很小时，可用 $\mathrm{d}y$ 近似代替 Δy，即 $\Delta y\approx\mathrm{d}y$，即用线性代替非线性.

由极限与无穷小之间的关系定理可得

$$f'(x_0)=\lim_{\Delta x\to 0}\frac{\Delta y}{\Delta x}\Leftrightarrow\frac{\Delta y}{\Delta x}=f'(x_0)+\alpha\Leftrightarrow\Delta y=f'(x_0)\Delta x+o(\Delta x)\Leftrightarrow\mathrm{d}y=f'(x_0)\mathrm{d}x$$

从而可得导数与微分概念之间的关系及区别如下：

（1）导数与微分两者是等价的. 导数 $\frac{\mathrm{d}y}{\mathrm{d}x}$ 可理解为函数微分 $\mathrm{d}y$ 与自变量微分 $\mathrm{d}x$ 之商.

（2）从概念内涵上看，两者分别描述函数的两种不同特征，一个是函数的变化率，另一个是函数改变量的内在结构. 导数 $f'(x_0)$ 是只与 x_0 有关的一个确定值，而微分 $\mathrm{d}y=f'(x_0)\mathrm{d}x$ 同时依赖于 x_0 和 Δx. 从几何上看，导数表示切线斜率，微分表示切线的改变量.

（3）利用导数求微分，即先求出 $f'(x)$，再写出微分 $\mathrm{d}y=f'(x)\mathrm{d}x$；反之，也可以利用微分求导数，即先求出 $\mathrm{d}y=f'(x)\mathrm{d}x$，再写出导数 $f'(x)$.

表 3-6 给出了导数与微分的概念和几何意义.

表 3-6　导数与微分的概念和几何意义

	导数	微分
概念	若 $y=f(x)$ 在点 x_0 附近有定义，$\lim\limits_{\Delta x\to 0}\frac{\Delta y}{\Delta x}$ 存在，则称导数为 $f'(x_0)=\lim\limits_{\Delta x\to 0}\frac{\Delta y}{\Delta x}$.	若 $y=f(x)$，在点 x_0 处，Δy 可表示成 $\Delta y=f'(x)\Delta x+o(\Delta x)$，则称 $\mathrm{d}y=f'(x)\mathrm{d}x$.
几何意义	函数 $y=f(x)$ 在点 x_0 处的导数等于函数曲线在相应点 (x_0, y_0) 处的切线斜率.	曲线 $y=f(x)$ 在点 (x_0, y_0) 处的切线的纵坐标的改变量即为微分 $\mathrm{d}y$.

2. 导数与微分的运算法则

导数与微分之间的等价关系反映在两者之间的基本公式、运算法则上就是形式的转化，两者统一在一起构成一元函数微分学. 表 3－7 给出了导数和微分的基本公式与运算法则.

表 3－7　导数和微分的基本公式与运算法则

	导数	微分
基本公式	基本初等函数求导公式 14 个	基本初等函数微分公式 14 个
运算法则	$[u(x)\pm v(x)]'=u'(x)\pm v'(x)$ $[u(x)v(x)]'=u'(x)v(x)+u(x)v'(x)$ $\left[\dfrac{u(x)}{v(x)}\right]'=\dfrac{u'(x)v(x)-u(x)v'(x)}{v^2(x)}$	$\mathrm{d}[u(x)\pm v(x)]=\mathrm{d}u(x)\pm \mathrm{d}v(x)$ $\mathrm{d}[u(x)v(x)]=v(x)\mathrm{d}u(x)+u(x)\mathrm{d}v(x)$ $\mathrm{d}\left[\dfrac{u(x)}{v(x)}\right]=\dfrac{v(x)\mathrm{d}u(x)-u(x)\mathrm{d}v(x)}{v^2(x)}$
关系	（导数或微商）$\dfrac{\mathrm{d}y}{\mathrm{d}x}=f'(x)\Leftrightarrow \mathrm{d}y=f'(x)\mathrm{d}x$（微分）	

导数与微分之间的等价关系使得导数与微分在计算方法上具有高度相似性，原则上可以先求导数再得微分，也可以先求微分再得导数. 但反映在复合函数上，微分具有其特有的性质——一阶微分形式不变性.

当函数 $y=f(u)$，中间变量 $u=\varphi(x)$时，函数 $y=f[\varphi(x)]$ 的微分为：

$$\mathrm{d}y=\{f[\varphi(x)]\}'\mathrm{d}x=f'(u)\varphi'(x)\mathrm{d}x=f'(\varphi(x))\varphi'(x)\mathrm{d}x=f'(u)\mathrm{d}u.$$

当函数 $y=f(u)$，u 为自变量时，函数 $y=f(u)$ 的微分为 $\mathrm{d}y=f'(u)\mathrm{d}u$.

也就是说，不论 u 是自变量还是函数（中间变量），函数 $y=f(u)$ 的微分总保持同一形式 $\mathrm{d}y=f'(u)\mathrm{d}u$，该性质称为一阶微分形式不变性.

但对于导数而言，u 是自变量还是中间变量，其导数是两种完全不同的形式，不能统一成一种形式，即不具备不变性. 因此，有时利用一阶微分形式不变性求复合函数的微分比利用导数求要简单方便，不易出错.

对于由参数方程$\begin{cases}x=\varphi(t)\\y=\psi(t)\end{cases}$确定的 $y=f(x)$，其中 $\varphi(t)$ 与 $\psi(t)$ 可导，且 $\varphi'(t)\neq 0$，求 y'或 $\mathrm{d}y$ 的方法为：

(1) 导数公式法：求导数 $\varphi'(t)$，$\psi'(t)$，再代入求导公式 $\dfrac{\mathrm{d}y}{\mathrm{d}x}=\dfrac{\psi'(t)}{\varphi'(t)}$；

(2) 微商法：将导数视为微分之商 $\dfrac{\mathrm{d}y}{\mathrm{d}x}=\dfrac{\psi'(t)\mathrm{d}t}{\varphi'(t)\mathrm{d}t}=\dfrac{\psi'(t)}{\varphi'(t)}$.

3.7.2　导数与微分思想方法

1. 导数概念形成过程中的思想方法

过程：$s(t)\xrightarrow[\text{匀速代变速}]{t_0\to t_0+\Delta t}v\approx\bar{v}=\dfrac{\Delta s}{\Delta t}\xrightarrow[\text{匀速转变速}]{\text{近似转精确}}s'(t_0)=\lim\limits_{\Delta t\to 0}\dfrac{\Delta s}{\Delta t}\xrightarrow[\text{具体到一般}]{\text{抽象概括}}f'(x_0)=\lim\limits_{\Delta x\to 0}\dfrac{\Delta y}{\Delta x}$.

抽象：$y=f(x)\xrightarrow[x_0\text{ 附近有定义}]{x_0\to x_0+\Delta x}\dfrac{\Delta y}{\Delta x}=\dfrac{f(x_0+\Delta x)-f(x_0)}{\Delta x}\xrightarrow[\text{极限存在}]{\Delta x\to 0}f'(x_0)=\lim\limits_{\Delta x\to 0}\dfrac{\Delta y}{\Delta x}$.

导数的定义：$f'(x_0)=\lim\limits_{\Delta x\to 0}\dfrac{\Delta y}{\Delta x}=\lim\limits_{\Delta x\to 0}\dfrac{f(x_0+\Delta x)-f(x_0)}{\Delta x}$.

导数思想：导数处理的是匀速与变速、近似与精确的关系，它们之间是对立统一的. 通过极限实现匀速与变速、近似与精确的转化，即借助极限方法通过匀速认识变速，通过近似认识精确. 求解过程和结果中反映出了无限变化的动态过程与有限的静态结果之间的关系，即动态与静态、无限与有限的辩证关系.

2. 微分概念形成过程中的思想方法

过程：$y=x^2\xrightarrow[\Delta y\text{ 的结构特征}]{\text{在 }x_0\text{ 附近}}\Delta y=2x_0\Delta x+(\Delta x)^2\xrightarrow[\text{抓主要部分，去次要部分}]{\Delta x\text{ 很小，线性代替}}\Delta y\approx 2x_0\Delta x$.

$y=x^2$，$\Delta y=2x_0\Delta x+o(\Delta x)\xrightarrow[\text{具体到抽象}]{\text{抽象概括}}y=f(x)$，$\Delta y=f'(x_0)\Delta x+o(\Delta x)$.

微分的定义：若 $\Delta y=f'(x_0)\Delta x+o(\Delta x)$，则 $\mathrm{d}y=f'(x_0)\Delta x=f'(x_0)\mathrm{d}x$.

微分思想：微分概念源于对函数改变量 Δy 结构特征的研究，其思想是抓主要矛盾，忽略次要矛盾，在局部用 Δx 的线性函数代替非线性函数的改变量，即 $\Delta y\approx f'(x_0)\Delta x$.

3.7.3 导数与微分计算中的数学思想方法

1. 用导数定义解题中的化归法

例 1 设 $f(x)=(x-a)g(x)$，其中 $g(x)$在 $x=a$ 处连续，求 $f'(a)$.

解： 由导数定义，有

$$f'(a)=\lim_{x\to a}\frac{f(x)-f(a)}{x-a}=\lim_{x\to a}\frac{(x-a)g(x)-0}{x-a}=g(a).$$

例 2 已知 $f'(x_0)$ 存在，求 $\lim\limits_{\Delta x\to 0}\dfrac{f(x_0-2\Delta x)-f(x_0+3\Delta x)}{\Delta x}$.

解： 由导数定义，有

$$\begin{aligned}&\lim_{\Delta x\to 0}\frac{f(x_0-2\Delta x)-f(x_0+3\Delta x)}{\Delta x}\\&=\lim_{\Delta x\to 0}\left[\frac{f(x_0-2\Delta x)-f(x_0)}{-2\Delta x}\times(-2)-\frac{f(x_0+3\Delta x)-f(x_0)}{3\Delta x}\times 3\right]\\&=-2f'(x_0)-3f'(x_0)=-5f'(x_0).\end{aligned}$$

例 3 设 $f(x)=\begin{cases}x^2\sin\dfrac{1}{x}, & x\neq 0\\ 0, & x=0\end{cases}$，求 $f'(x)$.

解： 当 $x\neq 0$ 时，$f'(x)=2x\sin\dfrac{1}{x}-\cos\dfrac{1}{x}$；当 $x=0$ 时，由导数定义，有

$$f'(0)=\lim_{x\to 0}\frac{f(x)-f(0)}{x-0}=\lim_{x\to 0}\frac{x^2\sin\frac{1}{x}}{x}=\lim_{x\to 0}x\sin\frac{1}{x}=0,$$

所以

$$f'(x)=\begin{cases}2x\sin\frac{1}{x}-\cos\frac{1}{x}, & x\neq 0\\ 0, & x=0\end{cases}.$$

2. 导数与微分计算中化归法的应用

例 4　设 $f(t)$ 具有二阶导数，$y=f(e^x)e^{f(x)}$，求 y''.

解：由复合函数求导法则，有

$$\begin{aligned}y'&=e^x f'(e^x)e^{f(x)}+f'(x)f(e^x)e^{f(x)}=[e^x f'(e^x)+f'(x)f(e^x)]e^{f(x)},\\ y''&=[e^x f'(e^x)+e^{2x}f''(e^x)+f''(x)f(e^x)+e^x f'(x)f'(e^x)]e^{f(x)}\\ &\quad+[e^x f'(e^x)+f'(x)f(e^x)]e^{f(x)}f'(x)\\ &=\{e^{2x}f''(e^x)+f''(x)f(e^x)+2e^x f'(x)f'(e^x)+[f'(x)]^2 f(e^x)\\ &\quad+e^x f'(e^x)\}e^{f(x)}.\end{aligned}$$

例 5　设函数 $y=y(x)$ 由方程 $xe^{f(y)}=e^y$ 确定，其中 $f(t)$ 可微，且 $f'(t)\neq 1$，求 dy.

解：要使方程有意义，必有 $x>0$.

方法一　对方程 $xe^{f(y)}=e^y$ 两边求微分，得

$$e^{f(y)}dx+xe^{f(y)}f'(y)dy=e^y dy,$$

所以

$$dy=\frac{e^{f(y)}}{e^y-xe^{f(y)}f'(y)}dx=\frac{1}{x[1-f'(y)]}dx.$$

方法二　对方程 $xe^{f(y)}=e^y$ 两边取对数，得 $\ln x+f(y)=y$，两边对 x 求导数有

$$\frac{1}{x}+f'(y)y'=y',$$

所以 $y'=\dfrac{1}{x[1-f'(y)]}$，故 $dy=\dfrac{1}{x[1-f'(y)]}dx$.

例 6　求 $y=\left(\dfrac{x}{1+x}\right)^{\sin x}$ 的导数.

解：作变换．对函数 $y=\left(\dfrac{x}{1+x}\right)^{\sin x}$ 两边取对数，得

$$\ln y=\sin x\cdot\ln\frac{x}{1+x},$$

两边关于 x 求导，得

$$\frac{1}{y}\cdot y'=\cos x\cdot\ln\frac{x}{1+x}+\sin x\cdot\frac{1+x}{x}\cdot\left(\frac{x}{1+x}\right)'=\cos x\cdot\ln\frac{x}{1+x}+\frac{\sin x}{x(1+x)},$$

所以

$$y'=\left(\frac{x}{1+x}\right)^{\sin x}\left[\cos x\cdot\ln\frac{x}{1+x}+\frac{\sin x}{x(1+x)}\right].$$

例 7 设 $\begin{cases}x=a\cos^3 t\\ y=a\sin^3 t\end{cases}$，求 $\frac{d^2y}{dx^2}$.

解： 由于 $\frac{dx}{dt}=-3a\cos^2 t\sin t$，$\frac{dy}{dt}=3a\sin^2 t\cos t$，故

$$\frac{dy}{dx}=\frac{dy/dt}{dx/dt}=\frac{3a\sin^2 t\cos t}{-3a\cos^2 t+\sin t}=-\tan t,$$

$$\frac{d^2y}{dx^2}=\frac{d(-\tan t)}{dx}=\frac{d(-\tan t)}{dt}\cdot\frac{dt}{dx}=\frac{1}{3a\ \cos^4 t\sin t}.$$

例 8 设 $f(x)=\varphi[\varphi(x)]$，其中 $\varphi(x)=\begin{cases}1-x^2, & |x|\leqslant 1\\ 1, & |x|>1\end{cases}$，求 $f'(x)$.

解： 当 $|x|\leqslant 1$ 时，$0\leqslant\varphi(x)=1-x^2\leqslant 1$，则

$$f(x)=1-\varphi^2(x)=1-(1-x^2)^2.$$

当 $|x|>1$ 时，$\varphi(x)=1$，则 $f(x)=0$. 所以

$$f(x)=\varphi[\varphi(x)]=\begin{cases}1-(1-x^2)^2, & |x|\leqslant 1\\ 0, & |x|>1\end{cases}.$$

显然 $f(1)=1$，$f(-1)=1$，函数 $f(x)$ 在 $x=\pm 1$ 处不连续，所以不可导. 因此

$$f'(x)=\begin{cases}4x(1-x^2), & |x|<1\\ 0, & |x|>1\end{cases}.$$

3. 导数与微分计算中分类法的应用

例 9 设函数 $f(x)$ 具有一阶连续导数，试证明 $F(x)=(1+|\sin x|)f(x)$ 在 $x=0$ 处可导的充要条件是 $f(0)=0$.

证： 考虑函数 $F(x)$ 在 $x=0$ 处的左、右导数：

$$F'_+(0)=\lim_{x\to 0^+}\frac{F(x)-F(0)}{x-0}=\lim_{x\to 0^+}\frac{f(x)-f(0)}{x-0}+\lim_{x\to 0^+}f(x)\lim_{x\to 0^+}\frac{|\sin x|}{x}$$
$$=f'(0)+f(0),$$

$$F'_-(0)=\lim_{x\to 0^-}\frac{F(x)-F(0)}{x-0}=\lim_{x\to 0^-}\frac{f(x)-f(0)}{x-0}+\lim_{x\to 0^-}f(x)\lim_{x\to 0^-}\frac{|\sin x|}{x}$$

$$=f'(0)-f(0).$$

由导数的性质可知，函数 $F(x)$ 在 $x=0$ 处可导的充要条件是 $F'_+(0)=F'_-(0)$，即

$$f'(0)+f(0)=f'(0)-f(0),$$

亦即 $f(0)=0$.

例 10　设 $f(x)=\dfrac{x^n}{x^2-1}$ $(n=1, 2, 3, \cdots)$，求 $f^{(n)}(x)$.

解：当 $n=2k+1$ 时，

$$f(x)=\frac{x^{2k+1}}{x^2-1}=x^{2k-1}+x^{2k-3}+\cdots+x+\frac{1}{2}\left(\frac{1}{x-1}+\frac{1}{x+1}\right),$$

$$f^{(2k+1)}(x)=\frac{1}{2}(2k+1)!\left[\frac{-1}{(x-1)^{2k+2}}+\frac{1}{(x+1)^{2k+2}}\right],\ k=0, 1, 2, 3, \cdots.$$

当 $n=2k$ 时，

$$f(x)=\frac{x^{2k}}{x^2-1}=x^{2k-2}+x^{2k-4}+\cdots+1+\frac{1}{2}\left(\frac{1}{x-1}-\frac{1}{x+1}\right),$$

$$f^{(2k)}(x)=\frac{1}{2}(2k)!\left[\frac{1}{(x-1)^{2k+1}}-\frac{1}{(x+1)^{2k+1}}\right],\ k=1, 2, 3, \cdots.$$

综上可知

$$f^{(n)}(x)=\frac{(-1)^n n!}{2}\left[\frac{1}{(x-1)^{n+1}}-\frac{1}{(x+1)^{n+1}}\right],\ n=0, 1, 2, \cdots.$$

总习题三

A. 基础测试题

1. 填空题

(1) 若 $f(t)=\lim\limits_{x\to\infty}t\left(1+\dfrac{1}{x}\right)^{2tx}$，则 $f'(t)=$ ________.

(2) 可导函数 $f(x)$ 的图形与曲线 $y=\sin x$ 相切于原点，则 $\lim\limits_{n\to\infty}nf\left(\dfrac{2}{n}\right)=$ ________.

(3) 设函数 $f(x)$ 可导，则 $\lim\limits_{x\to 2}\dfrac{f(4-x)-f(2)}{x-2}=$ ________.

(4) 曲线 $y=x+\sin^2 x$ 在点 $\left(\dfrac{\pi}{2}, 1+\dfrac{\pi}{2}\right)$ 处的切线方程为 ________.

(5) 已知 $\begin{cases}x=\ln(1+t^2)\\ y=\arctan t\end{cases}$，则 $\dfrac{dy}{dx}=$ ________.

(6) 设 $f(x)$ 二阶可导，$y=\sin f(x)$，则 $y''=$________.

(7) 设函数 $f(x)=\dfrac{1-x}{1+x}$，则 $f^{(n)}(x)=$________.

(8) 设 $f(x)=\begin{cases} x^{\alpha}\sin\dfrac{1}{x}, & x\neq 0 \\ 0, & x=0 \end{cases}$，当 α ________ 时，$f(x)$ 在点 $x=0$ 处可导.

(9) 设 $y=y(x)$ 是由方程 $e^{x+y}-\cos xy=0$ 确定的隐函数，则 $y'(0)=$ ________.

(10) 设 $x=y^{y}$，则 $dy=$ ________.

2. 单项选择题

(1) 函数 $y=\sqrt[3]{x}$ 在点 $x=0$ 处（　　）.

(A) 不连续　　(B) 连续但其图形无切线

(C) 其图形有垂直于 x 轴的切线　　(D) 可微

(2) 函数 $y=x|x|$ 在点 $x=0$ 处的导数为（　　）.

(A) 2　　(B) -2

(C) 0　　(D) 不存在

(3) 设函数 $f(x)$ 在点 $x=0$ 处连续，且 $\lim\limits_{x\to 0}\dfrac{f(x)}{x}=a(a\neq 0)$，则 $f(x)$ 在点 $x=0$ 处（　　）.

(A) 可导且 $f'(0)=0$　　(B) 可导且 $f'(0)=a$

(C) 不可导　　(D) 不能断定是否可导

(4) 设 $f(x)$ 在点 $x=a$ 处可导，则 $\lim\limits_{x\to 0}\dfrac{f(a+x)-f(a-x)}{x}=$（　　）.

(A) $f'(a)$　　(B) $2f'(a)$

(C) 0　　(D) $f'(2a)$

(5) 设 $f(x)=\sin 2x$，则 $f'[f(x)]=$（　　）.

(A) $2\cos\sin 2x$　　(B) $2\cos 2x$

(C) $2\cos(2\sin x)$　　(D) $2\cos(2\sin 2x)$

(6) 设 $y=f[e^{\varphi(x)}]$，其中 $f(u)$，$\varphi(x)$ 均可微，则 $dy=$（　　）.

(A) $f'[e^{\varphi(x)}]dx$　　(B) $e^{\varphi(x)}f'[e^{\varphi(x)}]dx$

(C) $f'[e^{\varphi(x)}]d\varphi(x)$　　(D) $f'[e^{\varphi(x)}]e^{\varphi(x)}d\varphi(x)$

(7) 曲线 $\begin{cases} x=t\cos t \\ y=t\sin t \end{cases}$ 在 $t=\dfrac{\pi}{2}$ 处的法线方程为（　　）.

(A) $y=\dfrac{\pi}{2}(x+1)$　　(B) $y=\dfrac{\pi}{2}+\dfrac{2}{\pi}x$

(C) $y=\dfrac{\pi}{2}(1-x)$　　(D) $y=\dfrac{\pi}{2}-\dfrac{2}{\pi}x$

(8) 若曲线 $y=x^{2}+ax+b$ 与 $2y=xy^{3}-1$ 在点 $(1,-1)$ 处相切，则（　　）.

(A) $a=0$，$b=2$　　(B) $a=1$，$b=-3$

(C) $a=-3$，$b=1$　　　　(D) $a=-1$，$b=-1$

(9) 若函数 $y=f(x)$ 且 $f'(x_0)=2$，则当 $\Delta x\to 0$ 时，该函数在 $x=x_0$ 处的微分 $\mathrm{d}y$ 是（　　）.

(A) 与 Δx 等价的无穷小　　　　(B) 与 Δx 同阶（非等价）的无穷小

(C) 比 Δx 低阶的无穷小　　　　(D) 比 Δx 高阶的无穷小

(10) 设函数 $y=f(x)$ 在点 $x=a$ 处可导，$\Delta y=f(a+h)-f(a)$，$\mathrm{d}y=f'(a)h$，则 $\lim\limits_{h\to 0}\dfrac{\Delta y-\mathrm{d}y}{h}=$（　　）.

(A) -1　　　　(B) 0　　　　(C) 1　　　　(D) ∞

3. 求下列函数的导数：

(1) $y=\ln(\mathrm{e}^x+\sqrt{1+\mathrm{e}^{2x}})$；

(2) $y=(1+x^2)^{\sin x}$；

(3) $y=f[f(x)]+f(\sin^2 x)$，其中 $f(x)$ 可导；

(4) $y=f(x|x|)$，其中 $f(x)$ 具有连续导数.

4. 设函数 $f(x)=\begin{cases}\mathrm{e}^{-x}, & x\leqslant 0\\ x^2+ax+b, & x>0\end{cases}$. 确定 a，b 的值，使 $f(x)$ 在点 $x=0$ 处可导.

5. 设曲线 $f(x)=x^3+ax$ 与 $g(x)=bx^2+c$ 都通过点 $(-1, 0)$，且在点 $(-1, 0)$ 处有公切线. 求 a，b，c 的值.

6. 设函数 $f(x)=|x-a|\varphi(x)$，其中 $\varphi(x)$ 在点 $x=a$ 处连续且 $\varphi(a)\neq 0$. 试讨论 $f(x)$ 在点 $x=a$ 处的可导性.

7. 设函数 $y=f(x)$ 由方程 $\mathrm{e}^{2x+y}-\cos(xy)=\mathrm{e}-1$ 确定. 求曲线 $y=f(x)$ 在点 $(0, 1)$ 处的切线方程.

8. 设某产品的成本函数和收益函数分别为 $C(q)=100+5q+2q^2$，$R(q)=200q+q^2$，其中 q 表示产品的产量. 求：

(1) 边际成本函数、边际收益函数、边际利润函数；

(2) 已生产并销售 25 单位产品，第 26 单位产品产生的利润.

9. 某厂每周的产量是 q（单位：百件），总成本 C（单位：千元）是产量的函数：

$$C=C(q)=100+12q+q^2.$$

如果每百件产品的销售价格为 4 万元，试写出利润函数及边际利润为零时的每周产量.

B. 考研提高题

1. 设 $f\left(\dfrac{x}{2}\right)=\sin x$，求 $f[f'(x)]$，$f'[f(x)]$，$\{f[f(x)]\}'$.

2. 设 $\varphi(x)$ 在点 $x=x_0$ 处连续，求 $F(x)=\varphi(x)\sin(x-x_0)$ 在点 $x=x_0$ 处的导

数 $F'(x_0)$.

3. 设 $f(x)=\varphi(a+bx)-\varphi(a-bx)$，其中 $\varphi(x)$ 在 $(-\infty,+\infty)$ 内有定义，且在点 $x=a$ 处可导，求 $f'(0)$.

4. 设 $f(x)$ 在 $(-1,1)$ 内可导，且 $\lim\limits_{x\to 0}\dfrac{f(x)-\cos x}{\sin^2 x}=2$，求 $f'(0)$.

5. 设 $y=y(x)$ 由方程 $y^2f(x)+xf(y)=x^2$ 确定，其中 $f(x)$ 是可微函数，求 $\mathrm{d}y$.

6. 设 $u=f[\varphi(x)+\mathrm{e}^y]$，其中 y 是由方程 $y=x-\mathrm{e}^y$ 确定的 x 的函数，且函数 f，φ 均可导，求 $\dfrac{\mathrm{d}u}{\mathrm{d}x}$.

7. 设函数 $f(x)$ 对任意 x 恒有 $f(x+y)=f(x)+f(y)$，且 $f'(0)=a\neq 0$，试确定 $f(x)$.

8. 设函数 $f(x)$ 为 $(-\infty,+\infty)$ 内的可导函数，且在 $x=0$ 的某个邻域内，有

$$f(1+\sin x)-3f(1-\sin x)=8x+o(x),$$

其中 $o(x)$ 是当 $x\to 0$ 时比 x 高阶的无穷小量，求曲线 $y=f(x)$ 在点 $(1,f(1))$ 处的切线方程.

9. 设 $f(x)=\begin{cases}\dfrac{1-\cos x}{\sqrt{x}}, & x>0\\ x^2g(x), & x\leqslant 0\end{cases}$，其中 $g(x)$ 为有界函数，讨论函数 $f(x)$ 在点 $x=0$ 处的可导性.

10. 设 $f(x)$ 在 $(-\infty,+\infty)$ 上有定义，且对任意 x_1，$x_2\in(-\infty,+\infty)$ 有

$$f(x_1+x_2)=f(x_1)f(x_2).$$

若 $f'(0)=1$，证明：对任意 $x\in(-\infty,+\infty)$，有 $f'(x)=f(x)$.

第 4 章　一元函数微分学的应用

我们已经研究了导数与微分的概念及其计算，本章将介绍微分学的一些应用. 首先介绍微分中值定理，它是利用导函数研究函数在区间上的整体性质的有力工具；然后以中值定理为基础，利用导数研究未定式的极限、函数的性态、函数图形的描绘以及实际问题中的优化等问题.

4.1 微分中值定理

微分中值定理包括三个定理：罗尔定理、拉格朗日中值定理和柯西中值定理. 微分中值定理是沟通函数与导数之间关系的桥梁，在微分学中具有重要的作用.

4.1.1 罗尔定理

罗尔定理的提出可以通过其几何特征来得到.

观察　观察图 4－1，连续曲线弧 $\overset{\frown}{AB}$ 是函数 $y=f(x)(a\leqslant x\leqslant b)$ 的图形，除了端点外曲线处处有不垂直于 x 轴的切线. 如果 $f(a)=f(b)$，将线段 AB 平行移动，在区间 (a, b) 内总能找到某个点 ξ，使 AB 移动到点 $(\xi, f(\xi))$ 处时与曲线相切且切线水平.

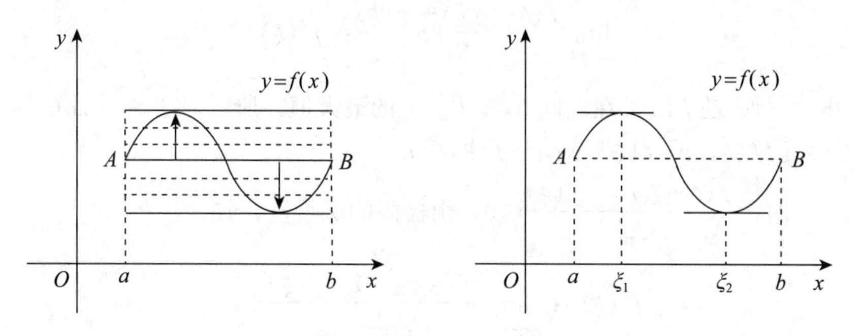

图 4－1

概括　几何特征：对于一段连续的光滑曲线，如果曲线的两端高度相等，则曲线至少存在一条水平切线，其切点为极值点.

数量特征：函数 $f(x)$ 在 $[a, b]$ 上连续，(a, b) 内可导，且 $f(a)=f(b)$，则至少存在一点 $\xi\in(a, b)$，有 $f'(\xi)=0$. 从而有如下定理.

定理1（罗尔[①]定理） 若 $f(x)$ 满足条件：① 在闭区间 $[a, b]$ 上连续，② 在开区间 (a, b) 内可导，③ 在区间 $[a, b]$ 端点处的函数值相等，即 $f(a)=f(b)$，则在开区间 (a, b) 内至少存在一点 ξ，使得 $f'(\xi)=0$.

罗尔定理的几何意义：在每一点都可导的一段连续曲线上，如果曲线的两端高度相等，则至少存在一条水平切线.

在证明罗尔定理之前，我们先来看几个满足罗尔定理的条件的典型的函数图形，见图4-2.

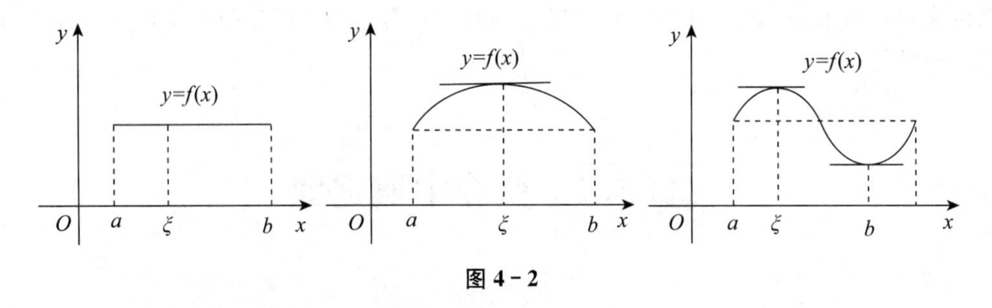

图4-2

对于图4-2，显然每个图形中的曲线上至少有一点 $(\xi, f(\xi))$，该点处的切线是水平的，即 $f'(\xi)=0$. 这些点为函数的最大值点或最小值点，据此可得罗尔定理的证明.

证：由条件 ① 知，函数 $f(x)$ 必在区间 $[a, b]$ 上取得最大值 M 与最小值 m.

(1) 若 $M=m$，则函数 $f(x)$ 在 $[a, b]$ 上是常数，因而 $f'(x)=0$，这时 (a, b) 内的任意一点都可以选作点 ξ.

(2) 若 $M\neq m$，由条件 ③ 知，M 与 m 中至少有一个不等于端点处的函数值，不妨设 $M\neq f(a)$，则必存在 $\xi\in(a, b)$，使 $f(\xi)=M$，下面证明 $f'(\xi)=0$.

由条件 ② 知，$f'(\xi)$ 存在，即有

$$\lim_{\Delta x\to 0}\frac{f(\xi+\Delta x)-f(\xi)}{\Delta x}=f'(\xi).$$

因为 $f(\xi)=M$ 是 $f(x)$ 在区间 $[a, b]$ 上的最大值，所以对于 $\xi+\Delta x\in(a, b)$，总有 $f(\xi+\Delta x)\leqslant f(\xi)$，即 $f(\xi+\Delta x)-f(\xi)\leqslant 0$.

当 $\Delta x>0$ 时，$\dfrac{f(\xi+\Delta x)-f(\xi)}{\Delta x}\leqslant 0$，由极限的保号性，知

$$f'(\xi)=\lim_{\Delta x\to 0^+}\frac{f(\xi+\Delta x)-f(\xi)}{\Delta x}\leqslant 0.$$

① 罗尔（Rolle，1652—1719）是17世纪法国著名的、自学成才的数学家. 罗尔的家庭十分清贫，他只受过初等教育，但他发奋自学，刻苦钻研古希腊数学家丢番图的著作，因解决了数论中的一个难题而一鸣惊人，后来成为法国科学院院士.

当 $\Delta x<0$ 时，$\frac{f(\xi+\Delta x)-f(\xi)}{\Delta x}\geqslant 0$，由极限的保号性，知

$$f'(\xi)=\lim_{\Delta x\to 0^-}\frac{f(\xi+\Delta x)-f(\xi)}{\Delta x}\geqslant 0.$$

所以 $f'(\xi)=0$.

需要说明的是，定理中的三个条件缺少任何一个，结论将不一定成立（见图 4-3）.

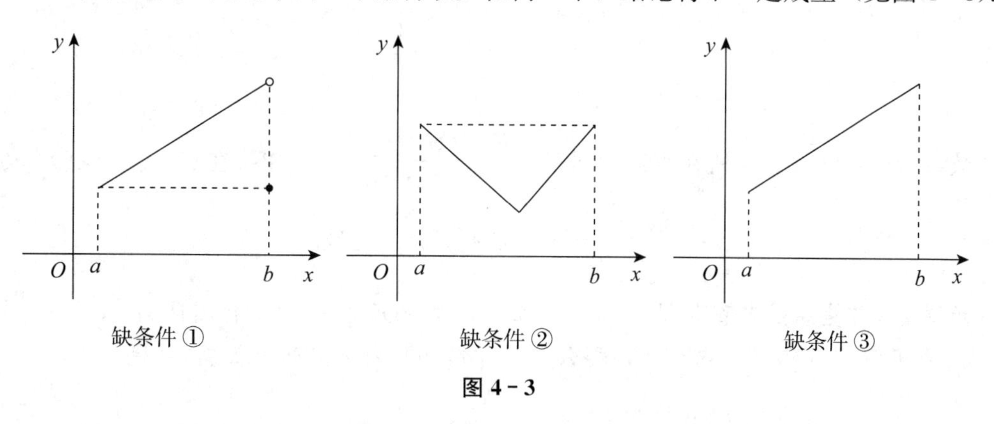

图 4-3

例 1　验证 $f(x)=x^2+2$ 在 $[-1, 1]$ 上满足罗尔定理的条件，并求出 ξ，使得 $f'(\xi)=0$.

解：因为 $f(x)=x^2+2$ 为初等函数，所以 $f(x)$ 在 $[-1, 1]$ 上连续，在 $(-1, 1)$ 内可导，且 $f'(x)=2x$，又 $f(-1)=f(1)=3$，所以 $f(x)=x^2+2$ 满足罗尔定理的条件，由 $f'(\xi)=2\xi=0$，得 $\xi=0$.

例 2　设 $f(x)$ 在闭区间 $[0, 1]$ 上连续，在开区间 $(0, 1)$ 内可导，且 $f(1)=0$，则存在 $\xi\in(0, 1)$，使 $\xi f'(\xi)=-f(\xi)$.

证：取 $\varphi(x)=xf(x)$，则 $\varphi(x)$ 在闭区间 $[0, 1]$ 上连续，在开区间 $(0, 1)$ 内可导，且 $\varphi(0)=\varphi(1)=0$，则存在 $\xi\in(0, 1)$，使得 $\varphi'(\xi)=0$，即

$$f(\xi)+\xi f'(\xi)=0\quad\text{或}\quad \xi f'(\xi)=-f(\xi).$$

4.1.2　拉格朗日中值定理

罗尔定理中的条件 $f(a)=f(b)$ 很特殊，多数函数不满足该条件，它限制了罗尔定理的使用范围. 如果在罗尔定理中去掉该条件，结果会怎样?

观察　观察图 4-4，连续曲线弧 $\overset{\frown}{AB}$ 是函数 $y=f(x)$，$x\in[a, b]$ 的图形，除了端点外曲线处处有不垂直于 x 轴的切线. 将线段 AB 平行移动，在区间 (a, b) 内总能找到某个点 ξ，使得线段 AB 移动到点 $(\xi, f(\xi))$ 处时与曲线相切，切线平行于线段 AB.

概括　几何特征：在区间 (a, b) 内总能找到某个点 ξ，在点 $(\xi, f(\xi))$ 处曲线的切线平行于线段 AB.

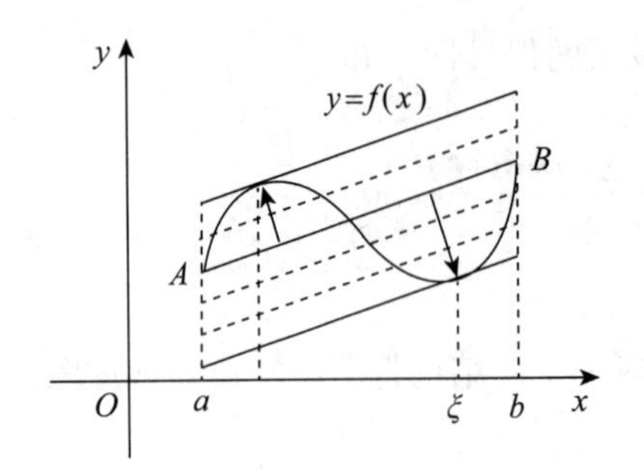

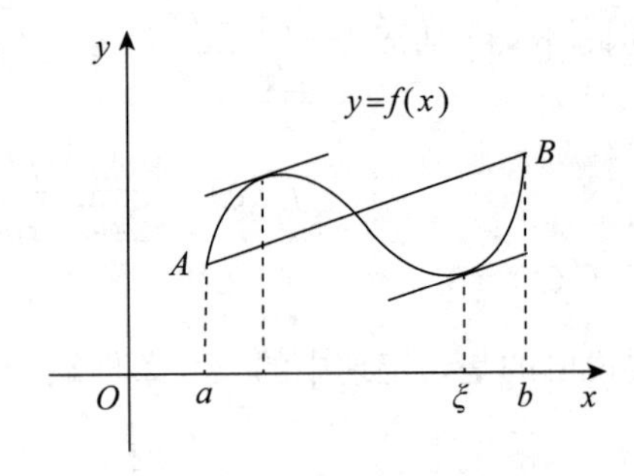

图 4－4

数量特征：线段 AB 所在直线的斜率为$k=\dfrac{f(b)-f(a)}{b-a}$，曲线在点（ξ，$f(\xi)$）处的斜率为 $f'(\xi)$，所以 $f'(\xi)=\dfrac{f(b)-f(a)}{b-a}$. 从而有如下定理.

定理 2（拉格朗日中值定理） 如果函数 $f(x)$ 满足条件：① 在闭区间 $[a, b]$ 上连续，② 在开区间 (a, b) 内可导，那么，在 (a, b) 内至少有一点 ξ，使得

$$f'(\xi)=\frac{f(b)-f(a)}{b-a} \quad 或 \quad f(b)-f(a)=f'(\xi)(b-a).$$

拉格朗日中值定理的几何意义： 在每一点都可导的一段连续曲线上，至少存在一点（ξ，$f(\xi)$），曲线在该点的切线平行于曲线两端点的连线.

探究 拉格朗日中值定理与罗尔定理的关系.

由拉格朗日中值定理的几何意义可知，若在定理中增加 $f(a)=f(b)$ 这一条件，则化为罗尔定理，即罗尔定理为拉格朗日中值定理的特殊情形. 本着由一般向特殊转化的原则，通过适当手段将拉格朗日中值定理转化为罗尔定理对其进行证明.

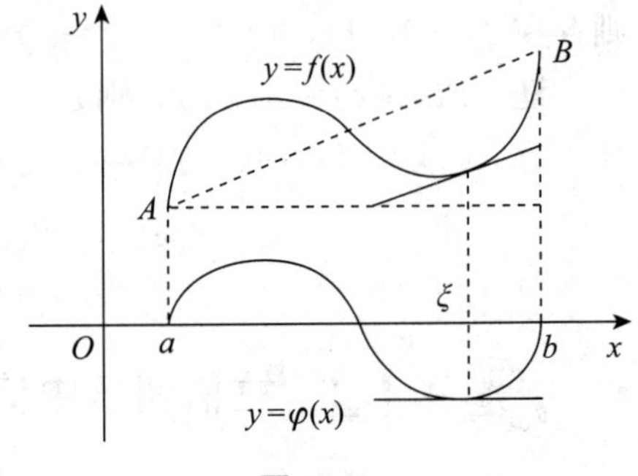

图 4－5

考虑到拉格朗日中值定理的几何意义是在曲线弧上至少有一点，曲线在该点处的切线斜率与线段 AB 所在的直线斜率相等，即曲线与线段 AB 所对应的函数在该点的导数相等或两函数之差的导数为零，这正与罗尔定理的结论相一致（见图 4－5）.

线段 AB 对应的函数为

$$y=f(a)+\frac{f(b)-f(a)}{b-a}(x-a).$$

曲线与线段 AB 对应的函数之差为

$$\varphi(x)=f(x)-\left[f(a)+\frac{f(b)-f(a)}{b-a}(x-a)\right].$$

因此，函数 $\varphi(x)$ 在 $[a,b]$ 上满足罗尔定理的条件并反映出了拉格朗日中值定理的结论特征.

证： 作辅助函数

$$\varphi(x)=f(x)-f(a)-\frac{f(b)-f(a)}{b-a}(x-a),$$

则 $\varphi(x)$ 在 $[a,b]$ 上连续，在 (a,b) 内可导，且 $\varphi(a)=\varphi(b)=0$. 由罗尔定理知，至少存在一点 $\xi\in(a,b)$，使得 $\varphi'(\xi)=0$，即

$$f'(\xi)-\frac{f(b)-f(a)}{b-a}=0,$$

亦即 $f'(\xi)=\dfrac{f(b)-f(a)}{b-a}$.

需要指明的是，拉格朗日中值定理也可以采取其他辅助函数来证明，如

$$\varphi(x)=f(x)-\frac{f(b)-f(a)}{b-a}(x-a).$$

读者不妨一试，并说明该辅助函数的几何意义.

在拉格朗日中值定理的证明中，所采用的证明方法称为构造函数法. 该方法是证明数学命题的一种常用方法，其关键是根据命题的特征，由 $\varphi'(x)$ 的表达式构造辅助函数 $\varphi(x)$ 的表达式.

在拉格朗日中值定理中，若令 $x=a$，$\Delta x=b-a$，则拉格朗日中值定理的结论又可写成

$$f(x+\Delta x)-f(x)=f'(\xi)\Delta x,$$

其中 ξ 介于 x 与 $x+\Delta x$ 之间. 如果将 ξ 表示成 $\xi=x+\theta\Delta x$ $(0<\theta<1)$，则上式也可写成

$$f(x+\Delta x)-f(x)=f'(x+\theta\Delta x)\Delta x\quad(0<\theta<1).$$

注释　拉格朗日中值定理是微分学的一个基本定理，一般函数都满足拉格朗日中值定理的条件，所以应用比较广泛，在微分学中占有重要的地位. 它建立了函数在一个区间上的改变量和函数在这个区间内某点处的导数之间的联系，从而使我们有可能利用导数来研究函数在区间上的性态.

推论 1　如果函数 $f(x)$ 在区间 (a,b) 内满足 $f'(x)\equiv 0$，则在 (a,b) 内 $f(x)=C$（C 为常数）.

证： 设 x_1，x_2 是区间 (a,b) 内的任意两点且 $x_1<x_2$，于是，在区间 $[x_1,x_2]$ 上函数 $f(x)$ 满足拉格朗日中值定理的条件，故得

$$f(x_2)-f(x_1)=f'(\xi)(x_2-x_1)\quad(x_1<\xi<x_2).$$

由于 $f'(\xi)=0$，所以 $f(x_2)-f(x_1)=0$，即 $f(x_1)=f(x_2)$. 因为 x_1，x_2 是 (a,b) 内

的任意两点，于是上式表明 $f(x)$ 在 (a, b) 内任意两点的值总是相等的，即 $f(x)$ 在 (a, b) 内是一个常数.

推论2 如果对 (a, b) 内任意 x，均有 $f'(x)=g'(x)$，则在 (a, b) 内 $f(x)$ 与 $g(x)$ 之间只差一个常数，即 $f(x)=g(x)+C$（C 为常数）.

证： 令 $F(x)=f(x)-g(x)$，则 $F'(x)=f'(x)-g'(x)=0$. 由推论1知，$F(x)$ 在 (a, b) 内为一个常数 C，即

$$f(x)-g(x)=C, \quad x\in(a, b),$$

亦即 $f(x)=g(x)+C$.

例3 验证 $f(x)=2x^3-3x+1$ 在 $[-2, 2]$ 上满足拉格朗日中值定理的条件，并求出相应的 ξ.

解： 显然 $f(x)=2x^3-3x+1$ 在 $[-2, 2]$ 上连续，在 $(-2, 2)$ 内可导，且

$$f'(x)=6x^2-3.$$

由拉格朗日中值定理有

$$f(2)-f(-2)=f'(\xi)[2-(-2)],$$

即 $11-(-9)=(6\xi^2-3)\cdot 4$，得 $\xi=\pm\dfrac{2\sqrt{3}}{3}$.

例4 证明 $|\arctan\beta-\arctan\alpha|\leqslant|\beta-\alpha|$.

证： 令 $f(x)=\arctan x$，$x\in(-\infty, +\infty)$，则 $f(x)$ 满足拉格朗日中值定理的条件，故至少存在一个 $\xi\in(\alpha, \beta)$ 或 $\xi\in(\beta, \alpha)$，使得

$$\arctan\beta-\arctan\alpha=\frac{1}{1+\xi^2}(\beta-\alpha),$$

$$|\arctan\beta-\arctan\alpha|=\frac{1}{1+\xi^2}|\beta-\alpha|.$$

因为 $\dfrac{1}{1+\xi^2}<1$，所以 $|\arctan\beta-\arctan\alpha|<|\beta-\alpha|$.

例5 当 $x>0$ 时，求证：$e^x>x+1$.

证： 设 $f(t)=e^t$，则 $f(t)$ 在区间 $[0, x]$ 上满足拉格朗日中值定理的条件，且 $f'(t)=e^t$，所以

$$e^x-e^0=e^{\xi}(x-0), \quad 0<\xi<x,$$

即 $e^x=1+e^{\xi}x$，$0<\xi<x$. 又因为 $e^{\xi}>1$，所以 $e^x=1+e^{\xi}x>1+x$.

例6 证明 $\arcsin x+\arccos x=\dfrac{\pi}{2}$，其中 $x\in[-1, 1]$.

证： 设函数 $f(x)=\arcsin x+\arccos x$，则 $f(x)$ 在 $(-1, 1)$ 内可导且 $f'(x)=0$. 由推论1，$f(x)$ 在 $(-1, 1)$ 内恒等于一个常数 C，即

$$\arcsin x + \arccos x = C.$$

又当 $x=0$ 时，$f(0)=\dfrac{\pi}{2}=C$，所以

$$\arcsin x + \arccos x = \frac{\pi}{2}.$$

例 7　设 $f(x)$ 在区间 $[a, b]$ 上连续，在 (a, b) 内可导，证明在 (a, b) 内至少存在一点 ξ，使得 $\dfrac{bf(b)-af(a)}{b-a}=\xi f'(\xi)+f(\xi)$.

证： 令 $F(x)=xf(x)$，则 $F'(x)=f(x)+xf'(x)$，因为 $f(x)$ 在区间 $[a, b]$ 上连续，在 (a, b) 内可导，故可知 $F(x)$ 在区间 $[a, b]$ 上满足拉格朗日中值定理的条件，则存在 $\xi\in(a, b)$，使得

$$F(b)-F(a)=F'(\xi)(b-a),$$

即 $\dfrac{bf(b)-af(a)}{b-a}=\xi f'(\xi)+f(\xi)$，$\xi\in(a, b)$，命题得证.

4.1.3　柯西中值定理

在拉格朗日中值定理的基础上，将几何图形中的曲线用参数方程来表述，就可以得到柯西中值定理.

如图 4-6 所示，连续曲线弧 AB 除了端点外处处有不垂直于 x 轴的切线，则在曲线弧 AB 上至少有一点 C，使曲线在点 C 处的切线平行于线段 AB.

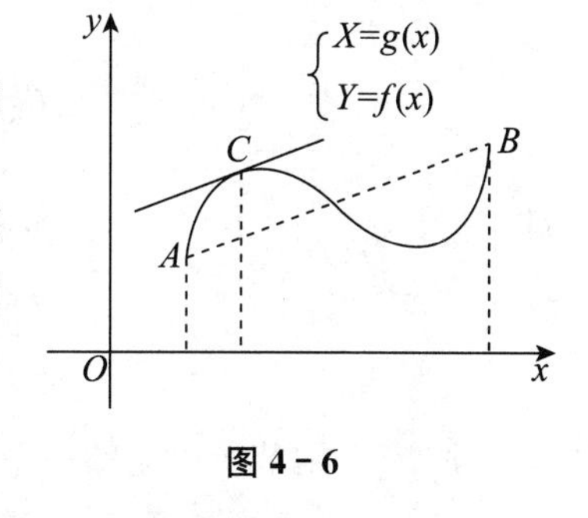

图 4-6

若将 x 看作参数，则曲线用参数方程表示为：

$$X=g(x),\ Y=f(x),\ a\leqslant x\leqslant b.$$

这时曲线上某一点 $C(g(\xi), f(\xi))$ 处切线的斜率为 $\dfrac{f'(\xi)}{g'(\xi)}$. 连接曲线两端点 $A(g(a), f(a))$，$B(g(b), f(b))$ 的弦所在直线的斜率为

$$\frac{f(b)-f(a)}{g(b)-g(a)},$$

则

$$\frac{f(b)-f(a)}{g(b)-g(a)}=\frac{f'(\xi)}{g'(\xi)}.$$

根据上述几何图形的数量特征分析，得到如下定理.

定理 3（柯西中值定理）　如果函数 $f(x)$ 与 $g(x)$ 满足条件：① 在闭区间 $[a, b]$ 上连续，② 在开区间 (a, b) 内可导，③ $g'(x)$ 在 (a, b) 内的每一点均不为零，那

么，在 (a, b) 内至少有一点 ξ，使得

$$\frac{f(b)-f(a)}{g(b)-g(a)}=\frac{f'(\xi)}{g'(\xi)}.$$

分析：若在柯西定理中取 $g(x)=x$，则可得到拉格朗日中值定理. 由此可以得到启发：若在拉格朗日中值定理的证明中将辅助函数 $\varphi(x)$ 中的 $x-a$ 换成 $g(x)-g(a)$，$b-a$ 换成 $g(b)-g(a)$，便得到辅助函数

$$\varphi(x)=f(x)-f(a)-\frac{f(b)-f(a)}{g(b)-g(a)}[g(x)-g(a)].$$

证：因为 $g'(x)\neq 0$，由拉格朗日中值定理，可知

$$g(b)-g(a)=g'(\xi)(b-a)\neq 0 \quad (a<\xi<b).$$

引入辅助函数

$$\varphi(x)=f(x)-f(a)-\frac{f(b)-f(a)}{g(b)-g(a)}[g(x)-g(a)].$$

容易验证 $\varphi(x)$ 在 $[a, b]$ 上满足罗尔定理的条件，所以，在 (a, b) 内至少有一点 ξ，使得

$$\varphi'(\xi)=f'(\xi)-\frac{f(b)-f(a)}{g(b)-g(a)}g'(\xi)=0,$$

即

$$\frac{f(b)-f(a)}{g(b)-g(a)}=\frac{f'(\xi)}{g'(\xi)} \quad (a<\xi<b).$$

注释　本节所讨论的三个定理是将函数值与区间 (a, b) 内的某个点 ξ 的导数值联系起来，因此统称为微分中值定理. 三个定理之间的关系如图 4-7 所示.

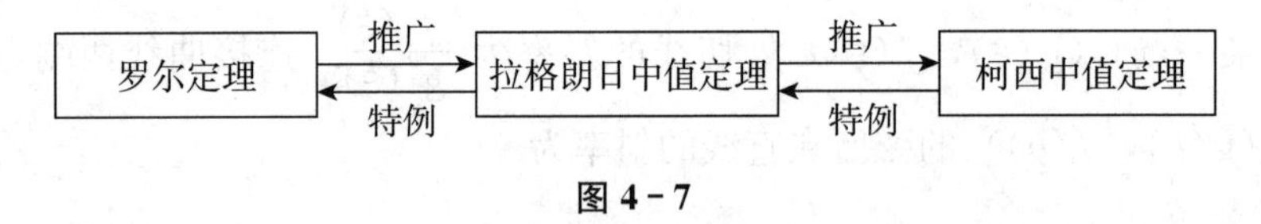

图 4-7

微分中值定理建立了函数在一个区间上的增量（整体性）与函数在该区间内某点处的导数（局部性）之间的联系，搭建了导数与函数改变量之间的桥梁，使导数成为研究函数性态的工具. 在拉格朗日中值定理与柯西中值定理的证明中采用了构造函数的证明方法.

构造法是数学中的一种基本方法，它是根据所讨论问题的条件和结论的特征、性质和结构，从新的角度，用新的观点去观察、分析、联想，构造出满足条件或结论的新的数学对象，使原问题中隐晦不清的关系和性质，在构造的新的数学对象中清晰地展现出来，这种构造新的数学对象来解决问题的方法称为构造法. 构造法的步骤如图 4-8 所示.

常见的辅助构造对象有辅助函数、辅助方程、辅助图形等，在微积分的定理证明和解

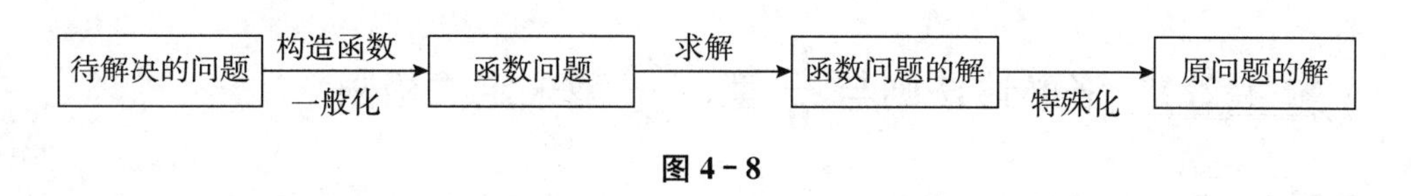

图 4-8

题中经常使用构造法.

习题 4.1

1. 验证函数 $f(x)=\ln\sin x$ 在区间 $\left[\frac{\pi}{6}, \frac{5\pi}{6}\right]$ 上是否满足罗尔定理的条件；若满足，试求出定理中的 ξ.

2. 验证函数 $f(x)=\arctan x$ 在区间 $[0, 1]$ 上是否满足拉格朗日中值定理的条件；若满足，试求出定理中的 ξ.

3. 验证函数 $f(x)=x^2$，$g(x)=x^3$ 在区间 $[1, 2]$ 上是否满足柯西中值定理的条件；若满足，试求出定理中的 ξ.

4. 不用求出函数 $f(x)=x(x-1)(x-2)(x-3)$ 的导数，判别方程 $f'(x)=0$ 的实根的个数，并指明其根所在的区间.

5. 设 $f(x)$ 在区间 $(-\infty, +\infty)$ 内可导，且有 $f'(x)=k$（k 为常数）. 证明 $f(x)$ 必为线性函数.

6. 证明恒等式：$2\arctan x+\arcsin\frac{2x}{1+x^2}=\pi$，其中 $x\geqslant 1$.

7. 证明下列不等式：

(1) 当 $x>0$ 时，有 $\frac{1}{1+x}<\ln(1+x)-\ln x<\frac{1}{x}$；

(2) 当 $0<x<y<1$ 时，有 $|\arcsin x-\arcsin x|\geqslant|x-y|$.

8. 设 $f(x)$ 为可导函数，且 $f(0)=0$，$|f'(x)|<1$. 试证明：对于任意 $x\neq 0$，有 $|f(x)|<|x|$.

4.2 洛必达法则

确定未定式的极限是求极限的主要类型，洛必达（L'Hospital）法则就是以导数为工具求这些未定式极限的主要方法.

常见的未定式主要有：在同一极限过程下，由无穷小的商和无穷大的商形成的 $\frac{0}{0}$ 型、$\frac{\infty}{\infty}$ 型未定式；由无穷小与无穷大的积形成的 $0\cdot\infty$ 型未定式；由无穷大与无穷大的差形成的 $\infty-\infty$ 型未定式；由无穷小与无穷大的幂形成的 0^0 型、1^∞ 型、∞^0 型未定式.

4.2.1 洛必达法则与 $\dfrac{0}{0}$ 型、$\dfrac{\infty}{\infty}$ 型未定式极限

定理1（洛必达[①]法则） 若函数 $f(x)$ 与 $g(x)$ 满足条件：

① $\lim\limits_{x\to x_0}f(x)=0$，$\lim\limits_{x\to x_0}g(x)=0$，

② $f(x)$ 与 $g(x)$ 在 x_0 的某邻域内（点 x_0 可除外）可导，且 $g'(x)\neq 0$，

③ $\lim\limits_{x\to x_0}\dfrac{f'(x)}{g'(x)}=A$（$A$ 为有限数，也可为 $+\infty$ 或 $-\infty$），

则

$$\lim_{x\to x_0}\frac{f(x)}{g(x)}=\lim_{x\to x_0}\frac{f'(x)}{g'(x)}=A.$$

证： 由于讨论的是函数在点 x_0 处的极限，而极限与函数在点 x_0 处的值无关，所以补充 $f(x)$ 与 $g(x)$ 在 x_0 处的定义. 令 $f(x_0)=g(x_0)=0$，则 $f(x)$ 与 $g(x)$ 在点 x_0 处连续. 在点 x_0 附近任取一点 x，并应用柯西中值定理，得

$$\frac{f(x)}{g(x)}=\frac{f(x)-f(x_0)}{g(x)-g(x_0)}=\frac{f'(\xi)}{g'(\xi)}\quad(\xi \text{ 介于 } x \text{ 与 } x_0 \text{ 之间}).$$

由于 $x\to x_0$ 时，$\xi\to x_0$，所以，对上式取极限可得要证的结果.

定理1给出了求 $\dfrac{0}{0}$ 型未定式极限的法则，对于 $\dfrac{\infty}{\infty}$ 型未定式的极限也有类似的法则.

定理2（洛必达法则） 若函数 $f(x)$ 与 $g(x)$ 满足条件：

① $\lim\limits_{x\to x_0}f(x)=\infty$，$\lim\limits_{x\to x_0}g(x)=\infty$，

② $f(x)$ 与 $g(x)$ 在 x_0 的某邻域内（点 x_0 可除外）可导，且 $g'(x)\neq 0$，

③ $\lim\limits_{x\to x_0}\dfrac{f'(x)}{g'(x)}=A$（$A$ 为有限数，也可为 $+\infty$ 或 $-\infty$），

则

$$\lim_{x\to x_0}\frac{f(x)}{g(x)}=\lim_{x\to x_0}\frac{f'(x)}{g'(x)}=A.$$

该定理的证明从略.

注释 下面给出洛必达法则的使用说明：

(1) 定理1与定理2只给出了 $x\to x_0$ 时，求 $\dfrac{0}{0}$ 型与 $\dfrac{\infty}{\infty}$ 型未定式极限的法则，对其他

① 洛必达（L'Hospital，1661—1704），法国数学家，早年就显露出数学才华，曾解出了当时数学家提出的两个著名的数学难题，1696年出版了第一部系统论述微分学的教科书《无穷小分析》，对传播新创立的微积分学起到了很大的作用，该书论述了后人所称的洛必达法则，其实该法则是他的老师约翰·伯努利在1694年给他的一封信中告诉他的.

极限形式 $x \to x_0^{\pm}$，$x \to \infty$，$x \to \pm\infty$，该法则同样适用.

（2）在使用洛必达法则前先要判别洛必达法则的条件 ①，当所求极限为 $\frac{0}{0}$ 型或 $\frac{\infty}{\infty}$ 型未定式时方可使用，若不是这两种类型的未定式，就不能使用该法则；洛必达法则的条件 ② 和 ③ 一般在求解过程中体现，使用中若不满足条件 ③，则洛必达法则失效，所求极限可能存在，也可能不存在.

（3）在满足 $\frac{0}{0}$ 型或 $\frac{\infty}{\infty}$ 型未定式的前提下，洛必达法则可以反复使用，如：

$$\lim_{x \to x_0} \frac{f(x)}{g(x)} = \lim_{x \to x_0} \frac{f'(x)}{g'(x)} = \lim_{x \to x_0} \frac{f''(x)}{g''(x)}.$$

例 1　求 $\lim\limits_{x \to 1} \dfrac{x^3 - 3x + 2}{x^3 - x^2 - x + 1}$.

解：所求极限为 $\frac{0}{0}$ 型未定式．由洛必达法则，有

$$\lim_{x \to 1} \frac{x^3 - 3x + 2}{x^3 - x^2 - x + 1} = \lim_{x \to 1} \frac{3x^2 - 3}{3x^2 - 2x - 1} = \lim_{x \to 1} \frac{6x}{6x - 2} = \frac{6}{4} = \frac{3}{2}.$$

例 2　求 $\lim\limits_{x \to \pi} \dfrac{1 + \cos x}{\tan x}$.

解：所求极限为 $\frac{0}{0}$ 型未定式．由洛必达法则，有

$$\lim_{x \to \pi} \frac{1 + \cos x}{\tan x} = \lim_{x \to \pi} \frac{-\sin x}{\frac{1}{\cos^2 x}} = -\lim_{x \to \pi} \sin x \cos^2 x = 0.$$

例 3　求 $\lim\limits_{x \to 0} \dfrac{\sin x - x + \frac{x^3}{6}}{x^5}$.

解：所求极限为 $\frac{0}{0}$ 型未定式．连续使用洛必达法则，得

$$\lim_{x \to 0} \frac{\sin x - x + \frac{x^3}{6}}{x^5} = \lim_{x \to 0} \frac{\cos x - 1 + \frac{x^2}{2}}{5x^4} = \lim_{x \to 0} \frac{-\sin x + x}{20x^3}$$

$$= \lim_{x \to 0} \frac{-\cos x + 1}{60x^2} = \lim_{x \to 0} \frac{\sin x}{120x} = \frac{1}{120}.$$

例 4　求 $\lim\limits_{x \to +\infty} \dfrac{\ln x}{x^n}$ $(n > 0)$.

解：所求极限为 $\frac{\infty}{\infty}$ 型未定式．使用洛必达法则，得

$$\lim_{x\to+\infty}\frac{\ln x}{x^n}=\lim_{x\to+\infty}\frac{\frac{1}{x}}{nx^{n-1}}=\lim_{x\to+\infty}\frac{1}{nx^n}=0.$$

例 5 求 $\lim\limits_{x\to+\infty}\frac{x^n}{e^{\lambda x}}$（$\lambda>0$，$n\in\mathbf{N}$）.

解：所求极限为 $\frac{\infty}{\infty}$ 型未定式. 连续使用洛必达法则，得

$$\lim_{x\to+\infty}\frac{x^n}{e^{\lambda x}}=\lim_{x\to+\infty}\frac{nx^{n-1}}{e^{\lambda x}\cdot\lambda}=\lim_{x\to+\infty}\frac{n(n-1)x^{n-2}}{e^{\lambda x}\cdot\lambda^2}$$
$$=\cdots=\lim_{x\to+\infty}\frac{n(n-1)\cdots1\cdot x^{n-n}}{e^{\lambda x}\cdot\lambda^n}=\lim_{x\to+\infty}\frac{n!}{e^{\lambda x}\cdot\lambda^n}=0.$$

对于较复杂的极限，可以先使用等价无穷小代换、重要极限和运算法则，将所求极限化为简单形式，再使用洛必达法则.

例 6 求 $\lim\limits_{x\to0}\frac{\tan x-x}{x\ln(1+x^2)}$.

解：所求极限为 $\frac{0}{0}$ 型未定式. 先用等价无穷小代换化简，再使用洛必达法则，得

$$\lim_{x\to0}\frac{\tan x-x}{x\ln(1+x^2)}=\lim_{x\to0}\frac{\tan x-x}{x^3}=\lim_{x\to0}\frac{\sec^2x-1}{3x^2}=\lim_{x\to0}\frac{2\tan x\sec^2x}{6x}$$
$$=\frac{1}{3}\lim_{x\to0}\frac{\tan x}{x}\sec^2x=\frac{1}{3}\lim_{x\to0}\frac{\tan x}{x}\lim_{x\to0}\sec^2x=\frac{1}{3}.$$

例 7 求 $\lim\limits_{x\to0}\frac{\tan x-x}{x-\sin x}$.

解：所求极限是 $\frac{0}{0}$ 型未定式.

方法一 $\lim\limits_{x\to0}\frac{\tan x-x}{x-\sin x}=\lim\limits_{x\to0}\frac{\sec^2x-1}{1-\cos x}=\lim\limits_{x\to0}\frac{2\sec^2x\cdot\tan x}{\sin x}=\lim\limits_{x\to0}\frac{2}{\cos^3x}=2.$

方法二 $\lim\limits_{x\to0}\frac{\tan x-x}{x-\sin x}=\lim\limits_{x\to0}\frac{\sec^2x-1}{1-\cos x}=\lim\limits_{x\to0}\frac{1-\cos^2x}{\cos^2x(1-\cos x)}=\lim\limits_{x\to0}\frac{1+\cos x}{\cos^2x}=2.$

方法三 $\lim\limits_{x\to0}\frac{\tan x-x}{x-\sin x}=\lim\limits_{x\to0}\frac{\sec^2x-1}{1-\cos x}=\lim\limits_{x\to0}\frac{\tan^2x}{1-\cos x}=\lim\limits_{x\to0}\frac{x^2}{\frac{1}{2}x^2}=2.$

例 8 求 $\lim\limits_{x\to0}\frac{1-\cos^2x}{x(1-e^x)}$.

解：所求极限是 $\frac{0}{0}$ 型未定式.

方法一 $\lim\limits_{x\to0}\frac{1-\cos^2x}{x(1-e^x)}=\lim\limits_{x\to0}\frac{2\cos x\sin x}{1-e^x-xe^x}=2\lim\limits_{x\to0}\cos x\lim\limits_{x\to0}\frac{\sin x}{1-e^x-xe^x}$

$$=2\lim_{x\to 0}\frac{\cos x}{-2e^x-xe^x}=2\times\frac{1}{-2}=-1.$$

方法二　$\lim\limits_{x\to 0}\dfrac{1-\cos^2 x}{x(1-e^x)}=\lim\limits_{x\to 0}\dfrac{\sin^2 x}{x\cdot(-x)}=-\lim\limits_{x\to 0}\left(\dfrac{\sin x}{x}\right)^2=-1.$

注释　使用洛必达法则应注意的问题：

(1) 每次使用法则前，必须检验是否属于 $\dfrac{0}{0}$ 型或 $\dfrac{\infty}{\infty}$ 型未定式，若不是这两类未定式，就不能使用该法则.

(2) 使用法则时要注意必要的化简，如果有可约因子，则可先约去；如果有非零极限值的乘积因子，则可先按乘积的极限运算法则将其分出，以简化演算步骤.

(3) 要注意与重要极限、等价无穷小代换等方法结合使用，以简化法则的使用过程.

(4) 当 $\lim\dfrac{f'(x)}{g'(x)}$ 不存在时（不包括 ∞ 的情形），并不能断定 $\lim\dfrac{f(x)}{g(x)}$ 也不存在，此时应使用其他方法求极限.

例 9　证明 $\lim\limits_{x\to\infty}\dfrac{x+\sin x}{x}$ 存在，但不能用洛必达法则求解.

证： 因为$\lim\limits_{x\to\infty}\dfrac{x+\sin x}{x}=\lim\limits_{x\to\infty}\left(1+\dfrac{\sin x}{x}\right)=1+0=1$，所以所给的极限存在. 又因为 $\lim\limits_{x\to\infty}\dfrac{(x+\sin x)'}{(x)'}=\lim\limits_{x\to\infty}\dfrac{1+\cos x}{1}=\lim\limits_{x\to\infty}(1+\cos x)$ 不存在，所以所给极限不能用洛必达法则求出.

例 10　求 $\lim\limits_{x\to\frac{\pi}{2}}\dfrac{\tan x-6}{\sec x+5}$.

解： 所求极限是 $\dfrac{\infty}{\infty}$ 型未定式.

$$\lim_{x\to\frac{\pi}{2}}\frac{\tan x-6}{\sec x+5}=\lim_{x\to\frac{\pi}{2}}\frac{(\tan x-6)'}{(\sec x+5)'}=\lim_{x\to\frac{\pi}{2}}\frac{\sec^2 x}{\sec x\tan x}=\lim_{x\to\frac{\pi}{2}}\frac{\sec x}{\tan x}=\lim_{x\to\frac{\pi}{2}}\frac{1}{\sin x}=1.$$

注释　若在上式中求 $\lim\limits_{x\to\frac{\pi}{2}}\dfrac{\sec x}{\tan x}$ 时继续使用洛必达法则，则

$$\lim_{x\to\frac{\pi}{2}}\frac{\sec x}{\tan x}=\lim_{x\to\frac{\pi}{2}}\frac{\sec x\tan x}{\sec^2 x}=\lim_{x\to\frac{\pi}{2}}\frac{\tan x}{\sec x}=\lim_{x\to\frac{\pi}{2}}\frac{\sec^2 x}{\sec x\tan x}.$$

出现循环，无法求得结果，所以不能认为洛必达法则是万能的. 运用洛必达法则时适当地结合其他求极限的方法（如等价无穷小代换、重要极限等）会更有效.

例 11 求 $\lim\limits_{x\to 0}\dfrac{x^2\sin\dfrac{1}{x}}{\sin x}$.

解： $\lim\limits_{x\to 0}\dfrac{x^2\sin\dfrac{1}{x}}{\sin x}=\lim\limits_{x\to 0}\left(\dfrac{x}{\sin x}\cdot x\sin\dfrac{1}{x}\right)=\lim\limits_{x\to 0}\dfrac{x}{\sin x}\lim\limits_{x\to 0}x\sin\dfrac{1}{x}=1\cdot 0=0.$

注释 该题不能使用洛必达法则．因为若使用洛必达法则，则有

$$\lim_{x\to 0}\frac{x^2\sin\dfrac{1}{x}}{\sin x}=\lim_{x\to 0}\frac{2x\sin\dfrac{1}{x}-\cos\dfrac{1}{x}}{\cos x}.$$

而极限 $\lim\limits_{x\to 0}\cos\dfrac{1}{x}$ 不存在．所以不能使用洛必达法则，应改用其他方法．

4.2.2 其他未定式的极限

由无穷小与无穷大的乘积形成的 $0\cdot\infty$ 型未定式、无穷大与无穷大的差形成的 $\infty-\infty$ 型未定式，经过变形可以转化为 $\dfrac{0}{0}$ 型和 $\dfrac{\infty}{\infty}$ 型未定式．

例 12 求 $\lim\limits_{x\to 0^+}x\ln x$.

解： 所求极限为 $0\cdot\infty$ 型未定式，先将其化成 $\dfrac{\infty}{\infty}$ 型未定式，再使用洛必达法则，得

$$\lim_{x\to 0^+}x\ln x=\lim_{x\to 0^+}\frac{\ln x}{\dfrac{1}{x}}=\lim_{x\to 0^+}\frac{\dfrac{1}{x}}{-\dfrac{1}{x^2}}=\lim_{x\to 0^+}(-x)=0.$$

例 13 求 $\lim\limits_{x\to 1}\left(\dfrac{x}{x-1}-\dfrac{1}{\ln x}\right)$.

解： 所求极限是 $\infty-\infty$ 型未定式，通过通分将其化为 $\dfrac{0}{0}$ 型未定式：

$$\lim_{x\to 1}\left(\frac{x}{x-1}-\frac{1}{\ln x}\right)=\lim_{x\to 1}\frac{x\ln x-(x-1)}{(x-1)\ln x}=\lim_{x\to 1}\frac{x\cdot\dfrac{1}{x}+\ln x-1}{\ln x+\dfrac{x-1}{x}}$$

$$=\lim_{x\to 1}\frac{\ln x}{1-\dfrac{1}{x}+\ln x}=\lim_{x\to 1}\frac{\dfrac{1}{x}}{\dfrac{1}{x^2}+\dfrac{1}{x}}=\frac{1}{2}.$$

由无穷小与无穷大之间的幂形成的 0^0 型、1^∞ 型、∞^0 型未定式，可以通过对数运算

化为 $0\cdot\infty$ 型未定式后，再化为 $\frac{0}{0}$ 型与 $\frac{\infty}{\infty}$ 型未定式.

例 14　求 $\lim\limits_{x\to0^+}x^x$.

解：所求极限是 0^0 型未定式. 令 $y=x^x$，则 $\ln y=x\ln x$. 因为

$$\lim_{x\to0^+}\ln y=\lim_{x\to0^+}x\ln x=\lim_{x\to0^+}\frac{\ln x}{\frac{1}{x}}=\lim_{x\to0^+}\frac{\frac{1}{x}}{-\frac{1}{x^2}}=\lim_{x\to0^+}(-x)=0,$$

所以 $\lim\limits_{x\to0^+}x^x=\lim\limits_{x\to0^+}e^{x\ln x}=e^0=1$.

例 15　求 $\lim\limits_{x\to e}(\ln x)^{\frac{1}{1-\ln x}}$.

解：所求极限是 1^∞ 型未定式. 令 $y=(\ln x)^{\frac{1}{1-\ln x}}$，则 $\ln y=\frac{\ln\ln x}{1-\ln x}$. 因为

$$\lim_{x\to e}\ln y=\lim_{x\to e}\frac{\ln\ln x}{1-\ln x}=\lim_{x\to e}\frac{\frac{1}{x\ln x}}{-\frac{1}{x}}=\lim_{x\to e}\frac{-1}{\ln x}=-1,$$

所以 $\lim\limits_{x\to e}(\ln x)^{\frac{1}{1-\ln x}}=\lim\limits_{x\to e}e^{\ln y}=e^{-1}$.

注释　洛必达法则是求未定式极限的一种通用而有效的方法，只有 $\frac{0}{0}$ 型与 $\frac{\infty}{\infty}$ 型未定式的极限才可以直接使用洛必达法则，其他类型的未定式极限可以按图 4-9 转化为 $\frac{0}{0}$ 型与 $\frac{\infty}{\infty}$ 型未定式，再使用洛必达法则.

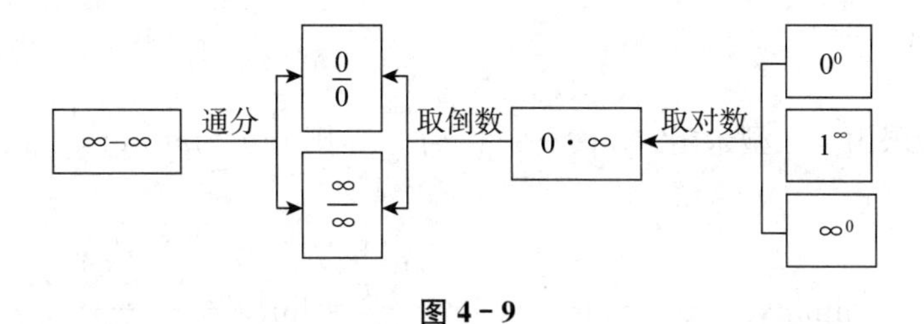

图 4-9

在本节内容结束之前，再介绍几个将未定式 $0\cdot\infty$ 型、$\infty-\infty$ 型、0^0 型、∞^0 型化为 $\frac{0}{0}$ 型与 $\frac{\infty}{\infty}$ 型基本未定式，然后使用洛必达法则求极限的例子.

例 16　求 $\lim\limits_{x\to\infty}x(e^{\frac{1}{x}}-1)$.

解：所求极限为 $\infty\cdot0$ 型未定式，先转换成 $\frac{0}{0}$ 型未定式.

$$\lim_{x\to\infty}x(e^{\frac{1}{x}}-1)=\lim_{x\to\infty}\frac{e^{\frac{1}{x}}-1}{\frac{1}{x}}=\lim_{x\to\infty}\frac{e^{\frac{1}{x}}\left(-\frac{1}{x^2}\right)}{-\frac{1}{x^2}}\lim_{x\to\infty}e^{\frac{1}{x}}=1.$$

例 17 求 $\lim\limits_{x\to0}\left[\frac{1}{x}-\frac{1}{\ln(1+x)}\right]$.

解： 所求极限为 $\infty-\infty$ 型未定式，对分式通分，再用洛必达法则，得

$$\lim_{x\to0}\left(\frac{1}{x}-\frac{1}{\ln(1+x)}\right)=\lim_{x\to0}\frac{\ln(1+x)-x}{x\ln(1+x)}=\lim_{x\to0}\frac{\frac{1}{1+x}-1}{\ln(1+x)+\frac{x}{1+x}}$$

$$=\lim_{x\to0}\frac{-x}{(1+x)\ln(1+x)+x}=\lim_{x\to0}\frac{-1}{\ln(1+x)+2}=-\frac{1}{2}.$$

例 18 求 $\lim\limits_{x\to0^+}x^{\frac{1}{1+\ln x}}$.

解： 所求极限为 0^0 型未定式，令 $y=x^{\frac{1}{1+\ln x}}$，则 $\ln y=\frac{\ln x}{1+\ln x}$.

$$\lim_{x\to0^+}\ln y=\lim_{x\to0^+}\frac{\ln x}{1+\ln x}=\lim_{x\to0^+}\frac{(\ln x)'}{(1+\ln x)'}=\lim_{x\to0^+}\frac{\frac{1}{x}}{\frac{1}{x}}=1,$$

所以

$$\lim_{x\to0^+}y=\lim_{x\to0^+}e^{\ln y}=e^{\lim\limits_{x\to0^+}\ln y}=e.$$

例 19 求 $\lim\limits_{x\to0}\left(\frac{1}{x}\right)^{\tan x}$.

解： 所求极限为 ∞^0 型未定式．令 $y=\left(\frac{1}{x}\right)^{\tan x}$，则 $\ln y=\tan x\ln\frac{1}{x}$.

$$\lim_{x\to0}\ln y=\lim_{x\to0}\tan x\ln\frac{1}{x}=\lim_{x\to0}\frac{\ln\frac{1}{x}}{\cot x}=\lim_{x\to0}\frac{x\cdot\left(-\frac{1}{x^2}\right)}{-\frac{1}{\sin^2x}}$$

$$=\lim_{x\to0}\frac{\sin^2x}{x}=\lim_{x\to0}\left(\frac{\sin x}{x}\cdot\sin x\right)=0,$$

所以

$$\lim_{x\to0}\left(\frac{1}{x}\right)^{\tan x}=\lim_{x\to0}e^{\ln y}=e^0=1.$$

习题 4.2

1. 求下列极限：

(1) $\lim\limits_{x\to 1}\dfrac{\ln x}{(x-1)^2}$；

(2) $\lim\limits_{x\to \frac{\pi}{2}}\dfrac{\ln\sin x}{(\pi-2x)^2}$；

(3) $\lim\limits_{x\to 0^+}\dfrac{\ln\sin 3x}{\ln\sin x}$；

(4) $\lim\limits_{x\to \frac{\pi}{2}}\dfrac{\tan x}{\tan 3x}$；

(5) $\lim\limits_{x\to +\infty}\dfrac{\ln\left(1+\dfrac{1}{x}\right)}{\operatorname{arccot} x}$；

(6) $\lim\limits_{x\to 0}\dfrac{1-\cos x^2}{x^2\sin x^2}$.

2. 求下列极限：

(1) $\lim\limits_{x\to 0}x\cot 2x$；

(2) $\lim\limits_{x\to 0}x^2 e^{\frac{1}{x^2}}$；

(3) $\lim\limits_{x\to 0}\left(\dfrac{1}{\sin x}-\dfrac{1}{e^x-1}\right)$；

(4) $\lim\limits_{x\to 0}\left[\dfrac{1}{x}-\dfrac{\ln(1+x)}{x^2}\right]$；

(5) $\lim\limits_{x\to 0}(\cos x)^{\frac{1}{x^2}}$；

(6) $\lim\limits_{x\to \infty}\left(1+\dfrac{1}{x^2}\right)^x$；

(7) $\lim\limits_{x\to 0^+}\left(\dfrac{1}{\sin x}\right)^{\tan x}$；

(8) $\lim\limits_{x\to 0^+}(\sin x)^{\frac{2}{1+\ln x}}$.

3. 验证下列极限存在，但不能用洛必达法则求其极限：

(1) $\lim\limits_{x\to \infty}\dfrac{x+\sin x}{x-\sin x}$；

(2) $\lim\limits_{x\to +\infty}\dfrac{e^x-e^{-x}}{e^x+e^{-x}}$.

4. 确定常数 a，b，使极限 $\lim\limits_{x\to 0}\dfrac{\ln(1+x)-(ax+bx^2)}{x^2}=2$ 成立.

5. 设函数 $f(x)$ 在点 $x=0$ 的某邻域内有一阶连续导数，且 $f(x)>0$，$f(0)=1$. 求极限 $\lim\limits_{x\to 0}[f(x)]^{\frac{1}{x}}$.

4.3 函数的单调性与极值

函数的单调性与极值是函数最基本的特性，本节讨论函数的单调性和极值与其导数之间的关系，从而提供判别函数的单调性和求函数极值的方法.

4.3.1 函数单调性的判别

观察　观察单调连续曲线与其切线之间的几何位置关系和数量特征.

设函数 $y=f(x)$ 是 $[a, b]$ 上单调递增（单调递减）的连续函数，并且在 (a, b) 内可导，那么它的图形是一条沿 x 轴正向上升（下降）的曲线，如图 4－10 所示．这时曲线每一点的切线与 x 轴正向的夹角都是锐角（钝角），即切线斜率都是非负的（非正的），从而 $f'(x)\geqslant 0$ $(f'(x)\leqslant 0)$．

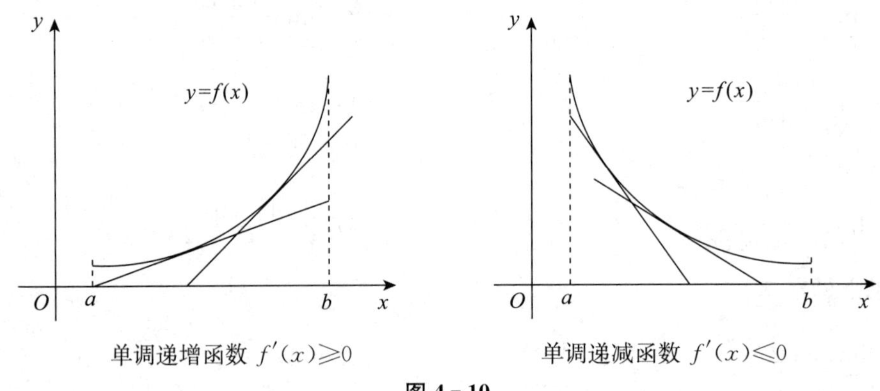

图 4－10

概括 函数的单调性与其导数符号有内在联系，由几何直观可以看到：对于单调递增的连续函数，有 $f'(x)\geqslant 0$；对于单调递减的连续函数，有 $f'(x)\leqslant 0$．反过来，利用函数的导数符号，也能判别函数的单调性．

验证 事实上，这一结论可以由函数 $y=\sin x$ 及其导函数 $y'=\cos x$ 的图形的关系得到验证（见图 4－11）．

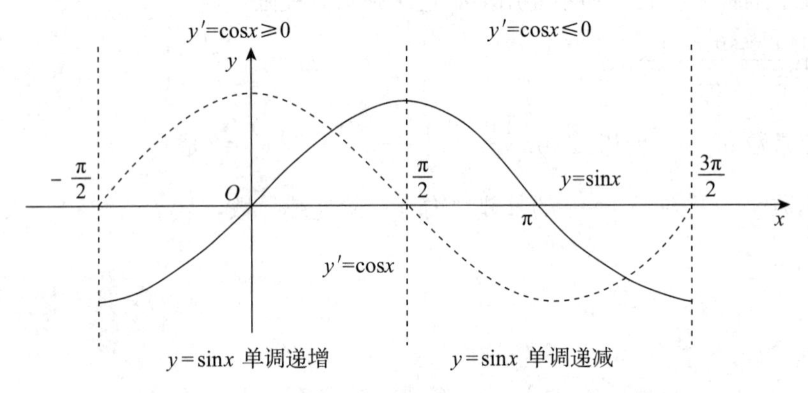

图 4－11

在区间 $\left(-\frac{\pi}{2}, \frac{\pi}{2}\right)$ 内，$y'=\cos x>0$，函数 $y=\sin x$ 单调递增．

在区间 $\left(\frac{\pi}{2}, \frac{3\pi}{2}\right)$ 内，$y'=\cos x<0$，函数 $y=\sin x$ 单调递减．

由上面的讨论，我们看到可以利用导数的符号来判别函数的单调性，即有如下定理．

定理 1（判别函数单调性的条件） 设函数 $f(x)$ 在 $[a, b]$ 上连续，在 (a, b) 可导，则有

(1) 如果在 (a, b) 内 $f'(x)>0$，则函数 $f(x)$ 在 $[a, b]$ 上单调递增；

(2) 如果在 (a, b) 内 $f'(x)<0$，则函数 $f(x)$ 在 $[a, b]$ 上单调递减.

证： 设 x_1，x_2 是 $[a, b]$ 上任意两点，且 $x_1<x_2$. 由拉格朗日中值定理，有

$$f(x_2)-f(x_1)=f'(\xi)(x_2-x_1) \quad (x_1<\xi<x_2).$$

如果 $f'(x)>0$，则必有 $f'(\xi)>0$. 又 $x_2-x_1>0$，于是有

$$f(x_2)-f(x_1)>0, \quad 即\ f(x_2)>f(x_1).$$

由于 x_1，$x_2(x_1<x_2)$ 是 $[a, b]$ 上任意两点，所以函数 $f(x)$ 在 $[a, b]$ 上单调递增.

同理可证，如果 $f'(x)<0$，则函数 $f(x)$ 在 $[a, b]$ 上单调递减.

注释　定理 1 的两点说明：

(1) 定理 1 中的区间 $[a, b]$ 换成其他各种类型的区间，结论仍成立.

(2) 定理 1 中的导数符号条件 $f'(x)>0$（或 $f'(x)<0$）改成 $f'(x)\geqslant 0$（或 $f'(x)\leqslant 0$），但等号只在有限个点处成立，定理的结论依然成立.

在研究函数的单调性时，可能函数在其定义域上并不具有单调性，但在其各个部分区间上具有单调性. 如图 4－12 所示，函数 $f(x)$ 在区间 $[a, x_1]$，$[x_2, x_4]$ 上单调递增，而在 $[x_1, x_2]$，$[x_4, b]$ 上单调递减. 而且，函数 $f(x)$ 在单调性的分界点处导数为零或不可导，如点 $x=x_1$，$x=x_2$ 处的导数为零，在点 $x=x_4$ 处不可导.

将导数为零的点称为**驻点**，即此刻速度为零.

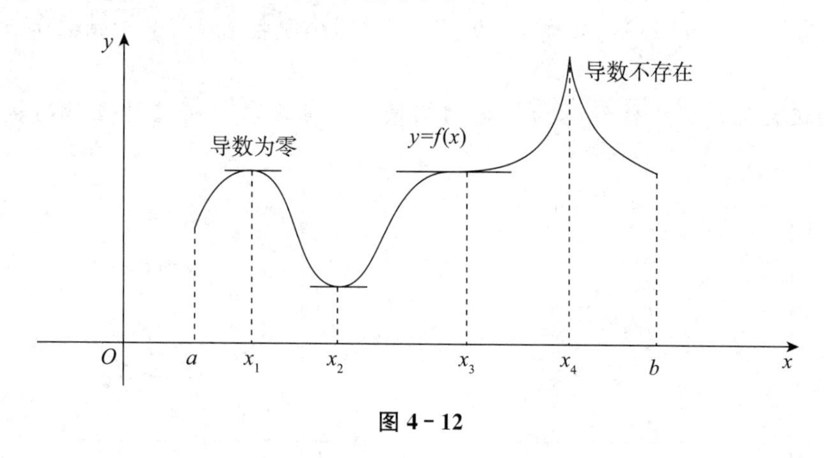

图 4－12

方法　求函数单调区间的方法：

(1) 确定函数 $f(x)$ 的定义域，求出其驻点和不可导点；

(2) 利用这些点将 $f(x)$ 的定义域分成若干个子区间，再在每个子区间上用定理 1 判断函数的单调性.

例 1　讨论函数 $f(x)=3x^2-x^3$ 的单调性.

解： 函数 $f(x)=3x^2-x^3$ 的定义域为 $(-\infty, +\infty)$.

$$f'(x)=6x-3x^2=3x(2-x).$$

令 $f'(x)=0$，得驻点：$x_1=0$，$x_2=2$. 利用它们将 $f(x)$ 的定义区间 $(-\infty, +\infty)$ 分成三个部分区间：$(-\infty, 0)$，$(0, 2)$，$(2, +\infty)$.

当 $x\in(-\infty, 0)$ 时，$f'(x)<0$；当 $x\in(0, 2)$ 时，$f'(x)>0$；当 $x\in(2, +\infty)$ 时，$f'(x)<0$. 因此，由定理 1 知，函数 $f(x)$ 在区间 $(-\infty, 0]$ 与 $[2, +\infty)$ 上单调递减，在区间 $[0, 2]$ 上单调递增.

例 2 确定函数 $y=1+\sqrt[3]{x^2}$ 的单调区间.

解： 函数的定义域为 $(-\infty, +\infty)$，$y'=\dfrac{2}{3\sqrt[3]{x}}$，故 $x=0$ 是函数的不可导点.

当 $x<0$ 时，$y'<0$，函数在 $(-\infty, 0]$ 上单调递减.

当 $x>0$ 时，$y'>0$，函数在 $[0, +\infty)$ 上单调递增.

4.3.2 函数的极值

函数的极值是函数的一个重要特征，它与函数的最大值和最小值密切相关，也是促使导数概念产生的一类重要问题.

定义 1 设函数 $f(x)$ 在 x_0 的某邻域 $U(x_0)$ 内有定义，任取 $x\in U(x_0)(x\neq x_0)$.

(1) 若有 $f(x)<f(x_0)$，则称 x_0 为 $f(x)$ 的**极大值点**，$f(x_0)$ 为函数 $f(x)$ 的一个**极大值**；

(2) 若有 $f(x)>f(x_0)$，则称 x_0 为 $f(x)$ 的**极小值点**，$f(x_0)$ 为函数 $f(x)$ 的一个**极小值**.

函数的极大值与极小值统称为函数的**极值**. 使函数取得极值的点称为**极值点**，见图 4－13.

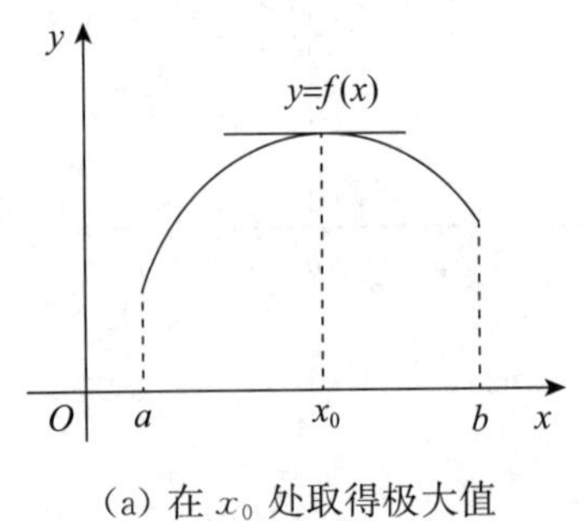

(a) 在 x_0 处取得极大值

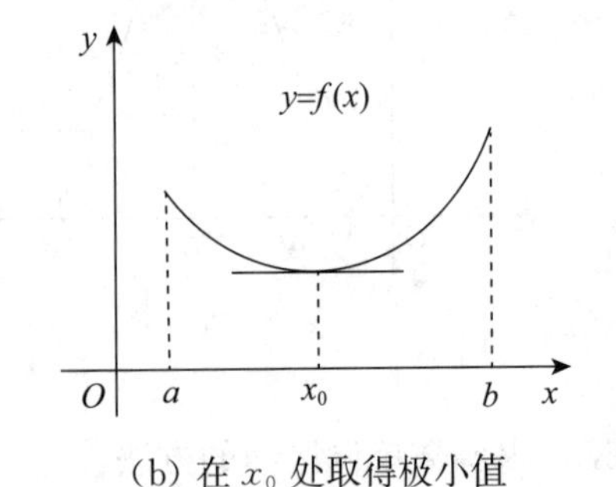

(b) 在 x_0 处取得极小值

图 4－13

注释 由极值的定义可以看到，函数的极值是函数的一种局部性质，它们与函数的最大值、最小值不同. 极值 $f(x_0)$ 是对点 x_0 附近的一个局部范围来说的，最大值与最小值是对 $f(x)$ 的整个定义域而言的. 函数在一个区间上可能有几个极大值和几个极小值，其中有的极大值可能比极小值还小（见图 4－14）.

观察图 4－14 中曲线上各点处的切线位置，对于可导函数 $f(x)$，在取得极值处的切

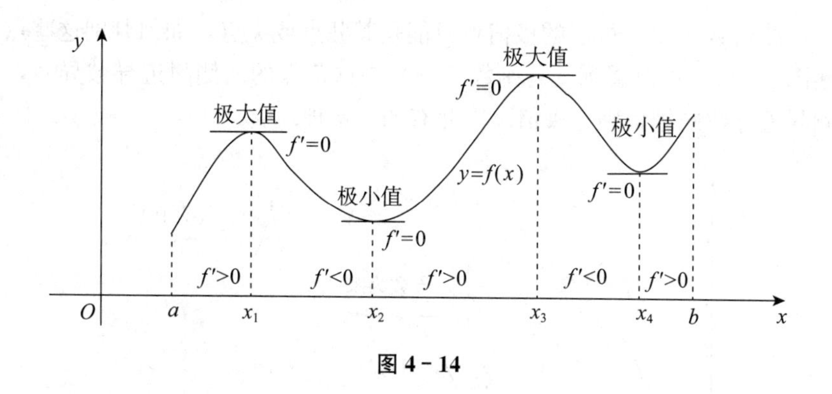

图 4-14

线是水平的，即极值点 x_i 处，必有 $f'(x_i)=0$，$i=1,2,3,4$，于是有下面的定理.

定理 2（极值的必要条件） 设 $f(x_0)$ 在点 x_0 处具有导数，且在点 x_0 处取得极值，那么 $f'(x_0)=0$.

证：只证 $f(x_0)$ 是极大值的情形. 由 $f'(x_0)$ 存在可知

$$f'(x_0)=f'_-(x_0)=f'_+(x_0).$$

因为 $f(x_0)$ 是 $f(x)$ 的一个极大值，所以对于 x_0 的某邻域内的一切 x，只要 $x\neq x_0$，就恒有 $f(x)\leqslant f(x_0)$. 因此，

当 $x>x_0$ 时，有 $\dfrac{f(x)-f(x_0)}{x-x_0}\leqslant 0$，于是 $f'_+(x_0)=\lim\limits_{x\to x_0^+}\dfrac{f(x)-f(x_0)}{x-x_0}\leqslant 0$.

当 $x<x_0$ 时，有 $\dfrac{f(x)-f(x_0)}{x-x_0}\geqslant 0$，于是 $f'_-(x_0)=\lim\limits_{x\to x_0^-}\dfrac{f(x)-f(x_0)}{x-x_0}\geqslant 0$.

所以 $f'(x_0)=0$.

类似可证 $f(x_0)$ 为极小值的情形.

此定理说明，对于可导函数 $f(x)$，其极值点必是其驻点. 但反之不真，即函数 $f(x)$ 的驻点并不一定是 $f(x)$ 的极值点. 例如，$x=0$ 是函数 $f(x)=x^3$ 的驻点，但不是其极值点（见图 4-15）.

对于一个连续函数，它的极值点还可能是导数不存在的点，称这种点为尖点. 例如，$f(x)=|x|$，$f'(0)$ 不存在，但 $x=0$ 是它的极小值点（见图 4-16）.

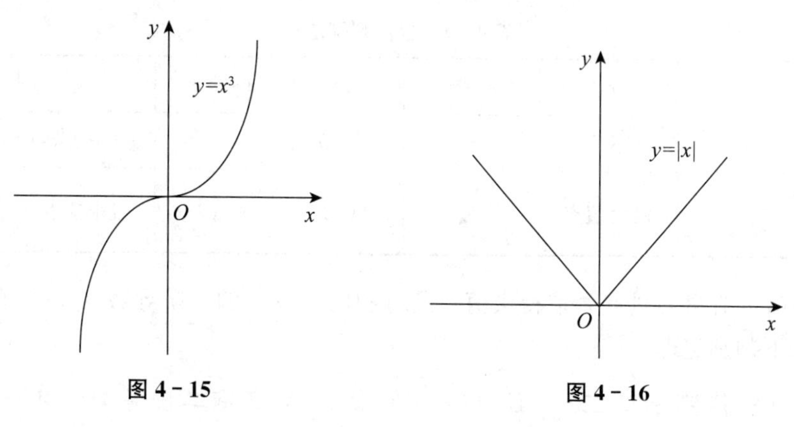

图 4-15

图 4-16

总之，连续函数 $f(x)$ 可能的极值点只能是其驻点或尖点，如何判别这些点是否为极值点？观察图 4－17，可以看到，若函数 $f(x)$ 在这些点的两侧附近导数异号，则取得极值；若两侧附近导数同号，则非极值. 因此有如下定理.

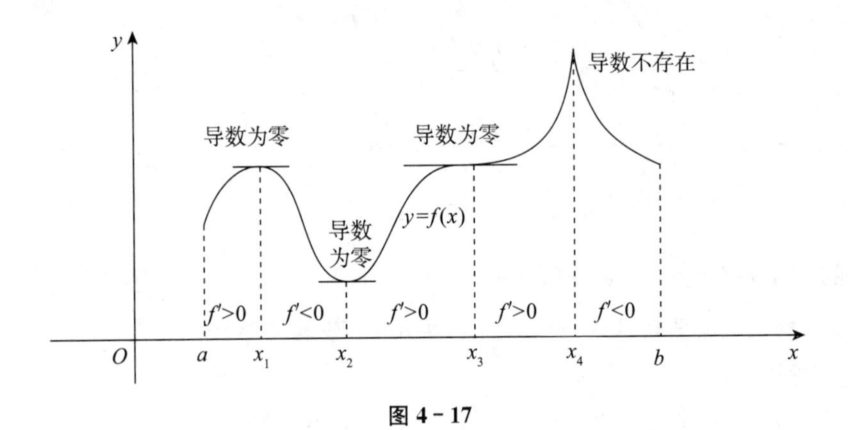

图 4－17

定理 3（极值判别法一） 设 $f(x)$ 在点 x_0 处连续，在点 x_0 的去心邻域 $U^{\circ}(x_0)$ 内可导，且 $f'(x_0)=0$ 或 $f'(x_0)$ 不存在.

(1) 若当 $x<x_0$ 时 $f'(x)>0$，当 $x>x_0$ 时 $f'(x)<0$，则 $f(x_0)$ 为极大值；

(2) 若当 $x<x_0$ 时 $f'(x)<0$，当 $x>x_0$ 时 $f'(x)>0$，则 $f(x_0)$ 为极小值；

(3) 若在 x_0 两侧导数符号相同，则 $f(x_0)$ 非极值.

证： (1) 由假设知，$f(x)$ 在点 x_0 的左侧邻域单调递增，在点 x_0 的右侧邻域单调递减，即当 $x<x_0$ 时 $f(x)<f(x_0)$，当 $x>x_0$ 时 $f(x)<f(x_0)$，因此点 x_0 是 $f(x)$ 的极大值点，$f(x_0)$ 是 $f(x)$ 的极大值.

类似可以证明 (2).

(3) 由假设知，当 x 在点 x_0 的某个邻域（$x\neq x_0$）内取值时，$f'(x)>0$（<0），所以，$f(x)$ 在这个邻域内是单调递增（递减）的，因此点 x_0 不是极值点.

极值判别法一为判别连续函数在驻点或不可导点处是否取得极值的充分性判别法. 为了直观起见，将其列为表 4－1.

表 4－1　极值判别法一

x	$x<x_0$	x_0	$x>x_0$	x	$x<x_0$	x_0	$x>x_0$
$f'(x)$	+	0（不可导）	−	$f'(x)$	−	0（不可导）	+
$f(x)$	↗	极大值点	↘	$f(x)$	↘	极小值点	↗

函数 $f(x)$ 在驻点处是否取得极值，还可利用 $f(x)$ 的二阶导数 $f''(x)$ 的符号进行判别，有如下判别定理.

定理 4（极值判别法二） 设 $f(x)$ 在点 x_0 处具有二阶导数，且 $f'(x_0)=0$，

$f''(x_0)\neq 0$.

(1) 如果 $f''(x_0)<0$，则 $f(x)$ 在点 x_0 处取得极大值；

(2) 如果 $f''(x_0)>0$，则 $f(x)$ 在点 x_0 处取得极小值；

(3) 如果 $f''(x_0)=0$，则不能判别 $f(x)$ 在点 x_0 处是否取得极值.

证：(1) 由于 $f''(x_0)<0$，所以

$$f''(x_0)=\lim_{x\to x_0}\frac{f'(x)-f'(x_0)}{x-x_0}<0.$$

由极限的保号性，在点 x_0 的某邻域内，有

$$\frac{f'(x)-f'(x_0)}{x-x_0}<0 \quad (x\neq x_0).$$

因为 $f'(x_0)=0$，所以有 $\dfrac{f'(x)}{x-x_0}<0$ $(x\neq x_0)$.

因此，当 $x<x_0$ 时，$f'(x)>0$；当 $x>x_0$ 时，$f'(x)<0$. 由定理 3 知 $f(x_0)$ 为 $f(x)$ 的极大值.

类似地可证明 (2).

(3) 反例：对于 $f(x)=x^3$，$f'(0)=0$，$f''(0)=0$，但 $f(0)=0$ 非极值；对于 $g(x)=x^4$，$g'(0)=0$，$g''(0)=0$，但 $g(0)=0$ 为极小值.

方法　求函数 $y=f(x)$ 的极值的方法：

(1) 确定函数的定义域，求出其驻点和不可导点；

(2) 利用极值判别法一判别驻点和不可导点左右导数的符号，或用极值判别法二判别二阶可导函数在驻点处的二阶导数的符号；

(3) 求出极值点处的函数值，从而得函数的极值.

例 3　求函数 $f(x)=x^3-6x^2+9x$ 的极值.

解：方法一　$f(x)=x^3-6x^2+9x$ 的定义域为 $(-\infty, +\infty)$，且

$$f'(x)=3x^2-12x+9=3(x-1)(x-3).$$

令 $f'(x)=0$，得驻点 $x_1=1$，$x_2=3$. 列表讨论，见表 4-2.

表 4-2　函数 $f(x)$ 的极值

x	$(-\infty, 1)$	1	$(1, 3)$	3	$(3, +\infty)$
$f'(x)$	+	0	−	0	+
$f(x)$	↗	极大值 $f(1)=4$	↘	极小值 $f(3)=0$	↗

由表 4-2 可知，函数的极大值为 $f(1)=4$，极小值为 $f(3)=0$.

方法二 $f(x)=x^3-6x^2+9x$ 的定义域为 $(-\infty, +\infty)$，且

$$f'(x)=3x^2-12x+9, \quad f''(x)=6x-12.$$

令 $f'(x)=0$，得驻点 $x_1=1$，$x_2=3$.

因为 $f''(1)=-6<0$，所以 $f(1)=4$ 为极大值.

因为 $f''(3)=6>0$，所以 $f(3)=0$ 为极小值.

例 4 求函数 $f(x)=2-(x-1)^{\frac{2}{3}}$ 的极值.

解： $f(x)=2-(x-1)^{\frac{2}{3}}$ 的定义域为 $(-\infty, +\infty)$，且 $f(x)$ 在 $(-\infty, +\infty)$ 上连续，

$$f'(x)=-\frac{2}{3}(x-1)^{-\frac{1}{3}}=\frac{-2}{3(x-1)^{\frac{1}{3}}} \quad (x\neq 1).$$

当 $x=1$ 时，$f'(x)$ 不存在，所以 $x=1$ 为 $f(x)$ 可能的极值点.

在 $(-\infty, 1)$ 内，$f'(x)>0$；在 $(1, +\infty)$ 内，$f'(x)<0$. 由定理 3 知，$f(x)$ 在 $x=1$ 处取得极大值 $f(1)=2$.

4.3.3 利用函数的单调性与极值证明不等式

从函数的单调性和极值的定义中可以看出，单调性和极值与不等式密切相关. 因此，先通过单调性判别法或极值判别法确定函数的单调性或极值，再利用函数的单调性或极值的定义就可以得到不等式. 其方法如下.

方法 证明不等式 $f(x)>g(x)$，$x\in(a, b)$ 成立的方法：

(1) 根据要证明的不等式，构造函数 $F(x)=f(x)-g(x)$；

(2) 利用导数的符号，判别函数 $F(x)$ 的单调性或极值；

(3) 利用单调性或极值的定义，说明不等式成立.

例 5 证明：当 $x>1$ 时，$\ln x>\dfrac{2(x-1)}{x+1}$.

证： 设 $F(x)=\ln x-\dfrac{2(x-1)}{x+1}$，则

$$F'(x)=\frac{1}{x}-\frac{4}{(x+1)^2}=\frac{(1-x)^2}{x(x+1)^2}>0.$$

所以，函数 $F(x)$ 在区间 $(1, +\infty)$ 上单调递增. 又 $F(1)=0$，由单调性的定义知，当 $x>1$ 时，$F(x)>F(1)=0$，即有 $F(x)=\ln x-\dfrac{2(x-1)}{x+1}>0$，所以 $\ln x>\dfrac{2(x-1)}{x+1}$.

例 6 证明：当 $x\neq 0$ 时，$e^x>x+1$.

证：方法一 设 $F(x)=e^x-x-1$，则 $F'(x)=e^x-1$.

当 $x>0$ 时，$F'(x)>0$，$F(x)$ 在 $[0, +\infty)$ 上单调递增，所以 $F(x)>F(0)=0$，

即 $F(x)=e^x-x-1>0$，故 $e^x>x+1$.

当 $x<0$ 时，$F'(x)<0$，$F(x)$ 在 $(-\infty, 0]$ 上单调递减，所以 $F(x)>F(0)=0$，即 $F(x)=e^x-x-1>0$，故 $e^x>x+1$.

综上所述，当 $x\neq 0$ 时，$e^x>x+1$.

方法二　设 $F(x)=e^x-x-1$，则 $F'(x)=e^x-1$，$F(x)$ 有唯一驻点 $x=0$. 又

$$F''(x)=e^x, \quad F''(0)=1>0,$$

故 $x=0$ 是 $F(x)$ 的极小值点，且极小值为 $F(0)=0$.

由极小值的定义，当 $x\neq 0$ 时，$F(x)>F(0)=0$，即 $e^x>x+1$ 成立.

习题 4.3

1. 确定下列函数的单调区间：

(1) $y=\arctan x-x$；　　(2) $y=x^3-3x^2+5$；

(3) $y=x^2e^x$；　　(4) $y=\ln(x+\sqrt{1+x^2})$；

(5) $y=(x-1)(x+1)^3$；　　(6) $y=\dfrac{\ln x}{x}$.

2. 设函数 $f(x)$ 在区间 $[0, +\infty)$ 上连续，在 $(0, +\infty)$ 内可导，且 $f(0)=0$，$f'(x)$ 在 $(0, +\infty)$ 内单调递减. 证明：$F(x)=\dfrac{f(x)}{x}$ 在 $(0, +\infty)$ 内单调递减.

3. 求下列函数的极值：

(1) $y=x^3-3x^2+7$；　　(2) $y=\dfrac{2x}{1+x^2}$；

(3) $y=(x-1)x^{\frac{2}{3}}$；　　(4) $y=x^2e^{-x}$；

(5) $y=x-\ln(1+x)$.

4. 求函数 $f(x)=x^3-3x^2+1$ 的单调区间与极值.

5. 设函数 $f(x)=a\ln x+bx^2+x$ 在 $x_1=1$，$x_2=2$ 处都取得极值. 试确定 a，b 的值，并说明 $f(x)$ 在 x_1 和 x_2 处是取得极大值还是极小值.

6. 试问 a 为何值时，函数 $f(x)=a\sin x+\dfrac{1}{3}\sin 3x$ 在 $x=\dfrac{\pi}{3}$ 处取得极值？是极大值还是极小值？

7. 证明下列不等式：

(1) 当 $x>0$ 时，$\dfrac{x}{1+x}<\ln(1+x)<x$；

(2) 当 $x>0$ 时，$e^x>1+x+\dfrac{x^2}{2}$；

(3) 当 $0<x<\dfrac{\pi}{2}$ 时，$\sin x>x-\dfrac{x^3}{6}$.

4.4 曲线的凹凸性与拐点

为了准确地描绘函数的图形，仅知道函数的增减性和极值是不够的. 如在区间 $[0, 1]$ 上，函数 $f(x)=x^2$ 与 $g(x)=\sqrt{x}$ 都是单调递增函数，但它们的图形有明显的差异：函数 $f(x)=x^2$ 的图形向上弯曲（曲线为凹的），而函数 $g(x)=\sqrt{x}$ 的图形向下弯曲（曲线为凸的）. 因此，需要对曲线的弯曲方向，即曲线的凹凸性进行研究.

观察 观察凹曲线和凸曲线，从中发现它们所具有的数量特征.

如图 4-18 所示，曲线 $y=f(x)$ 为凹的，在曲线 $y=f(x)$ 上任取两点 $A(x_1, f(x_1))$ 和 $B(x_2, f(x_2))$，则连接点 A 与点 B 的曲线弧 $\overset{\frown}{AB}$ 位于弦 AB 之下，取 x_1，x_2 的中点 $\frac{x_1+x_2}{2}$，则弧 $\overset{\frown}{AB}$ 上中点处的函数值小于弦 AB 上中点处的函数值，即

$$f\left(\frac{x_1+x_2}{2}\right)<\frac{f(x_1)+f(x_2)}{2}.$$

类似地，如图 4-19 所示，对于凸曲线，有

$$f\left(\frac{x_1+x_2}{2}\right)>\frac{f(x_1)+f(x_2)}{2}.$$

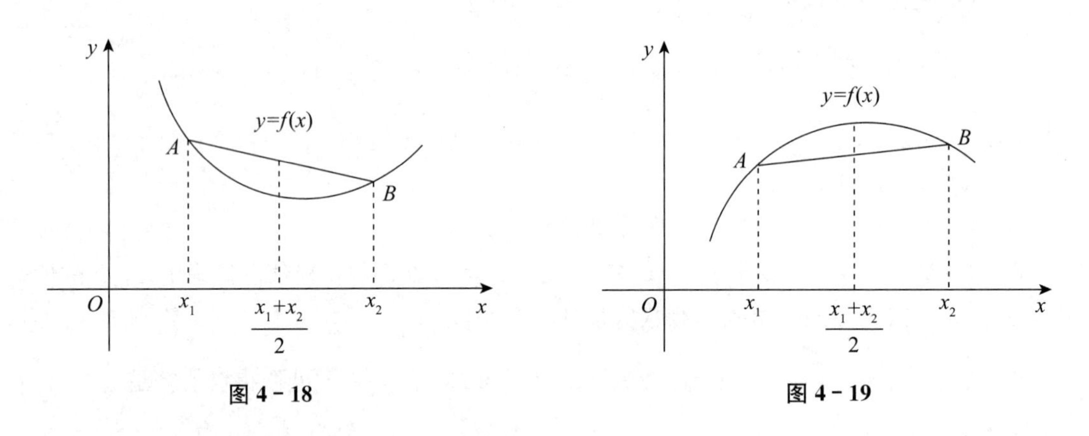

图 4-18　　图 4-19

概括 由上述观察可以看到对于曲线的凹凸性，可以通过比较任意两点 x_1，x_2 中点的函数值与 x_1，x_2 两点函数值之和的一半的大小来描述，下面给出曲线的凹凸性定义.

定义 1 设函数 $y=f(x)$ 在区间 I 上连续. 取 I 上任意两点 x_1，x_2.

(1) 若 $f\left(\frac{x_1+x_2}{2}\right)<\frac{f(x_1)+f(x_2)}{2}$，则称曲线弧 $y=f(x)$ 在 I 内是**凹的**.

(2) 若 $f\left(\frac{x_1+x_2}{2}\right)>\frac{f(x_1)+f(x_2)}{2}$，则称曲线弧 $y=f(x)$ 在 I 内是**凸的**.

从定义 1 中可以看到，利用定义判断曲线的凹凸性比较困难，是否有判断曲线凹凸性的简单方法呢?

观察　观察凹曲线和凸曲线与其切线之间的位置关系及数量特征.

如图 4－20 所示，$y=f(x)$ 在区间 (a, b) 内可导，对于凹曲线 $y=f(x)$，曲线在其切线的上方；若曲线的切线与 x 轴正向的夹角为 α，从图中可以看出：当 x 由小变大时，对应的切线斜率 $\tan\alpha$ 随之增大，即 $f'(x)$ 在 (a, b) 内单调递增.

类似地，从图 4－21 中可以看出，对于凸曲线 $y=f(x)$，曲线在其切线的下方；当 x 由小变大时，对应的切线斜率 $\tan\alpha$ 随之减小，即 $f'(x)$ 在 (a, b) 内单调递减.

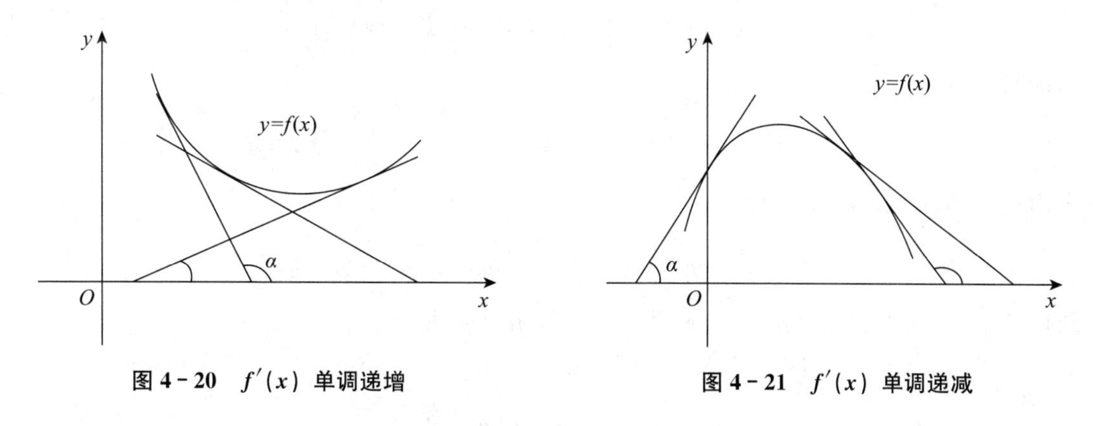

图 4－20　$f'(x)$ 单调递增　　**图 4－21　$f'(x)$ 单调递减**

概括　对于导数 $f'(x)$ 的单调性的判别，当函数 $y=f(x)$ 具有二阶导数时，按照函数的单调性的判别法，可以利用 $f''(x)$ 的符号进行判别，由此可以看到，利用函数的二阶导数的符号可以判别曲线的凹凸性.

验证　事实上，这一结论可以由函数 $y=\sin x$ 与其二阶导函数 $y''=-\sin x$ 的图形的关系得到验证（见图 4－22).

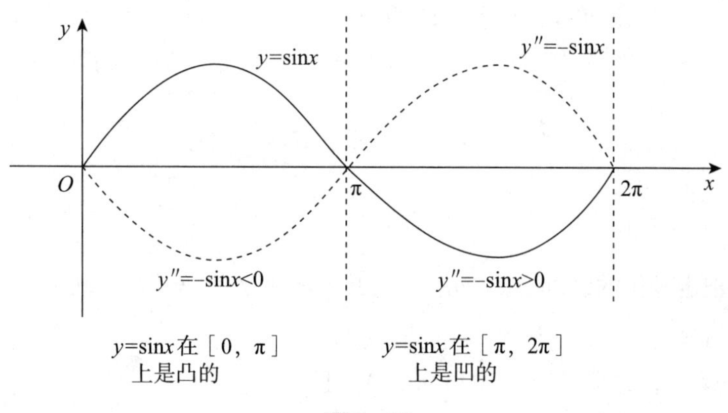

图 4－22

由上面的讨论我们看到，可以利用二阶导数的符号来判别函数的凹凸性，即有以下定理.

定理 1（判别凹凸性的充分条件）　设函数 $y=f(x)$ 在闭区间 $[a, b]$ 上连续，在开

区间 (a, b) 内具有二阶导数.

(1) 若在 (a, b) 内 $f''(x)>0$，则曲线 $y=f(x)$ 在 (a, b) 内是凹的；

(2) 若在 (a, b) 内 $f''(x)<0$，则曲线 $y=f(x)$ 在 (a, b) 内是凸的.

证： 设 x_1，x_2 为 (a, b) 内的任意两点，且 $x_1<x_2$. 记 $x_0=\frac{x_1+x_2}{2}$，并记 $x_2-x_0=x_0-x_1=h$，则 $x_1=x_0-h$，$x_2=x_0+h$. 由拉格朗日中值定理，得

$$f(x_0+h)-f(x_0)=f'(\eta_1)h, \quad \eta_1\in(x_0, x_0+h),$$

$$f(x_0)-f(x_0-h)=f'(\eta_2)h, \quad \eta_2\in(x_0-h, x_0).$$

上面两式相减，得

$$f(x_0+h)+f(x_0-h)-2f(x_0)=[f'(\eta_1)-f'(\eta_2)]h.$$

再由拉格朗日中值定理，得

$$f'(\eta_1)-f'(\eta_2)=f''(\xi)(\eta_1-\eta_2), \quad \xi\in(\eta_2, \eta_1).$$

所以 $f(x_0+h)+f(x_0-h)-2f(x_0)=f''(\xi)(\eta_1-\eta_2)h$.

(1) 当 $f''(x)>0$ 时，$f''(\xi)>0$，故 $f(x_0+h)+f(x_0-h)-2f(x_0)>0$，即

$$\frac{f(x_0+h)+f(x_0-h)}{2}>f(x_0),$$

亦即

$$\frac{f(x_1)+f(x_2)}{2}>f\left(\frac{x_1+x_2}{2}\right).$$

所以，曲线 $y=f(x)$ 在 (a, b) 上是凹的.

(2) 当 $f''(x)<0$ 时，$f''(\xi)<0$，故 $f(x_0+h)+f(x_0-h)-2f(x_0)<0$，即

$$\frac{f(x_1)+f(x_2)}{2}<f\left(\frac{x_1+x_2}{2}\right).$$

所以，曲线 $y=f(x)$ 在 (a, b) 上是凸的.

注释 若把定理中的区间 $[a, b]$ 改为其他各种区间，结论仍然成立.

例 1 判定曲线 $y=\ln x$ 与 $y=x^3$ 的凹凸性.

解： 函数 $y=\ln x$ 的定义域为 $(0, +\infty)$，且

$$y'=\frac{1}{x}, \quad y''=\frac{1}{-x^2}.$$

当 $x>0$ 时，$y''<0$，故曲线 $y=\ln x$ 在 $(0, +\infty)$ 上是凸的.

函数 $y=x^3$ 的定义域为 $(-\infty, +\infty)$，且

$$y'=3x^2,\ y''=6x.$$

当 $x<0$ 时，$y''<0$；当 $x>0$ 时，$y''>0$. 所以，曲线 $y=x^3$ 在区间 $(-\infty, 0)$ 上是凸的，在区间 $(0, +\infty)$ 上是凹的，如图 4-23 所示.

若曲线在区间 I 内具有凹凸性，则区间 I 称为**凹凸区间**. 从图 4-24 中看到，曲线 $f(x)$ 上的点 $M_0(x_0, y_0)$ 是曲线凹与凸的分界点，这样的点称为拐点.

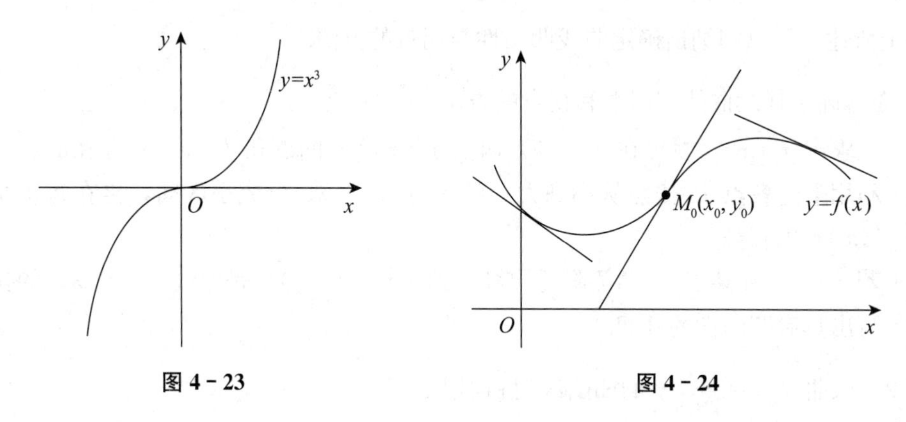

图 4-23　　　　图 4-24

定义 2　若曲线 $y=f(x)$ 在点 $(x_0, f(x_0))$ 处有穿过曲线的切线，且在切点两侧近旁曲线的凹凸性不同，则称点 $(x_0, f(x_0))$ 为曲线 $y=f(x)$ 的**拐点**.

对于具有连续二阶导数的函数而言，由曲线的凹凸性判别条件知，拐点两侧二阶导数的符号相异，如图 4-22 所示，由此可得如下定理.

定理 2（拐点存在的必要条件）　设函数 $y=f(x)$ 在点 x_0 处具有连续的二阶导数. 若点 $(x_0, f(x_0))$ 为曲线 $y=f(x)$ 的拐点，则 $f''(x_0)=0$.

这里 $f''(x_0)=0$ 只是拐点的必要条件，并非充要条件.

例如 $f(x)=x^4$，$f''(x)=12x^2\geqslant 0$，$f''(0)=0$，但 $(0, 0)$ 非拐点（见图 4-25）.

除了二阶导数为零的点可能为拐点外，导数不存在的点也可能为拐点. 例如，$y=\sqrt[3]{x}$，点 $x=0$ 即为拐点（见图 4-26）.

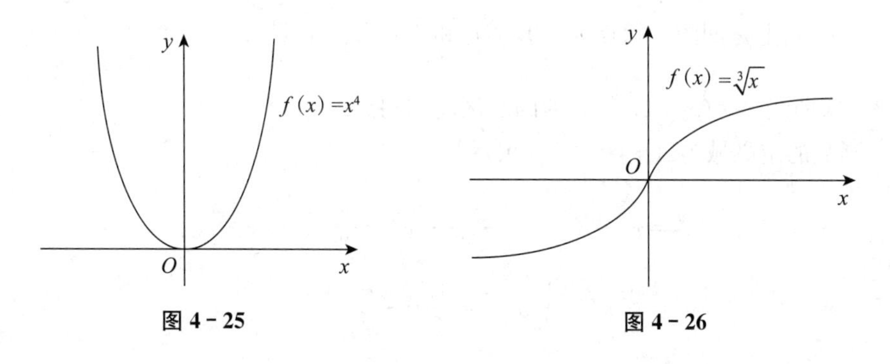

图 4-25　　　　图 4-26

因此，曲线的拐点只可能是使 $f''(x)=0$ 的点及 $f'(x)$ 或 $f''(x)$ 不存在的点. 区分这些点是否为拐点，只需看这些点左右两侧附近 $f''(x)$ 的符号是否相异.

定理3（拐点存在的充分条件） 设函数 $y=f(x)$ 在点 x_0 的邻域 $(x_0-\delta, x_0+\delta)$ 内连续且二阶可导（$f'(x_0)$ 或 $f''(x_0)$ 可以不存在）. 若在点 x_0 两侧二阶导数 $f''(x)$ 的符号相反，则曲线上点 $(x_0, f(x_0))$ 为曲线 $y=f(x)$ 的拐点.

综上所述，可以归纳出确定曲线凹凸性与拐点的方法.

方法 确定连续曲线凹凸性和拐点的方法：

(1) 先求出 $f''(x)$，找出在 (a, b) 内使 $f''(x)=0$ 的点和 $f''(x)$ 不存在的点 x_i；

(2) 利用上述各点 x_i 按照从小到大的顺序将 (a, b) 分成小区间，再在每个小区间上考察 $f''(x)$ 的符号；

(3) 若 $f''(x)$ 在某点 x_i 两侧附近异号，则 $(x_i, f(x_i))$ 是曲线 $y=f(x)$ 的拐点；

(4) 写出具有凹凸性的区间.

例2 求曲线 $y=\dfrac{x}{1+x^2}$ 的凹凸区间和拐点.

解： 函数的定义域为 $(-\infty, +\infty)$，且函数是奇函数.

$$y'=\frac{1-x^2}{(1+x^2)^2},\ y''=\frac{2x(x^2-3)}{(1+x^2)^3}.$$

令 $y''=0$，得 $x=0$ 和 $x=\pm\sqrt{3}$. 列表讨论，见表4-3.

表4-3 曲线的凹凸区间和拐点

x	$(-\infty, -\sqrt{3})$	$-\sqrt{3}$	$(-\sqrt{3}, 0)$	0	$(0, \sqrt{3})$	$\sqrt{3}$	$(\sqrt{3}, +\infty)$
y''	$-$	0	$+$	0	$-$	0	$+$
y	凸的	拐点	凹的	拐点	凸的	拐点	凹的

由表4-3可知，曲线在区间 $(-\infty, -\sqrt{3}]$ 和 $[0, \sqrt{3}]$ 上是凸的，在 $[-\sqrt{3}, 0]$ 和 $[\sqrt{3}, +\infty)$ 上是凹的，拐点为 $(0, 0)$ 和 $\left(\pm\sqrt{3}, \pm\dfrac{\sqrt{3}}{4}\right)$.

例3 求曲线 $y=(x-1)\sqrt[3]{x^5}$ 的凹凸区间和拐点.

解： 函数的定义域为 $(-\infty, +\infty)$.

$$y'=x^{\frac{5}{3}}+(x-1)\cdot\frac{5}{3}\cdot x^{\frac{2}{3}}=\frac{8}{3}x^{\frac{5}{3}}-\frac{5}{3}x^{\frac{2}{3}},$$

$$y''=\frac{40}{9}x^{\frac{2}{3}}-\frac{10}{9}x^{-\frac{1}{3}}=\frac{10}{9}\cdot\frac{4x-1}{\sqrt[3]{x}}.$$

令 $y''=0$，得 $x=\dfrac{1}{4}$；当 $x=0$ 时，y'' 不存在. 列表讨论，见表4-4.

表 4－4　曲线的凹凸区间和拐点

x	$(-\infty, 0)$	0	$(0, 1/4)$	1/4	$(1/4, +\infty)$
y''	+	∞	−	0	+
y	凹的	拐点	凸的	拐点	凹的

由表 4－4 可知，曲线的拐点为 $(0, 0)$ 和 $\left(\frac{1}{4}, \frac{-3}{16\sqrt[3]{16}}\right)$，凹区间为 $(-\infty, 0]$ 和 $[1/4, +\infty)$，凸区间为 $[0, 1/4]$.

习题 4.4

1. 讨论下列曲线的凹凸区间和拐点：

(1) $y=x^3-6x^2+3x$；　　(2) $y=\frac{1}{1+x^2}$；

(3) $y=(x-1)x^{\frac{2}{3}}$；　　(4) $y=\ln(1+x^2)-2x\arctan x$.

2. a，b 为何值时，点 $(1, 3)$ 为曲线 $y=ax^3+bx^2$ 的拐点？

3. 设曲线 $y=x^3+ax^2+bx+c$ 在点 $x=0$ 处有水平切线，点 $(1, -1)$ 为曲线的拐点. 试确定常数 a，b，c.

4. 利用曲线的凹凸性，证明下列不等式：

(1) $\frac{x^3+y^3}{2}>\left(\frac{x+y}{2}\right)^3$ $(x>0, y>0, x\neq y)$；

(2) $\frac{e^x+e^y}{2}>e^{\frac{x+y}{2}}$ $(x\neq y)$.

5. 设函数 $f(x)$ 在区间 I 上具有二阶导数，且曲线 $y=f(x)$ 在 I 上是凹的. 证明曲线 $y=e^{f(x)}$ 也是凹的.

4.5 函数图形的描绘

如果知道了函数的单调性、极值以及函数曲线的凹凸性与拐点，就基本把握了函数图形的基本特征，以此为基础就可以描绘出函数的图形.

4.5.1 曲线的渐近线

在讲极限时，介绍了曲线的水平渐近线和铅直渐近线.

若当 $x\to\infty$（或 $x\to\pm\infty$）时，$y\to C$（C 为常数），即 $\lim\limits_{x\to\infty}f(x)=C$，则称直线 $y=C$ 为曲线 $y=f(x)$ 的水平渐近线.

若当 $x\to C$（或 $x\to C^{\pm}$，C 为常数）时，$y\to\infty$（或 $y\to\pm\infty$），即 $\lim\limits_{x\to C}f(x)=\infty$，则称直线 $x=C$ 为曲线 $y=f(x)$ 的铅直渐近线.

除此之外，曲线可能还有斜渐近线.

例如，双曲线 $\dfrac{x^2}{a^2}-\dfrac{y^2}{b^2}=1$ 有两条斜渐近线：$\dfrac{x}{a}+\dfrac{y}{b}=0$ 及 $\dfrac{x}{a}-\dfrac{y}{b}=0$（见图 4-27).

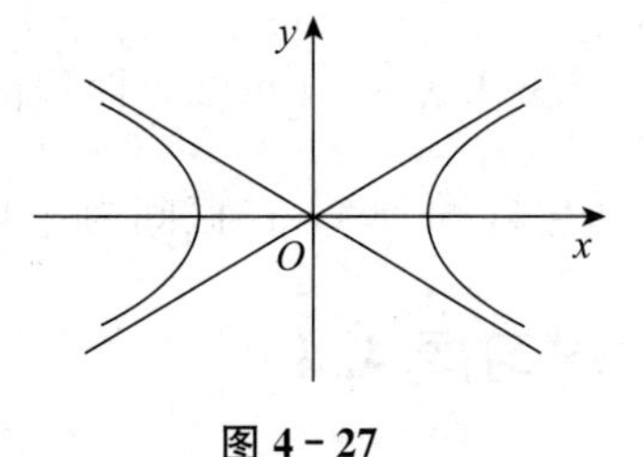

图 4-27

定义 1 若函数 $f(x)$ 满足：

(1) $\lim\limits_{x\to\infty}\dfrac{f(x)}{x}=k$,

(2) $\lim\limits_{x\to\infty}[f(x)-kx]=b$,

则称 $y=kx+b$ 为曲线 $y=f(x)$ 的**斜渐近线**.

当 $k=0$ 时，曲线的斜渐近线变为水平渐近线. 对于渐近线，有时要对 $x\to+\infty$ 和 $x\to-\infty$ 分别讨论.

例 1 求曲线 $y=\dfrac{x}{x^2-1}$ 的渐近线.

解：因为 $\lim\limits_{x\to\infty}\dfrac{x}{x^2-1}=0$，所以 $y=0$ 为水平渐近线. 又因 $\lim\limits_{x\to1}\dfrac{x}{x^2-1}=\infty$，$\lim\limits_{x\to-1}\dfrac{x}{x^2-1}=\infty$，所以，曲线有铅直渐近线 $x=1$ 和 $x=-1$.

例 2 求曲线 $y=\dfrac{1+\mathrm{e}^{-x^2}}{1-\mathrm{e}^{-x^2}}$ 的渐近线.

解：因为 $\lim\limits_{x\to\infty}\dfrac{1+\mathrm{e}^{-x^2}}{1-\mathrm{e}^{-x^2}}=1$，所以 $y=1$ 为水平渐近线. 又因 $\lim\limits_{x\to0}\dfrac{1+\mathrm{e}^{-x^2}}{1-\mathrm{e}^{-x^2}}=\infty$，所以 $x=0$ 为铅直渐近线.

例 3 求曲线 $y=\dfrac{x^3}{x^2+2x-3}$ 的渐近线.

解：由于

$$f(x)=\frac{x^3}{x^2+2x-3}=\frac{x^3}{(x+3)(x-1)},$$

所以当 $x\to-3$ 和 $x\to1$ 时，$y\to\infty$，因此，曲线 $y=\dfrac{x^3}{x^2+2x-3}$ 有两条铅直渐近线 $x=-3$ 和 $x=1$.

又

$$k=\lim_{x\to\infty}\frac{f(x)}{x}=\lim_{x\to\infty}\frac{x^2}{x^2+2x-3}=1,$$

$$b=\lim_{x\to\infty}[f(x)-kx]=\lim_{x\to\infty}\left(\frac{x^3}{x^2+2x-3}-x\right)=-2.$$

故得曲线的渐近线方程为 $y=x-2$.

4.5.2　函数作图的一般步骤

利用函数的图形，能够直观地看到函数的某些变化规律，这无论对于定性分析还是定量计算都大有益处.

初等数学里学过的描点作图法对于简单的平面曲线（如直线、抛物线）比较适用，但对于一般的平面曲线就不适用了. 因为描点作图法既不能保证所取的点是曲线上的关键点（最高点或最低点），又不能保证可以通过取点来判断曲线的单调性与凹凸性. 为了更准确、更全面地描绘平面曲线，必须确定出反映曲线主要特征的点与区间. 这样就形成了利用导数描绘函数图形的方法.

方法　微分作图法：

(1) 确定函数的定义域和值域，并考察函数是否有奇偶性、周期性.

(2) 考察函数是否有渐近线.

(3) 确定函数的单调区间和极值点、函数曲线的凹凸区间和拐点，即求使得 $f'(x)=0$，$f''(x)=0$ 的点和一、二阶导数不存在的点；用这些点把定义域划分为若干个小区间，判定一阶导数和二阶导数在各个小区间上的符号，求出这些点的坐标.

(4) 求出曲线与坐标轴交点的坐标，再根据需要求出曲线上一些辅助点的坐标.

(5) 将以上诸点按所讨论的单调性和凹凸性用光滑的曲线连接起来，即得所要的图形.

按照以上步骤（但不可绝对化）绘图，虽然仍是描点连线绘图，但所求的点是全部关键点和个别辅助点，并且是在确知单调性、凹凸性和渐近线的基础上连线的，做到了心中有数. 这样描绘出的曲线的形态是较为精确的.

例 4　画出一个满足下列条件的可导函数 $f(x)$ 的图形.

(1) 在 $(-\infty, 1)$ 内 $f'(x)>0$，在 $(1, +\infty)$ 内 $f'(x)<0$；

(2) 在 $(-\infty, -2)$ 和 $(2, +\infty)$ 内 $f''(x)>0$，在 $(-2, 2)$ 内 $f''(x)<0$；

(3) $\lim\limits_{x\to-\infty} f(x)=-2$，$\lim\limits_{x\to+\infty} f(x)=0$；

(4) $f(1)=2$，$f(2)=1$，$f(-2)=0$.

解：条件 (1) 说明 $f(x)$ 在 $(-\infty, 1)$ 内单调递增，在 $(1, +\infty)$ 内单调递减，在 $x=1$ 处取得极大值 $f(1)=2$.

条件 (2) 说明 $f(x)$ 在 $(-\infty, -2)$ 和 $(2, +\infty)$ 内是凹的，在 $(-2, 2)$ 内是凸的，点 $(-2, f(-2))$ 与 $(2, f(2))$ 为拐点.

条件 (3) 说明 $f(x)$ 有两条水平渐近线：$y=-2$ 和 $y=0$. 作图时先画出渐近线，再标明极值点与拐点，然后根据单调性与凹凸性，连续且光滑地画出图形，如图 4-28 所示.

例 5　描绘函数 $y=x^3-6x^2+9x-2$ 的图形.

解：函数的定义域为 $(-\infty, +\infty)$，函数的导数为

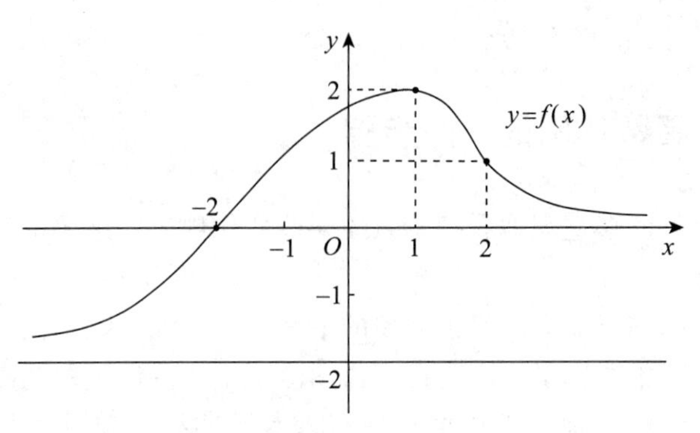

图 4-28

$$y'=3x^2-12x+9=3(x-1)(x-3),$$
$$y''=6x-12=6(x-2).$$

令 $y'=0$，得驻点 $x=1$，$x=3$；令 $y''=0$，得 $x=2$.

用 $x=1$，$x=2$，$x=3$ 分割定义域，列表讨论，见表 4-5.

表 4-5　函数图形的主要特征点与区间

x	$(-\infty, 1)$	1	$(1, 2)$	2	$(2, 3)$	3	$(3, +\infty)$
y'	+	0	−	−	−	0	+
y''	−	−	−	0	+	+	+
y	↗	极大值	↘	拐点	↘	极小值	↗

由表 4-5 知，函数的极大值点为 $(1, 2)$，极小值点为 $(3, -2)$，曲线的拐点为 $(2, 0)$，曲线无渐近线. 补充点 $(2\pm\sqrt{3}, 0)$，$(0, -2)$，作出函数图形，如图 4-29 所示.

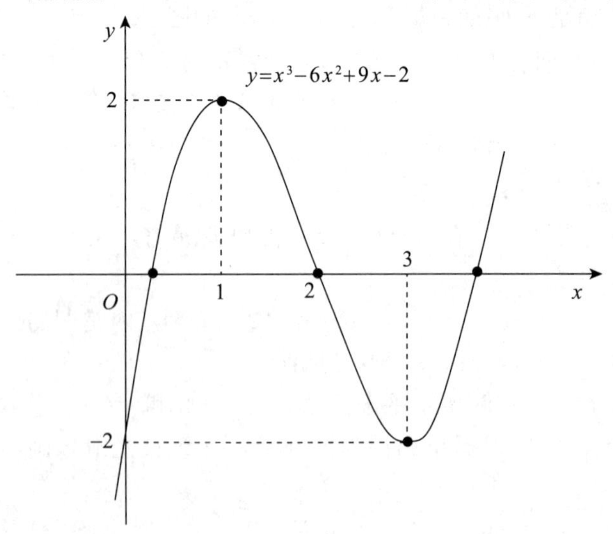

图 4-29

例 6　作函数 $f(x)=\frac{4(x+1)}{x^2}-2$ 的图形.

解：函数的定义域为 $(-\infty, 0)\cup(0, +\infty)$，函数的导数为

$$f'(x)=-\frac{4(x+2)}{x^3}, \quad f''(x)=\frac{8(x+3)}{x^4}.$$

令 $f'(x)=0$，得 $x=-2$. 令 $f''(x)=0$，得 $x=-3$. 列表讨论，见表 4-6.

表 4-6　函数 $f(x)$ 的图形的主要特征点与区间

x	$(-\infty, -3)$	-3	$(-3, -2)$	-2	$(-2, 0)$	0	$(0, +\infty)$
$f'(x)$	$-$	$-$	$-$	0	$+$	不存在	$-$
$f''(x)$	$-$	0	$+$	$+$	$+$	不存在	$+$
$f(x)$	↘	拐点	↘	极小值	↗	间断点	↘

由表 4-6 知，函数的极小值为 $f(-2)=-3$，拐点为 $\left(-3, -\frac{26}{9}\right)$.

由 $\lim\limits_{x\to\infty}\left[\frac{4(x+1)}{x^2}-2\right]=-2$，可知 $y=-2$ 为水平渐近线. 由 $\lim\limits_{x\to 0}\left[\frac{4(x+1)}{x^2}-2\right]=\infty$，可知 $x=0$ 为铅直渐近线.

补充点 $A(-1, -2)$，$B(1, 6)$，$C(2, 1)$，$D\left(3, -\frac{2}{9}\right)$，函数图形如图 4-30 所示.

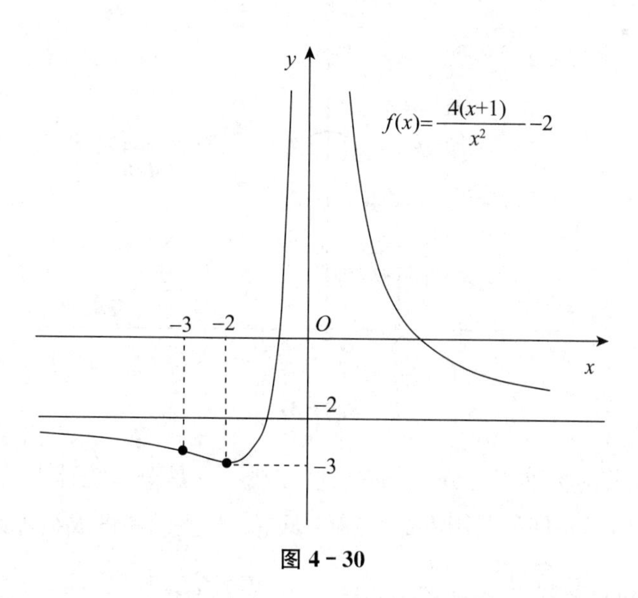

图 4-30

例 7　描绘函数 $f(x)=\frac{1}{\sqrt{2\pi}}e^{-\frac{x^2}{2}}$ 的图形.

解： 函数的定义域为（$-\infty$，$+\infty$），且函数 $f(x)$ 为偶函数，其图形关于 y 轴对称，只需讨论 $[0, +\infty)$ 上的函数图形．求函数的导数：

$$f'(x)=-\frac{1}{\sqrt{2\pi}}xe^{-\frac{x^2}{2}}, \quad f''(x)=\frac{1}{\sqrt{2\pi}}e^{-\frac{x^2}{2}}(x^2-1).$$

令 $f'(x)=0$，得驻点 $x=0$；令 $f''(x)=0$，得 $x=\pm 1$．列表讨论函数在区间 $[0, +\infty)$ 上的特性，见表 4－7.

表 4－7　函数 $f(x)$ 的图形的主要特征点与区间

x	0	(0, 1)	1	(1, $+\infty$)
y'	0	$-$	$-$	$-$
y''	$-$	$-$	0	$+$
y	极大值	↘	拐点	↘

由函数曲线的对称性，从表 4－7 可以看出，函数的极大值为 $f(0)=\frac{1}{\sqrt{2\pi}}$，曲线的拐点为 $\left(\pm 1, \frac{1}{\sqrt{2\pi e}}\right)$.

因为 $\lim\limits_{x\to\infty}f(x)=\lim\limits_{x\to\infty}\frac{1}{\sqrt{2\pi}}e^{-\frac{x^2}{2}}=0$，所以，曲线有水平渐近线 $y=0$．作出函数图形，如图 4－31 所示.

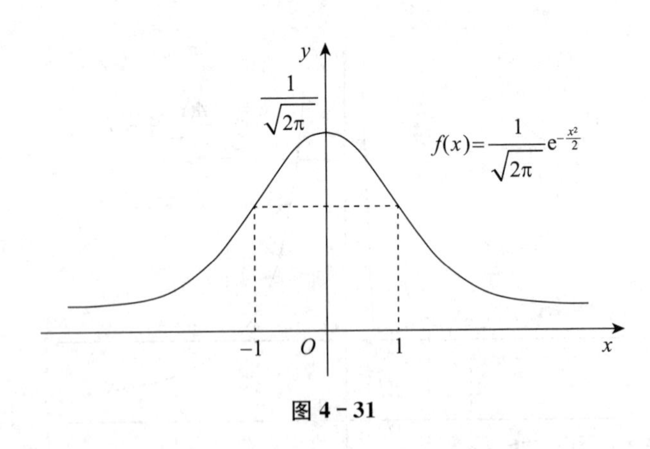

图 4－31

注释　该曲线称为标准正态分布概率密度曲线，它是概率统计中最重要的一种分布．大量实际问题，如电子元件的使用寿命、零件误差、学生的考试成绩等都服从该分布.

例 8　作逻辑斯蒂函数 $y=\frac{k}{1+ae^{-bx}}$（$x\geqslant 0$，常数 $a>1$，$k>0$，$b>0$）的图形.

解： 函数的定义域为 $[0, +\infty)$，函数的导数为

$$y'=\frac{kab\mathrm{e}^{-bx}}{(1+a\mathrm{e}^{-bx})^2}>0,\quad y''=kab^2\frac{\mathrm{e}^{-bx}(a\mathrm{e}^{-bx}-1)}{(1+a\mathrm{e}^{-bx})^3}.$$

令 $y''=0$，得 $x=\frac{\ln a}{b}$. 用点 $x=\frac{\ln a}{b}$ 分割定义域，列表讨论，见表 4-8.

表 4-8　函数 $f(x)$ 的图形的主要特征点与区间

x	$(0,\ \ln a/b)$	$\ln a/b$	$(\ln a/b,\ +\infty)$
y'	+	+	+
y''	+	0	−
y	↗	拐点	↗

曲线的拐点为 $\left(\frac{\ln a}{b},\ \frac{k}{2}\right)$. 因为 $\lim\limits_{x\to+\infty}y=k$，所以曲线的水平渐近线为 $y=k$. 根据上面的讨论，作出函数的图形，如图 4-32 所示.

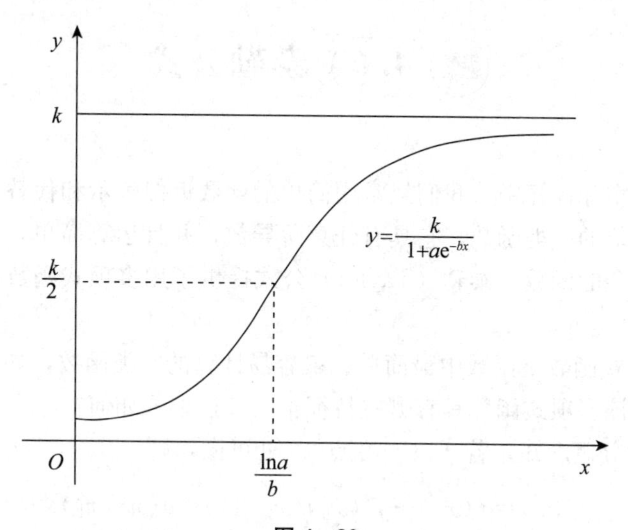

图 4-32

注释　逻辑斯蒂函数模型具有广泛的应用，经常用于生物学、经济学、人口学等学科.

习题 4.5

1. 求下列曲线的渐近线：

(1) $y=\frac{2}{1+3\mathrm{e}^{-x}}$；　　(2) $y=\frac{\mathrm{e}^x}{1+x}$；

(3) $y=\sqrt{x^2+1}$.

2. 作下列函数的图形：

(1) $y=x^3-3x^2+6$； (2) $y=\frac{x}{1+x^2}$；

(3) $y=x\mathrm{e}^{-x}$； (4) $y=\frac{\mathrm{e}^x}{1+x}$.

3. 如果水以常速注入（即单位时间内注入水的体积是常数）如图 4-33 所示的罐中，试画出水面上升的高度 h 关于时间 t 的函数 $h=f(t)$ 的图形，在图形上标出水上升至罐体拐角处的时刻.

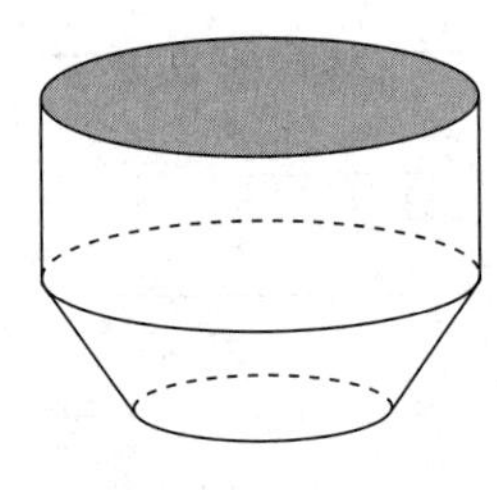

图 4-33

4. 一个质点的位移函数为

$$s=s(t)=t^3-6t^2+9t,$$

其中 t 为时间（单位：秒），s 为位移（单位：米）. 试在同一坐标系中画出位移、速度和加速度的图形，并指出什么时候质点速度加快，什么时候质点速度减慢.

4.6 泰勒公式

在理论分析和实际计算中，我们经常用简单的函数近似表示和代替复杂的函数. 由于多项式函数是最简单的一类函数，它具有任意阶导数，并且运算简单，因此，考虑用多项式函数近似代替复杂的函数. 泰勒（Taylor）公式提供了用多项式函数代替复杂函数的一种有效方法.

问题 多项式函数是函数中最简单、最容易计算的一类函数，如果用多项式函数近似代替复杂函数，该多项式函数具有哪些特征？其表达形式如何？

探究 由微分概念知，若 $f(x)$ 在点 x_0 处可微，则

$$f(x)=f(x_0)+f'(x_0)(x-x_0)+o(x-x_0).$$

当 $|x-x_0|$ 很小时，有线性近似代替公式

$$f(x)\approx f(x_0)+f'(x_0)(x-x_0).$$

若记 $P_1(x)=f(x_0)+f'(x_0)(x-x_0)$，则当 $|x-x_0|$ 很小时 $f(x)\approx P_1(x)$.

该线性代替公式的特点是，在点 x_0 处 $f(x)$ 与代替函数 $P_1(x)$ 具有相同的函数值和导数值，即

$$f(x_0)=P_1(x_0),\quad f'(x_0)=P_1'(x_0).$$

从几何上看（见图 4-34），就是在点 $(x_0, f(x_0))$ 附近，用曲线 $y=f(x)$ 在点 $(x_0, f(x_0))$ 处的切线 $y=P_1(x)$ 近似代替曲线.

上述线性代替仅给出了在点 x_0 附近近似代替可导函数 $f(x)$ 的一次多项式函数的表

达式. 虽然线性代替函数计算方便，但精度不高. 为了进一步提高代替精度，在此引入高次多项式函数代替.

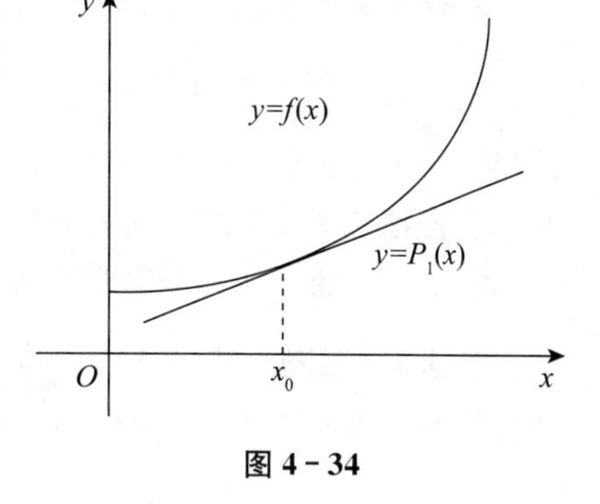

图 4 - 34

我们先来寻找在点 x_0 附近近似代替函数 $f(x)$ 的二次多项式函数.

设 $f(x)$ 在点 x_0 处具有二阶导数. 从几何上看，以二次多项式函数

$$P_2(x)=a_0+a_1(x-x_0)+a_2(x-x_0)^2$$

近似代替函数 $f(x)$，就是使曲线 $y=f(x)$ 与 $y=P_2(x)$ 在点 $(x_0, f(x_0))$ 附近很靠近，这就需要：

- 曲线 $y=f(x)$ 与 $y=P_2(x)$ 相交于点 $(x_0, f(x_0))$（见图 4 - 35(a)），即满足 $f(x_0)=P_2(x_0)$，可得 $a_0=f(x_0)$.
- 曲线 $y=f(x)$ 与 $y=P_2(x)$ 在点 $(x_0, f(x_0))$ 处切线相同（见图 4 - 35(b)），即满足 $f'(x_0)=P_2'(x_0)$，可得 $a_1=f'(x_0)$.
- 曲线 $y=f(x)$ 与 $y=P_2(x)$ 在点 $(x_0, f(x_0))$ 附近凹凸性及弯曲程度相同（见图 4 - 35(c)），即满足 $f''(x_0)=P_2''(x_0)$，可得 $a_2=\dfrac{f''(x_0)}{2!}$.

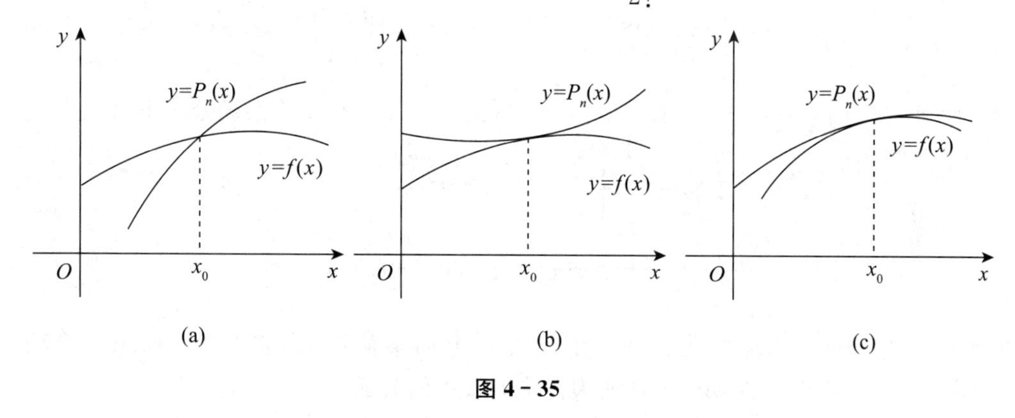

图 4 - 35

所以，在点 x_0 附近近似代替函数 $f(x)$ 的二次多项式函数为

$$P_2(x)=f(x_0)+f'(x_0)(x-x_0)+\frac{f''(x_0)}{2!}(x-x_0)^2.$$

下面将点 x_0 附近 $f(x)$ 的近似代替多项式 $P_2(x)$ 推广到 n 次多项式函数.

设函数 $f(x)$ 在点 x_0 处具有 n 阶导数，则在点 x_0 附近近似代替函数 $f(x)$ 的 n 次多项式函数为

$$P_n(x)=f(x_0)+\frac{f'(x_0)}{1!}(x-x_0)+\frac{f''(x_0)}{2!}(x-x_0)^2+\cdots+\frac{f^n(x_0)}{n!}(x-x_0)^n.$$

称上式为函数 $f(x)$ 在点 x_0 处关于 $x-x_0$ 的 **n 次泰勒多项式.**

函数 $f(x)$ 在点 x_0 处的 n 次泰勒多项式 $P_n(x)$ 满足条件

$$f(x_0)=P_n(x_0),\ f'(x_0)=P_n'(x_0),\ \cdots,\ f^{(n)}(x_0)=P_n^{(n)}(x_0),$$

且当 $|x-x_0|$ 很小时，$f(x)\approx P_n(x)$.

概括 n 次泰勒多项式 $P_n(x)$ 就是我们想要的代替多项式函数.

那么，函数 $f(x)$ 与其泰勒多项式之间的关系如何呢？在此有下述泰勒中值定理.

定理1（泰勒中值定理） 如果函数 $f(x)$ 在点 x_0 的某邻域内有直至 $n+1$ 阶的导数，则对此邻域内任意点 x，有 $f(x)$ 的 n 阶**泰勒公式**

$$f(x)=f(x_0)+\frac{f'(x_0)}{1!}(x-x_0)+\frac{f''(x_0)}{2!}(x-x_0)^2+\cdots+\frac{f^{(n)}(x_0)}{n!}(x-x_0)^n+r_n(x)$$

成立，其中 $r_n(x)$ 为 n 阶**泰勒公式的余项**，且

$$r_n(x)=\frac{f^{(n+1)}(\xi)}{(n+1)!}(x-x_0)^{n+1}\quad(\xi\text{ 在 }x_0\text{ 与 }x\text{ 之间}).$$

上式称为函数 $f(x)$ 在点 x_0 处 n 阶泰勒公式的**拉格朗日余项**.

若对点 x_0 的某邻域内的任意 x，有 $|f^{(n+1)}(x)|\leqslant M$，则

$$|r_n(x)|=\left|\frac{f^{(n+1)}(\xi)}{(n+1)!}(x-x_0)^{n+1}\right|\leqslant\frac{M}{(n+1)!}|x-x_0|^{n+1}.$$

这样，当 $x\to x_0$ 时，$r_n(x)=o((x-x_0)^n)$，因此，$f(x)$ 的 n 阶泰勒公式也可以写成

$$f(x)=f(x_0)+\frac{f'(x_0)}{1!}(x-x_0)+\frac{f''(x_0)}{2!}(x-x_0)^2+\cdots+\frac{f^{(n)}(x_0)}{n!}(x-x_0)^n+o((x-x_0)^n),$$

称余项 $r_n(x)=o((x-x_0)^n)$ 为 $f(x)$ 在点 x_0 处 n 阶泰勒公式的**皮亚诺（Peano）余项**.

显然，当 $n=0$ 时，泰勒公式就成为拉格朗日中值公式

$$f(x)=f(x_0)+f'(\xi)(x-x_0)\quad(\xi\text{ 在 }x_0\text{ 与 }x\text{ 之间}).$$

因此，泰勒中值定理是拉格朗日中值定理的推广.

当 $x_0=0$ 时，函数 $f(x)$ 的泰勒公式为

$$f(x)=f(0)+f'(0)x+\frac{f''(0)}{2!}x^2+\cdots+\frac{f^{(n)}(0)}{n!}x^n+\frac{f^{(n+1)}(\xi)}{(n+1)!}x^{n+1}\quad(\xi\text{ 在 }0\text{ 与 }x\text{ 之间}).$$

称上式为函数 $f(x)$ 带有拉格朗日余项的**麦克劳林**①**（Maclaurin）公式**.

若令 $\xi=\theta x$，则拉格朗日余项也可以写为

① 麦克劳林（Colin Maclaurin，1698—1746），英国数学家. 1742年他在《流数论》中提出了著名的麦克劳林级数.

$$r_n(x)=\frac{f^{(n+1)}(\theta x)}{(n+1)!}(x-x_0)^{n+1}\quad(0<\theta<1).$$

函数 $f(x)$ 带有皮亚诺余项的麦克劳林公式为

$$f(x)=f(0)+f'(0)x+\frac{f''(0)}{2!}x^2+\cdots+\frac{f^{(n)}(0)}{n!}x^n+o(x^n).$$

例 1　写出 $f(x)=\mathrm{e}^x$ 带有拉格朗日余项的 n 阶麦克劳林公式.

解：因为 $f(x)=\mathrm{e}^x$，所以

$$f(x)=f'(x)=f''(x)=\cdots=f^{(n)}(x)=f^{(n+1)}(x)=\mathrm{e}^x.$$

因此，$f(x)=\mathrm{e}^x$ 的 n 阶麦克劳林公式为

$$\mathrm{e}^x=1+x+\frac{x^2}{2!}+\cdots+\frac{x^n}{n!}+\frac{\mathrm{e}^{\theta x}}{(n+1)!}x^{n+1}\quad(0<\theta<1).$$

上述公式对任意 $x\in(-\infty,+\infty)$ 都成立. 若舍去余项，并取 $x=1$，可得 e 的近似值为

$$\mathrm{e}\approx1+1+\frac{1}{2!}+\cdots+\frac{1}{n!}.$$

其误差为

$$r_n(1)=\frac{\mathrm{e}^\theta}{(n+1)!}<\frac{3}{(n+1)!}\quad(0<\theta<1).$$

当 $n=9$ 时，可得 $\mathrm{e}\approx2.718\,281$，其误差 $r_n(1)<\frac{3}{10!}<10^{-6}$.

例 2　求函数 $f(x)=\sin x$ 带有拉格朗日余项的麦克劳林公式.

解：对于 $f(x)=\sin x$，有 $f^{(n)}(x)=\sin\left(x+\frac{n\pi}{2}\right)$. 故

$$f(0)=0,\ f'(0)=1,\ f''(0)=0,\ f'''(0)=-1,\ \cdots,$$

因此，$f(x)=\sin x$ 的麦克劳林公式为

$$\sin x=x-\frac{x^3}{3!}+\frac{x^5}{5!}-\frac{x^7}{7!}+\cdots+(-1)^{m-1}\frac{x^{2m-1}}{(2m-1)!}+r_{2m}(x).$$

其中拉格朗日余项为

$$r_{2m}(x)=\frac{\sin\left[\theta x+(2m+1)\frac{\pi}{2}\right]}{(2m+1)!}x^{2m+1}\quad(0<\theta<1).$$

上述公式对任意 $x\in(-\infty,+\infty)$ 都成立. 特别地，

当 $n=1$ 时，$P_1(x)=x$；

当 $n=2$ 时，$P_2(x)=x-\frac{x^3}{3!}$；

当 $n=3$ 时，$P_3(x)=x-\frac{x^3}{3!}+\frac{x^5}{5!}$.

图4-36给出了代替多项式 $P_1(x)$，$P_2(x)$，$P_3(x)$的曲线与 $y=\sin x$ 的图形. 可以看出，随着代替多项式次数的增加，代替多项式的曲线与 $y=\sin x$ 的图形在 $x=0$ 处越来越靠近.

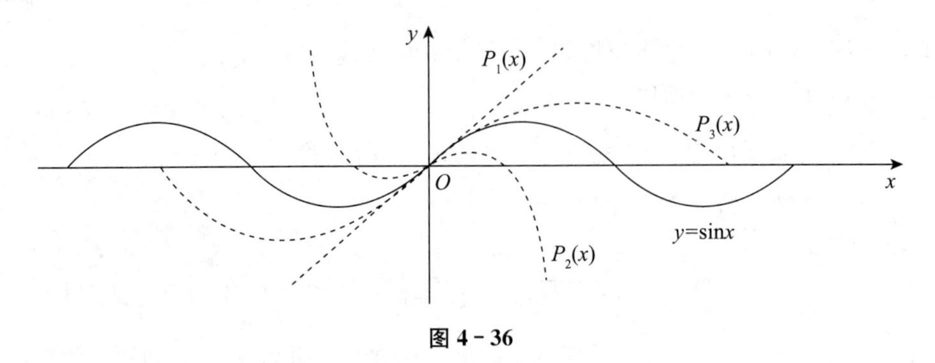

图4-36

类似地，可得

$$\cos x=1-\frac{x^2}{2!}+\frac{x^4}{4!}-\cdots+(-1)^m\frac{x^{2m}}{(2m)!}+\frac{\cos[\theta x+(m+1)\pi]}{(2m+2)!}x^{2m+2}\quad(0<\theta<1).$$

例3 求 $f(x)=e^x\cos x$ 在 $x=0$ 处带皮亚诺余项的三阶泰勒公式.

解：由泰勒公式得

$$e^x=1+x+\frac{x^2}{2!}+\frac{x^3}{3!}+o(x^3),\quad \cos x=1-\frac{x^2}{2!}+o(x^3),$$

两式相乘，得

$$f(x)=e^x\cos x=1+x-\frac{1}{3}x^3-\frac{1}{4}x^4-\frac{1}{12}x^5+o(x^3)=1+x-\frac{1}{3}x^3+o(x^3).$$

注释 化简中利用了无穷小的阶的运算性质：$-\frac{1}{4}x^4-\frac{1}{12}x^5+o(x^3)=o(x^3)$.

例4 求 $\lim\limits_{x\to 0}\frac{\sin x-x\cos x}{\sin^3 x}$.

解：将分式的分母进行等价代换：$\sin^3 x\sim x^3(x\to 0)$. 分子 $\sin x$，$\cos x$ 分别用麦克劳林公式表示为

$$\sin x=x-\frac{x^3}{3!}+o(x^3),\quad x\cos x=x-\frac{x^3}{2!}+o(x^3).$$

于是

$$\sin x-x\cos x=x-\frac{x^3}{3!}+o(x^3)-x+\frac{x^3}{2!}-o(x^3)=\frac{1}{3}x^3+o(x^3).$$

所以

$$\lim_{x\to 0}\frac{\sin x - x\cos x}{\sin^3 x}=\lim_{x\to 0}\frac{\frac{1}{3}x^3+o(x^3)}{x^3}=\frac{1}{3}.$$

习题 4.6

1. 写出下列函数的麦克劳林公式：

(1) $f(x)=\ln(1+x)$；　　(2) $f(x)=xe^{-x}$；

(3) $f(x)=e^{-x^2}$；　　(4) $f(x)=\sin^2 x$.

2. 写出函数 $f(x)=\frac{1}{x}$ 在 $x=-1$ 处的泰勒公式.

3. 利用泰勒公式，求下列极限：

(1) $\lim\limits_{x\to 0}\frac{e^x+e^{-x}-2\cos x-2x^2}{x^6}$；　　(2) $\lim\limits_{x\to 0}\frac{\cos x-e^{-\frac{x^2}{2}}}{x^4}$.

4.7 优化问题

在生产实践与实际生活中，常常需要解决在一定条件下如何做才能“用料最省”“产值最高”“成本最低”“效益最大”“耗时最少”等问题. 在数学上，这就是某一函数（通常称为目标函数）的优化问题.

4.7.1 函数的最值

由最值存在定理知，闭区间 $[a, b]$ 上的连续函数 $f(x)$ 一定存在最大值和最小值. 那么函数的最值可能在哪些点取得呢？

观察　如图 4－37 所示，观察连续函数在不同区间上的最大值和最小值的变化情况.

- 在区间 $[a, b]$ 上，$\max f(x)=f(b)$，$\min f(x)=f(a)$；
- 在区间 $[a', b']$ 上，$\max f(x)=f(x_1)$，$\min f(x)=f(x_2)$；
- 在区间 $[a, x_2]$ 上，$\max f(x)=f(x_1)$，$\min f(x)=f(a)$；
- 在区间 $[x_1, b]$ 上，$\max f(x)=f(b)$，$\min f(x)=f(x_2)$.

概括　函数在闭区间 $[a, b]$ 上的最大值和最小值只能在区间 (a, b) 内的极值点和区间端点处取得.

函数的极值点只能在驻点和不可导点处产生，这样，我们把所有的驻点和不可导点处

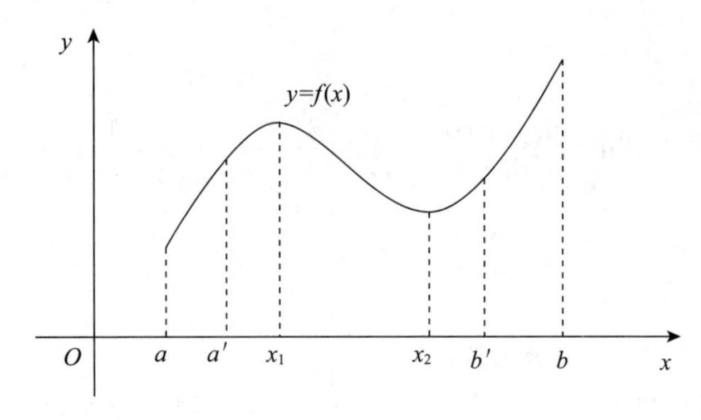

图 4-37

的函数值求出来，这些值中一定包含所有的极值，再将端点处的函数值求出，最后比较驻点和不可导点处的函数值与端点处的函数值的大小，即可得出函数的最大值和最小值.

例 1 求函数 $f(x)=x^3-3x^2+1$ 在 $\left[-\frac{1}{2}, 4\right]$ 上的最大值和最小值.

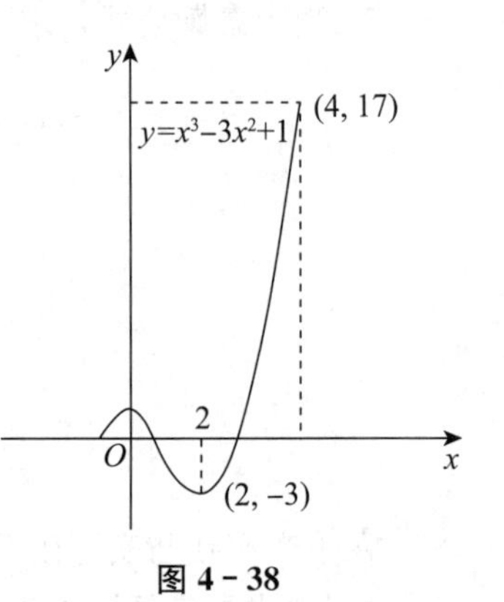

图 4-38

解：因为 $f(x)=x^3-3x^2+1$ 在 $\left[-\frac{1}{2}, 4\right]$ 上连续，所以在该区间上存在最大值和最小值.

又 $f'(x)=3x^2-6x=3x(x-2)$，令 $f'(x)=0$，得驻点 $x_1=0$，$x_2=2$. 由于 $f(0)=1$，$f(2)=-3$，$f\left(-\frac{1}{2}\right)=\frac{1}{8}$，$f(4)=17$，比较各值可得函数 $f(x)$ 的最大值为 $f(4)=17$，最小值为 $f(2)=-3$，如图 4-38 所示.

例 2 已知函数 $f(x)=x^2\mathrm{e}^{-x}$ $(-1\leqslant x\leqslant 4)$，求其最值.

解：因为 $f'(x)=x\mathrm{e}^{-x}(2-x)$，令 $f'(x)=0$，得 $x=0$，$x=2$ 是驻点且均在所讨论的范围内，无导数不存在的点. 于是驻点及区间端点处的函数值如下：

$$f(-1)=\mathrm{e},\quad f(0)=0,\quad f(2)=\frac{4}{\mathrm{e}^2},\quad f(3)=\frac{9}{\mathrm{e}^3}.$$

比较大小可知，最大值是 $f(-1)=\mathrm{e}$，最小值是 $f(0)=0$.

4.7.2 实际问题的最值

在求实际问题的最值时，常常遇到下述两种情况（见图 4-39）：

(1) 对于可导函数 $f(x)$，在定义区间内部（不是端点处），如果可以根据实际问题的性质断定存在最大值或最小值且区间的内部有唯一驻点 x_0，即 $f'(x_0)=0$，则可断定 $f(x)$ 在点 x_0 处取得相应的最大值或最小值.

(2) 若连续函数 $f(x)$ 在定义区间内只有一个可能的极大值（极小值）点 x_0，则可断

定 $f(x)$ 在点 x_0 处取得相应的最大值（最小值）.

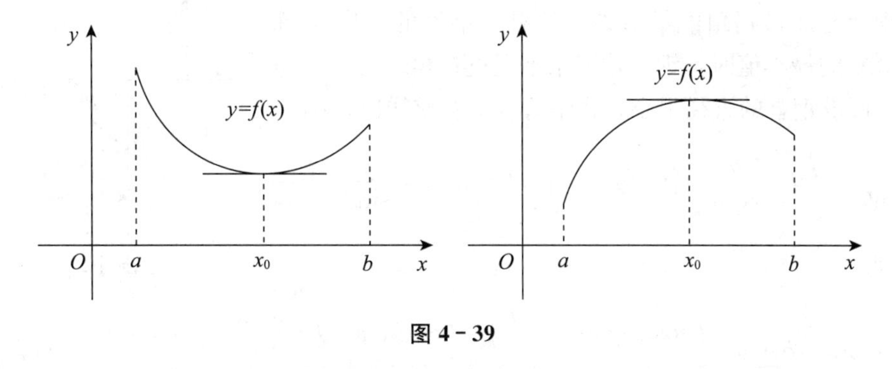

图 4－39

方法　求实际问题的最值的方法：

(1) 根据实际问题的意义建立函数关系，即建立目标函数模型；

(2) 应用函数极值的知识，求目标函数的最大值或最小值；

(3) 由实际问题的意义对结论进行说明.

例 3　（运输问题）铁路线上 AB 的距离为 100 千米，工厂 C 距 A 点 20 千米，AC 垂直于 AB（见图 4－40）. 今要在 AB 上选定一点 D 向工厂修筑一条公路，已知铁路与公路每千米货运费之比为 3∶5. 问 D 选在何处，才能使从 B 点到 C 点的运费最少？

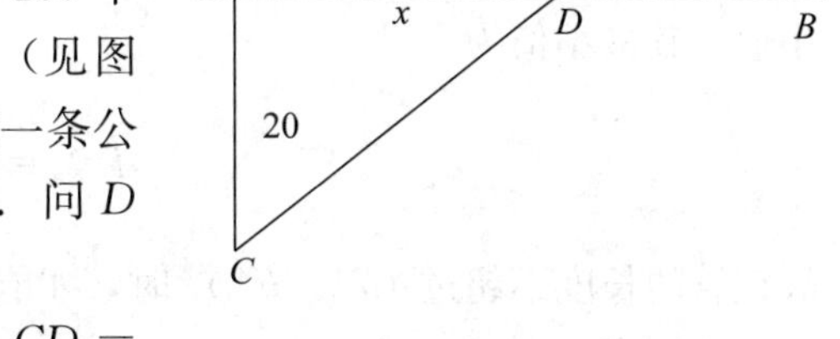

图 4－40

解：设 $AD=x$，于是 $DB=100-x$，$CD=\sqrt{20^2+x^2}$.

由于铁路每千米货物运费与公路每千米货物运费之比为 3∶5，因此，不妨设铁路每千米运费为 $3k$，则公路每千米运费为 $5k$，并设从 B 点到 C 点需要的总运费为 y，则有

$$y=5k\sqrt{20^2+x^2}+3k(100-x)\quad(0\leqslant x\leqslant 100).$$

由此可见，x 过大或过小，总运费 y 均不会变少，故有一个合适的 x 使 y 达到最小值.

又因为 $y'=k\left(\dfrac{5x}{\sqrt{400+x^2}}-3\right)$，令 $y'=0$，即 $\dfrac{5x}{\sqrt{400+x^2}}-3=0$，得 $x=15$ 为函数 y 在其定义域内的唯一驻点，故知 y 在 $x=15$ 处取得最小值，即当 D 点选在距 A 点 15 千米处时运费最少.

例 4　（拐角问题）拐角问题是日常生活中经常遇到的现象. 例如，通常楼房在维修和装饰时，将梯子、铁管和木板等物体搬过走廊的拐角，以及河道中行驶的船在两河垂直相交处拐弯，这时都要考虑能够顺利通过拐角（或拐弯）的物体的长度限制问题. 在此我们以水平扛着一细钢管通过一 T 形楼道为例对拐角问题进行研究.

设有一 T 形楼道（见图 4－41），现欲将 Lm 长的钢管由 A 楼道水平扛至 B 楼道. 若楼道宽分别为 am 与 bm，问要想让钢管从 A 楼道通过拐角到达 B 楼道，对钢管的长度有何限制？并说明当楼道宽度分为 2m 和 3m 时，8m 长的管能否水平通过拐角？

分析：欲使钢管水平地从A楼道经过拐角到达B楼道，必须使钢管能通过拐角的最窄处，只有当钢管的长度不超过 $L=MN$ 的最小值时，钢管才能水平通过拐角.

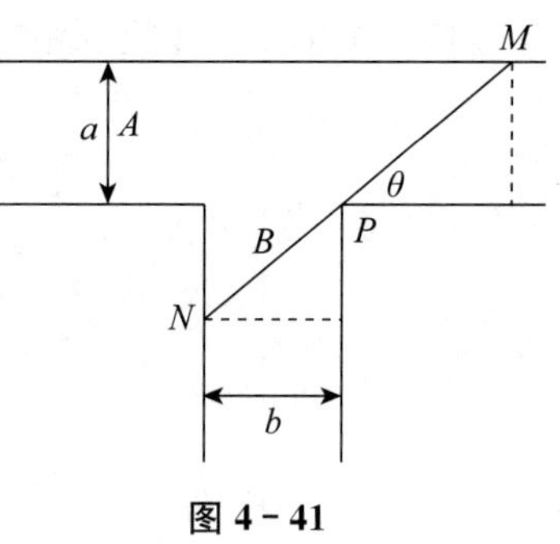

图 4-41

解：假设钢管的直径很小，将钢管近似看成线段，则

$$MP=\frac{a}{\sin\theta},\ PN=\frac{b}{\cos\theta}\quad\left(0<\theta<\frac{\pi}{2}\right),\ L=MN=\frac{a}{\sin\theta}+\frac{b}{\cos\theta}.$$

由

$$\frac{\mathrm{d}L}{\mathrm{d}\theta}=-\frac{a\cos\theta}{\sin^2\theta}+\frac{b\sin\theta}{\cos^2\theta}=\frac{b\cos^3\theta\left(\tan^3\theta-\frac{a}{b}\right)}{\sin^2\theta\cos^2\theta}=\frac{b\cos\theta\left(\tan^3\theta-\frac{a}{b}\right)}{\sin^2\theta},$$

令 $\frac{\mathrm{d}L}{\mathrm{d}\theta}=0$，解得 $\theta_1=\arctan\sqrt[3]{\frac{a}{b}}$. 当 θ 由小变大经过 θ_1 时，$\frac{\mathrm{d}L}{\mathrm{d}\theta}$ 的符号由负到正，因此 θ_1 是极小值点. 又因在 $\left(0,\ \frac{\pi}{2}\right)$ 内函数只有一个极值点，所以 $\theta=\arctan\sqrt[3]{\frac{a}{b}}$ 时，L 达到最小值，其最小值为

$$L_{\min}=(a^{\frac{2}{3}}+b^{\frac{2}{3}})^{\frac{3}{2}}.$$

故钢管的长度不超过 $(a^{\frac{2}{3}}+b^{\frac{2}{3}})^{\frac{3}{2}}$ 时，才能通过拐角.

验证当 $a=2\text{m}$，$b=3\text{m}$ 时，

$$\theta_1=\arctan\sqrt[3]{\frac{2}{3}}\approx 42°24',\ L|_{\theta=\theta_1}=\frac{2}{\sin\theta_1}+\frac{3}{\cos\theta_1}<8.$$

这说明钢管的长度大于 L 的最小值，所以8m长的钢管不能水平扛过拐角.

思考：如果考虑楼道的高度，则钢管可以有一倾角，这对能通过拐角的最大管长有何影响？

例5 （血管分支问题）在生物学中，对于血管分支问题，要研究血管分支处分支血管的半径及血管间夹角对血液流动阻力的影响. 现假设主动脉 A 从心脏引出，现在 P 和 Q 之间的某个地方设置一辅助动脉，以便心脏把营养送给 M 处的一个器官. 问接头点 S 应在何方，才能使得血液沿着通路 PSM 流动时，阻力 R 最小（见图4-42）？

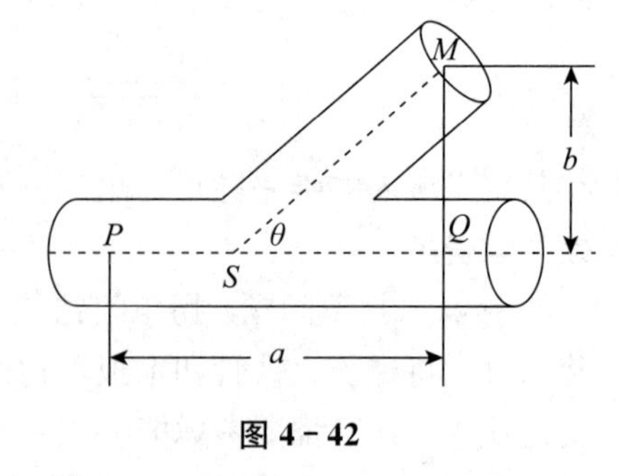

图 4-42

解：设主动脉与辅助动脉的夹角为 θ，$PQ=a$，$QM=b$. 根据黏性流体在管道中流动时所受的阻力定律知，血液流动时所受阻力 $R=k\frac{L}{r^4}$，这里 L 为血管长度，r 为血管半径，R 为阻力，k 为比例常数.

当血液沿着 PSM 通路流动时，设 PS 段血管半径为 r_1，SM 段血管半径为 r_2，所受阻力为

$$R(\theta)=k\cdot\frac{a-b\cot\theta}{r_1^4}+k\cdot\frac{b}{r_2^4\sin\theta}\quad\left(0<\theta<\frac{\pi}{2},\ r_1>r_2\right).$$

下面求 $R(\theta)$ 的最小值. 因为

$$R(\theta)=\frac{ka}{r_1^4}-\frac{kb}{r_1^4}\cot\theta+\frac{kb}{r_2^4}\cdot\csc\theta,$$

所以

$$R'(\theta)=\frac{kb}{r_1^4}\csc^2\theta-\frac{kb}{r_2^4}\csc\theta\cdot\cot\theta=kb\csc\theta\left(\frac{1}{r_1^4}\csc\theta-\frac{1}{r_2^4}\cot\theta\right).$$

令 $R'(\theta)=0$，得 $\frac{1}{r_1^4}\csc\theta-\frac{1}{r_2^4}\cot\theta=0$，即 $\cos\theta=\frac{r_2^4}{r_1^4}$.

由于驻点唯一，所以当 $\theta_0=\arccos\frac{r_2^4}{r_1^4}$ 时，通路 PSM 上血液流动时所受阻力最小，此时 S 点距 P 点 $a-b\cot\theta_0$.

4.7.3 经济学中的优化问题

经济学中许多问题与优化问题相关，如销售产品的最大利润、生产投入的平均最低成本等.

1. 利润最大化问题

已知总收益函数 $R=R(q)$ 及总成本函数 $C=C(q)$，如何求出最大利润？这对任何产品的生产者来说都是最基本的问题，这一问题可以借助导数加以解决.

从函数最值来看，就是求利润函数 $L(q)=R(q)-C(q)$ 在给定区间上的最值，具体步骤是：

(1) 确定利润函数 $L(q)=R(q)-C(q)$ 及定义区间.

(2) 求 $L(q)$ 的一阶导数及驻点，即 $L'(q)=R'(q)-C'(q)=0$，此式的经济意义是：要使总利润最大，必须使边际收益等于边际成本.

(3) 根据极值存在的充分条件进行判别，这里可以利用一阶导数 $L'(q)$ 的符号，也可以利用二阶导数 $L''(q)$ 判别是否取得极大值.

由二阶导数极值判别法，当 $L''(q)=R''(q)-C''(q)<0$，即 $R''(q)<C''(q)$ 时，总利润最大.

这说明：当边际成本与边际收益相等，并且边际收益的变化率小于边际成本的变化率时，取得最大利润.

例 6　设生产某产品 q 单位的总成本（单位：元）为

$$C(q)=\frac{1}{6}q^3-6q^2+142q+500.$$

若每单位产品的价格为120元，求使利润最大的产量.

解： 因为生产 q 单位产品时，总收益为 $R(q)=120q$，所以总利润函数为

$$L(q)=R(q)-C(q)=120q-\left(\frac{1}{6}q^3-6q^2+142q+500\right),$$

即

$$L(q)=-\frac{1}{6}q^3+6q^2-22q-500,\quad q\in[0,+\infty).$$

因此

$$L'(q)=-\frac{1}{2}q^2+12q-22=-\frac{1}{2}(q-2)(q-22).$$

令 $L'(q)=0$，得 $q=2$，$q=22$. 又

$$L''(q)=-q+12,\quad L''(2)=10>0,\quad L''(22)=-10<0.$$

综上所述，$L(2)$ 是极小值，$L(22)=\frac{436}{3}$ 是极大值，而端点值 $L(0)=-500$.

所以，当 $q=22$ 时，利润最大，最大利润为 $\frac{436}{3}$ 元.

2. 平均成本最低问题

设产品的总成本为 $C=C(q)$，平均成本是平均到每个单位的成本，即 $\overline{C}(q)=\frac{C(q)}{q}$. 若控制产量，以使平均成本最低，这就是求平均成本的最小值问题.

下面讨论平均成本最低时，平均成本与边际成本之间的关系. 由 $\overline{C}(q)=\frac{C(q)}{q}$，对 q 求导数得

$$\frac{\mathrm{d}\overline{C}(q)}{\mathrm{d}q}=\frac{qC'(q)-C(q)}{q^2}=\frac{1}{q}[C'(q)-\overline{C}(q)].$$

由极值的必要条件，若产量为 q 时平均成本最小，则 $C'(q)=\overline{C}(q)$.

由极值的充分条件，

$$\frac{\mathrm{d}^2\overline{C}(q)}{\mathrm{d}q^2}=\frac{\mathrm{d}}{\mathrm{d}q}\left\{\frac{1}{q}[C'(q)-\overline{C}(q)]\right\}=-\frac{1}{q^2}[C'(q)-\overline{C}(q)]+\frac{1}{q}\left[C''(q)-\frac{\mathrm{d}\overline{C}(q)}{\mathrm{d}q}\right]>0.$$

又 $C'(q)=\overline{C}(q)$，$\frac{\mathrm{d}\overline{C}(q)}{\mathrm{d}q}=0$ 且 $q>0$，从上式得 $C''(q)>0$.

所以，在边际成本等于平均成本，若再增加产量，将使得边际成本大于平均成本时，平均成本最低.

由图 4 - 43 可知，边际成本曲线在上升段交于平均成本曲线的最低点，边际成本曲线 $C'(q)$ 在 q_1 达到最低点，而平均成本曲线 $\overline{C}(q)$在 q_2 达到最低点.

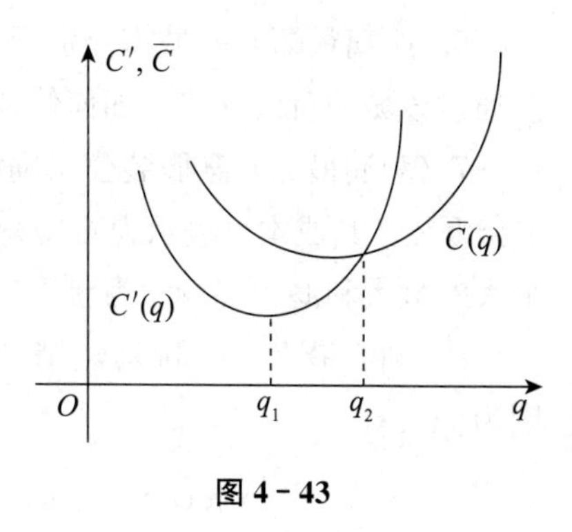

图 4 - 43

例 7　已知生产某产品的总成本函数

$$C(q)=6q^2+18q+54.$$

求平均成本最低时的产量与最低平均成本.

解： 平均成本函数与边际成本函数分别为

$$\overline{C}(q)=6q+18+\frac{54}{q},\ C'(q)=12q+18.$$

由 $\overline{C}(q)=C'(q)$，即 $6q+18+\frac{54}{q}=12q+18$，得 $q=3$，$q=-3$（舍去）. 又 $C''(q)=12>0$，所以，当产量 $q=3$ 时，平均成本最低，最低平均成本为

$$\overline{C}(3)=\left(6q+18+\frac{54}{q}\right)\bigg|_{q=3}=54.$$

习题 4.7

1. 求下列函数的最大值与最小值：

(1) $y=2x^3+3x^2$，$x\in[-2,\ 1]$；　　(2) $y=\ln(1+x^2)$，$x\in[-1,\ 2]$；

(3) $y=|x|e^x$，$x\in[-2,\ 1]$；　　(4) $y=(x-1)x^{\frac{3}{2}}$，$x\in[-1,\ 1/2]$.

2. 下列函数是否存在最大值、最小值？若存在，求出其值.

(1) $y=x^2-\frac{54}{x}$，$x\in(-\infty,\ 0)$；　　(2) $f(x)=\frac{x}{1+x^2}$，$x\in(0,\ +\infty)$.

3.（成本最低）要造一个容积为 V 的圆柱形闭合油罐，已知其两底面的材料单位面积的造价为 a 元，侧面材料单位面积的造价为 b 元. 问底半径 r 和高 h 各等于多少时，造价最低?

4.（面积最大）一张书页的总面积为 536cm^2，排印大字时上顶及下底要各留出 2.7cm 的空白，两边各留出 2.4cm 的空白. 问如何设计书页的长与宽，能使用来排字的面积最大?

5.（费用最低）轮船航行每小时的费用由日常开销和燃油费两部分组成. 日常开销（固定部分）为 k_1(元)，燃油费（变动部分）与速度的三次方成正比，比例系数 $k_2>0$. 在航程确定的情况下，求使船航行的总费用最低的航速.

6.（距离最短）一城市分别距两条垂直的河道 64km 和 27km，今要在两条河之间修一条通过该城的直线铁路，如何修才能使铁路最短？

7.（利润最大）某服装公司确定卖出 q 套服装，其单价应为 $p=150-0.5q$，同时生产 q 套服装，其成本可表示为 $C(q)=4\ 000+0.25q^2$. 服装公司生产并销售多少套服装利润最大？最大利润为多少？为获得这个最大利润，其服装单价应定为多少？

8.（利润最大）一玩具经销商独家销售某种玩具，经销商的收益函数和成本函数分别为

$$R(q)=7.2q-0.001q^2,\ C(q)=2.4q-0.000\ 2q^2,$$

其中销售量 $q\leqslant 6\ 000$. 求该经销商的最佳销售方案及最大利润.

9.（平均成本最低）设生产某商品的总成本为 $C(q)=10\ 000+50q+q^2$（q 为产量）. 产量为多少时，每件产品的平均成本最低？

4.8 一元函数微分学的应用内容精要与思想方法*

本节主要对本章内容中的核心要点进行概括，并对微分学应用中出现的典型数学思想方法及应用进行讨论. 本章内容中蕴含的数学思想方法主要有：定理构建与证明中的一般化与特殊化、构造法和数形结合法，以及解题中的化归法、分类法等.

4.8.1 一元函数微分学的应用内容精要

本章内容的逻辑主线：以微分中值定理为基础，构建连接函数与导数之间等量关系的桥梁，使得利用导数工具研究极限、函数性态和函数图形成为可能.

主线：洛必达法则⟵中值定理⟶函数特性⟶函数图形描绘最值应用.

核心（拉格朗日中值定理）：几何观察⟶概括猜测⟶中值定理⟶构造证明⟶应用.

本章内容的核心要点：中值定理，洛必达法则，利用导数研究函数的特性.

1. 拉格朗日中值定理

拉格朗日中值定理：如果函数 $f(x)$ 满足条件：(1)在闭区间 $[a, b]$ 上连续，(2)在开区间 (a, b) 内可导，那么在 (a, b) 内至少有一点 ξ，使得 $f(b)-f(a)=f'(\xi)(b-a)$.

(1) 拉格朗日中值定理的条件是充分而非必要的，也就是说，当条件满足时，结论一定成立；但当条件不满足时，结论可能成立，也可能不成立.

(2) 拉格朗日中值定理的证明提供了一个用构造函数法证明数学命题的经典范例，体

现了将一般问题特殊化、复杂问题简单化的数学思想，利用构造法可以证明许多命题.

(3) 拉格朗日中值定理结论的增量表示为：

$$f(x+\Delta x)-f(x)=f'(\xi)\Delta x\ (\xi \text{ 介于 } x \text{ 与 } x+\Delta x \text{ 之间}),$$
$$f(x+\Delta x)-f(x)=f'(x+\theta\Delta x)\Delta x\ (0<\theta<1).$$

它们反映了函数改变量与区间内某点导数之间的等量关系，建立了函数在一个区间上的增量（整体性）与函数在该区间内某点处的导数（局部性）之间的联系，从而使导数成为研究函数性态（单调性、极值、凹凸性）的工具.

(4) 拉格朗日中值定理是利用导数研究函数性态的桥梁，通过拉格朗日中值定理可以推导函数的单调性以及曲线的凹凸性判别定理，利用拉格朗日中值定理可以证明等式和不等式.

2. 洛必达法则

洛必达法则：$\lim\limits_{x\to x_0}\dfrac{f(x)}{g(x)}\xlongequal[g'(x)\neq 0]{f(x)\to 0,\ g(x)\to 0}\lim\limits_{x\to x_0}\dfrac{f'(x)}{g'(x)}=A$（$A$ 为有限数，也可为 $\pm\infty$）.

洛必达法则是求各种类型未定式极限的有力工具，核心思想是通过法则将问题化难为易、化繁为简. 使用洛必达法则时，必须注意使用条件、解决问题的类型和特征、其他未定式转化为基本未定式的方法，还要注意与其他求极限的方法结合使用. 洛必达法则也有失效的情形，此时应改用其他方法求极限.

3. 导数的应用

导数具有广泛的应用，通过导数工具可以研究函数的单调性和极值、曲线的凹凸性和拐点，用微分法描绘函数的图形，以及求实际问题的最值. 其重点是对函数特性的研究，函数单调性和曲线凹凸性的总结见表 4-9.

表 4-9　函数单调性和曲线凹凸性

	区间形态	点的形态	
函数单调性	必要条件：设可导函数 $f(x)$ 在 (a, b) 内单调递增（单调递减），则 $f'(x)\geqslant 0$ ($f'(x)\leqslant 0$).	必要条件：设 $f(x_0)$ 在点 x_0 处可导，且在点 x_0 处取得极值，则 $f'(x_0)=0$.	函数极值
	充分条件：设函数 $f(x)$ 在 $[a, b]$ 上可导. (1) 如果在 (a, b) 内 $f'(x)>0$，则函数 $f(x)$ 在 $[a, b]$ 上单调递增； (2) 如果在 (a, b) 内 $f'(x)<0$，则函数 $f(x)$ 在 $[a, b]$ 上单调递减.	充分条件：设 $f(x)$ 在点 x_0 处连续且在点 x_0 附近可导. (1) 若当 $x<x_0$ 时 $f'(x)>0$，当 $x>x_0$ 时 $f'(x)<0$，则 $f(x_0)$ 为极大值. (2) 若当 $x<x_0$ 时 $f'(x)<0$，当 $x>x_0$ 时 $f'(x)>0$，则 $f(x_0)$ 为极小值.	

续表

<table>
<tr><th></th><th>区间形态</th><th>点的形态</th><th></th></tr>
<tr><td rowspan="2">曲线凹凸性</td><td>必要条件：函数 $f(x)$ 在 $(a，b)$ 内具有二阶导数，若在 $(a，b)$ 内曲线弧 $y=f(x)$ 是凹（凸）的，则 $f''(x)>0$ $(f''(x)<0)$.</td><td>必要条件：若点 $(x_0，f(x_0))$ 为曲线 $y=f(x)$ 的拐点，则 $f''(x_0)=0$.</td><td rowspan="2">曲线拐点</td></tr>
<tr><td>充分条件：函数 $f(x)$ 在 $(a，b)$ 内具有二阶导数，若在 $(a，b)$ 内 $f''(x)>0$ $(f''(x)<0)$，则曲线 $y=f(x)$ 在 $(a，b)$ 内是凹（凸）的.</td><td>充分条件：若 $f(x)$ 在点 x_0 两侧二阶导数 $f''(x)$ 的符号相反，则曲线上点 $(x_0，f(x_0))$ 为曲线 $y=f(x)$ 的拐点.</td></tr>
</table>

4.8.2 一般化与特殊化方法

1. 一般化与特殊化

一般化与特殊化是数学研究中通用的数学方法，它不仅是论证的基本方法，也是发现和应用过程中经常采用的重要方法．一般化与特殊化是用辩证的观点处理问题的两个思维方向相反的思想方法.

一般化就是从考虑一个对象过渡到考虑包含该对象的一个集合，或者从考虑一个较小的集合过渡到考虑一个包含该较小集合的更大集合的思想方法．特殊化是指通过对所考虑问题的特殊例子的研究，解决该问题，或为最终解决该问题提供关键信息的思想方法.

特殊与一般，即个性与共性，是既对立又统一的两个范畴．任何事物都是共性与个性的有机统一，既有个性又有共性．个性是共性的基础，共性存在于个性之中，同时，共性又是个性的共同本质，共性统摄个性．也就是说，事物的特殊性中蕴含着一般性，一般性概括了特殊性.

2. 微分中值定理中的一般化与特殊化

一般化与特殊化在微分中值定理中得到了充分的体现，不论是定理的发现还是定理的证明都是一般化与特殊化应用的范例．微分中值定理的发现过程为一般化，微分中值定理的证明则为特殊化.

罗尔定理、拉格朗日中值定理与柯西中值定理三个定理之间的关系为特殊与一般的关系，在柯西中值定理中若令 $g(x)=x$，就可以得出拉格朗日中值定理；在拉格朗日中值定理中若增加条件 $f(a)=f(b)$，就可以得到罗尔定理，也就是说，拉格朗日中值定理和罗尔定理都可以统一到柯西中值定理之中．这体现出了中值定理间的和谐统一．三个定理之间的关系如图 4－44 所示.

拉格朗日中值定理与泰勒公式之间的关系也是特殊与一般的关系，如果将拉格朗日中值定理的结论推广到 $n+1$ 阶导数的形式，就可以得到泰勒公式；或者泰勒公式当 $n=0$ 时，则为拉格朗日中值定理的形式.

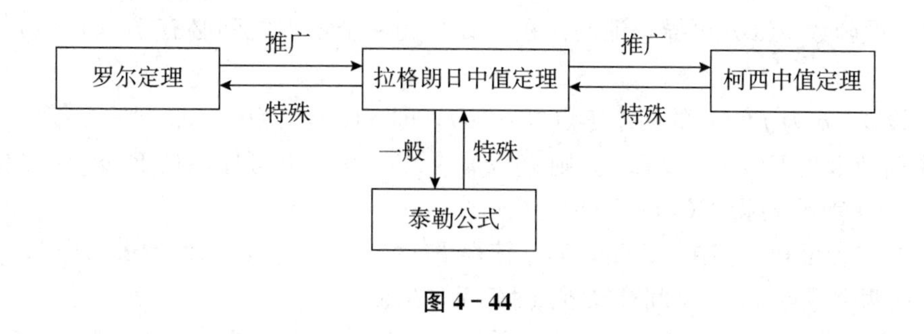

图 4-44

4.8.3 构造法

构造法是数学中的一种基本方法，它是根据所讨论问题的条件与结论的特征、性质和结构，从新的角度，用新的观点去观察、分析、联想，构造出满足条件或结论的新的数学对象，使原问题中隐晦不清的关系和性质，在构造的新的数学对象中清晰地展现出来，这种借助构造新的数学对象解决问题的方法称为构造法.

构造法是化归法的一种应用形式，它是通过构造辅助对象，使原问题转化为可解决的问题. 常构造的辅助对象有辅助函数、辅助方程、辅助数列、辅助图形等. 如第 2 章关于重要极限 $\lim\limits_{x\to 0}\frac{\sin x}{x}=1$ 的证明就是通过构造辅助图形来证明的.

在微积分中，构造法最常见的是构造辅助函数，通过构造函数对象，借助函数构造法求解问题. 函数构造法解决问题的基本过程如图 4-45 所示.

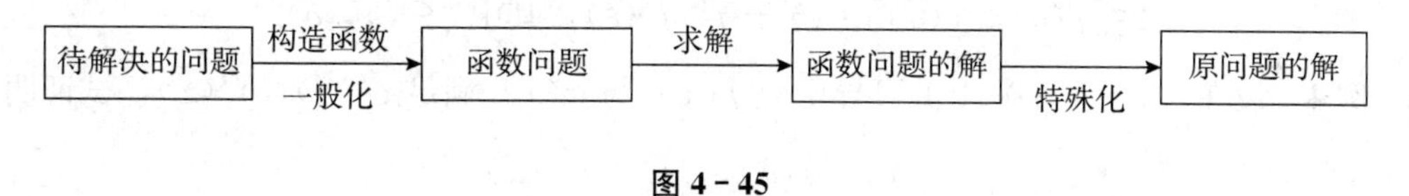

图 4-45

函数构造法最典型的代表就是拉格朗日中值定理和柯西中值定理的证明.

1. 构造函数，利用中值定理证明等式和不等式

方法一　利用罗尔定理证明等式. 构造函数 $F(x)$，若函数 $F(x)$ 在闭区间 $[a, b]$ 上连续，在 (a, b) 内可导，且 $F(a)=F(b)$，则至少存在一点 $\xi\in(a, b)$，使得 $F'(\xi)=0$.

方法二　利用拉格朗日中值定理证明等式. 构造函数 $F(x)$，若函数 $F(x)$ 在闭区间 $[a, b]$ 上连续，在 (a, b) 内可导，则至少存在一点 $\xi\in(a, b)$，使得 $F(b)-F(a)=F'(\xi)(b-a)$.

方法三　利用拉格朗日中值定理证明不等式. 构造函数 $F(x)$，若函数 $F(x)$ 在闭区间 $[a, b]$ 上连续，在 (a, b) 内可导，则至少存在一点 $\xi\in(a, b)$，使得 $F(b)-F(a)=F'(\xi)(b-a)$. 确定 $F'(\xi)$ 的符号，得出相应的不等式.

例1 设函数 $f(x)$ 可导，证明：在 $f(x)$ 的两个零点之间必有 $f(x)+xf'(x)$ 的零点.

证： 设 a，b 为 $f(x)$ 的两个零点（$a<b$），即 $f(a)=f(b)=0$.

考虑辅助函数 $F(x)=xf(x)$，则 $F(x)$ 在 $[a, b]$ 上可导，且 $F(a)=af(a)=0$，$F(b)=bf(b)=0$，可得 $F(a)=F(b)=0$.

由罗尔定理可知，存在 $\xi\in(a, b)$，使得 $F'(\xi)=f(\xi)+\xi f'(\xi)=0$. 所以，$f(x)+xf'(x)$ 在两个零点 a，b 之间存在零点 $\xi\in(a, b)$.

例2 设函数 $f(x)$ 在 $[0, a]$ 上连续，在 $(0, a)$ 内可导，且 $f(a)=0$. 证明：至少存在一点 $\xi\in(0, a)$，使得 $\xi f'(\xi)=(\xi-2)f(\xi)$.

证： 构造辅助函数 $F(x)=x^2\mathrm{e}^{-x}f(x)$，则 $F(x)$ 在 $[0, a]$ 上连续，在 $(0, a)$ 内可导，且 $F(0)=0$，$F(a)=0$，由罗尔定理可知，存在 $\xi\in(0, a)$，使得

$$F'(\xi)=[\xi f'(\xi)-\xi f(\xi)+2f(\xi)]\xi\mathrm{e}^{-\xi}=0.$$

因为 $0<\xi<a$，$\mathrm{e}^{-\xi}\neq0$，所以，$\xi f'(\xi)=(\xi-2)f(\xi)$，其中 $\xi\in(a, b)$.

例3 设函数 $f(x)$ 在区间 $[a, b]$ 上可导（$a>0$），证明：至少存在一点 $\xi\in(a, b)$ 使得 $2\xi[f(b)-f(a)]=(b^2-a^2)f'(\xi)$.

证： 设 $F(x)=x^2[f(b)-f(a)]-(b^2-a^2)f(x)$. 因为函数 $f(x)$ 在区间 $[a, b]$ 上可导，则 $F(x)$ 在 $[a, b]$ 上连续，在 (a, b) 内可导，且

$$F(a)=a^2f(b)-b^2f(a)=F(b),$$

所以根据罗尔定理，至少存在一点 $\xi\in(a, b)$，使得 $F'(\xi)=0$，即

$$2\xi[f(b)-f(a)]=(b^2-a^2)f'(\xi)，其中 \xi\in(a, b).$$

例4 设在 $[a, +\infty)$ 上的可导函数 $f(x)$ 与 $g(x)$ 满足 $g'(x)\leqslant f'(x)$，试证明：

$$g(x)-g(a)\leqslant f(x)-f(a).$$

证： 在 $[a, +\infty)$ 内任取一点 x，令 $u(x)=f(x)-g(x)$，显然 $u(x)$ 在 $[a, x]$ 上满足拉格朗日中值定理的条件，故存在一点 $\xi\in(a, x)$，使得 $u(x)-u(a)=(x-a)u'(\xi)$.

因为当 $x\geqslant a$ 时，$g'(x)\leqslant f'(x)$，故有

$$\begin{aligned}[f(x)-f(a)]-[g(x)-g(a)]&=u(x)-u(a)=(x-a)u'(\xi)\\&=(x-a)[f'(\xi)-g'(\xi)]\geqslant0,\end{aligned}$$

即有 $g(x)-g(a)\leqslant f(x)-f(a)$.

例5 设函数 $f(x)$ 在 $[0, 1]$ 上连续，在 $(0, 1)$ 内可导，且 $f(0)=0$. 证明：如果 $f(x)$ 在 $[0, 1]$ 上不恒等于零，则必有 $\xi\in(0, 1)$，使得 $f(\xi)f'(\xi)>0$.

证： 作辅助函数 $F(x)=\dfrac{1}{2}f^2(x)$，则 $F'(x)=f(x)f'(x)$. 因为 $F(0)=\dfrac{1}{2}f^2(0)=0$，又 $f(x)$ 在 $[0, 1]$ 上不恒等于 0，所以存在 $a\in(0, 1)$，使得 $f(a)\neq0$. 因此有 $F(a)=\dfrac{1}{2}f^2(a)>0$.

由于 $F(x)$ 在 $[0, a]$ 上满足拉格朗日中值定理的条件，故存在 $\xi\in(0, 1)$，使得

$$aF'(\xi)=F(a)-F(0)>0,$$

即 $F'(\xi)=f(\xi)f'(\xi)>0$.

2. 构造函数，利用单调性证明不等式

利用单调性证明不等式的方法：

(1) 作辅助函数 $F(x)$，写出相应区间；

(2) 确定 $F'(x)$ 在区间上的符号；

(3) 判别 $F(x)$ 的单调性；

(4) 比较函数 $F(x)$ 与区间端点的函数值，根据单调性得到不等式.

例 6　设函数 $f(x)$ 的二阶导数 $f''(x)<0$，且 $f(0)=0$，试证明：对任何的 $a>0$，$b>0$，都有 $f(a+b)<f(a)+f(b)$.

证：构造函数 $F(x)=f(x+b)-f(x)-f(b)$，因为 $f''(x)<0$，故 $f'(x)$ 严格单调递减，则有 $F'(x)=f'(x+b)-f'(x)<0$，进而 $F(x)$ 也严格单调递减，于是有

$$f(a+b)-f(a)-f(b)=F(a)<F(0)=-f(0)=0.$$

故有 $f(a+b)<f(a)+f(b)$.

例 7　设 $b>a>\mathrm{e}$，证明 $a^b>b^a$.

分析：当 $b>a>\mathrm{e}$ 时，原不等式等价于 $b\ln a>a\ln b$，即 $\dfrac{\ln a}{a}>\dfrac{\ln b}{b}$.

证：设 $f(x)=\dfrac{\ln x}{x}$，$x\in(\mathrm{e}, +\infty)$，则 $f'(x)=\dfrac{1-\ln x}{x^2}<0$，所以 $f(x)$ 在 $(\mathrm{e}, +\infty)$ 上单调递减. 因 $b>a>\mathrm{e}$，故 $f(a)>f(b)$，即 $\dfrac{\ln a}{a}>\dfrac{\ln b}{b}$，即 $b\ln a>a\ln b$，亦即 $\ln a^b>\ln b^a$，所以 $a^b>b^a$ 成立.

3. 构造与问题相关联的辅助关系式解题

例 8　求极限 $\lim\limits_{n\to\infty}\left(\dfrac{1}{n^2+1}+\dfrac{2}{n^2+2}+\cdots+\dfrac{n}{n^2+n}\right)$.

解：构造数列. 令

$$a_n=\frac{1}{n^2+1}+\frac{2}{n^2+2}+\cdots+\frac{n}{n^2+n},$$

$$b_n=\frac{1}{n^2+n}+\frac{2}{n^2+n}+\cdots+\frac{n}{n^2+n}=\frac{n(n+1)}{2(n^2+n)}=\frac{1}{2},$$

$$c_n=\frac{1}{n^2+1}+\frac{2}{n^2+1}+\cdots+\frac{n}{n^2+1}=\frac{n(n+1)}{2(n^2+1)}.$$

则有 $b_n \leqslant a_n \leqslant c_n$，且

$$\lim_{n\to\infty} b_n = \lim_{n\to\infty} \frac{n(n+1)}{2(n^2+n)} = \frac{1}{2}, \quad \lim_{n\to\infty} c_n = \lim_{n\to\infty} \frac{n(n+1)}{2(n^2+1)} = \frac{1}{2}.$$

所以

$$\lim_{n\to\infty}\left(\frac{1}{n^2+1}+\frac{2}{n^2+2}+\cdots+\frac{n}{n^2+n}\right)=\frac{1}{2}.$$

例 9 证明：$\lim\limits_{n\to\infty}\sqrt[n]{n}=1$.

证： 构造函数. 设 $f(x)=\sqrt[x]{x}=x^{\frac{1}{x}}$，则 $\ln f(x)=\dfrac{\ln x}{x}$，因为

$$\lim_{x\to+\infty}\ln f(x)=\lim_{x\to+\infty}\frac{\ln x}{x}=\lim_{x\to+\infty}\frac{1}{x}=0,$$

所以 $\lim\limits_{x\to+\infty}\sqrt[x]{x}=\lim\limits_{x\to+\infty}f(x)=e^{\lim\limits_{x\to+\infty}\ln f(x)}=e^0=1$，故 $\lim\limits_{n\to\infty}\sqrt[n]{n}=1$.

注释 构造法在微积分中的应用还有很多，结合课程内容的进展，在后续章节中（定积分、无穷级数、微分方程等）将会再补充一些应用实例，加深读者对构造法的认识.

4.8.4 一元函数微分学应用中的数学思想方法

一元函数微分学中具有大量的数学思想方法的应用. 除了上面介绍的构造法，常见的还有数形结合的思想方法、转化思想与化归方法、分类法等.

1. 数形结合的思想方法

（1）通过对几何图形的观察，推测罗尔定理、拉格朗日中值定理，并从几何角度构建定理的证明，其数量特征和几何特征见表 4－10.

表 4－10 罗尔定理、拉格朗日中值定理的数量特征和几何特征

	罗尔定理	拉格朗日中值定理
数量特征	$f(x)$ 在 $[a, b]$ 上连续，在 (a, b) 内可导，$f(a)=f(b)$，则 $f'(\xi)=0$，$\xi\in(a, b)$.	$f(x)$ 在 $[a, b]$ 上连续，在 (a, b) 内可导，则 $f(a)-f(b)=f'(\xi)$，$\xi\in(a, b)$.
几何特征	在每一点都可导的一段连续曲线上，若曲线两端的高度相等，则至少存在水平切线.	在每一点都可导的一段连续曲线上，至少存在一条切线与连接曲线两端点的直线平行.

（2）通过对几何图形的观察，发现函数单调性与一阶导数之间的关系、曲线凹凸性与二阶导数之间的关系，得到函数单调性、曲线凹凸性的判别方法（见表 4－11）.

表 4－11　函数单调性、曲线凹凸性的判别方法

	单调递增函数	单调递减函数
概念	$\forall x_1, x_2\in I, x_1<x_2, f(x_1)<f(x_2)$	$\forall x_1, x_2\in I, x_1<x_2, f(x_1)>f(x_2)$
几何特征	随着自变量 x 增大，对应的函数值增大	随着自变量 x 增大，对应的函数值减小
数量特征	$f'(x)>0, \forall x\in I$	$f'(x)<0, \forall x\in I$
	凹曲线	凸曲线
概念	$\forall x_1, x_2\in I$, $f\left(\frac{x_1+x_2}{2}\right)<\frac{f(x_1)+f(x_2)}{2}$	$\forall x_1, x_2\in I$, $f\left(\frac{x_1+x_2}{2}\right)>\frac{f(x_1)+f(x_2)}{2}$
几何特征	曲线向上弯曲，曲线在切线上方	曲线向下弯曲，曲线在切线下方
数量特征	$f''(x)>0, \forall x\in I$	$f''(x)<0, \forall x\in I$

(3)运用导数工具确定函数的极值和曲线的拐点.

(4)运用导数工具研究函数图形的特征，用微分法作函数图像.

2. 洛必达法则中的转化思想

洛必达法则中的数学思想就是转化思想，即通过导数代替函数的线性代替思想，其方法是通过法则将复杂极限化归为简单极限.

$0\cdot\infty$ 型和$\infty-\infty$ 型未定式可以通过变形转化为 $\frac{0}{0}$ 型或 $\frac{\infty}{\infty}$ 型未定式；0^0 型、1^∞ 型、∞^0 型未定式可以通过对数变换转化为 $0\cdot\infty$ 型未定式，然后使用洛必达法则求极限. 未定式极限间的转换关系如图 4－46 所示.

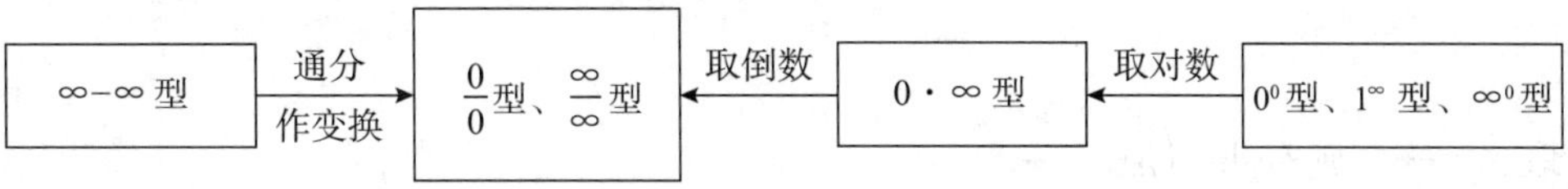

$\infty-\infty$ 型 —通分作变换→ $\frac{0}{0}$型、$\frac{\infty}{\infty}$型 ←取倒数— $0\cdot\infty$ 型 ←取对数— 0^0型、1^∞ 型、∞^0型

图 4－46

例 10　求 $\lim\limits_{x\to 0}\dfrac{e^x+e^{-x}-2}{1-\cos x}$.

解： 由洛必达法则，有

$$\lim_{x\to 0}\frac{e^x+e^{-x}-2}{1-\cos x}=\lim_{x\to 0}\frac{e^x-e^{-x}}{\sin x}=\lim_{x\to 0}\frac{e^x+e^{-x}}{\cos x}=\frac{2}{1}=2.$$

例 11　求 $\lim\limits_{x\to 0}\left(\dfrac{\ln(1+x)^{(1+x)}}{x^2}-\dfrac{1}{x}\right)$.

解： 由洛必达法则，有

$$\lim_{x\to 0}\left(\frac{\ln(1+x)^{(1+x)}}{x^2}-\frac{1}{x}\right)=\lim_{x\to 0}\frac{(1+x)\ln(1+x)-x}{x^2}=\lim_{x\to 0}\frac{\ln(1+x)}{2x}=\lim_{x\to 0}\frac{\frac{1}{1+x}}{2}=\frac{1}{2}.$$

例 12 求 $\lim\limits_{x\to 0}\dfrac{1-\cos^2 x}{x(1-e^x)}$.

解：方法一 $\lim\limits_{x\to 0}\dfrac{1-\cos^2 x}{x(1-e^x)}=\lim\limits_{x\to 0}\dfrac{2\cos x\sin x}{1-e^x-xe^x}=2\lim\limits_{x\to 0}\cos x\lim\limits_{x\to 0}\dfrac{\sin x}{1-e^x-xe^x}$

$$=2\lim_{x\to 0}\frac{\cos x}{-2e^x-xe^x}=2\times\frac{1}{-2}=-1.$$

方法二 $\lim\limits_{x\to 0}\dfrac{1-\cos^2 x}{x(1-e^x)}=\lim\limits_{x\to 0}\dfrac{\sin^2 x}{x\cdot(-x)}=-\lim\limits_{x\to 0}\left(\dfrac{\sin x}{x}\right)^2=-1.$

例 13 求 $\lim\limits_{n\to\infty}\left(n\tan\dfrac{1}{n}\right)^{n^2}$（$n$ 为自然数）.

解：将离散量转化为连续量. 考虑连续变量 x 的极限 $\lim\limits_{x\to 0^+}\left(\dfrac{\tan x}{x}\right)^{\frac{1}{x^2}}$，因为

$$\lim_{x\to 0^+}\left(\frac{\tan x}{x}\right)^{\frac{1}{x^2}}=\lim_{x\to 0^+}\left[\left(1+\frac{\tan x-x}{x}\right)^{\frac{x}{\tan x-x}}\right]^{\frac{\tan x-x}{x^3}},$$

其中

$$\lim_{x\to 0^+}\frac{\tan x-x}{x^3}=\lim_{x\to 0^+}\frac{\sec^2 x-1}{3x^2}=\frac{1}{3},$$

所以

$$\lim_{x\to 0^+}\left(\frac{\tan x}{x}\right)^{\frac{1}{x^2}}=e^{\frac{1}{3}}.$$

取 $x=\dfrac{1}{n}$，则有 $\lim\limits_{n\to\infty}\left(n\tan\dfrac{1}{n}\right)^{n^2}=e^{\frac{1}{3}}$.

例 14 求 $\lim\limits_{x\to 0}\dfrac{e^x-e^{\sin x}}{(1-\cos x)\ln(1+2x)}$.

解：当 $x\to 0$ 时，$1-\cos x\sim\dfrac{x^2}{2}$，$\ln(1+2x)\sim 2x$；$1-e^{\sin x-x}\sim x-\sin x$，故利用无穷小的等价代换，有

$$\lim_{x\to 0}\frac{e^x-e^{\sin x}}{(1-\cos x)\ln(1+2x)}=\lim_{x\to 0}\frac{e^x(1-e^{\sin x-x})}{(1-\cos x)\ln(1+2x)}=\lim_{x\to 0}e^x\cdot\lim_{x\to 0}\frac{x-\sin x}{x^3}$$

$$=\lim_{x\to 0}\frac{1-\cos x}{3x^2}=\frac{1}{6}.$$

例 15 求 $\lim\limits_{x\to\infty}\left(\sin\dfrac{2}{x}+\cos\dfrac{1}{x}\right)^x$.

解：作变换 $x=\frac{1}{t}$，则

$$\lim_{x\to\infty} x\ln\left(\sin\frac{2}{x}+\cos\frac{1}{x}\right)=\lim_{t\to 0}\frac{\ln(\sin 2t+\cos t)}{t}=\lim_{t\to 0}\frac{2\cos 2t-\sin t}{\sin 2t+\cos t}=2,$$

所以 $\lim\limits_{x\to\infty}\left(\sin\frac{2}{x}+\cos\frac{1}{x}\right)^{x}=e^{2}$.

例 16　求 $\lim\limits_{x\to+\infty}\frac{e^{ax}}{x^{n}}$.

解：因为所求极限与 a 的取值有关，所以对 a 进行分类讨论.

当 $a>0$ 时，

$$\lim_{x\to+\infty}\frac{e^{ax}}{x^{n}}=\lim_{x\to+\infty}\frac{a e^{ax}}{nx^{n-1}}=\lim_{x\to+\infty}\frac{a^{2}e^{ax}}{n(n-1)x^{n-2}}=\cdots=\lim_{x\to+\infty}\frac{a^{n}e^{ax}}{n!}=+\infty.$$

当 $a<0$ 时，

$$\lim_{x\to+\infty}\frac{e^{ax}}{x^{n}}=\lim_{x\to+\infty}\frac{1}{e^{-ax}}\cdot\frac{1}{x^{n}}=0.$$

当 $a=0$ 时，

$$\lim_{x\to+\infty}\frac{e^{ax}}{x^{n}}=\lim_{x\to+\infty}\frac{1}{x^{n}}=0.$$

所以

$$\lim_{x\to+\infty}\frac{e^{ax}}{x^{n}}=\begin{cases}0, & a\leqslant 0\\ +\infty, & a>0\end{cases}.$$

3. 导数应用中的分类法

（1）概念、定理中的分类法.

分类法在讨论函数的单调性与极值、曲线的凹凸性与拐点等问题时经常使用，函数单调性的定义与单调性的判别定理、曲线凹凸性的定义与凹凸性的判别定理都是分类法的具体应用.

函数单调性与曲线凹凸性的判别定理如表 4－12 所示.

表 4－12　函数单调性与曲线凹凸性判别定理

	分类判别
函数单调性的判别定理	设函数 $f(x)$ 在 $[a, b]$ 上连续，在 (a, b) 内可导. ① 若在 (a, b) 内 $f'(x)>0$，则函数 $f(x)$ 在 $[a, b]$ 上单调递增； ② 若在 (a, b) 内 $f'(x)<0$，则函数 $f(x)$ 在 $[a, b]$ 上单调递减； ③ 若不是 ① 或 ② 的情形，$f(x)$ 在 $[a, b]$ 上的单调性需要进一步判别.

续表

	分类判别
曲线凹凸性的判别定理	设函数 $y=f(x)$ 在 $[a,b]$ 上连续，在 (a,b) 内具有二阶导数. ① 若在 (a,b) 内 $f''(x)>0$，则曲线 $y=f(x)$ 在 (a,b) 内是凹的； ② 若在 (a,b) 内 $f''(x)<0$，则曲线 $y=f(x)$ 在 (a,b) 内是凸的； ③ 若不是 ① 或 ② 的情形，则曲线的凹凸性需要进一步判别.

曲线的渐近线分类如表 4－13 所示.

表 4－13　曲线的渐近线分类

类　型	分类定义
水平渐近线	若当 $x\to\infty$（或 $x\to\pm\infty$）时，$y\to C$（C 为常数），即 $\lim\limits_{x\to\infty}f(x)=C$，则称直线 $y=C$ 为曲线 $y=f(x)$ 的水平渐近线.
铅直渐近线	若当 $x\to C$（或 $x\to C^{\pm}$，C 为常数）时，$y\to\infty$（或 $y\to\pm\infty$），即 $\lim\limits_{x\to C}f(x)=\infty$，则称直线 $x=C$ 为曲线 $y=f(x)$ 的铅直渐近线.
斜渐近线	若函数 $f(x)$ 满足 ① $\lim\limits_{x\to\infty}\dfrac{f(x)}{x}=k$，② $\lim\limits_{x\to\infty}[f(x)-kx]=b$，则称 $y=kx+b$ 为曲线 $y=f(x)$ 的斜渐近线.

（2）解题中的分类法.

例 17　讨论方程 $\ln x=ax$（其中 $a>0$）的实数根.

解：令 $f(x)=\ln x-ax$，$x\in(0,+\infty)$，则 $f'(x)=\dfrac{1}{x}-a$. 令 $f'(x)=0$，得驻点 $x=\dfrac{1}{a}$. 因为当 $0<x<\dfrac{1}{a}$ 时，$f'(x)>0$，$f(x)$ 单调递增，当 $\dfrac{1}{a}<x<+\infty$ 时，$f'(x)<0$，$f(x)$ 单调递减，所以当 $x=\dfrac{1}{a}$ 时 $f(x)$ 取得极大值且为最大值，其值为 $f\left(\dfrac{1}{a}\right)=-\ln a-1$.

（1）当 $f\left(\dfrac{1}{a}\right)=-\ln a-1>0$，即 $0<a<\dfrac{1}{\mathrm{e}}$ 时，曲线 $y=f(x)$ 与 x 轴有两个交点，此时方程有两个实数根；

（2）当 $f\left(\dfrac{1}{a}\right)=-\ln a-1=0$，即 $a=\dfrac{1}{\mathrm{e}}$ 时，曲线 $y=f(x)$ 与 x 轴有一个交点，此时方程有一个实数根；

（3）当 $f\left(\dfrac{1}{a}\right)=-\ln a-1<0$，即 $a>\dfrac{1}{\mathrm{e}}$ 时，曲线 $y=f(x)$ 与 x 轴无交点，此时方程无实数根.

例 18　设函数 $f(x)$ 在点 x_0 的某邻域内有定义，且 $\lim\limits_{x\to x_0}\dfrac{f(x)-f(x_0)}{(x-x_0)^n}=k$，其中 n

为正整数，常数 $k\neq 0$，讨论函数 $f(x)$ 在点 x_0 处是否有极值.

解　因为 $\lim\limits_{x\to x_0}\dfrac{f(x)-f(x_0)}{(x-x_0)^n}=k$，$k\neq 0$，由极限的保号性可知，在点 x_0 的某邻域内 $\dfrac{f(x)-f(x_0)}{(x-x_0)^n}$ 与 k 同号，在该邻域内进行如下讨论.

(1) 当 n 为偶数时：

若 $k>0$，则 $f(x)-f(x_0)>0$，由极值定义可知，$f(x_0)$ 为 $f(x)$ 的极小值.

若 $k<0$，则 $f(x)-f(x_0)<0$，由极值定义可知，$f(x_0)$ 为 $f(x)$ 的极大值.

(2) 当 n 为奇数时：

若 $k>0$，则当 $x-x_0<0$ 时，$f(x)-f(x_0)<0$；当 $x-x_0>0$ 时，$f(x)-f(x_0)>0$.

若 $k<0$，则当 $x-x_0<0$ 时，$f(x)-f(x_0)>0$；当 $x-x_0>0$ 时，$f(x)-f(x_0)<0$.

即 n 为奇数时，$f(x)$ 在点 x_0 处没有极值.

总习题四

A. 基础测试题

1. 填空题

(1) 函数 $f(x)=x^3-x$ 在区间 $[0,2]$ 上满足拉格朗日中值定理的 $\xi=$ ________.

(2) 设曲线 $y=f(x)$ 经过原点，且在点 $(x, f(x))$ 处的切线斜率为 $-2x$，则 $\lim\limits_{x\to 0}\dfrac{f(-2x)}{x^2}=$ ________.

(3) $\lim\limits_{x\to 0^+}(\sin 2x)^{\frac{1}{1+3\ln x}}=$ ________.

(4) 曲线 $y=\mathrm{e}^{-x^2}$ 的凸区间为 ________.

(5) 曲线 $y=1+\dfrac{\ln x}{x}$ 的水平渐近线为________，铅直渐近线为________.

(6) 函数 $f(x)=x^x$ $(x>0)$ 的单调递增区间是 ________，单调递减区间是 ________.

(7) 已知 $f(x)=x^3+ax^2+bx$ 在 $x=-1$ 处取得极小值 -2，则 $a=$ ________，$b=$ ________.

(8) 已知 $f(1)=4$，且 $f(x)$ 满足 $xf'(x)+f(x)=0$，则 $f(2)=$________.

(9) 设函数 $f(x)=x\mathrm{e}^x$，则 $f''(x)$ 的极小值为 ________.

(10) 曲线 $y=x\mathrm{e}^{-x^2}$ 的水平渐近线为________.

2. 单项选择题

(1) 当 $x<x_0$ 时 $f'(x)>0$，当 $x>x_0$ 时 $f'(x)<0$，则 x_0 必是函数 $f(x)$ 的（　　）.

(A) 驻点　　(B) 极大值点　　(C) 极小值点　　(D) 以上均不可选

(2) 设 $f(x)$ 连续且 $f(0)=0$，$\lim\limits_{x\to 0}\dfrac{f(x)}{1-\cos x}=2$，则在 $x=0$ 处，$f(x)$（　　）.

(A) 不可导　　(B) 可导但 $f'(0)\neq 0$

(C) 取极大值　　(D) 取极小值

(3) 若 $f(x)$ 在 $[a, b]$ 上三阶可导，且 $f'(a)=f''(a)=0$ 及 $f'''(x)>0$，则 $f(x)$ 在 (a, b) 内（　　）.

(A) 单调递增且曲线为凸的　　(B) 单调递增且曲线为凹的

(C) 单调递减且曲线为凸的　　(D) 单调递减且曲线为凹的

(4) 设 $f(x)$ 的导数在 $x=a$ 处连续，又 $\lim\limits_{x\to a}\dfrac{f'(x)}{x-a}=-1$，则（　　）.

(A) $x=a$ 是 $f(x)$ 的极小值点

(B) $x=a$ 是 $f(x)$ 的极大值点

(C) $(a, f(a))$是曲线 $y=f(x)$ 的拐点

(D) $x=a$ 不是 $f(x)$ 的极值点，$(a, f(a))$ 也不是曲线 $y=f(x)$ 的拐点

(5) 设 $\lim\limits_{x\to a}\dfrac{f(x)-f(a)}{(x-a)^2}=-1$，则在点 $x=a$ 处（　　）.

(A) $f(x)$ 的导数存在，且 $f'(a)\neq 0$　　(B) $f(x)$ 取得极大值

(C) $f(x)$ 取得极小值　　(D) $f(x)$ 的导数不存在

(6) 曲线 $y=(x-1)^2(x-2)^2$ 的拐点个数为（　　）个.

(A) 0　　(B) 1　　(C) 2　　(D) 3

(7) 设 $f(x)=\mathrm{e}^x+\mathrm{e}^{-x}+2\cos x$，则 $x=0$（　　）.

(A) 不是 $f(x)$ 的驻点　　(B) 是 $f(x)$ 的驻点，但非极值点

(C) 是 $f(x)$ 的极小值点　　(D) 是 $f(x)$ 的极大值点

(8) 设函数 $y=f(x)$ 具有二阶导数，且 $f'(x)>0$，$f''(x)>0$，Δx 为自变量 x 在点 x_0 处的改变量，Δy 与 $\mathrm{d}y$ 分别为 $f(x)$ 在点 x_0 处对应的增量与微分. 若 $\Delta x>0$，则（　　）.

(A) $0<\mathrm{d}y<\Delta y$　　(B) $0<\Delta y<\mathrm{d}y$

(C) $\Delta y<\mathrm{d}y<0$　　(D) $\mathrm{d}y<\Delta y<0$

(9) 曲线 $y=ax^3+bx^2+cx+d$ $(a\neq 0)$ 有一拐点，且在此拐点处有一水平切线，则 a，b，c 之间的关系为（　　）.

(A) $a+b+c=0$　　(B) $b^2-3ac=0$

(C) $b^2-4ac=0$　　(D) $b^2-6ac=0$

(10) 设 $f(x)$ 具有二阶连续导数，且 $f'(0)=0$，$\lim\limits_{x\to 0}\dfrac{f''(x)}{|x|}=1$，则（　　）.

(A) $f(0)$ 是 $f(x)$ 的极大值

(B) $f(0)$ 是 $f(x)$ 的极小值

(C) $(0, f(0))$ 是曲线 $y=f(x)$ 的拐点

(D) $f(0)$ 不是 $f(x)$ 的极值，$(0, f(0))$ 也不是曲线 $y=f(x)$ 的拐点

3. 求下列极限：

(1) $\lim\limits_{x\to 0}\dfrac{e^{2x}-2e^x+1}{x^2\cos x}$；　　(2) $\lim\limits_{x\to 0^+}x^{\frac{1}{1+\ln x}}$；

(3) $\lim\limits_{x\to 0}\left(\dfrac{\sin x}{x}\right)^{\frac{1}{1-\cos x}}$；　　(4) $\lim\limits_{x\to 0}\left(\dfrac{1}{\tan^2 x}-\dfrac{1}{x^2}\right)$.

4. 当 $x>0$ 时，试证：$e^x=1+xe^{x\theta(x)}$，其中 $0<\theta(x)<1$，且 $\lim\limits_{x\to 0}\theta(x)=\dfrac{1}{2}$.

5. 求函数 $f(x)=(2x-5)\sqrt[3]{x^2}$ 的极值.

6. 已知曲线 $y=ax^3+bx^2+cx$ 在点（1，2）处有水平切线，且原点为该曲线的拐点. 求 a，b，c 的值，并写出曲线的方程.

7. 设 $f(x)$，$g(x)$ 在 (a,b) 内可导，$g(x)\neq 0$；当 $x\in(a,b)$ 时，$f'(x)g(x)+f(x)g'(x)=0$. 证明：存在常数 C，使得 $f(x)=Cg(x)$，$x\in(a,b)$.

8. 设 $f(x)$ 是可导的奇函数. 证明：对任意 $a>0$，存在 $\xi\in(-a,a)$，使 $f'(\xi)=\dfrac{f(a)}{a}$.

9. 证明：当 $0<a<b$，$n>1$ 时，有 $na^{n-1}(b-a)<b^n-a^n<nb^{n-1}(b-a)$.

10. 设某厂生产某种产品每批 q 单位的总成本为

$$C(q)=aq^3-bq^2+cq\quad(a>0,\ b>0,\ c>0).$$

问每批生产多少单位的产品，其平均成本 $\dfrac{C(q)}{q}$ 最低？并求其最低平均成本和相应的边际成本.

B. 考研提高题

1. 求极限 $\lim\limits_{x\to 0}\dfrac{x-x^x}{1-x+\ln x}$.

2. 设曲线 $y=ax^2+bx+c$ 在 $x=-1$ 处取得极值，且与曲线 $y=3x^2$ 相切于点（1，3）. 试确定常数 a，b 和 c.

3. 求函数 $f(x)=x^3-3x^2+2$ 在区间 $[-a,a]$ 上的最大值.

4. 设 $f(t)=a^t-at$ $(a>1)$ 在 $(-\infty,+\infty)$ 内的驻点为 $t(a)$，则 a 为何值时，$t(a)$最小？

5. 证明：$f(x)=\left(1+\dfrac{1}{x}\right)^x$ 在区间 $(0,+\infty)$ 内单调递增.

6. 证明：$x-\dfrac{x^2}{2}<\sin x<x$ $(x>0)$.

7. 设函数 $y=f(x)$ 二阶可导，且 $f(x_1)=f(x_2)=f(x_3)$，其中 $x_1<x_2<x_3$，证明至少存在一点 $\xi\in(x_1,x_3)$，使得 $f''(\xi)=0$.

8. 设 $F(x)=\cos x+\cos^2 x+\cdots+\cos^n x$ $(n\in\mathbf{N})$，证明：方程 $F(x)=1$ 在 $\left[0,\dfrac{\pi}{3}\right)$ 之

间有且仅有一个根.

9. 在 $0 \leqslant x < a$ 上 $f(x)$ 二次可微，$f(0)=0$，$f''(x)>0$，则 $\dfrac{f(x)}{x}$ 在 $0<x<a$ 内单调递增.

第 5 章　不定积分

在微分学中，我们讨论了求已知函数的导数问题. 但是，在解决实际问题的过程中，常常需要解决相反的问题，就是要寻求一个可导函数，使它的导数等于已知函数. 不定积分就是为了解决这类问题引入的，它也是积分学的基本内容之一. 本章主要介绍不定积分的概念、性质和积分方法.

5.1 不定积分的概念与性质

为了解决微分学问题的反问题，即由一个函数的已知导数或微分去寻求原来的函数，首先需要引入原函数与不定积分的概念.

5.1.1 原函数与不定积分的概念

1. 原函数的概念

例 1 （导数问题的反问题）已知自由落体任意时刻 t 的运动速度为 $v(t)=gt$，求落体的运动规律（设运动开始时物体在原点）. 这个问题就是要从关系 $s'(t)=gt$ 中还原出函数 $s(t)$. 由导数公式反推，易知：所求的运动规律为 $s(t)=\frac{1}{2}gt^2$，这就是一个与微分学中求导数相反的问题.

一般地，为了讨论由某个函数的已知导数 $F'(x)=f(x)$ 来确定函数 $F(x)$ 这类问题，我们引入下述原函数的定义.

定义 1　设函数 $f(x)$ 是定义在区间 I 上的已知函数. 若存在函数 $F(x)$，使得对于任意一点 $x\in I$，都有

$$F'(x)=f(x) \quad 或 \quad \mathrm{d}F(x)=f(x)\mathrm{d}x,$$

则称 $F(x)$ 为 $f(x)$ 在区间 I 上的一个**原函数**.

例如，在区间 $(-\infty, +\infty)$ 内 $(\sin x)'=\cos x$，所以 $\sin x$ 是函数 $\cos x$ 在区间

$(-\infty, +\infty)$ 内的一个原函数；在区间 $(-1, 1)$ 内 $(\arcsin x)'=\frac{1}{\sqrt{1-x^2}}$，所以 $\arcsin x$ 是函数 $\frac{1}{\sqrt{1-x^2}}$ 在区间 $(-1, 1)$ 内的一个原函数.

那么，一个函数满足什么条件一定存在原函数呢？这里给出一个结论，6.2 节将给出证明.

定理 1（原函数存在定理） 如果函数 $f(x)$ 在区间 I 上连续，那么在区间 I 上存在可导函数 $F(x)$，使得对于任意一点 $x\in I$，都有 $F'(x)=f(x)$.

这就是说，连续函数一定存在原函数. 由于初等函数在其定义区间上是连续的，所以每个初等函数在其定义区间上都有原函数.

既然连续函数一定存在原函数，那么一个连续函数的原函数是否唯一呢？例如，在区间 $(-\infty, +\infty)$ 内，x^2 是 $2x$ 的一个原函数，但 $(x^2+1)'=(x^2+2)'=(x^2-\sqrt{3})'=\cdots=2x$，所以 $2x$ 的原函数不是唯一的，它的原函数有无穷多个.

由此可以看出，若 $f(x)$ 存在原函数，则其原函数不是唯一的. 那么，这些原函数之间有什么差异？能否写成统一的表达式呢？下面的定理回答了这个问题.

定理 2 若 $F(x)$ 是 $f(x)$ 在区间 I 上的一个原函数，则 $F(x)+C$ 是 $f(x)$ 的全部原函数，其中 C 为任意常数.

为证明该定理需要先证明两个结论：

(1) $F(x)+C$ 是 $f(x)$ 的原函数；

(2) $f(x)$ 的任意一个原函数 $G(x)$ 都可以表示成 $F(x)+C$ 的形式.

证：(1) 已知 $F(x)$ 是 $f(x)$ 的一个原函数，即 $F'(x)=f(x)$. 又

$$[F(x)+C]'=F'(x)=f(x),$$

所以，$F(x)+C$ 是 $f(x)$ 的原函数.

(2) 设 $G(x)$ 是 $f(x)$ 的任一个原函数，即 $G'(x)=f(x)$，于是

$$[G(x)-F(x)]'=G'(x)-F'(x)=f(x)-f(x)=0.$$

由拉格朗日中值定理的推论知，导数恒等于零的函数是常数，从而

$$G(x)-F(x)=C,$$

即 $G(x)=F(x)+C$.

这就是说，$f(x)$ 的任一个原函数 $G(x)$ 均可表示成 $F(x)+C$ 的形式.

定理 2 说明，只要找到 $f(x)$ 的一个原函数 $F(x)$，就能写出 $f(x)$ 的原函数的一般表达式 $F(x)+C$，从而就知道了 $f(x)$ 的全体原函数，其中 C 为任意常数.

2. 不定积分的概念

定义 2 设函数 $f(x)$ 在区间 I 上有定义，称函数 $f(x)$ 的任一原函数为 $f(x)$ 的不

定积分，用 $\int f(x)\mathrm{d}x$ 表示. 其中，“$\int$”叫作**积分号**，x 叫作**积分变量**，$f(x)$ 叫作**被积函数**，$f(x)\mathrm{d}x$ 叫作**被积表达式**.

如果 $F(x)$ 为 $f(x)$ 在区间 I 上的一个原函数，则 $F(x)+C$ 就是 $f(x)$ 的不定积分，即 $\int f(x)\mathrm{d}x=F(x)+C$（$C$ 为任意常数），式中 C 叫作**积分常数**.

因此，求不定积分 $\int f(x)\mathrm{d}x$ 就归结为求它的一个原函数，再加上一个任意常数 C. 切记，要加“C”，否则求出的只是一个原函数，而不是任一原函数.

由不定积分的定义知，不定积分运算与微分运算之间有如下互逆关系：

(1) $\dfrac{\mathrm{d}}{\mathrm{d}x}\left[\int f(x)\mathrm{d}x\right]=f(x)$ 或 $\mathrm{d}\left[\int f(x)\mathrm{d}x\right]=f(x)\mathrm{d}x$；

(2) $\int F'(x)\mathrm{d}x=F(x)+C$ 或 $\int \mathrm{d}F(x)=F(x)+C$.

这里，需要注意第（2）组等式，一个函数先进行微分运算，再进行积分运算，得到的不是该函数，而是一族函数，必须加上一个任意常数 C.

例 2　求函数 $f(x)=a^x$ 的不定积分.

解： 因为 $\left(\dfrac{a^x}{\ln a}\right)'=a^x$，所以 $\int a^x\mathrm{d}x=\dfrac{a^x}{\ln a}+C$.

例 3　求函数 $f(x)=x^\alpha$ 的不定积分.

解： 当 $\alpha\neq-1$ 时，因为 $\left(\dfrac{1}{\alpha+1}x^{\alpha+1}\right)'=x^\alpha$，所以 $\int x^\alpha\mathrm{d}x=\dfrac{1}{\alpha+1}x^{\alpha+1}+C$.

当 $\alpha=-1$，$x\neq0$ 时，因为 $(\ln|x|)'=\dfrac{1}{x}$，所以 $\int\dfrac{1}{x}\mathrm{d}x=\ln|x|+C$.

综上所述，

$$\int x^\alpha\mathrm{d}x=\begin{cases}\dfrac{1}{\alpha+1}x^{\alpha+1}+C, & \alpha\neq-1\\ \ln|x|+C, & \alpha=1,\ x\neq0\end{cases}.$$

不定积分的几何意义： 通常我们把一个原函数 $F(x)$ 的图形称为 $f(x)$ 的一条积分曲线，其方程为 $y=F(x)$. 因此，不定积分 $\int f(x)\mathrm{d}x$ 在几何上就表示全体积分曲线所组成的曲线族中的任一曲线 $y=F(x)+C$. 曲线族中每一条积分曲线在曲线上横坐标相同的点处的切线斜率都等于 $f(x)$，如图 5-1 所示.

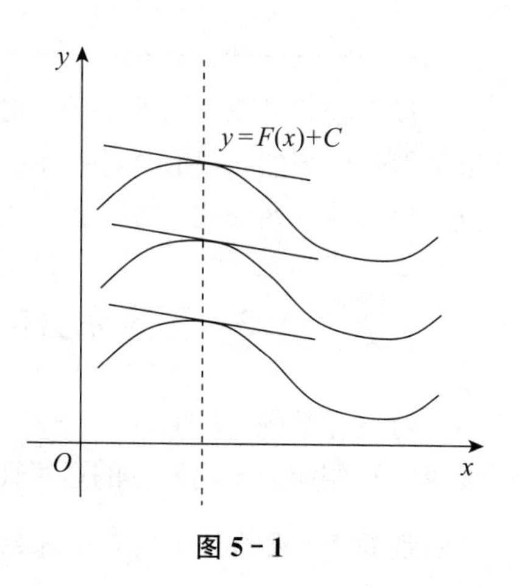

图 5-1

有时需要求 $f(x)$ 过定点 (x_0, y_0) 的积分曲线，即满足条件 $f(x_0)=y_0$ 的原函数，这个条件一般称为初始条件，由这个条件可以唯一确定常数 C，即将坐标 (x_0, y_0) 代入积分曲线方程，有 $y_0=F(x_0)+C$，得

$C=y_0-F(x_0)$，从而得到所求积分曲线为 $y=F(x)+[y_0-F(x_0)]$.

例4 设曲线通过点（1，2），且在任一点（x，y）处的切线斜率为 $2x$. 求此曲线方程.

解：设所求曲线方程为 $y=f(x)$. 按题意，在任一点（x，y）处的切线斜率为 $\frac{dy}{dx}=2x$，即 $y=f(x)$ 是 $2x$ 的一个原函数. 因为

$$\int 2x\,dx=x^2+C,$$

所以曲线方程为 $y=x^2+C$. 又曲线过点（1，2），代入上式，得 $2=1+C$，所以 $C=1$. 于是，所求曲线方程为 $y=x^2+1$.

5.1.2 基本积分公式

不定积分的基本公式是不定积分运算的基础. 根据不定积分运算与导数运算之间的互逆关系，对照导数公式表可以相应地得出下面的积分公式表，见表 5-1.

表 5-1 积分公式表

$\int 0\,dx=C$	$\int k\,dx=kx+C$
$\int x^\alpha\,dx=\frac{1}{\alpha+1}x^{\alpha+1}+C\ (\alpha\neq-1)$	$\int \frac{1}{x}dx=\ln\|x\|+C$
$\int e^x\,dx=e^x+C$	$\int a^x\,dx=\frac{a^x}{\ln a}+C$
$\int \cos x\,dx=\sin x+C$	$\int \sin x\,dx=-\cos x+C$
$\int \frac{1}{\cos^2 x}dx=\int \sec^2 x\,dx=\tan x+C$	$\int \frac{1}{\sin^2 x}dx=\int \csc^2 x\,dx=-\cot x+C$
$\int \sec x\tan x\,dx=\sec x+C$	$\int \csc x\cot x\,dx=-\csc x+C$
$\int \frac{1}{\sqrt{1-x^2}}dx=\arcsin x+C$	$\int \frac{1}{1+x^2}dx=\arctan x+C$

以上公式是积分法的基础，必须熟记，不仅要记住右端的结果，还要熟悉左端被积函数的形式. 当然，仅有这些基本公式是不够的，下面还要利用不定积分的性质和积分法则推导出其他一些公式，逐步扩充不定积分公式.

5.1.3 不定积分的性质

对应导数的 $[kf(x)]'=kf'(x)$ 和 $[f(x)\pm g(x)]'=f'(x)\pm g'(x)$ 的运算法则，便可得到相应的不定积分的运算性质.

性质1 设函数 $f(x)$ 的原函数存在，k 为非零常数，则

$$\int kf(x)\mathrm{d}x = k\int f(x)\mathrm{d}x \quad (k\neq 0),$$

即被积函数中不为零的常数因子可提到积分号外.

证：由求导法则以及不定积分与导数的关系，得

$$\left[k\int f(x)\mathrm{d}x\right]' = k\left[\int f(x)\mathrm{d}x\right]' = kf(x).$$

这表明 $k\int f(x)\mathrm{d}x$ 为 $kf(x)$ 的任一个原函数，由不定积分的定义知结论成立.

性质 2　设函数 $f(x)$ 与 $g(x)$ 的原函数存在，则

$$\int [f(x)\pm g(x)]\mathrm{d}x = \int f(x)\mathrm{d}x \pm \int g(x)\mathrm{d}x,$$

即两个函数代数和的不定积分等于各函数不定积分的代数和.

证：由求导法则以及不定积分与导数的关系，得

$$\left[\int f(x)\mathrm{d}x \pm \int g(x)\mathrm{d}x\right]' = \left[\int f(x)\mathrm{d}x\right]' \pm \left[\int g(x)\mathrm{d}x\right]' = f(x)\pm g(x).$$

这表明 $\int f(x)\mathrm{d}x \pm \int g(x)\mathrm{d}x$ 为 $f(x)\pm g(x)$ 的任一个原函数. 由不定积分的定义知结论成立.

此结论对有限多个函数的代数和也是成立的.

不定积分的性质 1 与性质 2 可以写成

$$\int [\alpha f(x)\pm \beta g(x)]\mathrm{d}x = \alpha\int f(x)\mathrm{d}x \pm \beta\int g(x)\mathrm{d}x \quad (\alpha,\ \beta \text{ 为常数}).$$

利用此性质和不定积分的基本公式，就可以直接求一些简单函数的不定积分.

例 5　求下列不定积分：

(1) $\int \frac{1}{x^2}\mathrm{d}x$；　　(2) $\int (2-\sqrt{x})x\,\mathrm{d}x$；　　(3) $\int \frac{x^4}{1+x^2}\mathrm{d}x$.

解：(1) $\int \frac{1}{x^2}\mathrm{d}x = \int x^{-2}\mathrm{d}x = \frac{x^{-2+1}}{-2+1}+C = -\frac{1}{x}+C.$

(2) $\int (2-\sqrt{x})x\,\mathrm{d}x = \int (2x - x^{\frac{3}{2}})\,\mathrm{d}x = \int 2x\,\mathrm{d}x - \int x^{\frac{3}{2}}\mathrm{d}x = x^2 - \frac{2}{5}x^{\frac{5}{2}}+C.$

注释　在分项积分后，不必在每一个积分结果中都加“C”，只要在总的结果中加一个 C 即可.

(3) 因为 $\frac{x^4}{1+x^2} = \frac{x^4-1+1}{1+x^2} = x^2-1+\frac{1}{1+x^2}$，所以

$$\int \frac{x^4}{1+x^2}\mathrm{d}x = \int \left(x^2-1+\frac{1}{1+x^2}\right)\mathrm{d}x$$

$$=\int x^2\mathrm{d}x-\int\mathrm{d}x+\int\frac{1}{1+x^2}\mathrm{d}x$$
$$=\frac{x^3}{3}-x+\arctan x+C.$$

可验证

$$\left(\frac{x^3}{3}-x+\arctan x\right)'=x^2-1+\frac{1}{1+x^2}=\frac{(x^2-1)(x^2+1)+1}{1+x^2}=\frac{x^4}{1+x^2}.$$

顺便指出，以后我们计算不定积分时，就可通过对所求结果求导数来检验积分结果是否正确.

在利用不定积分的性质和基本积分公式求不定积分时，通常需要对被积函数进行变形，然后利用不定积分的性质将所求的积分转化成基本积分表中的形式，再计算积分.

例 6 求下列不定积分：

(1) $\int\tan^2 x\mathrm{d}x$；　　(2) $\int(2^x+3^x)^2\mathrm{d}x$；　　(3) $\int\sin^2\frac{x}{2}\mathrm{d}x$.

解：(1) $\int\tan^2 x\mathrm{d}x=\int(\sec^2 x-1)\mathrm{d}x=\int\sec^2 x\mathrm{d}x-\int\mathrm{d}x=\tan x-x+C.$

(2) $\int(2^x+3^x)^2\mathrm{d}x=\int(4^x+2\cdot 6^x+9^x)\mathrm{d}x=\int 4^x\mathrm{d}x+2\int 6^x\mathrm{d}x+\int 9^x\mathrm{d}x$

$$=\frac{4^x}{\ln 4}+\frac{2\cdot 6^x}{\ln 6}+\frac{9^x}{\ln 9}+C.$$

(3) $\int\sin^2\frac{x}{2}\mathrm{d}x=\int\frac{1-\cos x}{2}\mathrm{d}x=\frac{1}{2}\int(1-\cos x)\mathrm{d}x=\frac{1}{2}(x-\sin x)+C.$

例 7 求下列不定积分：

(1) $\int\frac{1}{x^2(1+x^2)}\mathrm{d}x$；　　(2) $\int\frac{\cos^2 x}{1-\sin x}\mathrm{d}x$；　　(3) $\int\frac{1}{\sin^2 x\cos^2 x}\mathrm{d}x$.

解：(1) $\int\frac{1}{x^2(1+x^2)}\mathrm{d}x=\int\frac{1+x^2-x^2}{x^2(1+x^2)}\mathrm{d}x=\int\left(\frac{1}{x^2}-\frac{1}{1+x^2}\right)\mathrm{d}x$

$$=-\frac{1}{x}-\arctan x+C.$$

(2) $\int\frac{\cos^2 x}{1-\sin x}\mathrm{d}x=\int\frac{1-\sin^2 x}{1-\sin x}\mathrm{d}x=\int(1+\sin x)\mathrm{d}x=x-\cos x+C.$

(3) $\int\frac{1}{\sin^2 x\cos^2 x}\mathrm{d}x=\int\frac{\sin^2 x+\cos^2 x}{\sin^2 x\cos^2 x}\mathrm{d}x=\int\frac{1}{\cos^2 x}\mathrm{d}x+\int\frac{1}{\sin^2 x}\mathrm{d}x$

$$=\tan x-\cot x+C.$$

例 8 设 $f(x)=\begin{cases}e^x, & x>0\\ x+1, & x\leqslant 0\end{cases}$，求 $\int f(x)\mathrm{d}x$.

解：当 $x>0$ 时，$\int f(x)\mathrm{d}x=\int e^x\mathrm{d}x=e^x+C.$

当 $x\leqslant 0$ 时，$\int f(x)\mathrm{d}x=\int(x+1)\mathrm{d}x=\frac{1}{2}x^2+x+C_1.$

因为 $f(x)$ 在点 $x=0$ 处连续，所以其原函数在点 $x=0$ 处连续，有 $C_1=C+1$，从而

$$\int f(x)\mathrm{d}x=\begin{cases}\mathrm{e}^x+C, & x>0\\ \frac{1}{2}x^2+x+C+1, & x\leqslant 0\end{cases}.$$

例 9　某化工厂生产某种产品，每日生产的产品的边际成本是日产量 q 的函数，$C'(q)=7+\frac{25}{\sqrt{q}}$. 已知固定成本为 1 000 元，求总成本与日产量的函数关系.

解：因为总成本是边际成本 $C'(q)$ 的原函数，所以有

$$C(q)=\int\left(7+\frac{25}{\sqrt{q}}\right)\mathrm{d}q=7q+50\sqrt{q}+K\quad(K\text{ 为任意实数}).$$

已知固定成本为 1 000 元，即 $C(0)=1\ 000$，代入上式，有 $K=1\ 000$. 于是可得

$$C(q)=7q+50\sqrt{q}+1\ 000,$$

即总成本 C 与日产量 q 的函数关系为 $C(q)=7q+50\sqrt{q}+1\ 000$.

习题 5.1

1. 验证函数 $\frac{1}{2}\sin^2x$，$-\frac{1}{4}\cos 2x$，$1-\frac{1}{2}\cos^2x$ 均为同一个函数的原函数.

2. 证明：当 $x\in(1,+\infty)$ 时，$\ln(x+\sqrt{x^2-1})$ 为 $\frac{1}{\sqrt{x^2-1}}$ 的原函数.

3. 求下列不定积分：

(1) $\int\frac{\mathrm{d}x}{x^2\sqrt{x}}$；　　(2) $\int(x+1)^3\mathrm{d}x$；

(3) $\int\frac{\sqrt{x}-2\sqrt[3]{x^2}+1}{\sqrt[4]{x}}\mathrm{d}x$；　　(4) $\int\frac{3x^4+3x^2+1}{x^2+1}\mathrm{d}x$；

(5) $\int 3^x\mathrm{e}^{2x}\mathrm{d}x$；　　(6) $\int\mathrm{e}^x\left(1-\frac{\mathrm{e}^{-x}}{\sqrt{x}}\right)\mathrm{d}x$；

(7) $\int\left(\sin\frac{x}{2}+\cos\frac{x}{2}\right)^2\mathrm{d}x$；　　(8) $\int\frac{1}{1+\cos 2x}\mathrm{d}x$；

(9) $\int\frac{\cos 2x}{\cos x-\sin x}\mathrm{d}x$；　　(10) $\int\frac{\cos 2x}{\sin^2x\cos^2x}\mathrm{d}x$；

(11) $\int\frac{1+\sin 2x}{\cos x+\sin x}\mathrm{d}x$；　　(12) $\int\frac{1+\cos^2x}{1+\cos 2x}\mathrm{d}x$；

(13) $\int\sec x(\sec x-\tan x)\mathrm{d}x$；　　(14) $\int\frac{\sin^2x}{1+\cos^2x-\sin^2x}\mathrm{d}x$.

4. 设一曲线通过点 $(\mathrm{e}^2, 3)$，且在任一点处的切线斜率等于该点横坐标的倒数. 求此

曲线方程.

5. 某公司测定，生产某种产品 q 件的边际成本为 $C'(q)=q^3-2q$. 假定固定成本为100元，求总成本函数.

6. 在一次记忆实验中，测得记忆速率为 $M'(t)=0.2t-0.003t^2$，其中 $M(t)$ 为 t 分钟内记住的单词数量. 如果已知 $M(0)=0$，求 $M(t)$ 以及8分钟内记住的单词数量.

5.2 换元积分法

利用不定积分的基本积分公式与性质，只能求出一些简单函数的不定积分. 如果将复合函数的求导法则反过来用于求不定积分，就是通过变量代换，把一个被积表达式复杂的积分转化成一个被积表达式简单的积分，这就是换元积分法. 换元积分法又分为第一换元积分法和第二换元积分法.

5.2.1 第一换元积分法

第一换元积分法是一种通过变换 $u=\varphi(x)$，解决形式为 $\int f[\varphi(x)]\varphi'(x)\mathrm{d}x$ 的积分问题的方法，主要针对被积函数中含有复合函数的积分问题，下例对此进行说明.

例1 求 $\int 2x\mathrm{e}^{x^2}\mathrm{d}x$.

解： 因为在积分表中没有与被积函数形式一样的积分公式，难以由积分的公式与性质确定该积分，但注意到被积式中含有复合函数 e^{x^2}，而余下的部分恰好可以表示成微分的形式 $2x\mathrm{d}x=\mathrm{d}(x^2)$，于是，可作如下变换和计算：

$$\int 2x\mathrm{e}^{x^2}\mathrm{d}x \xlongequal{\text{凑微分}} \int \mathrm{e}^{x^2}\mathrm{d}(x^2) \xlongequal{\text{令 } u=x^2} \int \mathrm{e}^u\mathrm{d}u \xlongequal{\text{积分}} \mathrm{e}^u+C \xlongequal{\text{回代}} \mathrm{e}^{x^2}+C.$$

验证：因为 $(\mathrm{e}^{x^2})'=2x\mathrm{e}^{x^2}$，所以上述结论正确.

概括 如果要求的积分具有特征 $\int f[\varphi(x)]\varphi'(x)\mathrm{d}x$，则可作变换 $u=\varphi(x)$，将原积分化为关于 u 的一个简单积分 $\int f(u)\mathrm{d}u$. 若该积分由基本积分公式可求得 $\int f(u)\mathrm{d}u=F(u)+C$，则有 $\int f[\varphi(x)]\varphi'(x)\mathrm{d}x=F[\varphi(x)]+C$，即有如下定理.

定理1 设函数 $f(u)$ 连续，$u=\varphi(x)$ 具有连续导数，且 $\int f(u)\mathrm{d}u=F(u)+C$，则

$$\int f[\varphi(x)]\varphi'(x)\mathrm{d}x=F[\varphi(x)]+C$$

成立.

证：因为 $\int f(u)\mathrm{d}u=F(u)+C$，所以 $F'(u)=f(u)$. 于是，由复合函数求导法则，得

$$\{F[\varphi(x)]\}'=F'[\varphi(x)]\varphi'(x)=F'(u)\varphi'(x)=f(u)\varphi'(x)=f[\varphi(x)]\varphi'(x).$$

由不定积分的定义，得

$$\int f[\varphi(x)]\varphi'(x)\mathrm{d}x=F[\varphi(x)]+C.$$

该定理表明：通过变换 $u=\varphi(x)$ 可将积分 $\int f[\varphi(x)]\varphi'(x)\mathrm{d}x$ 化为 $\int f(u)\mathrm{d}u$，即

$$\int f[\varphi(x)]\varphi'(x)\mathrm{d}x=\left(\int f(u)\mathrm{d}u\right)_{u=\varphi(x)}.$$

上式称为**第一换元积分公式**.

方法　第一换元积分法的应用过程为：

$$\int f[\varphi(x)]\varphi'(x)\mathrm{d}x \xlongequal{\text{凑微分}} \int f[\varphi(x)]\mathrm{d}\varphi(x) \xlongequal{u=\varphi(x)} \int f(u)\mathrm{d}u$$
$$\xlongequal{\text{积分}} F(u)+C \xlongequal{\text{回代}} F[\varphi(x)]+C.$$

这种先"凑"成微分式，再作变量置换的方法，也叫作**凑微分法**. 该方法可以解决一些被积函数形式为 $f[\varphi(x)]\varphi'(x)$（复合函数与中间变量的导数的乘积）的微积分问题.

例 2　求 $\int \cos^2 x\sin x\,\mathrm{d}x$.

解：因为 $\int \cos^2 x\sin x\,\mathrm{d}x=-\int \cos^2 x\,\mathrm{d}\cos x$，所以可设 $u=\cos x$，则

$$\int \cos^2 x\sin x\,\mathrm{d}x=-\int \cos^2 x\,\mathrm{d}\cos x=-\int u^2\mathrm{d}u=-\frac{1}{3}u^3+C=-\frac{1}{3}\cos^3 x+C.$$

例 3　求 $\int \frac{\mathrm{d}x}{x\sqrt{1-\ln^2 x}}$.

解：因为 $\int \frac{\mathrm{d}x}{x\sqrt{1-\ln^2 x}}=\int \frac{\mathrm{d}\ln x}{\sqrt{1-\ln^2 x}}$，所以可设 $\ln x=u$，则

$$\int \frac{\mathrm{d}x}{x\sqrt{1-\ln^2 x}}=\int \frac{\mathrm{d}\ln x}{\sqrt{1-\ln^2 x}}=\int \frac{\mathrm{d}u}{\sqrt{1-u^2}}=\arcsin u=\arcsin\ln x+C.$$

对凑微分法较熟悉后，可略去中间的换元步骤，直接凑微分，将 $\varphi(x)$ 看作一个变量，然后求出积分，即

$$\int f[\varphi(x)]\varphi'(x)\mathrm{d}x=\int f[\varphi(x)]\mathrm{d}\varphi(x)=F[\varphi(x)]+C.$$

例 4 求 $\int \frac{\sin\sqrt{x}}{\sqrt{x}}\mathrm{d}x$.

解： $\int \frac{\sin\sqrt{x}}{\sqrt{x}}\mathrm{d}x = 2\int \sin\sqrt{x}\,\mathrm{d}\sqrt{x} = -2\cos\sqrt{x} + C.$

凑微分法运用时的难点在于，题目并未指明应该把哪一部分凑成 $\mathrm{d}\varphi(x)$，这一方面需要把握被积函数中的中间变量 $\varphi(x)$，另一方面需要掌握一些常见的微分公式. 表 5－2 列出了一些常见的凑微分公式.

表 5－2　常见的凑微分公式

积分类型	凑微分公式
$\int f(ax+b)\mathrm{d}x = \frac{1}{a}\int f(ax+b)\mathrm{d}(ax+b)$	$\mathrm{d}x = \frac{1}{a}\mathrm{d}(ax+b)\ (a\neq 0)$
$\int x^{\alpha-1}f(x^{\alpha})\mathrm{d}x = \frac{1}{\alpha}\int f(x^{\alpha})\mathrm{d}x^{\alpha}$	$x^{\alpha-1}\mathrm{d}x = \frac{1}{\alpha}\mathrm{d}x^{\alpha}$
$\int f(\mathrm{e}^x)\mathrm{e}^x\mathrm{d}x = \int f(\mathrm{e}^x)\mathrm{d}\mathrm{e}^x$	$\mathrm{e}^x\mathrm{d}x = \mathrm{d}\mathrm{e}^x$
$\int f(\ln x)\frac{1}{x}\mathrm{d}x = \int f(\ln x)\mathrm{d}\ln x$	$\frac{1}{x}\mathrm{d}x = \mathrm{d}\ln x$
$\int f(\sin x)\cos x\mathrm{d}x = \int f(\sin x)\mathrm{d}\sin x$	$\cos x\mathrm{d}x = \mathrm{d}\sin x$
$\int f(\cos x)\sin x\mathrm{d}x = -\int f(\cos x)\mathrm{d}\cos x$	$\sin x\mathrm{d}x = -\mathrm{d}\cos x$
$\int f(\arcsin x)\frac{1}{\sqrt{1-x^2}}\mathrm{d}x = \int f(\arcsin x)\mathrm{d}\arcsin x$	$\frac{1}{\sqrt{1-x^2}}\mathrm{d}x = \mathrm{d}\arcsin x$
$\int f(\arctan x)\frac{1}{1+x^2}\mathrm{d}x = \int f(\arctan x)\mathrm{d}\arctan x$	$\frac{1}{1+x^2}\mathrm{d}x = \mathrm{d}\arctan x$
$\int f(\tan x)\sec^2 x\mathrm{d}x = \int f(\tan x)\mathrm{d}\tan x$	$\sec^2 x\mathrm{d}x = \mathrm{d}\tan x$
$\int f(\cot x)\csc^2 x\mathrm{d}x = -\int f(\cot x)\mathrm{d}\cot x$	$-\csc^2 x\mathrm{d}x = \mathrm{d}\cot x$

例 5 求下列不定积分：

(1) $\int \frac{\mathrm{d}x}{\sqrt{a^2-x^2}}\ (a>0)$；　(2) $\int \frac{\mathrm{d}x}{a^2+x^2}$；　(3) $\int \frac{\mathrm{d}x}{x^2-a^2}$.

解： (1) $\int \frac{\mathrm{d}x}{\sqrt{a^2-x^2}} = \int \frac{1}{a\sqrt{1-\left(\frac{x}{a}\right)^2}}\mathrm{d}x = \int \frac{1}{\sqrt{1-\left(\frac{x}{a}\right)^2}}\mathrm{d}\left(\frac{x}{a}\right) = \arcsin\frac{x}{a} + C.$

(2) $\int \frac{\mathrm{d}x}{a^2+x^2} = \frac{1}{a}\int \frac{1}{1+\left(\frac{x}{a}\right)^2}\mathrm{d}\left(\frac{x}{a}\right) = \frac{1}{a}\arctan\frac{x}{a} + C.$

(3) $\int \frac{\mathrm{d}x}{x^2-a^2} = \frac{1}{2a}\int \left(\frac{1}{x-a} - \frac{1}{x+a}\right)\mathrm{d}x = \frac{1}{2a}\left[\int \frac{\mathrm{d}(x-a)}{x-a} - \int \frac{\mathrm{d}(x+a)}{x+a}\right]$

$$=\frac{1}{2a}(\ln|x-a|-\ln|x+a|)+C=\frac{1}{2a}\ln\left|\frac{x-a}{x+a}\right|+C.$$

例 6　求下列不定积分：

(1) $\int \tan x\,\mathrm{d}x$；　　(2) $\int \sec x\,\mathrm{d}x$.

解：(1) $\int \tan x\,\mathrm{d}x=\int \frac{\sin x}{\cos x}\mathrm{d}x=-\int \frac{\mathrm{d}\cos x}{\cos x}=-\ln|\cos x|+C.$

类似可得 $\int \cot x\,\mathrm{d}x=\ln|\sin x|+C.$

(2) $\int \sec x\,\mathrm{d}x=\int \frac{\sec x(\sec x+\tan x)}{\tan x+\sec x}\mathrm{d}x=\int \frac{\sec^2 x+\sec x\tan x}{\tan x+\sec x}\mathrm{d}x$

$$=\int \frac{1}{\tan x+\sec x}\mathrm{d}(\tan x+\sec x)=\ln|\sec x+\tan x|+C.$$

类似可得 $\int \csc x\,\mathrm{d}x=\ln|\csc x-\cot x|+C.$

例 5 与例 6 中的不定积分经常使用，可作为常用积分公式补充到基本积分公式（表 5 - 1）中.

例 7　求下列不定积分：

(1) $\int \frac{3+x}{\sqrt{4-x^2}}\mathrm{d}x$；　　(2) $\int \frac{\mathrm{d}x}{x(1+2\ln x)}$；　　(3) $\int \frac{1}{1+\mathrm{e}^x}\mathrm{d}x$.

解：本题积分前，先要对被积函数作适当变形，然后用凑微分法求解.

(1) $\int \frac{3+x}{\sqrt{4-x^2}}\mathrm{d}x=3\int \frac{\mathrm{d}x}{\sqrt{4-x^2}}+\int \frac{x}{\sqrt{4-x^2}}\mathrm{d}x=3\arcsin\frac{x}{2}+\int \frac{-\frac{1}{2}}{\sqrt{4-x^2}}\mathrm{d}(4-x^2)$

$$=3\arcsin\frac{x}{2}-\sqrt{4-x^2}+C.$$

(2) $\int \frac{\mathrm{d}x}{x(1+2\ln x)}=\int \frac{\mathrm{d}\ln x}{1+2\ln x}=\frac{1}{2}\int \frac{\mathrm{d}(1+2\ln x)}{1+2\ln x}=\frac{1}{2}\ln|1+2\ln x|+C.$

(3) $\int \frac{1}{1+\mathrm{e}^x}\mathrm{d}x=\int \frac{1+\mathrm{e}^x-\mathrm{e}^x}{1+\mathrm{e}^x}\mathrm{d}x=\int\left(1-\frac{\mathrm{e}^x}{1+\mathrm{e}^x}\right)\mathrm{d}x$

$$=\int \mathrm{d}x-\int \frac{1}{1+\mathrm{e}^x}\mathrm{d}(1+\mathrm{e}^x)=x-\ln(1+\mathrm{e}^x)+C.$$

例 8　求下列不定积分：

(1) $\int \sin^2 x\,\mathrm{d}x$；　　(2) $\int \sin^3 x\cos^2 x\,\mathrm{d}x$；　　(3) $\int \frac{\arcsin\sqrt{x}}{\sqrt{x-x^2}}\mathrm{d}x$.

解：(1) $\int \sin^2 x\,\mathrm{d}x=\int \frac{1-\cos 2x}{2}\mathrm{d}x=\frac{1}{2}\int \mathrm{d}x-\frac{1}{2}\int \cos 2x\,\mathrm{d}x$

$$=\frac{1}{2}x-\frac{1}{4}\int \cos 2x\,\mathrm{d}(2x)=\frac{1}{2}x-\frac{1}{4}\sin 2x+C.$$

(2) $\int \sin^3 x\cos^2 x\,\mathrm{d}x=-\int \sin^2 x\cos^2 x\,\mathrm{d}\cos x=-\int (1-\cos^2 x)\cos^2 x\,\mathrm{d}\cos x$

$$=-\int(\cos^2x-\cos^4x)\mathrm{d}\cos x=-\frac{1}{3}\cos^3x+\frac{1}{5}\cos^5x+C.$$

(3) $\int\frac{\arcsin\sqrt{x}}{\sqrt{x-x^2}}\mathrm{d}x=\int\frac{\arcsin\sqrt{x}}{\sqrt{x}\sqrt{1-x}}\mathrm{d}x=2\int\frac{\arcsin\sqrt{x}}{\sqrt{1-x}}\mathrm{d}\sqrt{x}$

$$=2\int\arcsin\sqrt{x}\,\mathrm{d}\arcsin\sqrt{x}=(\arcsin\sqrt{x})^2+C.$$

例 9 求下列不定积分：

(1) $\int\frac{\mathrm{d}x}{x\ln x\ln(\ln x)}$；　　(2) $\int\frac{\ln\tan x}{\cos x\sin x}\mathrm{d}x$.

解： (1) $\int\frac{\mathrm{d}x}{x\ln x\ln(\ln x)}=\int\frac{\mathrm{d}\ln x}{\ln x\ln(\ln x)}=\int\frac{\mathrm{d}[\ln(\ln x)]}{\ln(\ln x)}=\ln[\ln(\ln x)]+C.$

(2) $\int\frac{\ln\tan x}{\cos x\sin x}\mathrm{d}x=\int\frac{\ln\tan x}{\cos^2x\tan x}\mathrm{d}x=\int\frac{\ln\tan x}{\tan x}\mathrm{d}(\tan x)$

$$=\int\ln\tan x\,\mathrm{d}(\ln\tan x)=\frac{1}{2}(\ln\tan x)^2+C.$$

5.2.2 第二换元积分法

第二换元积分法是一种通过某种变换，解决被积函数中含有特定形式的无理式的积分问题的方法，下例对此进行说明.

例 10 求 $\int\frac{x\mathrm{d}x}{\sqrt{x-3}}$.

解： 考虑到被积表达式中含有根式 $\sqrt{x-3}$，为了去掉根式，作变换 $t=\sqrt{x-3}$，即 $x=t^2+3$ $(t>0)$. 此时 $\mathrm{d}x=2t\mathrm{d}t$，所以

$$\int\frac{x\mathrm{d}x}{\sqrt{x-3}}=\int\frac{t^2+3}{t}2t\mathrm{d}t=2\int(t^2+3)\,\mathrm{d}t=2\left(\frac{t^3}{3}+3t\right)+C.$$

再将 $t=\sqrt{x-3}$ 代回后整理，得 $\int\frac{x\mathrm{d}x}{\sqrt{x-3}}=\frac{2}{3}(x+6)(x-3)^{\frac{1}{2}}+C.$

概括 如果积分 $\int f(x)\mathrm{d}x$ 不易计算，可设中间度量 $x=\varphi(t)$，则积分变为 $\int f[\varphi(t)]\varphi'(t)\mathrm{d}t$，求此积分，然后将函数 $t=\varphi^{-1}(x)$ 代入，还原成变量 x 的形式，即可得所求积分.

定理 2 若 $x=\varphi(t)$ 单调可导，$\varphi'(t)\neq0$，且有 $\int f[\varphi(t)]\varphi'(t)\mathrm{d}t=F(t)+C$，则

$$\int f(x)\mathrm{d}x=F[\varphi^{-1}(x)]+C,$$

其中 $t=\varphi^{-1}(x)$ 为 $x=\varphi(t)$ 的反函数.

证：利用复合函数与反函数的求导公式，有

$$\frac{\mathrm{d}}{\mathrm{d}x}\{F[\varphi^{-1}(x)]\}=\frac{\mathrm{d}F(t)}{\mathrm{d}t}\cdot\frac{\mathrm{d}t}{\mathrm{d}x}=f[\varphi(t)]\cdot\varphi'(t)\cdot\frac{1}{\varphi'(t)}=f[\varphi(t)]=f(x).$$

所以积分 $\int f(x)\mathrm{d}x=F[\varphi^{-1}(x)]+C$ 成立.

利用定理 2 求解不定积分的方法称为**第二换元积分法**.

方法　第二换元积分法的应用过程为：

$$\int f(x)\mathrm{d}x\xlongequal{x=\varphi(t)}\int f[\varphi(t)]\varphi'(t)\mathrm{d}t\xlongequal{积分}F(t)+C\xlongequal{t=\varphi^{-1}(x)}F[\varphi^{-1}(x)]+C.$$

使用换元积分法的关键是恰当地选择变换函数 $x=\varphi(t)$，对于 $x=\varphi(t)$，要求其单调可导，$\varphi'(t)\neq 0$，且其反函数 $t=\varphi^{-1}(x)$ 存在.

例 11　求下列不定积分：

(1) $\int\frac{\sqrt{x}}{1+\sqrt{x}}\mathrm{d}x$；　(2) $\int\frac{\mathrm{d}x}{1+\sqrt[3]{x+1}}$；　(3) $\int\frac{\mathrm{d}x}{\sqrt{x}(1+\sqrt[3]{x})}$.

解：(1) 为了消去根式，可令 $\sqrt{x}=t$，则 $x=t^2$ $(t>0)$，$\mathrm{d}x=2t\mathrm{d}t$. 于是

$$\begin{aligned}\int\frac{\sqrt{x}}{1+\sqrt{x}}\mathrm{d}x&=\int\frac{t}{1+t}2t\mathrm{d}t=2\int\frac{t^2}{1+t}\mathrm{d}t=2\int\frac{(t^2-1)+1}{1+t}\mathrm{d}t\\&=2\int\left(t-1+\frac{1}{1+t}\right)\mathrm{d}t=t^2-2t+2\ln|1+t|+C\\&=x-2\sqrt{x}+2\ln\left|1+\sqrt{x}\right|+C.\end{aligned}$$

(2) 令 $\sqrt[3]{x+1}=t$，则 $x=t^3-1$，$\mathrm{d}x=3t^2\mathrm{d}t$. 于是

$$\begin{aligned}\int\frac{\mathrm{d}x}{1+\sqrt[3]{x+1}}&=\int\frac{3t^2}{t+1}\mathrm{d}t=3\int\frac{t^2-1+1}{t+1}\mathrm{d}t=3\int\left(t-1+\frac{1}{t+1}\right)\mathrm{d}t\\&=3\left(\frac{1}{2}t^2-t+\ln|t+1|\right)+C\\&=\frac{3}{2}(\sqrt[3]{x+1})^2-3\sqrt[3]{x+1}+3\ln\left|\sqrt[3]{x+1}+1\right|+C.\end{aligned}$$

(3) 令 $x=t^6$，则 $\mathrm{d}x=6t^5\mathrm{d}t$. 于是

$$\begin{aligned}\int\frac{\mathrm{d}x}{\sqrt{x}(1+\sqrt[3]{x})}&=\int\frac{6t^5}{t^3(1+t^2)}\mathrm{d}t=6\int\frac{t^2}{1+t^2}\mathrm{d}t=6\int\frac{1+t^2-1}{1+t^2}\mathrm{d}t\\&=6t-6\arctan t+C=6\sqrt[6]{x}-6\arctan\sqrt[6]{x}+C.\end{aligned}$$

注释　被积函数中含有的被开方因式为一次式的根式 $\sqrt[n]{ax+b}$ 时，令 $\sqrt[n]{ax+b}=t$，可以消去根号，从而求得积分. 下面重点讨论被积函数含有的被开方因式为二次式的根式的情况.

例12 求下列不定积分：

(1) $\int\sqrt{a^2-x^2}\,\mathrm{d}x$ $(a>0)$；(2) $\int\frac{\mathrm{d}x}{\sqrt{x^2+a^2}}$ $(a>0)$；(3) $\int\frac{\mathrm{d}x}{\sqrt{x^2-a^2}}$ $(a>0)$.

解：(1) 为了消去根式，令 $x=a\sin t\left(-\frac{\pi}{2}<t<\frac{\pi}{2}\right)$，则 $\mathrm{d}x=a\cos t\,\mathrm{d}t$，于是

$$\begin{aligned}\int\sqrt{a^2-x^2}\,\mathrm{d}x&=\int a^2\cos^2 t\,\mathrm{d}t=a^2\int\frac{1+\cos 2t}{2}\mathrm{d}t\\&=\frac{a^2}{2}t+\frac{a^2}{4}\sin 2t+C=\frac{a^2}{2}t+\frac{a^2}{2}\sin t\cos t+C.\end{aligned}$$

因为 $x=a\sin t$ $\left(-\frac{\pi}{2}<t<\frac{\pi}{2}\right)$，所以 $t=\arcsin\frac{x}{a}$，则

$$\cos t=\sqrt{1-\sin^2 t}=\sqrt{1-\left(\frac{x}{a}\right)^2}=\frac{\sqrt{a^2-x^2}}{a}.$$

将 t 回代入所求积分，得

$$\int\sqrt{a^2-x^2}\,\mathrm{d}x=\frac{a^2}{2}\arcsin\frac{x}{a}+\frac{1}{2}x\sqrt{a^2-x^2}+C.$$

(2) 令 $x=a\tan t$ $\left(-\frac{\pi}{2}<t<\frac{\pi}{2}\right)$，则 $\mathrm{d}x=a\sec^2 t\,\mathrm{d}t$. 于是

$$\int\frac{\mathrm{d}x}{\sqrt{x^2+a^2}}=\int\frac{a\sec^2 t}{\sqrt{a^2\tan^2 t+a^2}}\mathrm{d}t=\int\sec t\,\mathrm{d}t=\ln|\sec t+\tan t|+C_1.$$

为了由变换 $x=a\tan t$ 确定 $\sec t$，可以根据 $\tan t=\frac{x}{a}$ 作辅助直角三角形（见图5-2），得 $\sec t=\frac{\sqrt{x^2+a^2}}{a}$，将其回代入所求积分，得

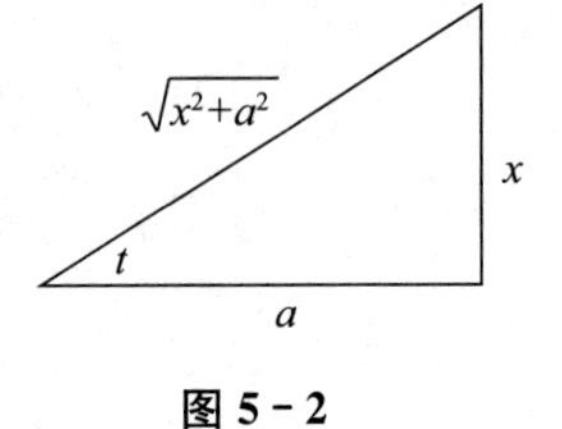

图5-2

$$\int\frac{\mathrm{d}x}{\sqrt{x^2+a^2}}=\ln\left|\frac{\sqrt{x^2+a^2}}{a}+\frac{x}{a}\right|+C_1=\ln\left|\sqrt{x^2+a^2}+x\right|+C,$$

其中 $C=C_1-\ln a$.

(3) 令 $x=a\sec t$ $\left(0<t<\frac{\pi}{2}\right)$，则 $\mathrm{d}x=a\sec t\tan t\,\mathrm{d}t$. 于是

$$\int\frac{\mathrm{d}x}{\sqrt{x^2-a^2}}=\int\frac{a\sec t\tan t}{a\tan t}\mathrm{d}t=\int\sec t\,\mathrm{d}t=\ln|\sec t+\tan t|+C_1.$$

为了由变换 $x=a\sec t$ 确定 $\tan t$，可以根据 $\cos t=\frac{a}{x}$ 作辅助直角三角形（见图5-3），

得 $\tan t=\dfrac{\sqrt{x^2-a^2}}{a}$，将其回代入所求积分，得

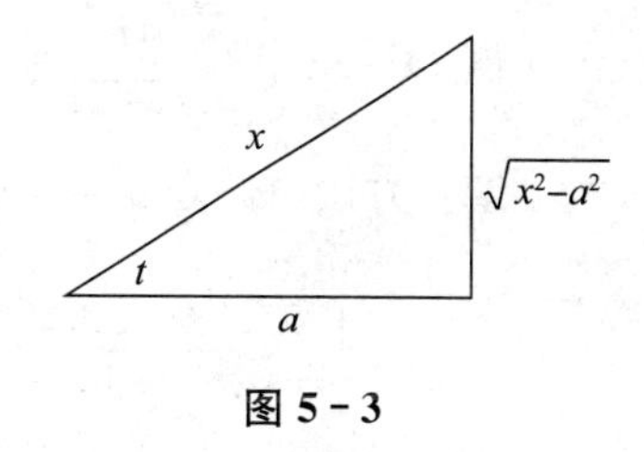

图 5-3

$$\int\frac{\mathrm{d}x}{\sqrt{x^2-a^2}}=\ln\left|\frac{x}{a}+\frac{\sqrt{x^2-a^2}}{a}\right|+C_1$$
$$=\ln\left|x+\sqrt{x^2-a^2}\right|+C,$$

其中 $C=C_1-\ln a$.

第二换元积分法主要用于求解无理式的积分，该方法的关键在于所选取的代换，常见的代换式如表 5-3 所示.

表 5-3　常用的代换式

积分类型	代换式	积分类型	代换式
$\int f(\sqrt{a^2-x^2})\mathrm{d}x$	$x=a\sin t$	$\int f(\sqrt{x^2+a^2})\mathrm{d}x$	$x=a\tan t$
$\int f(\sqrt{x^2-a^2})\mathrm{d}x$	$x=a\sec t$	$\int f(\sqrt[n]{ax+b})\mathrm{d}x$	$\sqrt[n]{ax+b}=t$

例 13　求 $\displaystyle\int\frac{1}{x^2\sqrt{1+x^2}}\mathrm{d}x$.

解：方法一　令 $x=\tan t\left(-\dfrac{\pi}{2}<t<\dfrac{\pi}{2}\right)$，则 $\mathrm{d}x=\sec^2t\,\mathrm{d}t$，所以

$$\int\frac{1}{x^2\sqrt{1+x^2}}\mathrm{d}x=\int\frac{\sec^2t}{\tan^2t\sec t}\mathrm{d}t=\int\frac{\cos t}{\sin^2t}\mathrm{d}t$$
$$=\int\frac{\mathrm{d}\sin t}{\sin^2t}=-\frac{1}{\sin t}+C=-\frac{\sqrt{1+x^2}}{x}+C.$$

方法二　令 $x=\dfrac{1}{t}$，则 $\mathrm{d}x=-\dfrac{1}{t^2}\mathrm{d}t$，所以

$$\int\frac{1}{x^2\sqrt{1+x^2}}\mathrm{d}x=\int t^2\frac{1}{\sqrt{1+(1/t)^2}}\left(-\frac{1}{t^2}\right)\mathrm{d}t=-\int\frac{t}{\sqrt{t^2+1}}\mathrm{d}t$$
$$=-\frac{1}{2}\int\frac{1}{\sqrt{t^2+1}}\mathrm{d}(t^2+1)=-\sqrt{t^2+1}+C$$
$$=-\frac{\sqrt{1+x^2}}{x}+C.$$

在利用换元法求不定积分时，有时可以根据被积函数的特征选择不同的代换. 但在具体解题时，还要具体分析，例如 $\int x\sqrt{x^2-a^2}\,\mathrm{d}x$ 就不必用三角代换，用凑微分法更为方便.

例 14 求$\int \frac{\mathrm{d}x}{x\sqrt{x^2-1}}$.

解：方法一 令 $x=\sec u$，则 $\mathrm{d}x=\sec u\tan u\mathrm{d}u$.

$$\int \frac{\mathrm{d}x}{x\sqrt{x^2-1}}=\int \frac{\sec u\tan u\mathrm{d}u}{\sec u\sqrt{\sec^2 u-1}}=\int \mathrm{d}u=u+C=\arccos\frac{1}{x}+C.$$

方法二 令 $\sqrt{x^2-1}=u$，则 $\mathrm{d}u=\frac{x\mathrm{d}x}{\sqrt{x^2-1}}$，即 $x\mathrm{d}x=u\mathrm{d}u$，而 $x^2=u^2+1$.

$$\begin{aligned}\int \frac{\mathrm{d}x}{x\sqrt{x^2-1}}&=\int \frac{x\mathrm{d}x}{x^2\sqrt{x^2-1}}=\int \frac{u\mathrm{d}u}{(u^2+1)u}\\&=\int \frac{\mathrm{d}u}{1+u^2}=\arctan u+C=\arctan\sqrt{x^2-1}+C.\end{aligned}$$

方法三 令 $x=\frac{1}{u}$，则 $\mathrm{d}x=-\frac{1}{u^2}\mathrm{d}u$.

$$\int \frac{\mathrm{d}x}{x\sqrt{x^2-1}}=\int \frac{\mathrm{d}x}{x^2\sqrt{1-\frac{1}{x^2}}}=-\int \frac{\mathrm{d}u}{\sqrt{1-u^2}}=\arccos u+C=\arccos\frac{1}{x}+C.$$

习题 5.2

1. 用凑微分法求下列不定积分：

(1) $\int (3-2x)^3\mathrm{d}x$；

(2) $\int \frac{1}{1-2x}\mathrm{d}x$；

(3) $\int \frac{1}{\sqrt[3]{2-3x}}\mathrm{d}x$；

(4) $\int x\sqrt{2x^2+1}\mathrm{d}x$；

(5) $\int x\mathrm{e}^{-x^2}\mathrm{d}x$；

(6) $\int \frac{1}{\mathrm{e}^x+\mathrm{e}^{-x}}\mathrm{d}x$；

(7) $\int \frac{1}{x\ln^2 x}\mathrm{d}x$；

(8) $\int \frac{\sin x}{\cos^3 x}\mathrm{d}x$；

(9) $\int \frac{1}{\arcsin^2 x\sqrt{1-x^2}}\mathrm{d}x$；

(10) $\int \frac{\mathrm{e}^{\arctan x}}{1+x^2}\mathrm{d}x$；

(11) $\int \frac{\sec^2 x}{\sqrt{\tan x-1}}\mathrm{d}x$；

(12) $\int \frac{\tan x\sec x}{(\sec x+1)^2}\mathrm{d}x$；

(13) $\int \cos^2(2x+1)\sin(2x+1)\mathrm{d}x$；

(14) $\int \frac{\arctan\sqrt{x}}{\sqrt{x}(1+x)}\mathrm{d}x$；

(15) $\int \frac{\sin x+\cos x}{\sqrt[3]{\sin x-\cos x}}\mathrm{d}x$；

(16) $\int \frac{x\cos x+\sin x}{(x\sin x)^2}\mathrm{d}x$；

(17) $\int \frac{1+e^x}{\sqrt{x+e^x}}dx$；　　(18) $\int \frac{1+\ln x}{(x\ln x)^2}dx$；

(19) $\int \frac{1-x}{\sqrt{9-4x^2}}dx$；　　(20) $\int \frac{x^3}{9+x^2}dx$；

(21) $\int \frac{1}{2x^2-1}dx$；　　(22) $\int \frac{1}{(x+1)(x-2)}dx$；

(23) $\int \frac{\cos x}{9-\sin^2 x}dx$；　　(24) $\int \frac{e^x}{4-e^{2x}}dx$；

(25) $\int \cos^3 x dx$；　　(26) $\int \sin 2x \cos 3x dx$；

(27) $\int \tan^3 x \sec x dx$；　　(28) $\int \cos^2 x \sin^3 x dx$.

2. 用第二换元积分法求下列不定积分：

(1) $\int \frac{x^2}{\sqrt{1-x^2}}dx$；　　(2) $\int \frac{1}{x\sqrt{x^2-1}}dx$；

(3) $\int \frac{1}{(x^2+a^2)^{\frac{3}{2}}}dx$ $(a>0)$；　　(4) $\int \frac{\sqrt{x^2-9}}{x}dx$.

5.3 分部积分法

对于乘积函数的导数，有乘积求导法则．相应地，在积分法中也有与乘积求导法则相对应的分部积分法，这也是一种重要的积分方法．

分部积分法的数学思想是转换思想，它通过公式将原积分转化为较原积分简单的积分．下面从乘积函数的微分公式出发，推导分部积分公式．

设函数 $u=u(x)$，$v=v(x)$ 具有连续导数．根据乘积微分公式，有

$$d(uv)=u dv+v du,$$

移项，得 $u dv=d(uv)-v du$，两边积分，得

$$\int u dv=uv-\int v du.$$

由此可得如下定理．

定理　设函数 $u=u(x)$ 与 $v=v(x)$ 具有连续导数，则

$$\int uv' dx=uv-\int vu' dx \quad 或 \quad \int u dv=uv-\int v du.$$

分部积分公式可以将求 $\int u dv$ 的积分问题转化为求 $\int v du$ 的积分问题．当后面这个积

分较容易求时，分部积分公式就起到了化难为易的作用．

例1 求$\int x\cos x\mathrm{d}x$.

解： 设$u=x$，$\mathrm{d}v=\cos x\mathrm{d}x=\mathrm{d}\sin x$，于是$\mathrm{d}u=\mathrm{d}x$，$v=\sin x$，代入公式，有

$$\int x\cos x\mathrm{d}x=\int x\mathrm{d}\sin x=x\sin x-\int\sin x\mathrm{d}x=x\sin x+\cos x+C.$$

说明：本题若设$u=\cos x$，$\mathrm{d}v=x\mathrm{d}x$，则有$\mathrm{d}u=-\sin x\mathrm{d}x$及$v=\frac{1}{2}x^2$，代入公式，有

$$\int x\cos x\mathrm{d}x=\frac{1}{2}x^2\cos x+\frac{1}{2}\int x^2\sin x\mathrm{d}x.$$

新得到的积分$\int x^2\sin x\mathrm{d}x$反而比原积分更难求，说明这样设$u$，$\mathrm{d}v$是不合适的．

运用好分部积分法的关键是恰当地选择好u和$\mathrm{d}v$，一般要考虑如下两点：

(1) v要容易凑成微分形式；

(2) $\int v\mathrm{d}u$要比$\int u\mathrm{d}v$简单易求．

例2 求$\int\ln x\mathrm{d}x$.

解： 令$u=\ln x$，$\mathrm{d}v=\mathrm{d}x$，则$\mathrm{d}u=\frac{\mathrm{d}x}{x}$，$v=x$，于是

$$\int\ln x\mathrm{d}x=x\ln x-\int x\cdot\frac{\mathrm{d}x}{x}=x\ln x-x+C.$$

方法 分部积分法使用时可以不必设出函数u，v，直接按下面的过程求积分.

$$\int uv'\mathrm{d}x\xlongequal{\text{凑微分}}\int u\mathrm{d}v\xlongequal{\text{用公式}}uv-\int vu'\mathrm{d}x.$$

注意：恰当选择u与v'，原则就是$\int vu'\mathrm{d}x$比$\int uv'\mathrm{d}x$简单易求.

例3 求$\int x^2\mathrm{e}^x\mathrm{d}x$.

解：
$$\begin{aligned}\int x^2\mathrm{e}^x\mathrm{d}x&=\int x^2\mathrm{d}(\mathrm{e}^x)=x^2\mathrm{e}^x-\int\mathrm{e}^x\mathrm{d}(x^2)\\&=x^2\mathrm{e}^x-2\int x\mathrm{e}^x\mathrm{d}x=x^2\mathrm{e}^x-2\int x\mathrm{d}(\mathrm{e}^x)\\&=x^2\mathrm{e}^x-2\left(x\mathrm{e}^x-\int\mathrm{e}^x\mathrm{d}x\right)=x^2\mathrm{e}^x-2x\mathrm{e}^x+2\mathrm{e}^x+C\\&=(x^2-2x+2)\mathrm{e}^x+C.\end{aligned}$$

此例表明，有时要多次使用分部积分法，才能求出结果. 下面的例题又是一种情况，经两次分部积分后，出现了循环现象，这时所求积分是通过解方程求得的.

例 4　求 $\int e^x \sin x \mathrm{d}x$.

解： $\int e^x \sin x \mathrm{d}x = \int \sin x \mathrm{d}e^x = e^x \sin x - \int e^x \cos x \mathrm{d}x$

$$= e^x \sin x - \int \cos x \mathrm{d}e^x = e^x \sin x - e^x \cos x - \int e^x \sin x \mathrm{d}x.$$

将再次出现的 $\int e^x \sin x \mathrm{d}x$ 移至左端，合并后除以 2，得所求积分为

$$\int e^x \sin x \mathrm{d}x = \frac{1}{2} e^x (\sin x - \cos x) + C.$$

表 5－4 给出了可以用分部积分法求解的常见的积分类型及 u 和 $\mathrm{d}v$ 的选取原则.

表 5－4　常见的积分类型及对应的 u 和 $\mathrm{d}v$ 的选择

积分类型	u 和 $\mathrm{d}v$ 的选择
$\int x^n e^{ax} \mathrm{d}x$	$u = x^n$，$\mathrm{d}v = e^{ax} \mathrm{d}x$
$\int x^n \sin ax \mathrm{d}x$ 或 $\int x^n \cos ax \mathrm{d}x$	$u = x^n$，$\mathrm{d}v = \sin ax \mathrm{d}x$ 或 $\mathrm{d}v = \cos ax \mathrm{d}x$
$\int x^n \ln x \mathrm{d}x$	$u = \ln x$，$\mathrm{d}v = x^n \mathrm{d}x$
$\int x^n \arcsin x \mathrm{d}x$ 或 $\int x^n \arctan x \mathrm{d}x$	$u = \arcsin x$ 或 $u = \arctan x$，$\mathrm{d}v = x^n \mathrm{d}x$
$\int e^{ax} \sin bx \mathrm{d}x$ 或 $\int e^{ax} \cos bx \mathrm{d}x$	$u = \sin bx$，$\cos bx$ 或 $u = e^{ax}$ 均可，$\mathrm{d}v = e^{ax} \mathrm{d}x$，$\sin bx \mathrm{d}x$ 或 $\cos bx \mathrm{d}x$ 均可

注：当将 x^n 改为常数，或将 x^n 换为多项式 $P_n(x)$ 时，上述情况仍成立.

例 5　求下列不定积分：

(1) $\int x \arctan x \mathrm{d}x$；　(2) $\int \frac{\ln \sin x}{\cos^2 x} \mathrm{d}x$；　(3) $\int \sin \ln x \mathrm{d}x$.

解：(1) $\int x \arctan x \mathrm{d}x = \frac{1}{2} \int \arctan x \mathrm{d}x^2 = \frac{1}{2} x^2 \arctan x - \frac{1}{2} \int \frac{x^2}{1+x^2} \mathrm{d}x$

$$= \frac{1}{2} x^2 \arctan x - \frac{1}{2} \int \left(1 - \frac{1}{1+x^2}\right) \mathrm{d}x$$

$$= \frac{1}{2} x^2 \arctan x - \frac{1}{2} (x - \arctan x) + C$$

$$= \frac{1}{2} (x^2 + 1) \arctan x - \frac{1}{2} x + C.$$

(2) $\int \frac{\ln \sin x}{\cos^2 x} \mathrm{d}x = \int \ln \sin x \mathrm{d}\tan x = \tan x \ln \sin x - \int \tan x \frac{\cos x}{\sin x} \mathrm{d}x$

$$= \tan x \ln \sin x - x + C.$$

(3) $\int \sin \ln x \mathrm{d}x = x \sin \ln x - \int x \frac{\cos \ln x}{x} \mathrm{d}x = x \sin \ln x - \int \cos \ln x \mathrm{d}x$

$$=x\sin\ln x-\left(x\cos\ln x+\int x\,\frac{\sin\ln x}{x}\mathrm{d}x\right)$$

$$=x(\sin\ln x-\cos\ln x)-\int\sin\ln x\,\mathrm{d}x.$$

所以 $\int\sin\ln x\,\mathrm{d}x=\frac{x}{2}(\sin\ln x-\cos\ln x)+C.$

例6 求下列不定积分：

(1) $\int x\cos^2x\,\mathrm{d}x$； (2) $\int\frac{x+\ln x}{(1+x)^2}\mathrm{d}x.$

解：(1) $\int x\cos^2x\,\mathrm{d}x=\int x\left(\frac{1+\cos 2x}{2}\right)\mathrm{d}x$

$$=\frac{1}{2}\left[\int x\,\mathrm{d}x+\int x\cos 2x\,\mathrm{d}x\right]$$

$$=\frac{1}{4}x^2+\frac{1}{4}\int x\,\mathrm{d}(\sin 2x)$$

$$=\frac{1}{4}x^2+\frac{1}{4}x\sin 2x-\frac{1}{4}\int\sin 2x\,\mathrm{d}x$$

$$=\frac{1}{4}x^2+\frac{1}{4}x\sin 2x+\frac{1}{8}\cos 2x+C.$$

(2) $\int\frac{x+\ln x}{(1+x)^2}\mathrm{d}x=\int(x+\ln x)\,\mathrm{d}\left(-\frac{1}{1+x}\right)=-\frac{x+\ln x}{1+x}+\int\frac{1+\frac{1}{x}}{1+x}\mathrm{d}x$

$$=-\frac{x+\ln x}{1+x}+\int\frac{1}{x}\mathrm{d}x=-\frac{x+\ln x}{1+x}+\ln x+C.$$

概括 求不定积分的方法主要有：利用性质和公式直接积分、换元积分法和分部积分法. 在求不定积分时，恰当地选用积分法是积分计算的关键. 对于积分法的掌握在于：一方面，注意各种方法解决的问题的特征；另一方面，注意换元法和分部积分法等多种方法的结合.

下面介绍几个综合运用各种积分方法求不定积分的例子，帮助读者提高利用各种方法求不定积分的技巧和能力.

例7 求 $\int\arctan\sqrt{x}\,\mathrm{d}x.$

解：令 $\sqrt{x}=t$，则 $x=t^2$ $(t>0)$，$\mathrm{d}x=2t\,\mathrm{d}t$. 所以

$$\int\arctan\sqrt{x}\,\mathrm{d}x=\int\arctan t\cdot 2t\,\mathrm{d}t=\int\arctan t\,\mathrm{d}t^2$$

$$=t^2\arctan t-\int\frac{t^2}{1+t^2}\mathrm{d}t$$

$$=t^2\arctan t-\int\left(1-\frac{1}{1+t^2}\right)\mathrm{d}t$$

$$=t^2\arctan t-t+\arctan t+C$$

$$=(x+1)\arctan\sqrt{x}-\sqrt{x}+C.$$

例 8　求 $\int \frac{\arctan x}{x^2(1+x^2)}\mathrm{d}x$.

解：方法一　令 $\arctan x=t$，即 $x=\tan t$，则 $\mathrm{d}x=\sec^2 t\mathrm{d}t$.

$$\begin{aligned}\int \frac{\arctan x}{x^2(1+x^2)}\mathrm{d}x&=\int \frac{t}{\tan^2 t\cdot\sec^2 t}\sec^2 t\mathrm{d}t=\int t\cot^2 t\mathrm{d}t=\int t(\csc^2 t-1)\mathrm{d}t\\&=-\int t\mathrm{d}\cot t-\int t\mathrm{d}t=-t\cot t+\int \cot t\mathrm{d}t-\frac{t^2}{2}\\&=-t\cot t+\ln|\sin t|-\frac{t^2}{2}+C\\&=-\frac{\arctan x}{x}+\ln\left|\frac{x}{\sqrt{1+x^2}}\right|-\frac{(\arctan x)^2}{2}+C.\end{aligned}$$

方法二

$$\begin{aligned}\int \frac{\arctan x}{x^2(1+x^2)}\mathrm{d}x&=\int \frac{\arctan x}{x^2}\mathrm{d}x-\int \frac{\arctan x}{1+x^2}\mathrm{d}x\\&=-\frac{\arctan x}{x}+\int \frac{\mathrm{d}x}{x(1+x^2)}-\frac{1}{2}(\arctan x)^2\\&=-\frac{\arctan x}{x}-\frac{1}{2}(\arctan x)^2+\frac{1}{2}\int \frac{\mathrm{d}x^2}{x^2(1+x^2)}\\&=-\frac{\arctan x}{x}-\frac{1}{2}(\arctan x)^2+\frac{1}{2}\ln\frac{x^2}{1+x^2}+C.\end{aligned}$$

例 9　用多种方法求 $\int \frac{x}{\sqrt{1+x}}\mathrm{d}x$.

解：方法一　分项，凑微分.

$$\begin{aligned}\int \frac{x}{\sqrt{1+x}}\mathrm{d}x&=\int \frac{x+1-1}{\sqrt{1+x}}\mathrm{d}x=\int \sqrt{1+x}\,\mathrm{d}x-\int \frac{\mathrm{d}x}{\sqrt{1+x}}\\&=\int \sqrt{1+x}\,\mathrm{d}(1+x)-\int \frac{\mathrm{d}(1+x)}{\sqrt{1+x}}\\&=\frac{2}{3}(1+x)^{\frac{3}{2}}-2\sqrt{1+x}+C.\end{aligned}$$

方法二　换元，凑微分. 令 $1+x=u$，则 $\mathrm{d}x=\mathrm{d}u$，于是

$$\int \frac{x}{\sqrt{1+x}}\mathrm{d}x=\int \frac{u-1}{\sqrt{u}}\mathrm{d}u=\int \sqrt{u}\,\mathrm{d}u-\int \frac{\mathrm{d}u}{\sqrt{u}}.$$

方法三　换元. 令 $\sqrt{1+x}=u$，则 $1+x=u^2$ ($u>0$)，$\mathrm{d}x=2u\mathrm{d}u$，于是

$$\int \frac{x}{\sqrt{1+x}}\mathrm{d}x=\int \frac{u^2-1}{u}2u\mathrm{d}u=2\int (u^2-1)\mathrm{d}u.$$

方法四 换元. 令 $x=\tan^2 t$，则 $dx=2\tan t\sec^2 t dt$，所以

$$\int \frac{x}{\sqrt{1+x}}dx=\int \frac{\tan^2 t}{\sec t}2\tan t\sec^2 t dt=2\int(\sec^2 t-1)d\sec t.$$

方法五 分部积分，凑微分.

$$\int \frac{x}{\sqrt{1+x}}dx=\int x d(2\sqrt{1+x})=2x\sqrt{1+x}-2\int \sqrt{1+x}dx.$$

由上例可以看出，求解不定积分的思路比较开阔，方法多样，各种解法都有各自的特点，学习中要注意不断积累经验.

在结束本节时，还应指出一点，有些不定积分，如 $\int e^{-x^2}dx$，$\int \frac{\sin x}{x}dx$，$\int \frac{dx}{\ln x}$ 等，虽然存在，但不能用初等函数表达所求的原函数.

习题 5.3

1. 求下列不定积分：

(1) $\int x e^{-x}dx$；

(2) $\int x^2\sin 2x dx$；

(3) $\int \arctan x dx$；

(4) $\int x\ln(x-1)dx$；

(5) $\int e^{-x}\cos x dx$；

(6) $\int \ln^2 x dx$；

(7) $\int x\tan^2 x dx$；

(8) $\int \sec^3 x dx$；

(9) $\int \frac{\ln\tan x}{\sin^2 x}dx$；

(10) $\int \frac{x\arcsin x}{\sqrt{1-x^2}}dx$；

(11) $\int \cos\ln x dx$；

(12) $\int e^x\sin^2 x dx$.

2. 求下列不定积分：

(1) $\int \sin\sqrt{x}dx$；

(2) $\int \frac{\ln\ln x}{x}dx$；

(3) $\int \frac{\arccos x}{(1-x^2)^{\frac{3}{2}}}dx$；

(4) $\int \frac{\arctan e^x}{e^x}dx$.

3. 已知 $f(x)$ 的一个原函数为 $\ln^2 x$. 求 $\int xf'(x)dx$.

5.4 简单有理式积分*

有理函数（或有理分式）是指两个多项式之比，即

$$R(x)=\frac{P(x)}{Q(x)}=\frac{a_0x^m+a_1x^{m-1}+\cdots+a_{m-1}x+a_m}{b_0x^n+b_1x^{n-1}+\cdots+b_{n-1}x+b_n},$$

其中 m 为正整数，n 为非负整数，$a_0\neq0$，$b_0\neq0$，$P(x)$ 与 $Q(x)$ 不可约. 当 $n>m$ 时，$R(x)$ 叫作真分式；当 $m\geqslant n$ 时，$R(x)$ 叫作假分式. 可以用多项式除法把假分式化为一个多项式与一个真分式之和，例如

$$\frac{x^4-3}{x^2+2x-1}=x^2-2x+5-\frac{12x-2}{x^2+2x-1}.$$

对多项式部分可以逐项积分，因此对有理分式积分只讨论真分式的积分法.

5.4.1　化有理真分式为部分分式

由代数学可知，下述结论成立：

(1) n 次实系数多项式 $Q(x)=x^n+a_1a^{n-1}+\cdots+a_{n-1}x+a_n$ 总可以分解为一些实系数的一次因式与二次质因式的乘积，即总有

$$Q(x)=(x-a)^k\cdots(x-b)^t(x^2+px+q)^l\cdots(x^2+rx+s)^h,$$

其中 a，…，b，p，q，…，r，s 为常数，且 $p^2-4q<0$，…，$r^2-4s<0$；k，…，t，l，…，h 为正整数.

(2) 如果 $Q(x)$ 已分解为上述形式，则真分式 $\frac{P(x)}{Q(x)}$ 可唯一地分解为如下形式的部分分式：

$$\begin{aligned}\frac{P(x)}{Q(x)}=&\frac{A_1}{x-a}+\frac{A_2}{(x-a)^2}+\cdots+\frac{A_k}{(x-a)^k}+\cdots\\&+\frac{B_1}{x-b}+\frac{B_2}{(x-b)^2}+\cdots+\frac{B_t}{(x-b)^t}\\&+\frac{C_1x+D_1}{x^2+px+q}+\frac{C_2x+D_2}{(x^2+px+q)^2}+\cdots+\frac{C_lx+D_l}{(x^2+px+q)^l}+\cdots\\&+\frac{E_1x+F_1}{x^2+rx+s}+\frac{E_2x+F_2}{(x^2+rx+s)^2}+\cdots+\frac{E_hx+F_h}{(x^2+rx+s)^h},\end{aligned}$$

其中 A_1，A_2，…，A_k，B_1，B_2，…，B_t，C_1，C_2，…，C_l，D_1，D_2…，D_l，E_1，E_2，…，E_h，F_1，F_2，…，F_h 都是常数.

例如，真分式 $\frac{2x-1}{x^2-5x+6}=\frac{2x-1}{(x-3)(x-2)}=\frac{A}{x-3}+\frac{B}{x-2}$.

上面各式中的 A，B 称为待定系数. 确定待定系数的方法通常有两种：一种方法是将分解式两端的分母消去，得到一个关于 x 的恒等式，比较恒等式两端 x 同次项的系数，可得出一组线性方程，解这个方程组，即可求出待定系数；另一种方法是将两端的分母消去后，给 x 以适当的值并代入恒等式，从而得出一组线性方程，解此方程组，即可求出待

定系数.

例1 将真分式 $\frac{2x-1}{x^2-5x+6}$ 分解为部分分式.

解：方法一 将等式 $\frac{2x-1}{x^2-5x+6}=\frac{A}{x-3}+\frac{B}{x-2}$ 两端同乘以 $(x-3)(x-2)$，得

$$2x-1=A(x-2)+B(x-3),$$

即 $2x-1=(A+B)x-(2A+3B)$.

比较两端同次项系数，得

$$\begin{cases}A+B=2\\2A+3B=1\end{cases},$$

解方程组，得 $A=5$，$B=-3$.

方法二 对于上述恒等式 $2x-1=A(x-2)+B(x-3)$，令 $x=2$，得 $B=-3$；令 $x=3$，得 $A=5$. 因此

$$\frac{2x-1}{x^2-5x+6}=\frac{5}{x-3}-\frac{3}{x-2}.$$

例2 将 $\frac{x^2+2x-1}{(x-1)(x^2-x+1)}$ 分解为部分分式.

解： 设

$$\frac{x^2+2x-1}{(x-1)(x^2-x+1)}=\frac{A}{x-1}+\frac{Bx+C}{x^2-x+1}.$$

去分母，得 $x^2+2x-1=A(x^2-x+1)+(Bx+C)(x-1)$.

令 $x=1$，得 $A=2$.

令 $x=0$，得 $-1=A-C$，所以 $C=3$.

令 $x=2$，得 $7=3A+2B+C$，所以 $B=-1$.

因此

$$\frac{x^2+2x-1}{(x-1)(x^2-x+1)}=\frac{2}{x-1}-\frac{x-3}{x^2-x+1}.$$

例3 将 $\frac{x^2+1}{x(x-1)^2}$ 分解为部分分式.

解： 设

$$\frac{x^2+1}{x(x-1)^2}=\frac{A}{x}+\frac{B}{x-1}+\frac{C}{(x-1)^2}.$$

去分母，得 $x^2+1=A(x-1)^2+Bx(x-1)+Cx$.

令 $x=0$，得 $A=1$.

令 $x=1$，得 $C=2$.

令 $x=2$，得 $5=A+2B+2C$，所以 $B=0$.

因此

$$\frac{x^2+1}{x(x-1)^2}=\frac{1}{x}+\frac{2}{(x-1)^2}.$$

5.4.2 有理真分式的积分

由有理真分式的分解可见，任何真分式的积分都可以化为下面四类分式积分之一：

(1) $\int \frac{A}{x-a}\mathrm{d}x$，　　(2) $\int \frac{A}{(x-a)^m}\mathrm{d}x$，

(3) $\int \frac{Mx+N}{x^2+px+q}\mathrm{d}x$，　　(4) $\int \frac{Mx+N}{(x^2+px+q)^n}\mathrm{d}x$，

其中 A，M，N 和 a，p，q 都是常数，且 $p^2-4p<0$，m，n 为大于 1 的整数.

前两种积分可用凑微分法求出，即

$$\int \frac{A}{x-a}\mathrm{d}x=A\ln|x-a|+C,$$

$$\int \frac{A}{(x-a)^m}\mathrm{d}x=\frac{A}{(1-m)(x-a)^{m-1}}+C.$$

对于第（3）类积分，可用配方化简的方法求得，这里用下例说明.

例 4　求 $\int \frac{x+1}{x^2-2x+5}\mathrm{d}x$.

解:
$$\begin{aligned}\int \frac{x+1}{x^2-2x+5}\mathrm{d}x&=\frac{1}{2}\int \frac{2x-2+4}{x^2-2x+5}\mathrm{d}x\\&=\frac{1}{2}\int \frac{2x-2}{x^2-2x+5}\mathrm{d}x+2\int \frac{\mathrm{d}x}{x^2-2x+5}\\&=\frac{1}{2}\int \frac{\mathrm{d}(x^2-2x+5)}{x^2-2x+5}+2\int \frac{\mathrm{d}(x-1)}{(x-1)^2+2^2}\\&=\frac{1}{2}\ln(x^2-2x+5)+\arctan\frac{x-1}{2}+C.\end{aligned}$$

对于第（4）类积分，可通过递推公式查积分表确定，这里从略.

例 5　求 $\int \frac{2x-1}{x^2-5x+6}\mathrm{d}x$.

解: 由例 1 的结果，有

$$\begin{aligned}\int \frac{2x-1}{x^2-5x+6}\mathrm{d}x&=\int\left(\frac{5}{x-3}-\frac{3}{x-2}\right)\mathrm{d}x=5\int \frac{1}{x-3}\mathrm{d}x-3\int \frac{1}{x-2}\mathrm{d}x\\&=5\ln|x-3|-3\ln|x-2|+C=\ln\left|\frac{(x-3)^5}{(x-2)^3}\right|+C.\end{aligned}$$

例 6 求 $\int \frac{x^2+1}{x(x-1)^2}\mathrm{d}x$.

解：由例 3 的结果，有

$$\int \frac{x^2+1}{x(x-1)^2}\mathrm{d}x=\int\left[\frac{1}{x}+\frac{2}{(x-1)^2}\right]\mathrm{d}x=\int \frac{1}{x}\mathrm{d}x+\int \frac{2}{(x-1)^2}\mathrm{d}x$$
$$=\ln|x|-\frac{2}{x-1}+C.$$

综合上面的例题可以看出，有理函数的原函数都是初等函数，因此可以说有理函数的积分都是可以积出来的.

还需指出的是，上面所讲的是有理分式积分的一般方法，实际计算较烦琐，因此解题时我们总是首先考虑别的更简便的方法.

例如，对于积分 $\int \frac{x^2}{x^3+1}\mathrm{d}x$，直接用凑微分法更简便：

$$\int \frac{x^2}{x^3+1}\mathrm{d}x=\frac{1}{3}\int \frac{\mathrm{d}(x^3+1)}{x^3+1}=\frac{1}{3}\ln|x^3+1|+C.$$

有理函数的积分是一种常见的积分类型. 由于有理函数的积分都是可以积出来的，因此，有些函数的积分可以通过变量代换化成有理函数的积分进行求解. 如无理式积分 $\int \frac{\sqrt{x}}{1+x}\mathrm{d}x$ 与 $\int \frac{\mathrm{d}x}{1+\sqrt[3]{1+x}}$ 可以通过代换 $\sqrt{x}=t$ 与 $\sqrt[3]{1+x}=t$ 化为有理式进行积分. 另外，一些三角有理式的积分也可以通过三角代换化为有理式的积分.

对三角有理式的积分 $\int R(\sin x,\ \cos x)\mathrm{d}x$ 作代换 $\tan\frac{x}{2}=t$ $(-\pi<x<\pi)$，有

$$\sin x=\frac{2t}{1+t^2},\ \cos x=\frac{1-t^2}{1+t^2},\ \mathrm{d}x=\frac{2}{1+t^2}\mathrm{d}t.$$

将上式代入积分，得

$$\int R(\sin x,\ \cos x)\mathrm{d}x=\int R\left(\frac{2t}{1+t^2},\ \frac{1-t^2}{1+t^2}\right)\cdot\frac{2}{1+t^2}\mathrm{d}t.$$

这样就把三角有理式的积分化成了有理式的积分.

例 7 求 $\int \frac{\mathrm{d}x}{\cos x+2}$.

解：作代换 $\tan\frac{x}{2}=t$ $(-\pi<x<\pi)$，则 $\cos x=\frac{1-t^2}{1+t^2}$，$\mathrm{d}x=\frac{2}{1+t^2}\mathrm{d}t$，于是

$$\int \frac{\mathrm{d}x}{\cos x+2}=\int \frac{1}{\frac{1-t^2}{1+t^2}+2}\cdot\frac{2}{1+t^2}\mathrm{d}t=\int \frac{2}{t^2+3}\mathrm{d}t$$
$$=\frac{2}{\sqrt{3}}\arctan\frac{t}{\sqrt{3}}+C=\frac{2}{\sqrt{3}}\arctan\left(\frac{1}{\sqrt{3}}\tan\frac{x}{2}\right)+C.$$

习题 5.4

求下列不定积分：

(1) $\int \frac{x^3}{x+3}dx$；

(2) $\int \frac{2x+3}{x^2+3x-10}dx$；

(3) $\int \frac{x}{(x+1)(x+2)(x+3)}dx$；

(4) $\int \frac{x^2+1}{(x+1)^2(x-1)}dx$；

(5) $\int \frac{1}{x(x^2+1)}dx$；

(6) $\int \frac{1}{(x+1)^2(x^2+x)}dx$；

(7) $\int \frac{dx}{3+\cos x}$；

(8) $\int \frac{dx}{2+\sin x}$.

5.5 不定积分内容精要与思想方法*

本节主要对不定积分内容中的核心要点进行概括，并对不定积分中的典型数学方法及应用进行讨论. 不定积分中常用的数学方法有化归法、RMI 法等.

5.5.1 不定积分内容精要

本章内容的逻辑主线：不定积分与积分法.

主线：不定积分$\xrightarrow{\text{和差积分}}$线性性质$\xrightarrow{\text{乘积积分}}$分部积分$\xrightarrow{\text{复合积分}}$第一换元积分$\xrightarrow{\text{无理积分}}$第二换元积分$\xrightarrow{\text{有理积分}}$有理分式积分.

本章内容的核心要点：不定积分的概念、分部积分法和换元积分法.

1. 不定积分的概念

原函数存在定理：① 如果函数 $f(x)$ 在区间 I 上连续，那么在区间 I 上存在可导函数 $F(x)$，使得对于任意一点 $x\in I$，都有 $F'(x)=f(x)$. ② 若 $F(x)$ 是 $f(x)$ 在区间 I 上的一个原函数，则 $F(x)+C$ 是 $f(x)$ 的全部原函数，其中 C 为任意常数.

不定积分的定义：设函数 $f(x)$ 在区间 I 上有定义，称函数 $f(x)$ 的任一原函数为 $f(x)$ 的不定积分，用记号 $\int f(x)dx$ 表示.

不定积分概念的要点：

(1) 函数 $f(x)$ 在区间 I 上的不定积分为函数 $f(x)$ 在区间 I 上的任一原函数.

(2) 如果 $F(x)$ 为 $f(x)$ 在区间 I 上的一个原函数，则 $F(x)+C$ 就是 $f(x)$ 的不定积分，即 $\int f(x)dx=F(x)+C$（C 为任意常数），式中 C 叫作积分常数.

（3）求不定积分 $\int f(x)\mathrm{d}x$，可以归结为求出它的一个原函数，再加上一个任意常数 C. 切记要"$+C$"，否则求出的只是一个原函数，而不是任一原函数.

（4）若要验证不定积分结论的正确性，只需对所求出的结论进行求导，看其是否等于被积函数即可.

2. 求不定积分的方法

求不定积分的方法主要有：直接积分法、换元积分法、分部积分法，以及有理分式积分法，如表 5－5 所示.

表 5－5　求不定积分的方法

方法	公式与过程	对象特征
直接积分法	利用性质经过恒等变形将积分化归为积分表中的形式 $\int[\alpha f(x)\pm\beta g(x)]\mathrm{d}x=\alpha\int f(x)\mathrm{d}x\pm\beta\int g(x)\mathrm{d}x$	基本初等函数的线性组合形式
第一换元积分法	$\int f[\varphi(x)]\varphi'(x)\mathrm{d}x\xlongequal{\text{凑微分}}\int f[\varphi(x)]\mathrm{d}\varphi(x)\xlongequal{u=\varphi(x)}\int f(u)\mathrm{d}u\xlongequal{\text{积分}}F(u)+C\xlongequal{\text{回代}}F[\varphi(x)]+C$	复合函数形式 $f[\varphi(x)]\varphi'(x)$
第二换元积分法	$\int f(x)\mathrm{d}x\xlongequal{x=\varphi(t)}\int f[\varphi(t)]\varphi'(t)\mathrm{d}t\xlongequal{\text{积分}}F(t)+C\xlongequal{t=\varphi^{-1}(x)}F[\varphi^{-1}(x)]+C$	$R(\sqrt{x^2\pm a^2})$ 或 $R(\sqrt{a^2-x^2})$
分部积分法	$\int uv'\mathrm{d}x\xlongequal{\text{凑微分}}\int u\mathrm{d}v\xlongequal{\text{用公式}}uv-\int vu'\mathrm{d}x$（$\int vu'\mathrm{d}x$ 比 $\int uv'\mathrm{d}x$ 简单易求）	基本初等函数乘积或复合的形式
有理分式积分法	通过待定系数法将有理分式分解成部分分式，化归为四类积分：$\int\frac{A}{x-a}\mathrm{d}x$，$\int\frac{A}{(x-a)^m}\mathrm{d}x$，$\int\frac{Mx+N}{x^2+px+q}\mathrm{d}x$，$\int\frac{Mx+N}{(x^2+px+q)^n}\mathrm{d}x$	有理分式函数

5.5.2 RMI 法

关系映射反演法（RMI 法）是一种用现代数学的语言进行描述的化归法. RMI 法的基本思想和过程是：当处理某问题甲有困难时，可以联想适当的映射 φ，把问题甲及其关系结构 R 映射成与它有一一对应关系且易于考察的问题乙，在新的关系结构中问题乙处理完毕，再把所得结果通过映射 φ^{-1} 反演到 R，求得问题甲的结果，如图 5－4 所示.

RMI 法是一种矛盾转化的方法，应用 RMI 法可以化繁为简、化难为易、化生为熟、

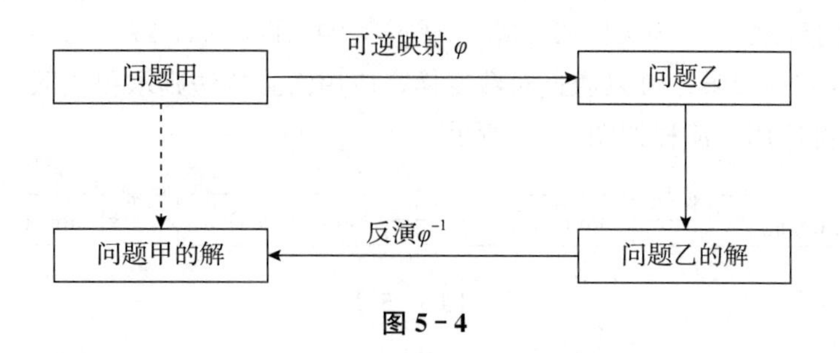

图 5-4

化未知为已知. RMI 法在数学中的应用非常广泛，它不仅是一种重要的解题方法，而且是一种进行数学探索、创造和研究的重要方法，在科学研究、工程技术等领域都可以利用这一方法解决问题.

(1) 不定积分中利用第一换元积分法和第二换元积分法解题的过程就是一种典型的 RMI 法的应用.

① 第一换元积分法：

$$\int f[\varphi(x)]\varphi'(x)\mathrm{d}x \xlongequal{\text{凑微分}} \int f[\varphi(x)]\mathrm{d}\varphi(x) \xlongequal[\text{映射}]{\varphi(x)=u} \int f(u)\mathrm{d}u$$

$$\xlongequal{\text{积分}} F(u)+C \xlongequal[\text{反演}]{u=\varphi(x)} F[\varphi(x)]+C;$$

② 第二换元积分法：

$$\int f(x)\mathrm{d}x \xlongequal[\text{映射}]{x=\varphi(t)} \int f[\varphi(t)]\varphi'(t)\mathrm{d}t \xlongequal{\text{积分}} F(t)+C \xlongequal[\text{反演}]{t=\varphi^{-1}(x)} F[\varphi^{-1}(x)]+C.$$

例 1 求 $\int \dfrac{\arccos\sqrt{x}}{\sqrt{1-x}}\mathrm{d}x$.

解： 令 $\sqrt{x}=\cos u$，则 $x=\cos^2 u$，$\mathrm{d}x=-2\sin u\cos u\,\mathrm{d}u$.

$$\int \frac{\arccos\sqrt{x}}{\sqrt{1-x}}\mathrm{d}x \xlongequal[\text{作变换}]{\sqrt{x}=\cos u} -\int \frac{u}{\sin u}\cdot 2\sin u\cos u\,\mathrm{d}u = -2\int u\,\mathrm{d}\sin u$$

$$= -2\left(u\sin u - \int \sin u\,\mathrm{d}u\right) = -2u\sin u - 2\cos u + C$$

$$\xlongequal[\text{反演}]{u=\arccos\sqrt{x}} -2\sqrt{1-x}\arccos\sqrt{x} - 2\sqrt{x} + C.$$

例 2 求 $\int \dfrac{x^3\mathrm{d}x}{\sqrt{1+x^2}}$.

解： 令 $x=\tan t\ \left(-\dfrac{\pi}{2}<t<\dfrac{\pi}{2}\right)$，则 $\mathrm{d}x=\sec^2 t\,\mathrm{d}t$，

$$\int \frac{x^3\mathrm{d}x}{\sqrt{1+x^2}} \xlongequal[\text{作变换}]{x=\tan t} \int \frac{\tan^3 t}{\sec t}\sec^2 t\,\mathrm{d}t = \int \tan^2 t\,\mathrm{d}\sec t = \int (\sec^2 t - 1)\mathrm{d}\sec t$$

$$= \frac{1}{3}\sec^3 t - \sec t + C \xlongequal[\text{反演}]{t=\arctan x} \frac{1}{3}(1+x^2)^{\frac{3}{2}} - (1+x^2)^{\frac{1}{2}} + C.$$

(2) 对于幂指函数 $y=u(x)^{v(x)}$（其中 $u(x)>0$）在 $x\to x_0$ 或 $x\to\infty$ 下形成的 0^0 型、1^∞ 型、∞^0 型未定式极限，可以通过对数变换，应用洛必达法则求得极限. 其求解过程也是 RMI 法的一种应用，流程如图 5-5 所示.

未定式 $\lim u(x)^{v(x)}$ —变换→ $\lim \ln u(x)^{v(x)}$ —求解→ $\lim v(x)\ln u(x)=a$ —反演→ $\lim u(x)^{v(x)}=e^a$

图 5-5

例 3 求 $\lim\limits_{x\to0^+}(\cot x)^{\frac{1}{\ln x}}$.

解：(1) 作映射. 令 $y=(\cot x)^{\frac{1}{\ln x}}$，则 $\ln y=\dfrac{\ln\cot x}{\ln x}$.

(2) 求极限.

$$\lim_{x\to0^+}\ln y=\lim_{x\to0^+}\frac{\ln\cot x}{\ln x}=\lim_{x\to0^+}\frac{\tan x(-\csc^2 x)}{x^{-1}}=-\lim_{x\to0^+}\frac{x\tan x}{\sin^2 x}=-1.$$

(3) 作反演. $\lim\limits_{x\to0^+}(\cot x)^{\frac{1}{\ln x}}=\lim\limits_{x\to0^+}e^{\ln y}=e^{-1}$.

例 4 求 $\lim\limits_{x\to0^+}(\arcsin x)^{\tan x}$.

解：(1) 作映射. 令 $y=(\arcsin x)^{\tan x}$，则 $\ln y=\tan x\ln\arcsin x$.

(2) 求极限.

$$\begin{aligned}\lim_{x\to0^+}\ln y&=\lim_{x\to0^+}\tan x\ln\arcsin x=\lim_{x\to0^+}\frac{\ln\arcsin x}{\cot x}\\&=\lim_{x\to0^+}\frac{-\sin^2 x}{\sqrt{1-x^2}\arcsin x}=\lim_{x\to0^+}\frac{-x^2}{x\sqrt{1-x^2}}=0.\end{aligned}$$

(3) 作反演. $\lim\limits_{x\to0^+}(\arcsin x)^{\tan x}=\lim\limits_{x\to0^+}e^{\ln y}=e^0=1$.

注释 RMI 法在微积分中的应用还有很多，其思想方法广泛地应用于科学研究、工程技术等领域. 在后续章节中，将结合教学内容，补充一些应用实例，加深对 RMI 法的认识.

5.5.3 不定积分计算中数学方法的应用

化归法是求解不定积分的基本工具，不定积分计算中的直接积分法、换元积分法、分部积分法和有理分式积分法等都是化归法的具体应用.

(1) 不定积分的直接积分法就是通过恒等变形将被积分函数变形，运用不定积分的线性性质化归为我们所熟悉的积分表中的公式形式，再求得积分.

(2) 不定积分的第一换元积分法与第二换元积分法的作用就是通过换元将不定积分转化为我们所熟悉的、可求的积分.

(3) 分部积分公式的作用是利用公式将复杂难求的积分 $\int u(x)v'(x)\mathrm{d}x$ 转化为简单易求的积分 $\int v(x)u'(x)\mathrm{d}x$，然后求得原积分.

(4) 对于有理分式形式的积分，先将有理分式应用待定系数法分解成部分分式形式，然后将有理分式的积分转化成我们所熟悉的四类积分形式，再求得积分.

例 5　求 $I=\int \frac{\cos x}{1+\cos x}\mathrm{d}x$.

解： 将被积函数恒等变形后，再积分.

$$I=\int \frac{\cos x(1-\cos x)}{1-\cos^2 x}\mathrm{d}x=\int\left(\frac{\cos x}{\sin^2 x}-\frac{1-\sin^2 x}{\sin^2 x}\right)\mathrm{d}x$$

$$=\int \frac{\cos x}{\sin^2 x}\mathrm{d}x-\int\left(-1+\frac{1}{\sin^2 x}\right)\mathrm{d}x=x-\frac{1}{\sin x}+\cot x+C.$$

例 6　求 $I=\int \frac{1+x+x^2}{x(1+x^2)}\mathrm{d}x$.

解： 将有理分式分解成部分分式后求积分.

$$I=\int \frac{1+x+x^2}{x(1+x^2)}\mathrm{d}x=\int \frac{(x^2+1)+x}{x(x^2+1)}\mathrm{d}x=\int\left(\frac{1}{x}+\frac{1}{x^2+1}\right)\mathrm{d}x$$

$$=\ln|x|+\arctan x+C.$$

例 7　求 $\int \frac{\arctan x}{x^2(1+x^2)}\mathrm{d}x$.

解： 换元法，令 $\arctan x=t$，即 $x=\tan t$，则 $\mathrm{d}x=\sec^2 t\mathrm{d}t$. 于是，

$$\int \frac{\arctan x}{x^2(1+x^2)}\mathrm{d}x=\int \frac{t}{\tan^2 t\cdot\sec^2 t}\sec^2 t\mathrm{d}t=\int t\cot^2 t\mathrm{d}t=\int t(\csc^2 t-1)\mathrm{d}t$$

$$=-\int t\mathrm{d}\cot t-\int t\mathrm{d}t=-t\cot t+\int \cot t\mathrm{d}t-\frac{t^2}{2}$$

$$=-t\cot t+\ln|\sin t|-\frac{t^2}{2}+C$$

$$=-\frac{\arctan x}{x}+\ln\left|\frac{x}{\sqrt{1+x^2}}\right|-\frac{(\arctan x)^2}{2}+C .$$

例 8　求 $\int \frac{\ln\tan x}{\cos x\sin x}\mathrm{d}x$.

解： 利用凑微分法.

$$\int \frac{\ln\tan x}{\cos x\sin x}\mathrm{d}x=\int \frac{\ln\tan x}{\cos^2 x\tan x}\mathrm{d}x=\int \frac{\ln\tan x}{\tan x}\mathrm{d}(\tan x)$$

$$=\int \ln\tan x\mathrm{d}(\ln\tan x)=\frac{1}{2}(\ln\tan x)^2+C .$$

例 9 求 $I=\int\frac{\sin(\ln x)}{x^2}\mathrm{d}x$.

解： 利用分部积分法.

$$I=\int\frac{\sin(\ln x)}{x^2}\mathrm{d}x=-\int\sin(\ln x)\mathrm{d}\left(\frac{1}{x}\right)=-\frac{\sin(\ln x)}{x}+\int\frac{\cos(\ln x)}{x^2}\mathrm{d}x$$
$$=-\frac{\sin(\ln x)}{x}-\int\cos(\ln x)\mathrm{d}\left(\frac{1}{x}\right)=-\frac{\sin(\ln x)}{x}-\frac{\cos(\ln x)}{x}-\int\frac{\sin(\ln x)}{x^2}\mathrm{d}x,$$

即 $I=-\frac{\sin(\ln x)}{x}-\frac{\cos(\ln x)}{x}-I$，得

$$I=\int\frac{\sin(\ln x)}{x^2}\mathrm{d}x=-\frac{1}{2x}[\sin(\ln x)+\cos(\ln x)]+C.$$

例 10 设 $f(\sin^2 x)=\frac{x}{\sin x}$，求 $\int\frac{\sqrt{x}}{\sqrt{1-x}}f(x)\mathrm{d}x$.

解： 作变换. 令 $t=\sin^2 x$，有 $f(t)=\frac{1}{\sqrt{t}}\arcsin\sqrt{t}$，则

$$\int\frac{\sqrt{x}}{\sqrt{1-x}}f(x)\mathrm{d}x=\int\frac{1}{\sqrt{1-x}}\arcsin\sqrt{x}\,\mathrm{d}x=-2\int\arcsin\sqrt{x}\,\mathrm{d}\sqrt{1-x}$$
$$=-2\sqrt{1-x}\arcsin\sqrt{x}-\int(-2\sqrt{1-x})\frac{1}{\sqrt{1-x}}\mathrm{d}\sqrt{x}$$
$$=-2\sqrt{1-x}\arcsin\sqrt{x}+2\sqrt{x}+C.$$

不定积分的求解方法多、技巧性强，在求不定积分时，要注意各种方法能够解决的问题类型，把握方法的使用过程，综合运用各种方法灵活解题，通过一题多解来训练综合解题能力.

总习题五

A. 基础测试题

1. 填空题

(1) 设 $f'(\ln x)=1+2x$，则 $f(x)=$ ________.

(2) 若 $\int xf(x)\mathrm{d}x=x^2\mathrm{e}^x+C$，则 $\int\frac{\mathrm{e}^x}{f(x)}\mathrm{d}x=$ ________.

(3) $\int\frac{f'(\ln x)}{x\sqrt{f(\ln x)}}\mathrm{d}x=$ ________.

(4) $\int \frac{\ln\sin x}{\sin^2 x}\mathrm{d}x =$________.

(5) $\int x f''(x)\mathrm{d}x =$________.

(6) 设 $f(x)$ 的一个原函数为 $x\ln x$，则 $\int x f(x)\mathrm{d}x =$________.

(7) 若 $\int \frac{f'(\ln x)}{x}\mathrm{d}x = x^2 + C$，则 $f(x) =$________.

(8) 积分 $\int \mathrm{e}^{-|x|}\mathrm{d}x =$________.

(9) 若 $F(x)$ 是 $\frac{\ln x}{x}$ 的一个原函数，则 $\mathrm{d}F(\sin x) =$________.

(10) 若 $f'(x) = \begin{cases} \mathrm{e}^x, & x > 0 \\ x, & x \leqslant 0 \end{cases}$，且 $f(1) = 2\mathrm{e}$，则 $f(x) =$________.

2. 单项选择题

(1) 若 $f(x)$ 的一个原函数为 $\frac{\ln x}{x}$，则 $\int x f'(x)\mathrm{d}x =$(　　).

(A) $\frac{\ln x}{x} + C$　　(B) $\frac{1+\ln x}{x^2} + C$

(C) $\frac{1}{x} + C$　　(D) $\frac{1}{x} - \frac{2\ln x}{x} + C$

(2) 已知 $\int f\left(\frac{1}{\sqrt{x}}\right)\mathrm{d}x = x^2 + C$，则 $\int f(x)\mathrm{d}x =$(　　).

(A) $\frac{2}{\sqrt{x}} + C$　　(B) $-\frac{2}{\sqrt{x}} + C$　　(C) $-\frac{2}{x} + C$　　(D) $\frac{2}{x} + C$

(3) 若 $\int f(x)\mathrm{d}x = x^2\mathrm{e}^{2x}$，则 $f(x) =$(　　).

(A) $2x\mathrm{e}^{2x}$　　(B) $2x^2\mathrm{e}^{2x}$

(C) $x\mathrm{e}^{2x}$　　(D) $2x\mathrm{e}^{2x}(1+x)$

(4) 设 $f'(x) = \sin x$，且 $f(0) = 0$，则 $f(x)$ 的一个原函数为(　　).

(A) $1 + \sin x$　　(B) $1 - \sin x$

(C) $1 + \cos x$　　(D) $1 - \cos x$

(5) 若 $f'(\sin^2 x) = \cos^2 x$，则 $f(x) =$(　　).

(A) $\sin x - \frac{1}{2}\sin^2 x + C$　　(B) $x - \frac{1}{2}x^2 + C$

(C) $\frac{1}{2}x^2 - x + C$　　(D) $\cos x - \sin x + C$

(6) 设 $f(x) = \sin|x|$，则 $f(x)$ 的原函数 $F(x) =$(　　).

(A) $\cos x + C$　　(B) $-\cos x + C$

(C) $\begin{cases}-\cos x+C_1, & x>0\\ \cos x+C_2, & x\leqslant 0\end{cases}$ (D) $\begin{cases}-\cos x+1+C, & x\geqslant 0\\ \cos x+C-1, & x<0\end{cases}$

(7) 若 $\int f(x)\mathrm{d}x=F(x)+C$，$a\neq 0$，则 $\int f(b-ax)\mathrm{d}x=$(　　).

(A) $F(b-ax)+C$ (B) $-\dfrac{1}{a}F(b-ax)+C$

(C) $aF(b-ax)+C$ (D) $\dfrac{1}{a}F(b-ax)+C$

(8) 设 $\int f(x)\mathrm{d}x=x^2+C$，则 $\int xf(-x^2)\mathrm{d}x=$(　　).

(A) $\dfrac{1}{2}x^4+C$ (B) $-\dfrac{1}{2}x^4+C$

(C) x^4+C (D) $-x^4+C$

(9) 设 $\int f(x)\mathrm{d}x=F(x)+C$ 且 $x=t^2$，则 $\int f(t)\mathrm{d}t=$(　　).

(A) $F(t)+C$ (B) $F(t^2)+C$ (C) $F(x)+C$ (D) $2tF(t^2)+C$

(10) 下列等式中，正确的是(　　).

(A) $\int f'(x)\mathrm{d}x=f(x)$ (B) $\dfrac{\mathrm{d}}{\mathrm{d}x}\int f(x)\mathrm{d}x=f(x)+C$

(C) $\int \mathrm{d}f(x)=f(x)$ (D) $\mathrm{d}\int f(x)\mathrm{d}x=f(x)\mathrm{d}x$

3. 求下列积分：

(1) $\int \mathrm{e}^{\sin x}\sin 2x\,\mathrm{d}x$； (2) $\int \dfrac{\mathrm{d}x}{(2x^2+1)\sqrt{x^2+1}}$；

(3) $\int \dfrac{x\ln x}{(x^2+3)^2}\mathrm{d}x$； (4) $\int \dfrac{\sin\ln x}{x^2}\mathrm{d}x$.

4. 分别用代换 $x=\sec t$，$x=\dfrac{1}{t}$，$x=\sqrt{t^2+1}$，求积分 $\int \dfrac{1}{x\sqrt{x^2-1}}\mathrm{d}x$.

5. 设 $f(x)$ 的一个原函数为 $\dfrac{\sin x}{x}$. 求 $\int x^3 f'(x)\mathrm{d}x$.

6. 设 $\int xf(x)\mathrm{d}x=\arcsin x+C$. 求 $\int \dfrac{1}{f(x)}\mathrm{d}x$.

7. 设 $f'(\sin^2 x)=\cos 2x+2\tan^2 x\,(0<x<1)$. 求 $f(x)$.

8. 建立下列不定积分的递推公式（n 为正整数）：

(1) $I_n=\int x^n b^{ax}\mathrm{d}x\ (a\neq 0,\ b>0,\ b\neq 1)$；

(2) $I_n=\int \tan^n x\,\mathrm{d}x$.

B. 考研提高题

1. 已知 $f'(\mathrm{e}^x)=x\mathrm{e}^{-x}$，且 $f(1)=0$，求 $f(x)$.

2. 已知 $\int f'(x^3)\mathrm{d}x = x^3 + C$，求 $f(x)$.

3. 设 $\frac{\cos x}{x}$ 为 $f(x)$ 的一个原函数，求 $\int x f'(x)\mathrm{d}x$.

4. 设 $f'(\ln x) = \begin{cases} 1, & 0 < x \leqslant 1 \\ x, & 1 < x < +\infty \end{cases}$，且 $f(0)=0$，求 $f(x)$.

5. 设 $f(x) = \begin{cases} \sin 2x, & x < 0 \\ 0, & x = 0 \\ \ln(2x+1), & x > 0 \end{cases}$，求 $f(x)$ 的一个原函数.

6. 求下列积分：

(1) $\int \frac{x\mathrm{e}^x}{(\mathrm{e}^x+1)^2}\mathrm{d}x$；

(2) $\int \frac{1}{x^4\sqrt{1+x^2}}\mathrm{d}x$；

(3) $\int \frac{\arcsin\sqrt{x}}{\sqrt{1-x}}\mathrm{d}x$.

第 6 章　定积分

定积分是积分学的第二个基本问题．定积分概念是由计算曲边梯形的面积和变速直线运动的路程问题而产生的，它归结为特定结构的和式的极限．定积分具有广泛的实际应用，本章主要介绍定积分的概念与性质、积分方法以及定积分的应用．

6.1 定积分的概念与性质

定积分不论在理论上还是实际应用中都有着十分重要的意义．本节在分析两个典型实例的基础上引出定积分的概念，进而讨论其性质．

6.1.1 两个典型实例

探究　定积分概念源于对两个典型问题的研究：一个是曲边梯形的面积问题，另一个是变速直线运动的路程问题．下面给出这两个问题的解题思路和方法．

1. 曲边梯形的面积

在初等数学中，我们主要掌握了直边图形及圆的面积的求法．对于矩形的面积，可以通过测量定义其面积等于长乘以宽，三角形的面积为矩形面积的一半，而多边形的面积通过分割可切分成三角形的面积之和．也就是说，直边图形的面积可以通过分割转化成矩形的面积之和；而圆的面积可视为圆内接正多边形面积在边数无限增多时的极限，即将圆的面积由多边形代替，通过极限实现由直到曲的转化，见图 6－1.

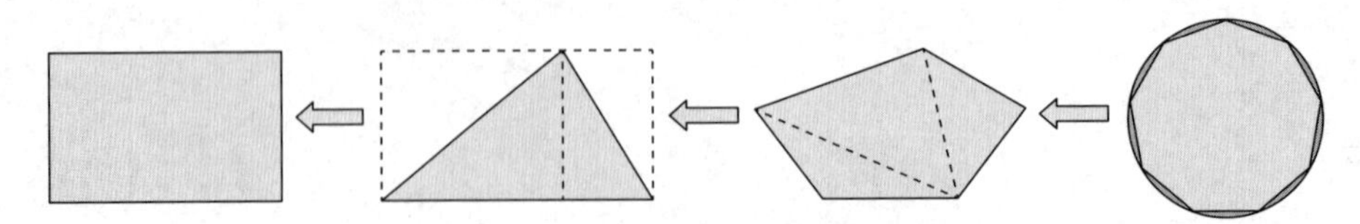

图 6－1　多边形与圆的面积的转化

这样来看，可以通过对图形分割，用矩形的面积之和代替曲边图形的面积，通过极限实现直边图形的面积与曲边图形的面积的转化，以此来求曲边图形的面积．

这里我们将研究任意平面曲线所围成的平面图形的面积的计算．任意平面曲线所围成的平面图形的面积的计算依赖于曲边梯形的面积的计算（可以转化成曲边梯形的面积）．

在直角坐标系中，由连续曲线 $y=f(x)$，直线 $x=a$、$x=b$ 及 x 轴所围成的平面图形，叫作**曲边梯形**，如图 6-2 所示．

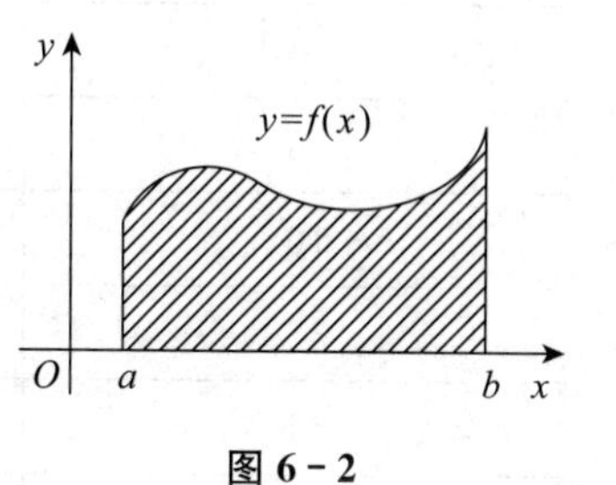

图 6-2

在讨论曲边梯形面积的计算之前，我们先看如下问题中由抛物线所围成的曲边图形面积的计算．

例 1　计算由抛物线 $y=x^2$、直线 $x=1$ 和 x 轴所围成的曲边图形 OAB 的面积 S（如图 6-3 所示）．

解：用下列各点 $0,\frac{1}{n},\frac{2}{n},\cdots,\frac{n-1}{n},1$ 把区间 $[0,1]$ 分成 n 个相等的小区间．以小区间的左端点对应的函数值为高作矩形（阴影部分），则小阴影矩形面积的总和（如图 6-4 所示）为

$$S_n=0\cdot\frac{1}{n}+\left(\frac{1}{n}\right)^2\cdot\frac{1}{n}+\left(\frac{2}{n}\right)^2\cdot\frac{1}{n}+\cdots+\left(\frac{n-1}{n}\right)^2\cdot\frac{1}{n}$$
$$=\frac{1}{n^3}[1^2+2^2+\cdots+(n-1)^2]=\frac{1}{n^3}\cdot\frac{(n-1)n(2n-1)}{6}$$
$$=\frac{1}{3}\left(1-\frac{1}{n}\right)\left(1-\frac{1}{2n}\right).$$

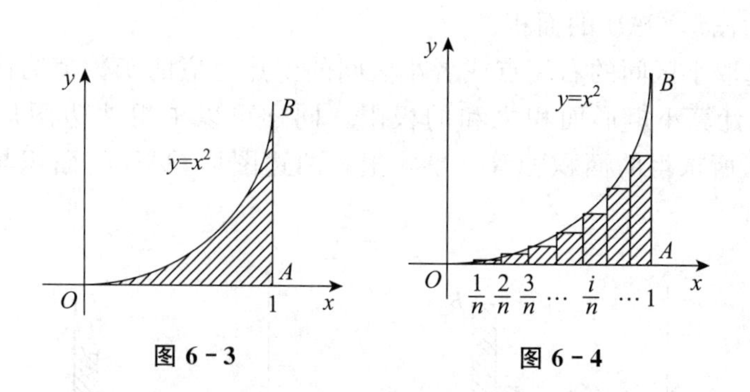

图 6-3　　图 6-4

该值可以作为曲边图形 OAB 面积的近似值，且分点越多（n 越大），近似程度越高，如图 6-5 和表 6-1 所示．

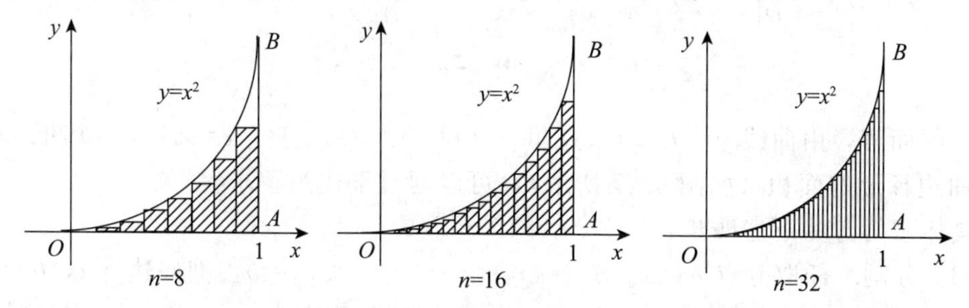

图 6-5　用矩形面积之和近似代替曲边图形的面积，且分割越细，近似程度越高

表 6-1 曲边图形 OAB 面积的近似值

小区间的数量	小区间的长度	曲边梯形面积的近似值
4	0.25	0.218 75
8	0.125	0.273 44
16	0.062 5	0.302 73
32	0.031 25	0.317 87
64	0.015 625	0.325 56
128	0.007 812 5	0.329 44
256	0.003 906 25	0.331 38

表 6-1 给出了对于不同的 n，曲边图形 OAB 面积的近似值 S_n，可以看到，随着 n 的增大，近似值越来越接近 $0.\dot{3}$.

因此，若要得到精确值，则让 $n\to\infty$ 对 S_n 取极限，可得所求曲边图形的面积为

$$S=\lim_{n\to\infty}S_n=\lim_{n\to\infty}\frac{1}{3}\left(1-\frac{1}{n}\right)\left(1-\frac{1}{2n}\right)=\frac{1}{3}.$$

在此例中，对曲边图形 OAB 的面积的求解是通过把区间 $[0, 1]$ 分成 n 个相等的小区间，取小区间的左端点对应的函数值为高作小矩形，通过计算小矩形面积之和的极限求得曲边图形 OAB 的面积.

如果我们选取小区间的右端点或者小区间的中点对应的函数值为高作小矩形（见图 6-6），然后计算小矩形面积之和的极限，同样可以求得曲边图形 OAB 的面积，且三种取点方法所求得的面积相等. 事实上，曲边图形 OAB 的面积与分割方式和取点无关.

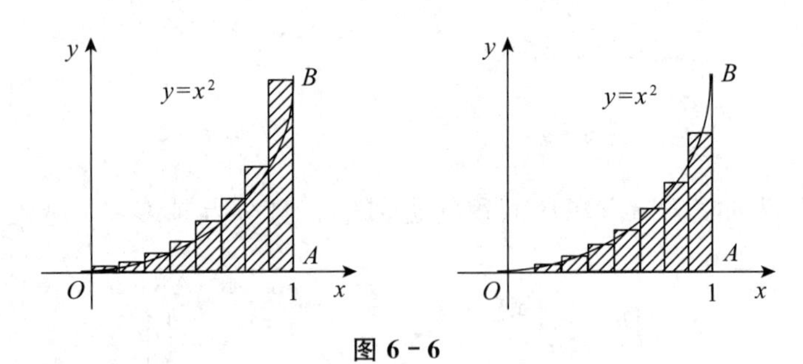

图 6-6

一般而言，由曲线 $y=f(x)$（这里 $y=f(x)>0$），直线 $x=a$，$x=b$ 和 x 轴所围成的曲边梯形的面积（如图 6-7 所示），可以通过下述过程求得.

具体求解分为下述四步：

(1) 分割. 任取分点 $a=x_0<x_1<x_2<\cdots<x_{n-1}<x_n=b$，把底边 $[a, b]$ 分成 n 个小区间 $[x_{i-1}, x_i]$ $(i=1, 2, \cdots, n)$. 小区间长度记为

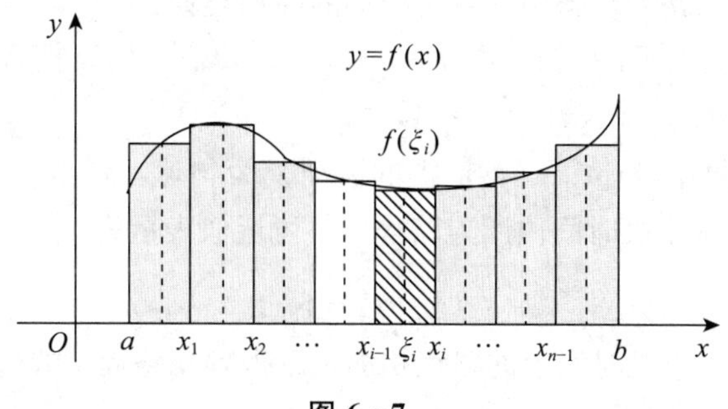

图 6－7

$$\Delta x_i = x_i - x_{i-1}\ (i=1,\ 2,\ \cdots,\ n).$$

（2）取近似. 在每个小区间 $[x_{i-1},\ x_i]$ 上任取一点 ξ_i，以 $f(\xi_i)$ 为高，则得作为小曲边梯形面积 ΔA_i 的近似值的小矩形面积为 $\Delta A_i \approx f(\xi_i)\Delta x_i$ $(i=1,\ 2,\ \cdots,\ n)$.

（3）求和. 把 n 个小矩形面积相加（即阶梯形面积）就得到曲边梯形面积 A 的近似值为

$$A \approx f(\xi_1)\Delta x_1 + f(\xi_2)\Delta x_2 + \cdots + f(\xi_n)\Delta x_n = \sum_{i=1}^{n} f(\xi_i)\Delta x_i.$$

（4）取极限. 为保证全部 Δx_i 都无限缩小，要求小区间长度中的最大值 $\lambda = \max\limits_{1\leqslant i\leqslant n}\{\Delta x_i\}$ 趋向于零，这时和式 $\sum\limits_{i=1}^{n} f(\xi_i)\Delta x_i$ 的极限就是曲边梯形面积 A 的精确值，即

$$A = \lim_{\lambda\to 0}\sum_{i=1}^{n} f(\xi_i)\Delta x_i.$$

2. 变速直线运动的路程

对于沿直线以匀速度 v 运动的物体，在时间间隔 $[T_1,\ T_2]$ 内物体运动的路程为 $s=v(T_2-T_1)$，如图 6－8 所示.

对于做变速直线运动的物体，若速度函数 $v=v(t)$ 在时间间隔 $[T_1,\ T_2]$ 上连续，且 $v(t)\geqslant 0$，求时间间隔 $[T_1,\ T_2]$ 内所走的路程，如图 6－9 所示.

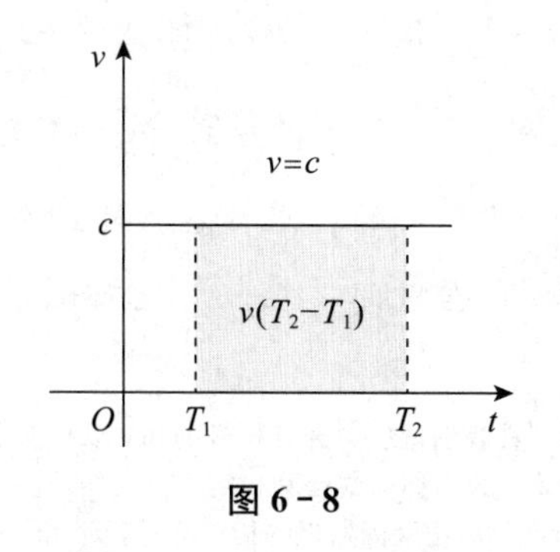

图 6－8

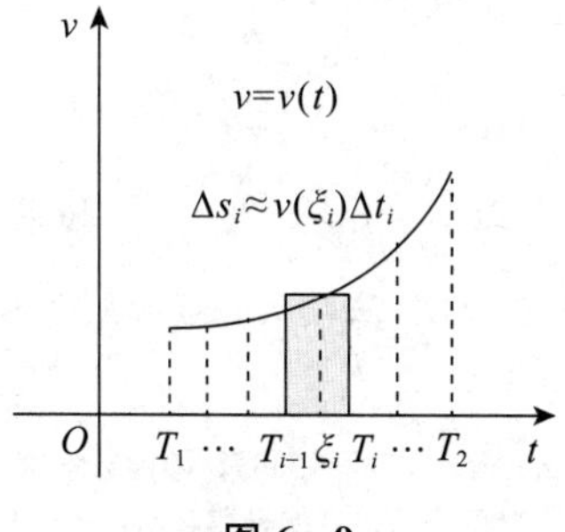

图 6－9

解决这个问题的思路和步骤与求曲边梯形的面积类似：

(1) 分割. 任取分点 $T_1=t_0<t_1<t_2<\cdots<t_{n-1}<t_n=T_2$，把区间 $[T_1, T_2]$ 分成 n 个小段，每小段长为 $\Delta t_i=t_i-t_{i-1}$ $(i=1, 2, \cdots, n)$.

(2) 取近似. 把每小段 $[t_{i-1}, t_i]$ 上的运动视为匀速，任取时刻 $\xi_i\in[t_{i-1}, t_i]$，作乘积 $v(\xi_i)\Delta t_i$，显然这小段时间内所走路程 Δs_i 可近似表示为

$$\Delta s_i\approx v(\xi_i)\Delta t_i \quad (i=1, 2, \cdots, n).$$

(3) 求和. 把 n 个小段时间上的路程相加，就得到总路程 s 的近似值为

$$s\approx\sum_{i=1}^{n}v(\xi_i)\Delta t_i.$$

(4) 取极限. 取 $\lambda=\max\limits_{1\leqslant i\leqslant n}\{\Delta t_i\}$，当 $\lambda\to 0$ 时，上述总和的极限就是 s 的精确值，即

$$s=\lim_{\lambda\to 0}\sum_{i=1}^{n}v(\xi_i)\Delta t_i.$$

求解曲边梯形的面积和变速直线运动的路程问题的数学思想是：整体进行分割，局部以直代曲、以匀代变，将局部的近似值相加得到整体的近似值，通过极限由有限过渡到无限，将近似转化为精确，以此解决问题. 这其中蕴含着丰富的辩证思想，是对立统一规律应用的典范.

6.1.2 定积分的概念

概括 虽然曲边梯形的面积与变速直线运动的路程两个问题的实际意义不同，但处理这两个问题所遇到的矛盾性质、解决问题的思想方法却完全相同. 如果抛开其实际意义，其结果都归结为同一种数学结构的和式极限 $\lim\limits_{\lambda\to 0}\sum\limits_{i=1}^{n}f(\xi_i)\Delta x_i$，对这种特定的和式极限的研究就引出了定积分的概念.

定义 1 设函数 $y=f(x)$ 在 $[a, b]$ 上有定义，用分点

$$a=x_0<x_1<\cdots<x_{n-1}<x_n=b$$

将区间 $[a, b]$ 分成 n 个小区间 $[x_{i-1}, x_i]$ $(i=1, 2, \cdots, n)$，记 $\Delta x_i=x_i-x_{i-1}$，再在每个小区间 $[x_{i-1}, x_i]$ 上任取一点 ξ_i，作乘积 $f(\xi_i)\Delta x_i$ 的和式 $\sum\limits_{i=1}^{n}f(\xi_i)\Delta x_i$（该和式称为黎曼[①]和）. 取 $\lambda=\max\limits_{1\leqslant i\leqslant n}\{\Delta x_i\}$，如果 $\lambda\to 0$ 时该和式的极限存在（即这个极限与 $[a, b]$ 的分割及点 ξ_i 的取法均无关），则称函数 $f(x)$ 在区间 $[a, b]$ 上可积，称此极限值

---

① 黎曼（Riemann，1826—1866），德国数学家，被称为“具有创造性、拥有积极的和真实的数学思想并能够广泛创新”的数学家，定积分的定义就是黎曼给出的，定积分定义中的和称为黎曼和，定积分又叫黎曼积分. 黎曼还给出了积分存在的充要条件. 黎曼关于几何和空间的广义概念在50年后由爱因斯坦的相对论得以证明.

为函数 $f(x)$ 在区间 $[a, b]$ 上的**定积分**，记为

$$\int_a^b f(x)\mathrm{d}x=\lim_{\lambda\to 0}\sum_{i=1}^{n} f(\xi_i)\Delta x_i,$$

其中 $f(x)$ 称为**被积函数**，$f(x)\mathrm{d}x$ 称为**被积式**，x 称为**积分变量**，$[a, b]$ 称为**积分区间**，a，b 分别称为**积分下限**和**积分上限**，“$\int$”叫作**积分号**.

有了定积分的定义，前面两个实际问题就可用定积分表示为：

曲边梯形的面积 $A=\int_a^b f(x)\mathrm{d}x$；变速直线运动的路程 $s=\int_{T_1}^{T_2} v(t)\mathrm{d}t$.

注释 关于定积分的几点说明：

(1) 定积分表示一个数，它只取决于被积函数与积分上下限，而与积分变量采用什么字母无关，即

$$\int_a^b f(x)\mathrm{d}x=\int_a^b f(t)\mathrm{d}t=\int_a^b f(u)\mathrm{d}u.$$

(2) 定义中曾要求积分限 $a<b$，我们补充如下规定：当 $a>b$ 时，$\int_a^b f(x)\mathrm{d}x=-\int_b^a f(x)\mathrm{d}x$. 特别地，当 $a=b$ 时，$\int_a^b f(x)\mathrm{d}x=0$.

(3) 定积分可积条件如下：

① 若 $f(x)$ 在 $[a, b]$ 上连续，则 $f(x)$ 在 $[a, b]$ 上可积；

② 若 $f(x)$ 在 $[a, b]$ 上有界，且只有有限多个间断点，则 $f(x)$ 在 $[a, b]$ 上可积；

③ 初等函数在定义区间内都是可积的.

6.1.3 定积分的几何意义

由前面的曲边梯形面积问题的讨论，不难看到定积分具有如下几何意义.

(1) 如果 $f(x)>0$，则曲线 $y=f(x)$ 位于 x 轴之上，积分值为正，有

$$\int_a^b f(x)\mathrm{d}x=A.$$

A 为曲线 $y=f(x)$ 与 $x=a$，$x=b$ 及 x 轴所围成的曲边梯形的面积，如图 6 - 10 (a) 所示.

(2) 如果 $f(x)\leqslant 0$，则曲线 $y=f(x)$ 位于 x 轴下方，积分值为负，有

$$\int_a^b f(x)\mathrm{d}x=-A,$$

即定积分等于曲边梯形面积 A 的负值.

(3) 如果 $f(x)$ 在 $[a, b]$ 上有正有负，则积分值就等于曲线 $y=f(x)$ 在 x 轴上方部分与下方部分面积的代数和，如图 6－10 (b) 所示，有

$$\int_a^b f(x)\mathrm{d}x = A_1 - A_2 + A_3.$$

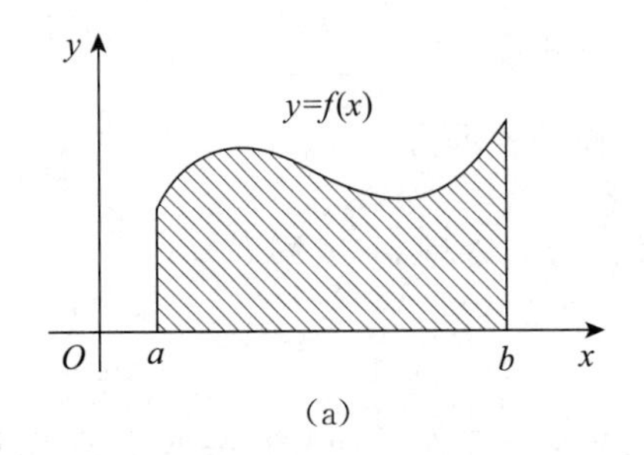

(a)

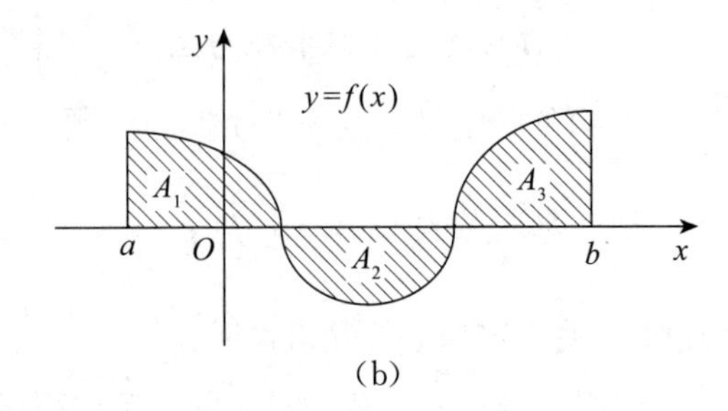

(b)

图 6－10

6.1.4 定积分的性质

在下面定积分的性质的讨论中，若不做说明，则都假设所讨论的函数 $f(x)$ 与 $g(x)$ 在给定的区间上可积，在做几何解释时，假设所给的函数是非负的.

性质 1 被积函数的常数因子可提到积分号外面，即

$$\int_a^b kf(x)\mathrm{d}x = k\int_a^b f(x)\mathrm{d}x \quad (k \text{ 为常数}).$$

性质 2 函数的代数和的积分等于积分的代数和，即

$$\int_a^b [f(x) \pm g(x)]\mathrm{d}x = \int_a^b f(x)\mathrm{d}x \pm \int_a^b g(x)\mathrm{d}x.$$

性质 3（积分区间的分割性质） 若 $a<c<b$，则

$$\int_a^b f(x)\mathrm{d}x = \int_a^c f(x)\mathrm{d}x + \int_c^b f(x)\mathrm{d}x.$$

注释 对于 a，b，c 三点的任何其他相对位置，上述性质仍成立，如 $a<b<c$，如图 6－11 所示，有

$$\int_a^c f(x)\mathrm{d}x = \int_a^b f(x)\mathrm{d}x + \int_b^c f(x)\mathrm{d}x = \int_a^b f(x)\mathrm{d}x - \int_c^b f(x)\mathrm{d}x.$$

因此，仍有

$$\int_a^b f(x)\mathrm{d}x = \int_a^c f(x)\mathrm{d}x + \int_c^b f(x)\mathrm{d}x.$$

性质 4（积分的比较性质） 若在 $[a, b]$ 上 $f(x) \geqslant g(x)$，则

$$\int_a^b f(x)\mathrm{d}x \geqslant \int_a^b g(x)\mathrm{d}x.$$

该性质的几何解释如图 6－12 所示. 特别地，若在 $[a, b]$ 上 $f(x)\geqslant 0$，则 $\int_a^b f(x)\mathrm{d}x \geqslant 0$.

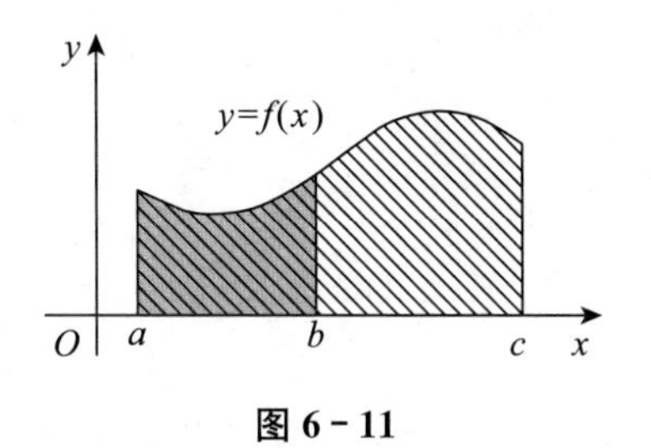

图 6－11

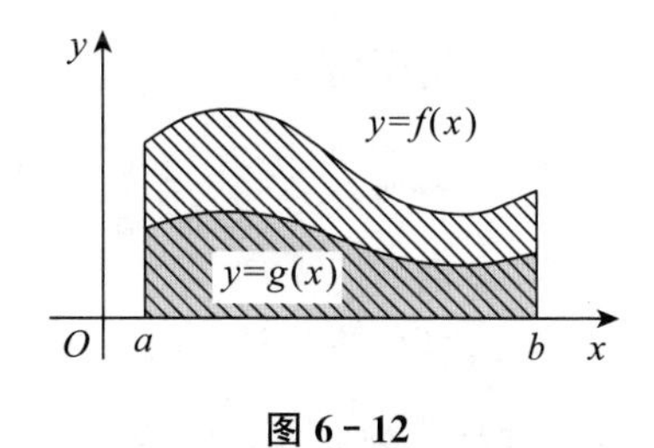

图 6－12

上述性质 1 至性质 4 均可由定积分的定义与极限的运算法则证得（从略）.

性质 5　若 $f(x)$ 在 $[a, b]$ 上可积，则 $\left|\int_a^b f(x)\mathrm{d}x\right| \leqslant \int_a^b |f(x)|\mathrm{d}x$.

证：因为 $-|f(x)|\leqslant f(x)\leqslant |f(x)|$，由性质 4 得

$$-\int_a^b |f(x)|\mathrm{d}x \leqslant \int_a^b f(x)\mathrm{d}x \leqslant \int_a^b |f(x)|\mathrm{d}x,$$

从而 $\left|\int_a^b f(x)\mathrm{d}x\right| \leqslant \int_a^b |f(x)|\mathrm{d}x$.

性质 6（积分估值性质）　设 M 与 m 分别是 $f(x)$ 在 $[a, b]$ 上的最大值与最小值，则

$$m(b-a) \leqslant \int_a^b f(x)\mathrm{d}x \leqslant M(b-a).$$

证：因为 M 与 m 分别是 $f(x)$ 在 $[a, b]$ 上的最大值与最小值，所以有 $m\leqslant f(x)\leqslant M$. 由性质 4 得

$$\int_a^b m\mathrm{d}x \leqslant \int_a^b f(x)\mathrm{d}x \leqslant \int_a^b M\mathrm{d}x.$$

再将常数因子提出，并利用 $\int_a^b \mathrm{d}x = b-a$ 即可得证（见图 6－13）.

性质 7（积分中值定理）　如果 $f(x)$ 在 $[a, b]$ 上连续，则至少存在一点 $\xi\in[a, b]$，使得

$$\int_a^b f(x)\mathrm{d}x = f(\xi)(b-a).$$

证：将性质 6 中的不等式除以 $b-a$，得

$$m \leqslant \frac{1}{b-a}\int_a^b f(x)\mathrm{d}x \leqslant M.$$

设 $\frac{1}{b-a}\int_a^b f(x)\mathrm{d}x = \mu$，即 $m \leqslant \mu \leqslant M$.

由于 $f(x)$ 为区间 $[a, b]$ 上的连续函数，由介值定理可知，在 $[a, b]$ 上至少有一点 ξ，使得 $f(\xi)=\mu$，即

$$\frac{1}{b-a}\int_a^b f(x)\mathrm{d}x = f(\xi),$$

亦即 $\int_a^b f(x)\mathrm{d}x = f(\xi)(b-a)$.

积分中值定理的几何意义：曲线 $y=f(x)$ 以 $[a, b]$ 为底所围成的曲边梯形的面积等于同一底边而高为 $f(\xi)$ 的矩形的面积（见图 6－14）.

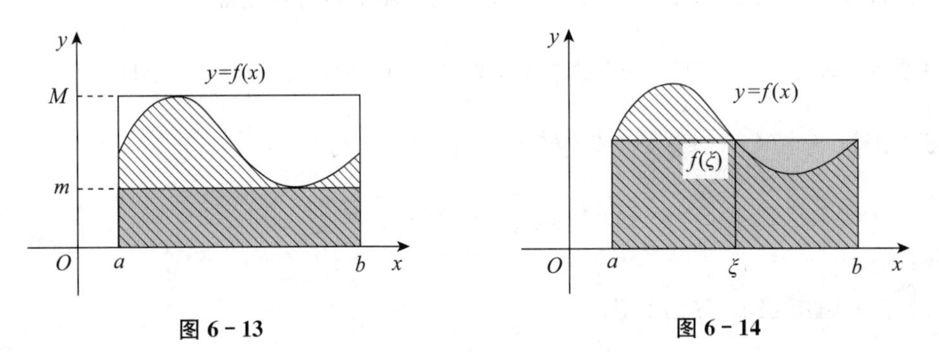

图 6－13　　　　图 6－14

从几何角度容易看出，数值 $\mu=\frac{1}{b-a}\int_a^b f(x)\mathrm{d}x$ 表示连续曲线 $y=f(x)$ 在 $[a, b]$ 上的平均高度，也就是函数 $f(x)$ 在 $[a, b]$ 上的平均值，称积分 $\frac{1}{b-a}\int_a^b f(x)\mathrm{d}x$ 为函数 $f(x)$ 在 $[a, b]$ 上的**平均值**，这是有限个数的平均值概念的推广.

例 2　估计定积分 $\int_{-1}^1 \mathrm{e}^{-x^2}\mathrm{d}x$ 的值.

解：先求 $f(x)=\mathrm{e}^{-x^2}$ 在 $[-1, 1]$ 上的最大值和最小值.

因为 $f'(x)=-2x\mathrm{e}^{-x^2}$，令 $f'(x)=0$，得驻点 $x=0$. 比较 $f(x)$ 在驻点及区间端点处的函数值

$$f(0)=\mathrm{e}^0=1,\ f(-1)=f(1)=\mathrm{e}^{-1}=\frac{1}{\mathrm{e}}.$$

故最大值 $M=1$，最小值 $m=\frac{1}{\mathrm{e}}$. 由估值性质得

$$\frac{2}{\mathrm{e}} \leqslant \int_{-1}^1 \mathrm{e}^{-x^2}\mathrm{d}x \leqslant 2.$$

例 3　求函数 $y=\sqrt{1-x^2}$ 在区间 $[-1, 1]$ 上的平均值.

解： 由平均值公式，函数 $y=\sqrt{1-x^2}$ 在区间 $[-1, 1]$ 上的平均值为

$$\bar{y}=\frac{1}{1-(-1)}\int_{-1}^{1}\sqrt{1-x^2}\,\mathrm{d}x=\frac{1}{2}\int_{-1}^{1}\sqrt{1-x^2}\,\mathrm{d}x.$$

由定积分的几何意义知，$\int_{-1}^{1}\sqrt{1-x^2}\,\mathrm{d}x$ 的值为上半圆 $y=\sqrt{1-x^2}$ 与 x 轴所围图形的面积，即 $\int_{-1}^{1}\sqrt{1-x^2}\,\mathrm{d}x=\frac{1}{2}\pi$，所以 $\bar{y}=\frac{1}{2}\int_{-1}^{1}\sqrt{1-x^2}\,\mathrm{d}x=\frac{\pi}{4}$.

例 4　比较 $\int_{1}^{2}\ln x\,\mathrm{d}x$ 与 $\int_{1}^{2}(1+x)\,\mathrm{d}x$ 的大小.

解： 令 $f(x)=1+x-\ln x$，因为 $f'(x)=1-\frac{1}{x}=\frac{x-1}{x}$，所以，当 $1<x<2$ 时，$f'(x)>0$.

又因为 $f(x)$ 在 $[1, 2]$ 上连续，所以 $f(x)$ 在 $[1, 2]$ 上单调递增. 则当 $x>1$ 时，$f(x)>f(1)=2>0$，即 $1+x>\ln x$.

由定积分比较性质，得 $\int_{1}^{2}\ln x\,\mathrm{d}x<\int_{1}^{2}(1+x)\,\mathrm{d}x$.

习题 6.1

1. 利用定积分的定义，计算由抛物线 $y=x^2+1$，两直线 $x=1$，$x=2$ 及 x 轴所围成的图形的面积.

2. 用定积分表示下列量：

(1) 由抛物线 $y=x^2$，直线 $y=2-x$ 及 x 轴所围成的曲边梯形的面积 A；

(2) 以 $v=2+t^2$ 为速度的直线运动质点在时间间隔 $[0, 3]$ 内所走的路程 s.

3. 利用定积分的几何意义求下列积分：

(1) $\int_{0}^{1}|x-1|\,\mathrm{d}x$；　(2) $\int_{0}^{1}\sqrt{1-x^2}\,\mathrm{d}x$；　(3) $\int_{-\pi}^{\pi}\sin x\,\mathrm{d}x$.

4. 证明定积分的性质：

(1) $\int_{a}^{b}kf(x)\,\mathrm{d}x=k\int_{a}^{b}f(x)\,\mathrm{d}x$ （k 为常数）；

(2) $\int_{a}^{b}\mathrm{d}x=b-a$.

5. 利用定积分的性质比较下列定积分的大小：

(1) $\int_{0}^{1}x^2\,\mathrm{d}x$ 与 $\int_{0}^{1}x^3\,\mathrm{d}x$；　(2) $\int_{1}^{2}x^2\,\mathrm{d}x$ 与 $\int_{1}^{2}x^3\,\mathrm{d}x$；

(3) $\int_{3}^{4}\ln x\,\mathrm{d}x$ 与 $\int_{3}^{4}\ln^2 x\,\mathrm{d}x$；　(4) $\int_{0}^{1}\mathrm{e}^x\,\mathrm{d}x$ 与 $\int_{0}^{1}\mathrm{e}^{-x^2}\,\mathrm{d}x$.

6. 估计下列定积分的值：

(1) $\int_1^4 (x^2+1)\mathrm{d}x$；　　(2) $\int_{\frac{\pi}{4}}^{\frac{5\pi}{4}} (1+\sin^2 x)\mathrm{d}x$；

(3) $\int_{\frac{1}{\sqrt{3}}}^{\sqrt{3}} x\arctan x\,\mathrm{d}x$；　　(4) $\int_{-1}^{2} \mathrm{e}^{-x^2}\mathrm{d}x$.

6.2 微积分基本定理

微积分基本定理是微积分中最重要的定理. 微积分基本公式在定积分与原函数的概念之间建立起了定量关系，为定积分的计算找到了一条简捷的途径，并且在理论上架起了微分学与积分学沟通的桥梁.

6.2.1 原函数存在定理

探究　5.1 节介绍了原函数的概念，给出了原函数存在定理，即连续函数一定存在原函数. 下面探究该定理的证明.

设函数 $f(x)$ 在 $[a, b]$ 上连续，$x\in[a, b]$. 现在考察 $f(x)$ 在区间 $[a, x]$ 上的定积分 $\int_a^x f(x)\mathrm{d}x$. 但这种写法有一个不方便之处，就是 x 既表示积分上限，又表示积分变量，因为定积分与积分变量无关，所以，为避免混淆，我们把积分变量改写成 t，于是这个积分就写成了 $\int_a^x f(t)\mathrm{d}t$.

显然，当 x 在 $[a, b]$ 上变动时，对于每个 x 值，积分 $\int_a^x f(t)\mathrm{d}t$ 都有一个确定的值，因此 $\int_a^x f(t)\mathrm{d}t$ 是定义在 $[a, b]$ 上的变上限 x 的一个函数，记作 $\Phi(x)$，即

$$\Phi(x)=\int_a^x f(t)\mathrm{d}t \quad (a\leqslant x\leqslant b).$$

通常称函数 $\Phi(x)$ 为**变上限积分函数**或**变上限积分**，其几何意义如图 6-15 所示.

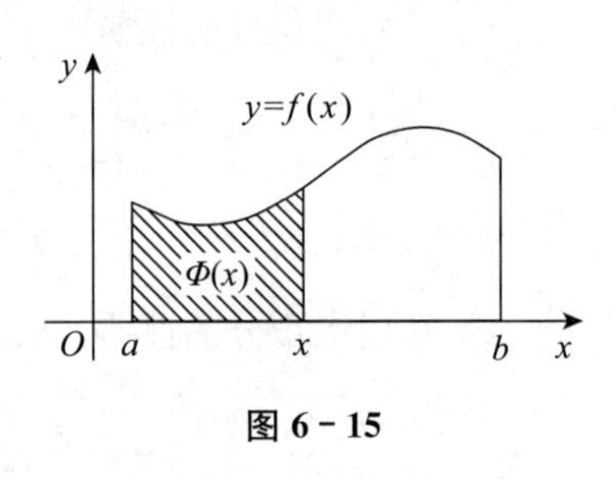

图 6-15

对于变上限积分函数，有如下重要定理.

定理 1（微积分基本定理）　如果函数 $f(x)$ 在区间 $[a, b]$ 上连续，则变上限积分函数 $\Phi(x)=\int_a^x f(t)\mathrm{d}t$ 在 $[a, b]$ 上可导，且其导数为

$$\Phi'(x)=\frac{\mathrm{d}}{\mathrm{d}x}\int_a^x f(t)\mathrm{d}t=f(x) \quad (a\leqslant x\leqslant b).$$

证：当上限 x 有改变量 Δx 时，相应地，函数 $\Phi(x)$ 有改变量 $\Delta\Phi$. 由图 6-16 知

$$\Delta\Phi=\Phi(x+\Delta x)-\Phi(x)=\int_x^{x+\Delta x}f(t)\mathrm{d}t.$$

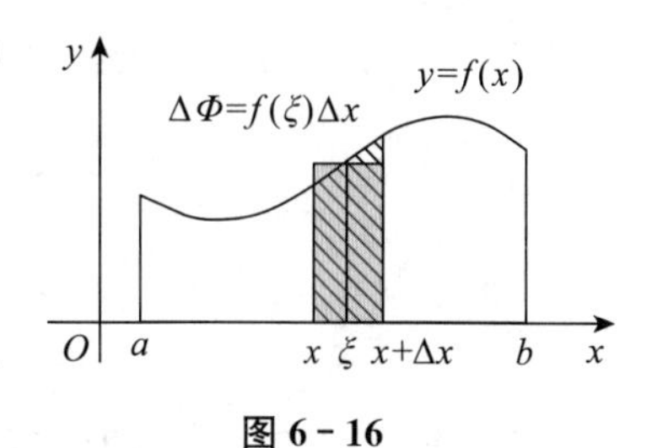

图 6-16

由定积分中值定理，得 $\Delta\Phi=f(\xi)\Delta x$（$\xi$ 在 x 及 $x+\Delta x$ 之间），所以

$$\frac{\Delta\Phi}{\Delta x}=f(\xi).$$

再令 $\Delta x\to 0$，从而 $\xi\to x$. 由 $f(x)$ 的连续性，得

$$\lim_{\Delta x\to 0}\frac{\Delta\Phi}{\Delta x}=\lim_{\xi\to x}f(\xi)=f(x),$$

即 $\Phi'(x)=f(x)$.

注释　该定理揭示了导数与定积分之间的内在联系：求导运算恰是求变上限定积分运算的逆运算，即对连续函数 $f(x)$ 取变上限 x 的定积分，然后求导，其结果还原为 $f(x)$ 本身. 这样，由原函数的定义可知，变上限积分函数 $\Phi(x)$ 是 $f(x)$ 的一个原函数.

定理 2（原函数存在定理）　如果函数 $f(x)$ 在区间 $[a, b]$ 上连续，则变上限积分函数 $\Phi(x)=\int_a^x f(t)\mathrm{d}t$ 就是 $f(x)$ 在区间 $[a, b]$ 上的一个原函数.

注释　定理 2 的意义是：一方面肯定了连续函数的原函数是存在的，另一方面初步揭示了积分学中定积分与原函数之间的内在联系.

对应变上限积分函数还有变下限积分函数，对于变上（下）限积分函数也可以进行函数的复合，这样由变上限积分函数的导数与复合函数求导法则有如下公式.

公式　若函数 $\varphi(x)$，$\psi(x)$ 可微，函数 $f(x)$ 连续，则

(1) $\dfrac{\mathrm{d}}{\mathrm{d}x}\left[\int_x^a f(t)\mathrm{d}t\right]=\dfrac{\mathrm{d}}{\mathrm{d}x}\left[-\int_a^x f(t)\mathrm{d}t\right]=-f(x)$；

(2) $\dfrac{\mathrm{d}}{\mathrm{d}x}\left[\int_a^{\varphi(x)} f(t)\mathrm{d}t\right]=f[\varphi(x)]\varphi'(x)$；

(3)
$$\begin{aligned}\frac{\mathrm{d}}{\mathrm{d}x}\left[\int_{\psi(x)}^{\varphi(x)} f(t)\mathrm{d}t\right]&=\frac{\mathrm{d}}{\mathrm{d}x}\left[\int_{\psi(x)}^{a} f(t)\mathrm{d}t+\int_a^{\varphi(x)} f(t)\mathrm{d}t\right]\\&=f[\varphi(x)]\varphi'(x)-f[\psi(x)]\psi'(x).\end{aligned}$$

例 1　求下列函数的导数：

(1) $\Phi(x)=\int_0^x \sin t^2\mathrm{d}t$；　　(2) $\Phi(x)=\int_a^{\mathrm{e}^x}\dfrac{\ln t}{t}\mathrm{d}t\ (a>0)$；

(3) $\Phi(x)=\int_{x^2}^0 \cos t^2\mathrm{d}t$；　　(4) $\Phi(x)=\int_{\ln x}^{\mathrm{e}^x}\sin t^2\mathrm{d}t$.

解：由变上限积分函数的导数知

(1) $\Phi'(x)=\dfrac{\mathrm{d}}{\mathrm{d}x}\int_0^x \sin t^2\,\mathrm{d}t=\sin x^2$.

(2) $\Phi'(x)=\dfrac{\mathrm{d}}{\mathrm{d}x}\int_a^{\mathrm{e}^x} \dfrac{\ln t}{t}\,\mathrm{d}t=\dfrac{\ln \mathrm{e}^x}{\mathrm{e}^x}\cdot(\mathrm{e}^x)'=\dfrac{\ln \mathrm{e}^x}{\mathrm{e}^x}\cdot \mathrm{e}^x=x$.

(3) $\Phi'(x)=\dfrac{\mathrm{d}}{\mathrm{d}x}\int_{x^2}^{0} \cos t^2\,\mathrm{d}t=-\dfrac{\mathrm{d}}{\mathrm{d}x}\left[\int_0^{x^2} \cos t^2\,\mathrm{d}t\right]$

$=-\cos x^4\cdot 2x=-2x\cos x^4$.

(4) $\Phi'(x)=\dfrac{\mathrm{d}}{\mathrm{d}x}\int_{\ln x}^{\mathrm{e}^x} \sin t^2\,\mathrm{d}t=\dfrac{\mathrm{d}}{\mathrm{d}x}\left(\int_{\ln x}^{c} \sin t^2\,\mathrm{d}t+\int_c^{\mathrm{e}^x} \sin t^2\,\mathrm{d}t\right)$

$=-\sin(\ln x)^2\cdot\dfrac{1}{x}+\sin \mathrm{e}^{2x}\cdot \mathrm{e}^x$

$=-\dfrac{1}{x}\sin(\ln x)^2+\mathrm{e}^x\sin \mathrm{e}^{2x}$.

例 2 求下列极限：

(1) $\lim\limits_{x\to 0}\dfrac{\int_0^x \mathrm{e}^{-t^2}\mathrm{d}t}{2x}$； (2) $\lim\limits_{x\to 0}\dfrac{\int_0^{x^2} \cos t^2\,\mathrm{d}t}{x\sin x}$； (3) $\lim\limits_{x\to+\infty}\dfrac{\int_0^x (\arctan t)^2\mathrm{d}t}{\sqrt{x^2+1}}$.

解：(1) 极限为 $\dfrac{0}{0}$ 型未定式，由洛必达法则，得

$$\lim_{x\to 0}\frac{\int_0^x \mathrm{e}^{-t^2}\mathrm{d}t}{2x}=\lim_{x\to 0}\frac{\mathrm{e}^{-x^2}}{2}=\frac{1}{2}.$$

(2) 极限为 $\dfrac{0}{0}$ 型未定式，由 $\sin x\sim x$（$x\to 0$）与洛必达法则，得

$$\lim_{x\to 0}\frac{\int_0^{x^2} \cos t^2\,\mathrm{d}t}{x\sin x}=\lim_{x\to 0}\frac{\int_0^{x^2} \cos t^2\,\mathrm{d}t}{x^2}=\lim_{x\to 0}\frac{2x\cos x^4}{2x}=\lim_{x\to 0}\cos x^4=1.$$

(3) 极限为 $\dfrac{\infty}{\infty}$ 型未定式，由洛必达法则，得

$$\lim_{x\to+\infty}\frac{\int_0^x (\arctan t)^2\mathrm{d}t}{\sqrt{x^2+1}}=\lim_{x\to+\infty}\frac{(\arctan x)^2}{\frac{1}{2}(x^2+1)^{-\frac{1}{2}}\cdot 2x}$$

$$=\lim_{x\to+\infty}\frac{\sqrt{x^2+1}(\arctan x)^2}{x}$$

$$=\lim_{x\to+\infty}\sqrt{1+\frac{1}{x^2}}(\arctan x)^2=\frac{\pi^2}{4}.$$

6.2.2 微积分基本公式

问题　定积分的概念源于实际问题，具有广泛的应用．但是，用定义计算定积分，需要计算特定的和式极限，一般很难实现．那么是否有计算定积分的既简单又有效的方法呢？

探究　下面将回到定积分概念产生的原始问题——变速直线运动的路程问题，对此做进一步的探究．

设物体做变速直线运动，在时间间隔 $[T_1, T_2]$ 内，物体运动所经过的路程可以由路程函数 $s=s(t)$ 在区间 $[T_1, T_2]$ 上的增量 $s(T_2)-s(T_1)$ 来表达．另外，在时间间隔 $[T_1, T_2]$ 内，物体运动所经过的路程也可以用定积分 $\int_{T_1}^{T_2} v(t)\mathrm{d}t$ 来表达．

由此可见，路程函数 $s=s(t)$ 与速度函数 $v=v(t)$ 之间有如下关系：

$$\int_{T_1}^{T_2} v(t)\mathrm{d}t = s(T_2) - s(T_1).$$

因为 $s'(t)=v(t)$，即路程函数 $s=s(t)$ 是速度函数 $v=v(t)$ 的原函数，所以上式表明速度函数 $v=v(t)$ 在区间 $[T_1, T_2]$ 上的定积分等于 $v=v(t)$ 的原函数 $s=s(t)$ 在区间 $[T_1, T_2]$ 上的增量 $s(T_2)-s(T_1)$．

概括　如果抛开该问题的实际意义，一个函数在某一个区间上的定积分与其原函数在该区间上的增量的这种关系是否存在呢？下面定理给出了答案．

定理 3　设函数 $f(x)$ 在闭区间 $[a, b]$ 上连续，又 $F(x)$ 是 $f(x)$ 的一个原函数，则有

$$\int_a^b f(x)\mathrm{d}x = F(b) - F(a).$$

证：方法一　由原函数存在定理知，变上限积分 $\Phi(x) = \int_a^x f(t)\mathrm{d}t$ 是 $f(x)$ 的一个原函数，于是

$$\Phi(x) - F(x) = C_0 \quad (C_0 \text{ 为常数}),$$

即

$$\int_a^x f(t)\mathrm{d}t = F(x) + C_0.$$

令 $x=a$，代入上式，得

$$\int_a^a f(t)\mathrm{d}t = F(a) + C_0,$$

得 $C_0 = -F(a)$．因此有

$$\int_a^x f(t)\mathrm{d}t = F(x) - F(a).$$

再令 $x=b$，得所求积分为

$$\int_a^b f(t)\mathrm{d}t = F(b) - F(a).$$

由于积分值与积分变量的记号无关，仍用 x 表示积分变量，即得

$$\int_a^b f(x)\mathrm{d}x = F(b) - F(a),$$

其中 $f(x)=F'(x)$.

方法二 在区间 $[a, b]$ 内任意插入 $n-1$ 个分点：

$$a=x_0<x_1<\cdots<x_n=b.$$

那么 $[a, b]$ 被分割为 n 个子区间 $[x_{k-1}, x_k]$ $(k=1, 2, \cdots, n)$. 设 $\Delta x_k = x_k - x_{k-1}$，由拉格朗日中值定理知，必存在 $\xi_k \in (x_{k-1}, x_k)$，使

$$F(x_k) - F(x_{k-1}) = F'(\xi_k)\Delta x_k.$$

所以

$$F(b) - F(a) = \sum_{k=1}^{n}[F(x_k) - F(x_{k-1})] = \sum_{k=1}^{n}F'(\xi_k)\Delta x_k = \sum_{k=1}^{n}f(\xi_k)\Delta x_k.$$

在上式中令 $\lambda = \max\limits_{1\leqslant k\leqslant n}\{\Delta x_k\} \to 0$，即得

$$F(b) - F(a) = \lim_{\lambda\to 0}\sum_{k=1}^{n}f(\xi_k)\Delta x_k = \int_a^b f(x)\mathrm{d}x.$$

公式 $\int_a^b f(x)\mathrm{d}x = F(b) - F(a)$ 称为**微积分基本公式**，也称**牛顿-莱布尼茨公式**，该公式可叙述为：定积分的值等于其原函数在上、下限处值的差.

为计算方便，上述公式常记成下面的格式：

$$\int_a^b f(x)\mathrm{d}x = F(x)\Big|_a^b = F(b) - F(a).$$

注释 导数与积分是微积分的主体和核心，不定积分与定积分是独立定义的，但在连续的条件下，微积分基本公式在定积分与原函数这两个本来似乎并不相干的概念之间建立起了定量关系，这不仅为定积分计算找到了一条简捷的途径，在理论上使微分学与积分学沟通了起来，而且将微分中值定理与积分中值定理联系到了一起（见图 6-17）. 所以微积分基本公式是整个微积分中最重要的公式.

下面利用微积分基本公式求一些简单函数的定积分.

例 3 求下列定积分：

(1) $\int_{-1}^{1} 3x^2\mathrm{d}x$； (2) $\int_0^{\pi}\cos x\mathrm{d}x$； (3) $\int_0^1 \frac{1}{1+x^2}\mathrm{d}x$.

微积分基本公式

$$\int_a^b f(x)\mathrm{d}x = f(\xi)(b-a) = F'(\xi)(b-a) = F(b)-F(a)$$

积分中值定理　　　　微分中值定理

图 6-17

解：(1) 因为 $(x^3)'=3x^2$，所以 x^3 为 $3x^2$ 的原函数. 由微积分基本公式，得

$$\int_{-1}^{1} 3x^2\mathrm{d}x = x^3\Big|_{-1}^{1} = 1^3-(-1)^3 = 2.$$

(2) 因为 $(\sin x)'=\cos x$，所以 $\sin x$ 为 $\cos x$ 的原函数. 由微积分基本公式，得

$$\int_0^{\pi}\cos x\mathrm{d}x = \sin x\Big|_0^{\pi} = \sin\pi - \sin 0 = 0-0 = 0.$$

(3) 因为 $(\arctan x)'=\dfrac{1}{1+x^2}$，所以 $\arctan x$ 为 $\dfrac{1}{1+x^2}$ 的原函数. 由微积分基本公式，得

$$\int_0^1 \frac{1}{1+x^2}\mathrm{d}x = \arctan x\Big|_0^1 = \frac{\pi}{4}.$$

注释　如果函数在所讨论的区间上不满足可积条件，则微积分基本公式不能使用. 例如 $\int_{-1}^{1}\dfrac{1}{x^2}\mathrm{d}x$，根据微积分基本公式计算，有

$$\int_{-1}^{1}\frac{1}{x^2}\mathrm{d}x = -\frac{1}{x}\Big|_{-1}^{1} = -1-1 = -2.$$

但这个做法是错误的，因为在区间 $[-1, 1]$ 上函数 $f(x)=\dfrac{1}{x^2}$ 在点 $x=0$ 处无穷间断.

在利用微积分基本公式求积分时，经常要对被积函数进行恒等变形，然后利用定积分的性质进行计算.

例 4　求下列定积分：

(1) $\int_0^1 \dfrac{x^2}{1+x^2}\mathrm{d}x$；　　(2) $\int_0^{\frac{\pi}{2}} \sin^2\dfrac{x}{2}\mathrm{d}x$；　　(3) $\int_{-\pi}^{\pi}\sqrt{1-\cos 2x}\,\mathrm{d}x$.

解：(1) $\displaystyle\int_0^1 \frac{x^2}{1+x^2}\mathrm{d}x = \int_0^1 \frac{x^2+1-1}{1+x^2}\mathrm{d}x = \int_0^1\left(1-\frac{1}{1+x^2}\right)\mathrm{d}x$

$$= (x-\arctan x)\Big|_0^1 = 1-\frac{\pi}{4}.$$

(2) $\displaystyle\int_0^{\frac{\pi}{2}}\sin^2\frac{x}{2}\mathrm{d}x = \int_0^{\frac{\pi}{2}}\frac{1-\cos x}{2}\mathrm{d}x = \frac{1}{2}\int_0^{\frac{\pi}{2}}(1-\cos x)\mathrm{d}x$

$$= \frac{1}{2}\left(\int_0^{\frac{\pi}{2}}\mathrm{d}x - \int_0^{\frac{\pi}{2}}\cos x\mathrm{d}x\right) = \frac{1}{2}(x-\sin x)\Big|_0^{\frac{\pi}{2}} = \frac{1}{2}\left(\frac{\pi}{2}-1\right).$$

(3) $\int_{-\pi}^{\pi}\sqrt{1-\cos 2x}\,\mathrm{d}x=\int_{-\pi}^{\pi}\sqrt{2\sin^2 x}\,\mathrm{d}x=\sqrt{2}\int_{-\pi}^{\pi}|\sin x|\,\mathrm{d}x$

$$=\sqrt{2}\left[\int_{-\pi}^{0}(-\sin x)\mathrm{d}x+\int_{0}^{\pi}\sin x\,\mathrm{d}x\right]$$

$$=\sqrt{2}\left(\cos x\Big|_{-\pi}^{0}-\cos x\Big|_{0}^{\pi}\right)=4\sqrt{2}.$$

例 5 求下列定积分：

(1) $\int_{-\frac{\pi}{4}}^{\frac{\pi}{2}}\sqrt{\cos x-\cos^3 x}\,\mathrm{d}x$； (2) $\int_{1}^{e^2}\frac{\mathrm{d}x}{x\sqrt{1+\ln x}}$； (3) $\int_{0}^{\frac{\pi}{4}}\frac{\sin x}{1+\sin x}\mathrm{d}x$.

解：(1) $\int_{-\frac{\pi}{4}}^{\frac{\pi}{2}}\sqrt{\cos x-\cos^3 x}\,\mathrm{d}x=\int_{-\frac{\pi}{4}}^{\frac{\pi}{2}}\sqrt{\cos x(1-\cos^2 x)}\,\mathrm{d}x$

$$=\int_{-\frac{\pi}{4}}^{0}\sqrt{\cos x}\,(-\sin x)\,\mathrm{d}x+\int_{0}^{\frac{\pi}{2}}\sqrt{\cos x}\sin x\,\mathrm{d}x$$

$$=\left[\frac{2}{3}(\cos x)^{\frac{3}{2}}\right]\Bigg|_{-\frac{\pi}{4}}^{0}+\left[-\frac{2}{3}(\cos x)^{\frac{3}{2}}\right]\Bigg|_{0}^{\frac{\pi}{2}}=\frac{4}{3}-\frac{\sqrt[4]{2}}{3}.$$

(2) $\int_{1}^{e^2}\frac{\mathrm{d}x}{x\sqrt{1+\ln x}}=\int_{1}^{e^2}\frac{1}{\sqrt{1+\ln x}}\mathrm{d}\ln x=\int_{1}^{e^2}\frac{1}{\sqrt{1+\ln x}}\mathrm{d}(1+\ln x)$

$$=2\sqrt{1+\ln x}\,\Big|_{1}^{e^2}=2\sqrt{3}-2.$$

(3) $\int_{0}^{\frac{\pi}{4}}\frac{\sin x}{1+\sin x}\mathrm{d}x=\int_{0}^{\frac{\pi}{4}}\frac{\sin x(1-\sin x)}{1-\sin^2 x}\mathrm{d}x=\int_{0}^{\frac{\pi}{4}}\left(\frac{\sin x}{\cos^2 x}-\tan^2 x\right)\mathrm{d}x$

$$=-\int_{0}^{\frac{\pi}{4}}\frac{\mathrm{d}\cos x}{\cos^2 x}-\int_{0}^{\frac{\pi}{4}}(\sec^2 x-1)\,\mathrm{d}x$$

$$=\frac{1}{\cos x}\Bigg|_{0}^{\frac{\pi}{4}}-(\tan x-x)\Bigg|_{0}^{\frac{\pi}{4}}=\sqrt{2}+\frac{\pi}{4}-2.$$

例 6 设 $f(x)=\begin{cases}e^x, & -1\leqslant x<0\\ x^2, & 0\leqslant x\leqslant 2\end{cases}$. 求定积分 $\int_{-1}^{2}f(x)\mathrm{d}x$.

解： $\int_{-1}^{2}f(x)\mathrm{d}x=\int_{-1}^{0}f(x)\mathrm{d}x+\int_{0}^{2}f(x)\mathrm{d}x=\int_{-1}^{0}e^x\mathrm{d}x+\int_{0}^{2}x^2\mathrm{d}x$

$$=e^x\Big|_{-1}^{0}+\frac{x^3}{3}\Big|_{0}^{2}=\frac{11}{3}-\frac{1}{e}.$$

注释 在积分 $\int_{-1}^{0}f(x)\mathrm{d}x$ 中，为了应用微积分基本公式，补充定义 $f(0)=1$，使得函数 $f(x)$ 在区间 $[-1,0]$ 上连续，而题中 $f(0)=0$，这并不改变所求的积分值. 事实上，改变被积函数在有限个点处的函数值都不会改变积分值.

习题 6.2

1. 求下列函数的导数：

(1) $\Phi(x)=\int_{0}^{x}\cos(1+t^2)\mathrm{d}t$； (2) $\Phi(x)=\int_{x}^{0}\sqrt{1+t^4}\,\mathrm{d}t$；

(3) $\Phi(x)=\int_0^{x^3} t\sqrt{1+t}\,\mathrm{d}t$；　　(4) $\Phi(x)=\int_{x^2}^{\sin x} \sin t^2\,\mathrm{d}t$.

2. 求下列极限：

(1) $\lim\limits_{x\to 0}\dfrac{\int_0^x \cos t^2\,\mathrm{d}t}{x}$；　　(2) $\lim\limits_{x\to 0}\dfrac{1}{2x}\int_0^{\sin x} \mathrm{e}^{-t^2}\,\mathrm{d}t$；

(3) $\lim\limits_{x\to 0}\dfrac{\int_0^x (1+\sin 2t)^{\frac{1}{t}}\,\mathrm{d}t}{\sin x}$；　　(4) $\lim\limits_{x\to 0^+}\dfrac{\int_0^{x^2} t^{\frac{3}{2}}\,\mathrm{d}t}{\int_0^x t(t-\sin t)\,\mathrm{d}t}$.

3. 求由方程 $\int_0^y \mathrm{e}^{-t^2}\,\mathrm{d}t+\int_0^x \cos t^2\,\mathrm{d}t=0$ 所确定的函数 $y=y(x)$ 的导数 $\dfrac{\mathrm{d}y}{\mathrm{d}x}$.

4. 计算下列定积分：

(1) $\int_0^1 (3x^2-x+1)\,\mathrm{d}x$；　　(2) $\int_1^2 \left(x^2+\dfrac{1}{x^4}\right)\mathrm{d}x$；

(3) $\int_4^9 \sqrt{x}(1+\sqrt{x})\,\mathrm{d}x$；　　(4) $\int_0^{\frac{1}{2}} \dfrac{1}{\sqrt{1-x^2}}\,\mathrm{d}x$；

(5) $\int_0^{\frac{\pi}{4}} \tan^2 x\,\mathrm{d}x$；　　(6) $\int_0^{\frac{\pi}{2}} \cos^2\dfrac{x}{2}\,\mathrm{d}x$；

(7) $\int_0^{2\pi} |\sin x|\,\mathrm{d}x$；　　(8) $\int_a^b x|x|\,\mathrm{d}x$ $(a<b)$.

5. 设函数 $f(x)=\begin{cases} x+1, & x\leqslant 1 \\ \dfrac{x^2}{2}, & x>1 \end{cases}$. 求定积分 $\int_0^2 f(x)\,\mathrm{d}x$.

6. 设 $f(x)=\begin{cases} \mathrm{e}^{-x}, & 0\leqslant x\leqslant 1 \\ 2x, & 1<x\leqslant 2 \end{cases}$. 求 $F(x)=\int_0^x f(t)\,\mathrm{d}t$ 在 $[0,\ 2]$ 上的表达式.

阅读材料

积分学思想与概念的形成

微积分是微分和积分的总称. 微积分在 17 世纪成为一门科学，但是微积分的思想萌芽始于公元前，特别是积分学，可以追溯到古希腊对面积和体积问题的求解.

1. 积分学思想的酝酿

求图形的面积、物体的体积问题称为求积问题，该问题的历史十分悠久，可以追溯到遥远的古希腊，求积问题是促使积分学产生的主要因素.

(1) 欧多克索斯的穷竭法.

欧多克索斯（公元前 408—前 355）是古希腊柏拉图时代最伟大的数学家和天文学家. 欧多克索斯的穷竭法假定量是无限可分的，并给出了如下命题.

命题：若从任一量中减去不小于它的一半的部分，从余量中再减去不小于它的一半的另一部分，如此继续下去，则最后留下一个小于任何给定量的同类量.

穷竭法可以严格证明已知的命题，但不能用来发现新的结果. 欧多克索斯利用穷竭法证明了“两个圆的面积之比等于其直径的平方之比”的命题. 圆是数学史上最先被研究的曲线图形，对圆的面积问题的研究直接催生了积分思想的萌芽.

（2）阿基米德的平衡法.

古希腊数学家阿基米德（公元前287—前212）对穷竭法做出了巧妙的应用. 在阿基米德的《论球和圆柱》一书中，第一次出现了球的表面积和体积的正确公式. 他指出：如果圆柱的底等于球的大圆（球的大圆为过球心的平面和球面的交线），圆柱的高等于球的直径，则球的表面积恰好等于圆柱总面积的2/3，圆柱的体积恰好等于球的体积的3/2.

由此得出半径为 r 的球的表面积和体积公式分别为：$S=4\pi r^2$，$V=\frac{4}{3}\pi r^3$.

由此出发，阿基米德推导出了球冠的表面积公式、球缺的体积公式等关于球与圆柱面积和体积的50多个结论.

阿基米德推导球的体积的方法是平衡法. 在这一方法中，他把一个元看作由大量微元组成，这与近代的积分法在实质上是相同的，稍有不同的是，他没有说明这种“元”是有限多还是无限多，也没有摆脱对几何的依赖，更没有使用极限方法. 尽管如此，他的思想仍具有划时代的意义，无愧为近代积分学的先驱.

（3）刘徽的割圆术.

刘徽的割圆术是极限思想的开始，他计算面积的思想是积分学的萌芽. 关于割圆术我们可以引用刘徽本人的话来叙述：“割之弥细，所失弥少. 割之又割，以至于不可割，则与圆周合体而无所失矣.”这句话的意思是：用圆内接正多边形的周长、面积来近似代替圆的周长、面积，随着圆内接正多边形的边数增加，正多边形的周长、面积越来越接近圆的周长、面积. 如果圆内接正多边形的边数无限增加，这时圆内接正多边形的周长、面积就分别是圆的周长、面积了.

刘徽割圆术的做法可以分成两步：

第一步：求出圆内接正六边形的周长和面积；

第二步：从圆内接正六边形出发，将正多边形的边数逐次加倍，以此来求得圆的周长和面积的越来越好的近似值.

刘徽取圆的半径为1尺，从圆内接正六边形一直算到192边形，得到圆周率 $\pi\approx 3.14$，这就是著名的徽率. 刘徽指出，继续算下去，可以得到更精密的近似值.

刘徽的割圆术及其数学思想不仅奠定了他在我国古代数学史上的重要地位，而且对我国数学家和数学发展的影响也是极其深远的，比如祖冲之父子所取得的伟大成就就深受刘徽思想的影响.

（4）17世纪后数学家的求积法.

德国天文学家、数学家开普勒（1571—1630）在1615年发表了《测量酒桶的新立体几何》，论述了求圆锥曲线围绕其所在平面上某直线旋转而成的立体体积的积分法，其思想是用无数个同维无穷小元素之和来确定曲边形的面积及旋转体的体积.

意大利数学家卡瓦列里（1598—1647）在其 1635 年发表的著作《用新方法促进的连续不可分量的几何学》中认为：面积是由无数个平行线段构成的，体积是由无数个平行平面构成的．他把几何图形看作是由比它低一维的几何元素构成的：线是点的总和，立体是面的总和．尽管在今天看来比较粗糙，但含义是明确的，其中的“和”就是今天的积分的概念.

法国数学家费马（1601—1665）计算曲线 $y=x^n$ 在区间 $[0, a]$ 上的面积时，以等距离的纵坐标把面积分成许多窄条，从而求得了图形的面积，其方法已接近现代的积分法.

法国数学家帕斯卡（1623—1662）算出了曲线 $y=x^n$ 在区间 $[0, a]$ 上的面积，即得到了积分 $\int_0^a x^n \mathrm{d}x=\frac{a^{n+1}}{n+1}$. 他还计算了各种面积、体积、弧长，并解决了求重心位置的问题.

尽管费马、帕斯卡等人的求积方法已经接近现代的定积分方法，但他们关注的是如何求出面积以及求面积的公式，而对面积公式的推导过程缺乏严格的算术化证明.

英国数学家沃利斯（1616—1703）在积分算术化方面做了进一步的工作．沃利斯关于积分的主要著作是《无穷算术》，他在著作中把不可分量法译成了数的语言，从而把几何方法算术化．他把几何中的极限方法转移到数的世界，首次引入了变量极限的概念．他说：“变量的极限即变量所能逼近的一个常数，使得它们之间的差能够小于任何给定的量.”他使无限的概念以解析的形式出现在数学中，从而把有限算术变成无限算术，为微积分的确立准备了必要的条件.

求积法最初从穷竭法开始，经过许多数学家的工作，到 17 世纪中期沃利斯引入极限的概念时，已经积累了极其丰富的材料，这预示着积分学即将诞生.

2. 牛顿的积分学思想

牛顿的微积分思想主要体现在他的《分析学》《流数法》《求积术》三部著作中.

在《分析学》中，牛顿利用二项式定理证明了曲线 $y=ax^{\frac{m}{n}}$ 下方的面积公式为 $S=\frac{n}{m+n}ax^{\frac{m+n}{n}}$，并证明了两者之间的互逆关系，这一结论的一般情形就是微积分基本定理的结论．正是这一步揭示了微分同积分之间的互逆关系，标志着微积分的诞生.《分析学》的主要成就在于指出曲线与其下的面积的互逆性并给出了计算方法.

在《分析学》中，牛顿把曲线下的面积看作无穷多个面积为无限小的面积之和，这种观念与现代的定积分概念是很接近的．为了求某个区间的确定的面积即定积分，牛顿提出了如下方法：先求出原函数，再将上下限分别代入原函数而取其差，这就是著名的牛顿-莱布尼茨公式.

在《流数法》中，牛顿解决了已知一个含流数的方程，求流量，即积分的问题，并推导出了分部积分公式．牛顿总结了他的积分研究成果，列成了两个积分表，一个是“与直线图形有关的曲线一览表”，另一个是“与圆锥曲线有关的曲线一览表”，这两个表为积分工作提供了许多便利. 至此，牛顿已建立起较为完整的微分和积分算法，他当时将其统称为流数法. 他充分认识到这种方法的意义，称流数法（即微积分）是一种“普遍方法”，它“不仅可以用来画出任何曲线的切线……而且可以用来解决其他关于曲度、面积、曲线的长度、重心的各种深奥问题”.《流数法》一书充分体现了微积分的用途.

《求积术》是牛顿最成熟的微积分著作. 在《求积术》中，牛顿认为，数学的量并不是由非常小的部分组成的，而是用连续的运动来描述的. 直线是由点的连续运动生成的，面是由线的运动生成的，体是由面的运动生成的，角是由边的旋转生成的，时间段是由连续的流动生成的.

3. 莱布尼茨的积分学思想

莱布尼茨的微积分思想前后也不一致. 他的微积分代表著作有两部，一部是他的《数学笔记》，另一部是1684年的论文《新方法》.

从莱布尼茨的《数学笔记》中可以看出，他的微积分思想源于对和与差互逆性的研究. 1673年初，莱布尼茨洞察到和与差之间的这种互逆性，正和依赖于坐标之差的切线问题及依赖于坐标之和的求积问题的互逆性相一致. 当然，要把一个数列的求和运算与求差运算的互逆关系同微积分联系起来，必须把数列看作函数的 y 值，而把任何两项的差看作两个 y 值的差. 莱布尼茨正是这样做的，他用 x 表示数列的项数而用 y 表示这一项的值，用 $\mathrm{d}x$ 表示数列相邻项的序数差而用 $\mathrm{d}y$ 表示相邻项的值的差. 借助数学直观，莱布尼茨把在有限序列中表现出来的和与差之间的互逆关系表示成 $y=\int \mathrm{d}y$，符号“$\int$”表示和. 莱布尼茨进一步用 $\mathrm{d}x$ 表示一般函数的相邻自变量的差，用 $\mathrm{d}y$ 表示相邻函数值的差，或者说表示曲线上相邻两点的纵坐标之差. 于是，$\int \mathrm{d}y$ 便表示所有这些差的和. 这表明莱布尼茨已经把求和问题与积分联系起来.

1675年莱布尼茨推导出分部积分公式，并在其笔记中明确指出：“$\int$ 意味着和，d 意味着差.”他开始采用 $\mathrm{d}x$ 表示两个相邻 x 值的差，用 $\mathrm{d}y$ 表示相邻 y 值的差，即曲线上相邻两点的纵坐标之差，莱布尼茨称其为“微差”. 从此，他一直采用符号 $\int$ 与 $\mathrm{d}x$，$\mathrm{d}y$ 来表示积分与微分（微差）. 这些符号十分简明，逐渐流行于世界，并沿用至今.

莱布尼茨深刻认识到 $\int$ 同 d 的互逆关系，他指出：作为求和过程的积分是微分的逆. 这一思想的产生是莱布尼茨创立微积分的标志. 实际上，他的微积分理论正是以这个被称为微积分基本定理的重要结论为出发点的. 在定积分中，这一定理直接促成了牛顿-莱布尼茨公式的发现.

莱布尼茨在《数学笔记》中还提出了曲线绕 x 轴旋转所得到的旋转体的体积公式. 可以看出，莱布尼茨在发现微积分基本定理的基础上，建立起了一套相当系统的微分和积分方法. 因此，他成为与牛顿同时代的另一个微积分发明者.

牛顿和莱布尼茨为微积分的建立做出了巨大贡献. 牛顿和莱布尼茨的特殊功绩在于，站在更高的角度，分析和综合了前人的工作，将前人解决各种具体问题的特殊技巧统一为两类普遍的算法——微分与积分. 此外发现了微分和积分互为逆运算，建立了微积分基本定理（牛顿-莱布尼茨公式），从而完成了微积分发明中最关键的一步，并为其深入发展和广泛应用铺平了道路. 微积分学的创立极大地推动了数学的发展，过去很多初等数学束手无策的问题，运用微积分来处理，往往迎刃而解，这显示出微积分学的非凡威力.

6.3 定积分的计算

由微积分基本公式可以把定积分的计算问题归结为求原函数的问题. 不定积分的换元积分法和分部积分法是求原函数的最主要的方法，对比不定积分的换元积分法和分部积分法可推出定积分的对应方法.

6.3.1 定积分的换元积分法

定理1（定积分换元法） 设 $f(x)$ 在 $[a, b]$ 上连续，函数 $x=\varphi(t)$ 满足下列条件：

(1) $x=\varphi(t)$ 在区间 $[\alpha, \beta]$ 上有连续导数；

(2) $\varphi(\alpha)=a$，$\varphi(\beta)=b$，且当 t 在 $[\alpha, \beta]$ 上变化时，$x=\varphi(t)$ 的值在区间 $[a, b]$ 上变化，则有换元公式：

$$\int_a^b f(x)\mathrm{d}x=\int_\alpha^\beta f[\varphi(t)]\varphi'(t)\mathrm{d}t.$$

证：因为 $f(x)$ 在 $[a, b]$ 上连续，故存在原函数，设 $F(x)$ 是 $f(x)$ 的一个原函数，则有

$$\int_a^b f(x)\mathrm{d}x=F(b)-F(a).$$

又 $F[\varphi(x)]$ 是 $f[\varphi(t)]\varphi'(t)$ 的一个原函数，故

$$\int_\alpha^\beta f[\varphi(t)]\varphi'(t)\mathrm{d}t=F[\varphi(t)]\Big|_\alpha^\beta=F[\varphi(\beta)]-F[\varphi(\alpha)]=F(b)-F(a),$$

即

$$\int_a^b f(x)\mathrm{d}x=\int_\alpha^\beta f[\varphi(t)]\varphi'(t)\mathrm{d}t.$$

注释 ① 定理1中的两个条件是为了保证两端的被积函数在相应区间上连续，从而可积. 使用定理时只要 $x=\varphi(t)$ 在区间 $[a, b]$ 上单调且有连续的导数即可. ② 在换元

积分时，不仅定积分的表达式要变换，积分上下限也要随之更换，（原）上限对应（新）上限，（原）下限对应（新）下限.

例1 计算下列定积分：

(1) $\int_0^{\frac{\pi}{2}} \frac{\cos x}{1+\sin^2 x}\mathrm{d}x$；　　(2) $\int_1^{\mathrm{e}} \frac{1}{x\sqrt{1+2\ln x}}\mathrm{d}x$.

解：(1) $\int_0^{\frac{\pi}{2}} \frac{\cos x}{1+\sin^2 x}\mathrm{d}x = \int_0^{\frac{\pi}{2}} \frac{1}{1+\sin^2 x}\mathrm{d}\sin x$

$$\xlongequal{\sin x = t} \int_0^1 \frac{1}{1+t^2}\mathrm{d}t = \arctan t \Big|_0^1 = \frac{\pi}{4}.$$

(2) $\int_1^{\mathrm{e}} \frac{1}{x\sqrt{1+2\ln x}}\mathrm{d}x = \frac{1}{2}\int_1^{\mathrm{e}} \frac{1}{\sqrt{1+2\ln x}}\mathrm{d}(1+2\ln x)$

$$\xlongequal{1+2\ln x = t} \frac{1}{2}\int_1^3 \frac{1}{\sqrt{t}}\mathrm{d}t = \sqrt{t}\Big|_1^3 = \sqrt{3}-1.$$

在不进行代换（即不引入新的积分变量）的前提下，可以利用凑微分法和微积分基本公式直接求定积分，即有如下公式.

公式 定积分的换元积分公式及使用过程：

$$\int_a^b f[\varphi(x)]\varphi'(x)\mathrm{d}x = \int_a^b f[\varphi(x)]\mathrm{d}\varphi(x) = F[\varphi(x)]\Big|_a^b = F[\varphi(b)] - F[\varphi(a)].$$

例2 计算 $\int_0^1 \frac{\sin\arctan x}{1+x^2}\mathrm{d}x$.

解：换元后再计算.

$$\int_0^1 \frac{\sin\arctan x}{1+x^2}\mathrm{d}x = \int_0^1 \sin\arctan x\,\mathrm{d}\arctan x \xlongequal{\arctan x = t} \int_0^{\frac{\pi}{4}} \sin t\,\mathrm{d}t$$

$$= -\cos t\Big|_0^{\frac{\pi}{4}} = 1-\frac{\sqrt{2}}{2}.$$

不换元直接计算.

$$\int_0^1 \frac{\sin\arctan x}{1+x^2}\mathrm{d}x = \int_0^1 \sin\arctan x\,\mathrm{d}\arctan x = -\cos\arctan x\Big|_0^1 = 1-\frac{\sqrt{2}}{2}.$$

例3 计算下列定积分：

(1) $\int_0^3 \frac{x^2}{\sqrt{1+x}}\mathrm{d}x$；　　(2) $\int_0^8 \frac{\mathrm{d}x}{1+\sqrt[3]{x}}$；　　(3) $\int_a^{2a} \frac{\sqrt{x^2-a^2}}{x^4}\mathrm{d}x\ (a>0)$.

解：(1) 令 $x=t^2-1$，则 $\mathrm{d}x=2t\,\mathrm{d}t$. 当 $x=0$ 时，$t=1$；当 $x=3$ 时，$t=2$. 于是

$$\int_0^3 \frac{x^2}{\sqrt{1+x}}\mathrm{d}x = \int_1^2 \frac{(t^2-1)^2}{t}2t\,\mathrm{d}t = 2\int_1^2 (t^4-2t^2+1)\mathrm{d}t = \frac{76}{15}.$$

(2) 令 $x=t^3$，则 $\mathrm{d}x=3t^2\mathrm{d}t$. 当 $x=0$ 时，$t=0$；当 $x=8$ 时，$t=2$. 于是

$$\int_0^8 \frac{\mathrm{d}x}{1+\sqrt[3]{x}} = \int_0^2 \frac{3t^2}{1+t}\mathrm{d}t = 3\int_0^2 \frac{t^2-1+1}{1+t}\mathrm{d}t$$

$$= 3\int_0^2 \left(t-1+\frac{1}{1+t}\right)\mathrm{d}t$$

$$= 3\left[\frac{t^2}{2}-t+\ln(1+t)\right]\Bigg|_0^2 = 3\ln 3.$$

(3) 设 $x=a\sec t$，则 $\mathrm{d}x=a\sec t\tan t\,\mathrm{d}t$. 当 $x=a$ 时，$t=0$；当 $x=2a$ 时，$t=\frac{\pi}{3}$. 于是

$$\int_a^{2a} \frac{\sqrt{x^2-a^2}}{x^4}\mathrm{d}x = \int_0^{\frac{\pi}{3}} \frac{a\tan t}{a^4\sec^4 t}a\sec t\tan t\,\mathrm{d}t = \int_0^{\frac{\pi}{3}} \frac{1}{a^2}\sin^2 t\cos t\,\mathrm{d}t$$

$$= \frac{1}{a^2}\int_0^{\frac{\pi}{3}} \sin^2 t\,\mathrm{d}\sin t = \frac{1}{a^2}\cdot\frac{\sin^3 t}{3}\Bigg|_0^{\frac{\pi}{3}} = \frac{\sqrt{3}}{8a^2}.$$

例 4　求下列定积分：

(1) $\int_0^a x^2\sqrt{a^2-x^2}\,\mathrm{d}x$；　　(2) $\int_{\sqrt{2}}^2 \frac{\mathrm{d}x}{x\sqrt{x^2-1}}$；　　(3) $\int_1^{\sqrt{3}} \frac{1}{x^2\sqrt{1+x^2}}\mathrm{d}x$.

解：(1) 令 $x=a\sin t$，则 $\mathrm{d}x=a\cos t\,\mathrm{d}t$，且当 $x=0$ 时 $t=0$，当 $x=a$ 时 $t=\frac{\pi}{2}$，所以

$$\int_0^a x^2\sqrt{a^2-x^2}\,\mathrm{d}x = \int_0^{\frac{\pi}{2}} a^2\sin^2 t\cdot a\cos t\cdot a\cos t\,\mathrm{d}t = \frac{a^4}{4}\int_0^{\frac{\pi}{2}} \sin^2 2t\,\mathrm{d}t$$

$$= \frac{a^4}{8}\int_0^{\frac{\pi}{2}} (1-\cos 4t)\,\mathrm{d}t = \frac{a^4}{8}\cdot\frac{\pi}{2} - \frac{a^4}{8}\cdot\frac{1}{4}\sin 4t\Bigg|_0^{\frac{\pi}{2}} = \frac{\pi}{16}a^4.$$

(2) 令 $x=\sec t$，则 $\mathrm{d}x=\sec t\tan t\,\mathrm{d}t$，且当 $x=\sqrt{2}$ 时 $t=\frac{\pi}{4}$，当 $x=2$ 时 $t=\frac{\pi}{3}$，所以

$$\int_{\sqrt{2}}^2 \frac{\mathrm{d}x}{x\sqrt{x^2-1}} = \int_{\frac{\pi}{4}}^{\frac{\pi}{3}} \frac{\sec t\tan t\,\mathrm{d}t}{\sec t\tan t} = \int_{\frac{\pi}{4}}^{\frac{\pi}{3}} \mathrm{d}t = t\Bigg|_{\frac{\pi}{4}}^{\frac{\pi}{3}} = \frac{\pi}{3}-\frac{\pi}{4} = \frac{\pi}{12}.$$

(3) 令 $x=\tan t$，$\mathrm{d}x=\sec^2 t\,\mathrm{d}t$，且当 $x=1$ 时 $t=\frac{\pi}{4}$，当 $x=\sqrt{3}$ 时 $t=\frac{\pi}{3}$，所以

$$\int_1^{\sqrt{3}} \frac{1}{x^2\sqrt{1+x^2}}\mathrm{d}x = \int_{\frac{\pi}{4}}^{\frac{\pi}{3}} \frac{1}{\sec t\tan^2 t}\sec^2 t\,\mathrm{d}t = \int_{\frac{\pi}{4}}^{\frac{\pi}{3}} \cot t\csc t\,\mathrm{d}t$$

$$= -\csc t\Bigg|_{\frac{\pi}{4}}^{\frac{\pi}{3}} = \sqrt{2}-\frac{2\sqrt{3}}{3}.$$

下面利用定积分的换元法来推证一些有用的结论.

例 5　设 $f(x)$ 在对称区间 $[-a, a]$ 上连续，试证明：

(1) 当 $f(x)$ 为偶函数时（如图 6-18 所示），$\int_{-a}^a f(x)\mathrm{d}x = 2\int_0^a f(x)\mathrm{d}x$；

（2）当$f(x)$为奇函数时（如图 6-19 所示），$\int_{-a}^{a} f(x)\mathrm{d}x=0$.

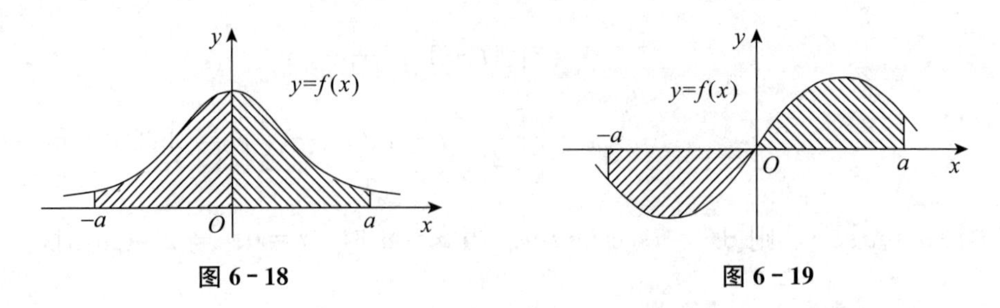

图 6-18　　　　图 6-19

分析：由图 6-18 和图 6-19 可看出，按照奇偶函数的对称性，两个结论是显然的. 从对称性的角度，也可以发现证明的思路是将积分变形为

$$\int_{-a}^{a} f(x)\mathrm{d}x=\int_{-a}^{0} f(x)\mathrm{d}x+\int_{0}^{a} f(x)\mathrm{d}x.$$

证：因为

$$\int_{-a}^{a} f(x)\mathrm{d}x=\int_{-a}^{0} f(x)\mathrm{d}x+\int_{0}^{a} f(x)\mathrm{d}x.$$

对积分$\int_{-a}^{0} f(x)x$作变量代换$x=-t$，由定积分换元法，得

$$\int_{-a}^{0} f(x)\mathrm{d}x=-\int_{a}^{0} f(-t)\mathrm{d}t=\int_{0}^{a} f(-t)\mathrm{d}t=\int_{0}^{a} f(-x)\mathrm{d}x.$$

于是

$$\int_{-a}^{a} f(x)\mathrm{d}x=\int_{0}^{a} f(-x)\mathrm{d}x+\int_{0}^{a} f(x)\mathrm{d}x=\int_{0}^{a}[f(-x)+f(x)]\mathrm{d}x.$$

（1）若$f(x)$为偶函数，即$f(-x)=f(x)$，由上式得$\int_{-a}^{a} f(x)\mathrm{d}x=2\int_{0}^{a} f(x)\mathrm{d}x$.

（2）若$f(x)$为奇函数，即$f(-x)=-f(x)$，由上式有$\int_{-a}^{a} f(x)\mathrm{d}x=0$.

利用这个结果，奇、偶函数在对称区间上的积分计算可以得到简化，甚至不经计算即可得出结果，如$\int_{-1}^{1} x^{3}\cos x\mathrm{d}x=0$.

例 6　设函数$f(x)$在区间$[0,1]$上连续，试证明

$$\int_{0}^{\frac{\pi}{2}} f(\sin x)\mathrm{d}x=\int_{0}^{\frac{\pi}{2}} f(\cos x)\mathrm{d}x.$$

证：令$x=\frac{\pi}{2}-t$，则$\mathrm{d}x=-\mathrm{d}t$. 当$x=0$时，$t=\frac{\pi}{2}$；当$x=\frac{\pi}{2}$时，$t=0$. 于是

$$\int_{0}^{\frac{\pi}{2}} f(\sin x)\mathrm{d}x=-\int_{\frac{\pi}{2}}^{0} f\left[\sin\left(\frac{\pi}{2}-t\right)\right]\mathrm{d}t=\int_{0}^{\frac{\pi}{2}} f(\cos t)\mathrm{d}t=\int_{0}^{\frac{\pi}{2}} f(\cos x)\mathrm{d}x.$$

特别地，$\int_0^{\frac{\pi}{2}} \sin^n x\,\mathrm{d}x = \int_0^{\frac{\pi}{2}} \cos^n x\,\mathrm{d}x$（$n$ 为正整数）.

6.3.2 定积分的分部积分法

与不定积分的分部积分法类似，定积分的分部积分法有如下定理.

定理 2　设函数 $u=u(x)$ 与 $v=v(x)$ 在区间 $[a, b]$ 上有连续导数，则

$$\int_a^b uv'\mathrm{d}x = uv\Big|_a^b - \int_a^b vu'\mathrm{d}x \quad \text{或} \quad \int_a^b u\,\mathrm{d}v = uv\Big|_a^b - \int_a^b v\,\mathrm{d}u.$$

分部积分公式可以将积分 $\int_a^b u\,\mathrm{d}v$ 的计算转化为积分 $\int_a^b v\,\mathrm{d}u$ 的计算. 当后面这个积分较容易求时，分部积分公式就起到了化难为易的作用. 定积分的分部积分公式如下.

公式　定积分分部积分公式及应用过程：

$$\int_a^b uv'\mathrm{d}x \xlongequal{\text{凑微分}} \int_a^b u\,\mathrm{d}v \xlongequal{\text{用公式}} uv\Big|_a^b - \int_a^b vu'\mathrm{d}x.$$

例 7　计算下列定积分：

(1) $\int_1^4 \frac{\ln x}{\sqrt{x}}\mathrm{d}x$；　　(2) $\int_0^{\frac{\pi}{2}} x^2 \sin x\,\mathrm{d}x$；

(3) $\int_0^{\frac{1}{2}} \arcsin x\,\mathrm{d}x$；　　(4) $\int_0^1 \mathrm{e}^{\sqrt{x}}\mathrm{d}x$.

解：(1) $\int_1^4 \frac{\ln x}{\sqrt{x}}\mathrm{d}x = 2\int_1^4 \ln x\,\mathrm{d}\sqrt{x} = 2\left(\sqrt{x}\ln x\Big|_1^4 - \int_1^4 \sqrt{x} \cdot \frac{1}{x}\mathrm{d}x\right)$

$$= 2\left(2\ln 4 - 2\sqrt{x}\Big|_1^4\right) = 4(2\ln 2 - 1).$$

(2) $\int_0^{\frac{\pi}{2}} x^2 \sin x\,\mathrm{d}x = -\int_0^{\frac{\pi}{2}} x^2 \mathrm{d}\cos x = -x^2\cos x\Big|_0^{\frac{\pi}{2}} + 2\int_0^{\frac{\pi}{2}} x\cos x\,\mathrm{d}x$

$$= 0 + 2\int_0^{\frac{\pi}{2}} x\,\mathrm{d}\sin x = 2x\sin x\Big|_0^{\frac{\pi}{2}} - 2\int_0^{\frac{\pi}{2}} \sin x\,\mathrm{d}x$$

$$= \pi + 2\cos x\Big|_0^{\frac{\pi}{2}} = \pi - 2.$$

(3) $\int_0^{\frac{1}{2}} \arcsin x\,\mathrm{d}x = x\arcsin x\Big|_0^{\frac{1}{2}} - \int_0^{\frac{1}{2}} x \cdot \frac{1}{\sqrt{1-x^2}}\mathrm{d}x$

$$= \frac{1}{2} \cdot \frac{\pi}{6} - \left(-\sqrt{1-x^2}\right)\Big|_0^{\frac{1}{2}} = \frac{\pi}{12} + \frac{\sqrt{3}}{2} - 1.$$

(4) $\int_0^1 \mathrm{e}^{\sqrt{x}}\mathrm{d}x \xlongequal{\sqrt{x}=t} 2\int_0^1 t\mathrm{e}^t\mathrm{d}t = 2\int_0^1 t\,\mathrm{d}(\mathrm{e}^t) = 2t\mathrm{e}^t\Big|_0^1 - 2\int_0^1 \mathrm{e}^t\mathrm{d}t = 2\mathrm{e} - 2\mathrm{e}^t\Big|_0^1 = 2.$

例 8　求下列定积分：

(1) $\int_0^1 x\arctan x\,dx$；　　(2) $\int_0^{\frac{\pi}{2}} e^{2x}\cos x\,dx$；　　(3) $\int_0^1 \frac{xe^x}{(1+x)^2}dx$.

解：(1) $\int_0^1 x\arctan x\,dx=\frac{1}{2}\int_0^1 \arctan x\,dx^2=\frac{1}{2}\left[x^2\arctan x\ \Big|_0^1-\int_0^1\frac{x^2}{1+x^2}dx\right]$

$$=\frac{\pi}{8}-\frac{1}{2}\int_0^1 dx+\frac{1}{2}\int_0^1\frac{dx}{1+x^2}$$

$$=\frac{\pi}{8}-\frac{1}{2}x\Big|_0^1+\frac{1}{2}\arctan x\Big|_0^1=\frac{\pi}{4}-\frac{1}{2}.$$

(2) $\int_0^{\frac{\pi}{2}} e^{2x}\cos x\,dx=\int_0^{\frac{\pi}{2}} e^{2x}d\sin x=e^{2x}\sin x\ \Big|_0^{\frac{\pi}{2}}-\int_0^{\frac{\pi}{2}}\sin x\cdot 2e^{2x}dx$

$$=e^{\pi}+2\int_0^{\frac{\pi}{2}}e^{2x}d\cos x=e^{\pi}+2e^{2x}\cos x\ \Big|_0^{\frac{\pi}{2}}-2\int_0^{\frac{\pi}{2}}\cos x\cdot 2e^{2x}dx$$

$$=e^{\pi}-2-4\int_0^{\frac{\pi}{2}}e^{2x}\cos x\,dx.$$

所以

$$\int_0^{\frac{\pi}{2}}e^{2x}\cos x\,dx=\frac{1}{5}(e^{\pi}-2).$$

(3) $\int_0^1\frac{xe^x}{(1+x)^2}dx=-\int_0^1 xe^x d\left(\frac{1}{1+x}\right)=-\frac{xe^x}{1+x}\Big|_0^1+\int_0^1\frac{e^x+xe^x}{1+x}dx$

$$=-\frac{e}{2}+\int_0^1 e^x dx=\frac{e}{2}-1.$$

例 9　计算 $I_n=\int_0^{\frac{\pi}{2}}\sin^n x\,dx$（$n$ 为正整数）.

解：当 $n=0$ 时，$I_0=\int_0^{\frac{\pi}{2}}dx=\frac{\pi}{2}$.

当 $n=1$ 时，$I_1=\int_0^{\frac{\pi}{2}}\sin x\,dx=-\cos x\Big|_0^{\frac{\pi}{2}}=1$.

当 $n\geqslant 2$ 时，利用分部积分法，得

$$I_n=\int_0^{\frac{\pi}{2}}\sin^n x\,dx=-\int_0^{\frac{\pi}{2}}\sin^{n-1}x\,d\cos x=-\sin^{n-1}x\cos x\Big|_0^{\frac{\pi}{2}}+\int_0^{\frac{\pi}{2}}\cos x\,d\sin^{n-1}x$$

$$=(n-1)\int_0^{\frac{\pi}{2}}\cos x\sin^{n-2}x\cos x\,dx=(n-1)\int_0^{\frac{\pi}{2}}(1-\sin^2 x)\sin^{n-2}x\,dx$$

$$=(n-1)\int_0^{\frac{\pi}{2}}(\sin^{n-2}x-\sin^n x)dx,$$

即

$$I_n=(n-1)I_{n-2}-(n-1)I_n.$$

移项得 $I_n=\frac{n-1}{n}I_{n-2}$. 这个公式叫作递推公式，重复应用这一公式，得到

$$I_{n-2}=\frac{n-3}{n-2}I_{n-4},\ I_{n-4}=\frac{n-5}{n-4}I_{n-6},\ \cdots.$$

这样，每用一次递推公式，n 减少 2，继续下去，最后减至 $I_0=\frac{\pi}{2}$（n 为偶数）或 $I_1=1$（n 为奇数）. 最后得到：

（1）当 n 为偶数时，$I_n=\frac{n-1}{n}\cdot\frac{n-3}{n-2}\cdot\cdots\cdot\frac{3}{4}\cdot\frac{1}{2}\cdot\frac{\pi}{2}$；

（2）当 n 为奇数时，$I_n=\frac{n-1}{n}\cdot\frac{n-3}{n-2}\cdot\cdots\cdot\frac{4}{5}\cdot\frac{2}{3}\cdot 1$.

例如，$\int_0^{\frac{\pi}{2}}\sin^5 x\,dx=\frac{4}{5}\times\frac{2}{3}=\frac{8}{15}$.

例 10　求下列定积分：

（1）$\int_{-5}^{5}\frac{x^3\sin^2 x}{x^4+2x^2+1}dx$；　　（2）$\int_{-\frac{\pi}{2}}^{\frac{\pi}{2}}(x^3+\sin^2 x)\cos^2 x\,dx$.

解：（1）因为 $\frac{x^3\sin^2 x}{x^4+2x^2+1}$ 为奇函数，所以 $\int_{-5}^{5}\frac{x^3\sin^2 x}{x^4+2x^2+1}dx=0$.

（2）
$$\begin{aligned}\int_{-\frac{\pi}{2}}^{\frac{\pi}{2}}(x^3+\sin^2 x)\cos^2 x\,dx&=\int_{-\frac{\pi}{2}}^{\frac{\pi}{2}}x^3\cos^2 x\,dx+\int_{-\frac{\pi}{2}}^{\frac{\pi}{2}}\sin^2 x\cos^2 x\,dx\\&=0+2\int_0^{\frac{\pi}{2}}\sin^2 x\cos^2 x\,dx\\&=2\int_0^{\frac{\pi}{2}}\sin^2 x(1-\sin^2 x)dx\\&=2\left[\int_0^{\frac{\pi}{2}}\sin^2 x\,dx-\int_0^{\frac{\pi}{2}}\sin^4 x\,dx\right]\\&=2\left(\frac{1}{2}\times\frac{\pi}{2}-\frac{3}{4}\times\frac{1}{2}\times\frac{\pi}{2}\right)=\frac{\pi}{8}.\end{aligned}$$

例 11　若 $f''(x)$ 在 $[0,\pi]$ 上连续，$f(0)=2$，$f(\pi)=1$，证明：

$$\int_0^{\pi}[f(x)+f''(x)]\sin x\,dx=3.$$

解：因为

$$\begin{aligned}\int_0^{\pi}f''(x)\sin x\,dx&=\int_0^{\pi}\sin x\,df'(x)=\sin x f'(x)\Big|_0^{\pi}-\int_0^{\pi}f'(x)\cos x\,dx\\&=-\int_0^{\pi}f'(x)\cos x\,dx\\&=-\int_0^{\pi}\cos x\,df(x)=-f(x)\cos x\Big|_0^{\pi}-\int_0^{\pi}f(x)\sin x\,dx\\&=f(\pi)+f(0)-\int_0^{\pi}f(x)\sin x\,dx\end{aligned}$$

$$=1+2-\int_0^{\pi}f(x)\sin x\,dx=3-\int_0^{\pi}f(x)\sin x\,dx,$$

所以

$$\int_0^{\pi}[f(x)+f''(x)]\sin x\,dx=3.$$

习题 6.3

1. 计算下列定积分：

(1) $\int_0^{\frac{\pi}{2}}\sin x\cos^3 x\,dx$；　(2) $\int_0^{\pi}(1-\sin^3 x)\,dx$；

(3) $\int_0^1\frac{(\arctan x)^2}{1+x^2}dx$；　(4) $\int_1^{e^2}\frac{1}{x\sqrt{1+\ln x}}dx$；

(5) $\int_0^4\frac{x+2}{\sqrt{2x+1}}dx$；　(6) $\int_0^1\frac{1}{x^2+2x+2}dx$；

(7) $\int_{-\frac{\pi}{2}}^{\frac{\pi}{2}}\sqrt{\cos x-\cos^3 x}\,dx$；　(8) $\int_0^{\pi}\sqrt{1+\cos 2x}\,dx$.

2. 计算下列定积分：

(1) $\int_{\frac{3}{4}}^1\frac{1}{\sqrt{1-x}-1}dx$；　(2) $\int_{\frac{1}{\sqrt{2}}}^1\frac{\sqrt{1-x^2}}{x^2}dx$；

(3) $\int_1^2\frac{\sqrt{x^2-1}}{x^4}dx$.

3. 计算下列定积分：

(1) $\int_0^{\frac{\pi}{4}}x\cos 2x\,dx$；　(2) $\int_0^1 x\arctan x^2\,dx$；

(3) $\int_{\frac{\pi}{4}}^{\frac{\pi}{3}}\frac{x}{\sin^2 x}dx$；　(4) $\int_{\frac{1}{e}}^{e}|\ln x|\,dx$.

4. 利用函数的奇偶性求下列积分：

(1) $\int_{-\frac{1}{2}}^{\frac{1}{2}}\frac{\arcsin^2 x}{\sqrt{1-x^2}}dx$；　(2) $\int_{-5}^{5}\frac{1-e^x}{1+e^x}\sin^4 x\,dx$；

(3) $\int_{-a}^{a}(x^3+1)\sqrt{a^2-x^2}\,dx$.

5. 证明下列等式：

(1) $\int_x^1\frac{dx}{1+x^2}=\int_1^{\frac{1}{x}}\frac{dx}{1+x^2}$ $(x>0)$；

(2) $\int_0^1 x^m(1-x)^n\,dx=\int_0^1(1-x)^m x^n\,dx$ (m，n 为正整数).

6. 证明：若 $f(x)$ 是连续的奇函数，则 $F(x)=\int_0^x f(t)\,dt$ 为偶函数；若 $f(x)$ 是连续

的偶函数，则 $F(x)=\int_0^x f(t)\mathrm{d}t$ 为奇函数.

6.4 反常积分

定积分的积分区间是有限区间，被积函数为有界函数，但在实际问题中，往往需要突破这两个限制来考察无穷区间上的积分或无界函数的积分，从而形成了反常积分的概念. 相应地，前面所讨论的定积分也叫作常义积分.

6.4.1 无穷限的反常积分

探究　定积分讨论的是有限区间上的积分问题，那么能否将有限区间上的定积分概念拓展到无限区间呢？下例给出了该问题的解决方法.

例 1　(1) 求曲线 $y=\mathrm{e}^{-x}$ 与 x 轴、y 轴、$x=a$ ($a>0$) 所围成的图形的面积 S_a；

(2) 求曲线 $y=\mathrm{e}^{-x}$ 与 x 轴、y 轴所围成的图形的面积.

解：(1) 如图 6-20 所示，由定积分的几何意义知，所求图形的面积为

$$S_a=\int_0^a \mathrm{e}^{-x}\mathrm{d}x=-\mathrm{e}^{-x}\Big|_0^a=1-\mathrm{e}^{-a}.$$

(2) 如图 6-21 所示，在问题 (1) 中，显然当 a 无限增大时，S_a 将无限趋近所求图形的面积. 于是，可以认为所求图形的面积是

$$S=\lim_{a\to+\infty}\int_0^a \mathrm{e}^{-x}\mathrm{d}x=\lim_{a\to+\infty}(1-\mathrm{e}^{-a})=1.$$

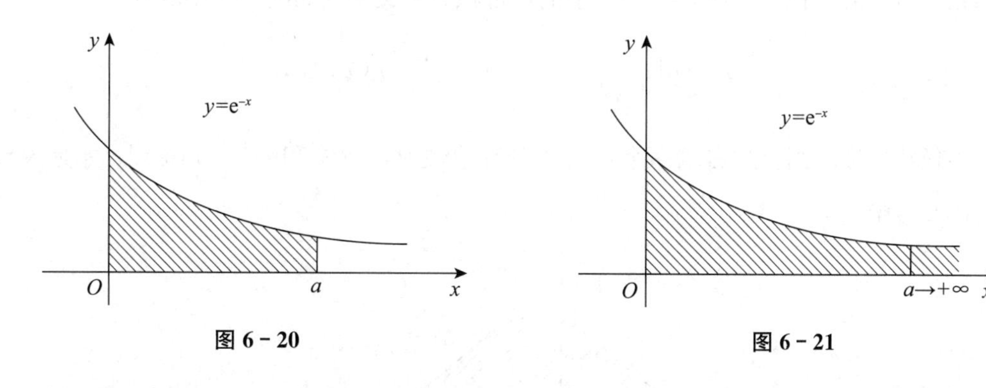

图 6-20　　　　图 6-21

概括　上述极限可以看作无穷区间上的积分. 它利用极限工具，通过对有限区间上的定积分求极限来解决无限区间上的积分问题. 显然它有别于定积分，这就引出了无穷区间上的反常积分的概念.

定义 1 设函数 $f(x)$ 在 $[a, +\infty)$ 上连续，取 $b>a$，称 $\lim\limits_{b\to+\infty}\int_a^b f(x)\mathrm{d}x$ 为 $f(x)$ 在 $[a, +\infty)$ 上的**反常积分**，记作 $\int_a^{+\infty} f(x)\mathrm{d}x$，即（如图 6-22 所示）

$$\int_a^{+\infty} f(x)\mathrm{d}x = \lim_{b\to+\infty}\int_a^b f(x)\mathrm{d}x.$$

若极限 $\lim\limits_{b\to+\infty}\int_a^b f(x)\mathrm{d}x$ 存在，则称反常积分 $\int_a^{+\infty} f(x)\mathrm{d}x$ **收敛**；若极限 $\lim\limits_{b\to+\infty}\int_a^b f(x)\mathrm{d}x$ 不存在，则称反常积分 $\int_a^{+\infty} f(x)\mathrm{d}x$ **发散**.

类似地，函数 $f(x)$ 在 $(-\infty, b]$ 上连续，取 $a<b$，则定义 $f(x)$ 在 $(-\infty, b]$ 上的反常积分为（如图 6-23 所示）

$$\int_{-\infty}^b f(x)\mathrm{d}x = \lim_{a\to-\infty}\int_a^b f(x)\mathrm{d}x.$$

若极限 $\lim\limits_{a\to-\infty}\int_a^b f(x)\mathrm{d}x$ 存在，则称反常积分 $\int_{-\infty}^b f(x)\mathrm{d}x$ **收敛**；若极限 $\lim\limits_{a\to-\infty}\int_a^b f(x)\mathrm{d}x$ 不存在，则称反常积分 $\int_{-\infty}^b f(x)\mathrm{d}x$ **发散**.

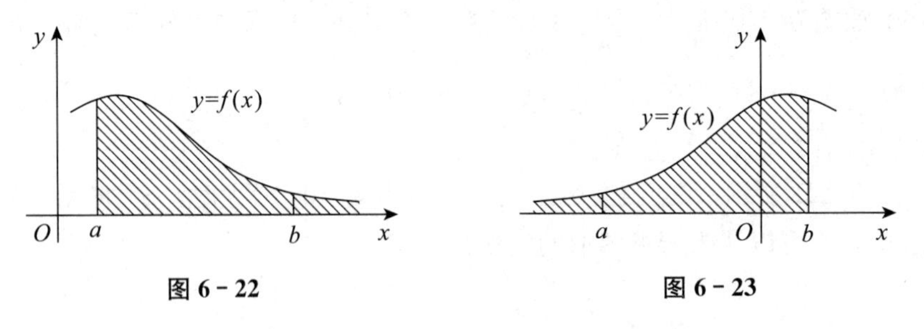

图 6-22　　**图 6-23**

函数 $f(x)$ 在区间 $(-\infty, +\infty)$ 上的反常积分定义为（如图 6-24 所示）

$$\int_{-\infty}^{+\infty} f(x)\mathrm{d}x = \int_{-\infty}^c f(x)\mathrm{d}x + \int_c^{+\infty} f(x)\mathrm{d}x,$$

其中 c 为任意实数. 当上式右端两个反常积分都收敛时，反常积分 $\int_{-\infty}^{+\infty} f(x)\mathrm{d}x$ 才是收敛的，否则是发散的.

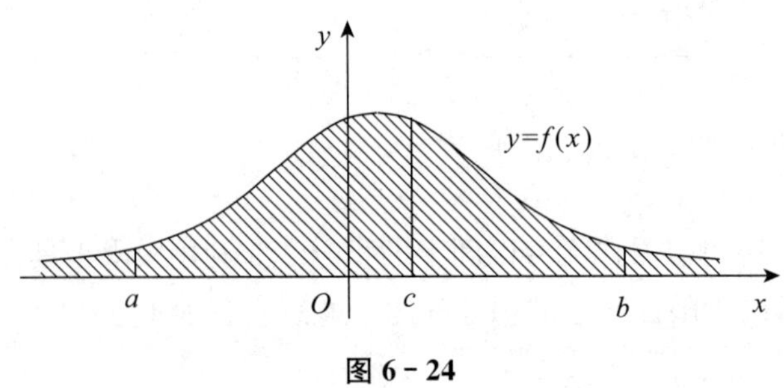

图 6-24

例 2　讨论下列无穷限反常积分的敛散性：

(1) $\int_0^{+\infty}\frac{1}{1+x^2}\mathrm{d}x$；　　(2) $\int_{-\infty}^{0}\mathrm{e}^x\mathrm{d}x$；　　(3) $\int_{-\infty}^{+\infty}\sin x\mathrm{d}x$.

解：(1) 对于任意 $b>0$，

$$\int_0^b\frac{1}{1+x^2}\mathrm{d}x=\arctan x\Big|_0^b=\arctan b.$$

由无穷限反常积分的定义，

$$\int_0^{+\infty}\frac{1}{1+x^2}\mathrm{d}x=\lim_{b\to+\infty}\int_0^b\frac{1}{1+x^2}\mathrm{d}x=\lim_{b\to+\infty}\arctan b=\frac{\pi}{2}.$$

(2) $\int_{-\infty}^{0}\mathrm{e}^x\mathrm{d}x=\lim_{a\to-\infty}\int_a^0\mathrm{e}^x\mathrm{d}x=\lim_{a\to-\infty}\mathrm{e}^x\Big|_a^0=\lim_{a\to-\infty}(1-\mathrm{e}^a)=1.$

(3) $\int_{-\infty}^{+\infty}\sin x\mathrm{d}x=\int_{-\infty}^{0}\sin x\mathrm{d}x+\int_0^{+\infty}\sin x\mathrm{d}x=\lim_{a\to-\infty}\int_a^0\sin x\mathrm{d}x+\lim_{b\to+\infty}\int_0^b\sin x\mathrm{d}x.$

因为 $\lim_{a\to-\infty}\int_a^0\sin x\mathrm{d}x=\lim_{a\to-\infty}[-\cos x]\Big|_a^0=\lim_{a\to-\infty}(\cos a-1)$ 不存在，所以反常积分 $\int_{-\infty}^{+\infty}\sin x\mathrm{d}x$ 发散.

注释　与定积分类似，定积分的许多特性可以平行地运用到无穷限反常积分上，即无穷限反常积分也有类似于定积分的微积分基本公式、线性运算法则、换元积分法与分部积分法等，但要注意每一步运算过程都必须是收敛的.

(1) 设 $F(x)$ 为 $f(x)$ 的原函数. 若极限 $\lim_{x\to\pm\infty}F(x)$ 存在，记 $F(\pm\infty)=\lim_{x\to\pm\infty}F(x)$，则有反常积分公式：

① $\int_a^{+\infty}f(x)\mathrm{d}x=F(x)\Big|_a^{+\infty}=F(+\infty)-F(a)$；

② $\int_{-\infty}^{b}f(x)\mathrm{d}x=F(x)\Big|_{-\infty}^{b}=F(b)-F(-\infty)$；

③ $\int_{-\infty}^{+\infty}f(x)\mathrm{d}x=F(x)\Big|_{-\infty}^{+\infty}=F(+\infty)-F(-\infty)$.

(2) 若所讨论的无穷限反常积分都收敛，则有

① 线性运算：$\int_a^{+\infty}[\alpha f(x)+\beta g(x)]\mathrm{d}x=\alpha\int_a^{+\infty}f(x)\mathrm{d}x+\beta\int_a^{+\infty}g(x)\mathrm{d}x$；

② 分部积分公式：$\int_a^{+\infty}uv'\mathrm{d}x=uv\Big|_a^{+\infty}-\int_a^{+\infty}u'v\mathrm{d}x$.

例 3　讨论下列反常积分的敛散性：

(1) $\int_2^{+\infty}\frac{\mathrm{d}x}{x\ln x}$；　　(2) $\int_{-\infty}^{+\infty}\frac{\mathrm{d}x}{1+x^2}$；　　(3) $\int_0^{+\infty}t\mathrm{e}^{-t}\mathrm{d}t$.

解：(1) 计算得 $\int_2^{+\infty}\frac{\mathrm{d}x}{x\ln x}=\int_2^{+\infty}\frac{\mathrm{d}\ln x}{\ln x}=\ln|\ln x|\Big|_2^{+\infty}$. 因为 $\lim_{x\to+\infty}\ln|\ln x|$ 不存在，所以反

常积分 $\int_{2}^{+\infty}\frac{dx}{x\ln x}$ 发散.

(2) $\int_{-\infty}^{+\infty}\frac{dx}{1+x^2}=\arctan x\Big|_{-\infty}^{+\infty}=\frac{\pi}{2}-\left(-\frac{\pi}{2}\right)=\pi$，所以反常积分 $\int_{-\infty}^{+\infty}\frac{dx}{1+x^2}$ 收敛.

(3) $\int_{0}^{+\infty}te^{-t}dt=-\int_{0}^{+\infty}td(e^{-t})=-te^{-t}\Big|_{0}^{+\infty}+\int_{0}^{+\infty}e^{-t}dt=\int_{0}^{+\infty}e^{-t}dt=-e^{-t}\Big|_{0}^{+\infty}=1$，所以反常积分 $\int_{0}^{+\infty}te^{-t}dt$ 收敛.

在此，te^{-t} 中用 $+\infty$ 代入，实际是计算极限 $\lim\limits_{t\to+\infty}te^{-t}=\lim\limits_{t\to+\infty}\frac{t}{e^t}=\lim\limits_{t\to+\infty}\frac{1}{e^t}=0$.

例 4 计算下列反常积分：

(1) $\int_{1}^{+\infty}\frac{dx}{x^2+2x}$；　　(2) $\int_{-\infty}^{+\infty}\frac{e^x dx}{1+e^{2x}}$；　　(3) $\int_{2}^{+\infty}\frac{dx}{(x+7)\sqrt{x-2}}$.

解：(1) 因为 $\frac{1}{x^2+2x}=\frac{1}{x(x+2)}=\frac{1}{2}\left(\frac{1}{x}-\frac{1}{x+2}\right)$，所以

$$\int_{1}^{+\infty}\frac{dx}{x^2+2x}=\frac{1}{2}\int_{1}^{+\infty}\left(\frac{1}{x}-\frac{1}{x+2}\right)dx=\frac{1}{2}\ln\left|\frac{x}{x+2}\right|\Bigg|_{1}^{+\infty}=\frac{1}{2}\ln 2.$$

需要说明的是，在此不能写成如下形式：

$$\int_{1}^{+\infty}\frac{dx}{x^2+2x}=\frac{1}{2}\int_{1}^{+\infty}\left(\frac{1}{x}-\frac{1}{x+2}\right)dx=\frac{1}{2}\int_{1}^{+\infty}\frac{dx}{x}-\frac{1}{2}\int_{1}^{+\infty}\frac{dx}{x+2},$$

因为 $\int_{1}^{+\infty}\frac{dx}{x}$ 与 $\int_{1}^{+\infty}\frac{dx}{x+2}$ 都发散.

(2) 作变量代换 $u=e^x$，则当 $x\to-\infty$ 时 $u\to 0$，当 $x\to+\infty$ 时 $u\to+\infty$.

$$\int_{-\infty}^{+\infty}\frac{e^x dx}{1+e^{2x}}=\int_{-\infty}^{+\infty}\frac{de^x}{1+(e^x)^2}=\int_{0}^{+\infty}\frac{du}{1+u^2}=\arctan u\,\Big|_{0}^{+\infty}=\frac{\pi}{2}.$$

(3) 作变量代换 $\sqrt{x-2}=t$，则当 $x\to 2$ 时 $t\to 0$，当 $x\to+\infty$ 时 $t\to+\infty$.

$$\int_{2}^{+\infty}\frac{dx}{(x+7)\sqrt{x-2}}=\int_{0}^{+\infty}\frac{2t\,dt}{(t^2+9)t}=2\int_{0}^{+\infty}\frac{dt}{t^2+9}=\frac{2}{3}\arctan\frac{t}{3}\Big|_{0}^{+\infty}=\frac{\pi}{3}.$$

例 5 试确定积分 $\int_{1}^{+\infty}\frac{dx}{x^a}$ 当 a 取什么值时收敛，取什么值时发散 .

解：(1) 当 $a\neq 1$ 时，因为 $\int_{1}^{+\infty}\frac{dx}{x^a}=\lim\limits_{b\to+\infty}\int_{1}^{b}\frac{dx}{x^a}=\lim\limits_{b\to+\infty}\frac{1}{1-a}(b^{1-a}-1)$，所以：

当 $a>1$ 时，$\int_{1}^{+\infty}\frac{dx}{x^a}=\frac{1}{a-1}$，即反常积分收敛；

当 $a<1$ 时，$\int_{1}^{+\infty}\frac{dx}{x^a}=+\infty$，即反常积分发散.

（2）当 $a=1$ 时，$\int_1^{+\infty}\frac{\mathrm{d}x}{x}=\ln x\Big|_1^{+\infty}=+\infty$，即反常积分发散.

综上所述，反常积分 $\int_1^{+\infty}\frac{\mathrm{d}x}{x^a}$ 当 $a>1$ 时收敛，当 $a\leqslant 1$ 时发散.

例 6　已知 $\int_0^{+\infty}\frac{\sin x}{x}\mathrm{d}x=\frac{\pi}{2}$，求 $\int_0^{+\infty}\frac{\sin^2 x}{x^2}\mathrm{d}x$ 的值.

解： $\int_0^{+\infty}\frac{\sin^2 x}{x^2}\mathrm{d}x=-\int_0^{+\infty}\sin^2 x\,\mathrm{d}\left(\frac{1}{x}\right)=-\frac{\sin^2 x}{x}\Big|_0^{+\infty}+\int_0^{+\infty}\frac{1}{x}\cdot 2\sin x\cos x\,\mathrm{d}x.$

因为

$$\lim_{x\to+\infty}\frac{\sin^2 x}{x}=\lim_{x\to+\infty}\frac{1}{x}\cdot\sin^2 x=0,\ \lim_{x\to 0}\frac{\sin^2 x}{x}=\lim_{x\to 0}\frac{\sin x}{x}\cdot\sin x=0,$$

所以

$$\int_0^{+\infty}\frac{\sin^2 x}{x^2}\mathrm{d}x=\int_0^{+\infty}\frac{\sin 2x}{x}\mathrm{d}x=\int_0^{+\infty}\frac{\sin 2x}{2x}\mathrm{d}(2x)=\int_0^{+\infty}\frac{\sin t}{t}\mathrm{d}t=\frac{\pi}{2}.$$

6.4.2　无界函数的反常积分

探究　定积分讨论的是有界函数的积分问题，那么对于无界函数的定积分问题如何处理呢？下例给出了该问题的解决方法.

例 7　求由曲线 $y=\frac{1}{\sqrt{1-x}}$，直线 $x=0$，$x=1$ 和 $y=0$ 所围成的图形的面积，如图 6-25 所示.

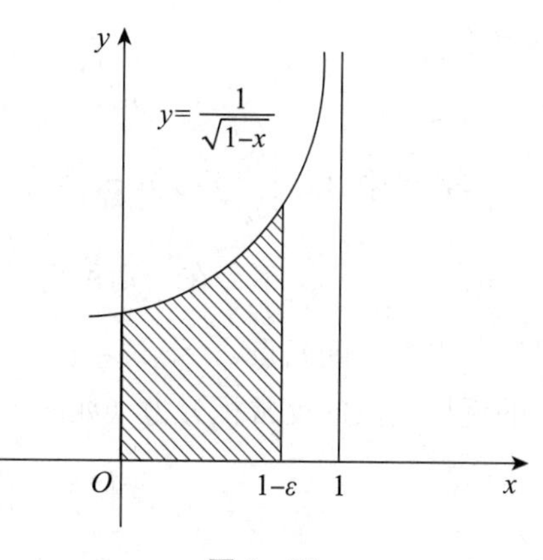

图 6-25

解： 因为 $\lim_{x\to 1^-}\frac{1}{\sqrt{1-x}}=+\infty$，所以 $x=1$ 为函数 $y=\frac{1}{\sqrt{1-x}}$ 的无穷间断点，即 $y=\frac{1}{\sqrt{1-x}}$ 在区间 [0，1）上无界.

任取 $\varepsilon>0$，则函数 $y=\frac{1}{\sqrt{1-x}}$ 在区间 $[0,\ 1-\varepsilon]$ 上连续，所以

$$\int_0^{1-\varepsilon}\frac{\mathrm{d}x}{\sqrt{1-x}}=-\int_0^{1-\varepsilon}\frac{\mathrm{d}(1-x)}{\sqrt{1-x}}=-2\sqrt{1-x}\Big|_0^{1-\varepsilon}=2-2\sqrt{\varepsilon}.$$

这样，可以认为所求图形的面积是

$$\lim_{\varepsilon \to 0^+}\int_0^{1-\varepsilon} \frac{\mathrm{d}x}{\sqrt{1-x}} = \lim_{\varepsilon \to 0^+}(2-2\sqrt{\varepsilon}) = 2.$$

概括 上述极限可以看作无界函数的积分．它利用极限工具，通过对有界的定积分取极限来解决无界函数的积分问题．显然它有别于定积分，这就引出了无界函数的反常积分的概念．

定义 2 设 $f(x)$ 在 $[a, b)$ 上连续，且 $\lim\limits_{x \to b^-} f(x) = \infty$（即 $x=b$ 为无穷间断点）．取 $\varepsilon > 0$，称极限 $\lim\limits_{\varepsilon \to 0^+}\int_a^{b-\varepsilon} f(x)\mathrm{d}x$ 为 $f(x)$ 在 $[a, b)$ 上的**无界函数的反常积分**（如图 6－26 所示），记为

$$\int_a^b f(x)\mathrm{d}x = \lim_{\varepsilon \to 0^+}\int_a^{b-\varepsilon} f(x)\mathrm{d}x.$$

若极限 $\lim\limits_{\varepsilon \to 0^+}\int_a^{b-\varepsilon} f(x)\mathrm{d}x$ 存在，则称无界函数的反常积分 $\int_a^b f(x)\mathrm{d}x$ **收敛**；若极限 $\lim\limits_{\varepsilon \to 0^+}\int_a^{b-\varepsilon} f(x)\mathrm{d}x$ 不存在，则称无界函数的反常积分 $\int_a^b f(x)\mathrm{d}x$ **发散**.

类似地，若 $f(x)$ 在 $(a, b]$ 上连续，且 $\lim\limits_{x \to a^+} f(x) = \infty$（即 $x=a$ 为无穷间断点），则函数 $f(x)$ 在 $(a, b]$ 上的无界函数的反常积分为（如图 6－27 所示）

$$\int_a^b f(x)\mathrm{d}x = \lim_{\varepsilon \to 0^+}\int_{a+\varepsilon}^b f(x)\mathrm{d}x \quad (\varepsilon > 0).$$

若极限 $\lim\limits_{\varepsilon \to 0^+}\int_{a+\varepsilon}^b f(x)\mathrm{d}x$ 存在，则称无界函数的反常积分 $\int_a^b f(x)\mathrm{d}x$ **收敛**；若极限 $\lim\limits_{\varepsilon \to 0^+}\int_{a+\varepsilon}^b f(x)\mathrm{d}x$ 不存在，则称无界函数的反常积分 $\int_a^b f(x)\mathrm{d}x$ **发散**.

当无穷间断点 $x=c$ 位于区间 $[a, b]$ 内部时（$a<c<b$），函数 $f(x)$ 在 $[a, b]$ 上的无界函数的反常积分为（如图 6－28 所示）

$$\int_a^b f(x)\mathrm{d}x = \int_a^c f(x)\mathrm{d}x + \int_c^b f(x)\mathrm{d}x.$$

上式右端两个积分均为无界函数的反常积分．仅当这两个反常积分都收敛时，才称反常积分 $\int_a^b f(x)\mathrm{d}x$ 是收敛的；否则，称反常积分 $\int_a^b f(x)\mathrm{d}x$ 是发散的．

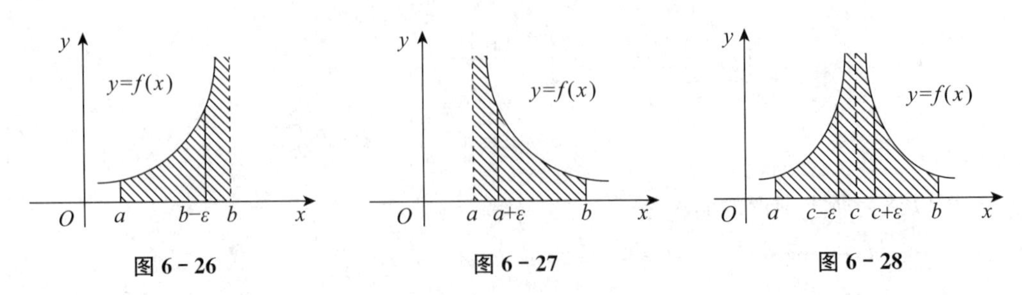

图 6－26　　图 6－27　　图 6－28

上述无界函数的反常积分也称为**瑕积分**，相应的无穷间断点称为**瑕点**.

注释　瑕积分具有类似于定积分的性质. 在计算瑕积分时，当瑕积分收敛时，可以类似地使用微积分基本公式、换元积分法和分部积分法，但须指出瑕点，以示区分于定积分，并且被积函数在瑕点处的值可按照初等函数的连续性来求.

例 8　求下列瑕积分：

(1) $\int_0^a \frac{\mathrm{d}x}{\sqrt{a^2-x^2}}$ $(a>0)$；　　(2) $\int_0^1 \ln x\,\mathrm{d}x$.

解：(1) $x=a$ 为被积函数的瑕点. 取 $\varepsilon>0$，于是

$$\int_0^a \frac{\mathrm{d}x}{\sqrt{a^2-x^2}}=\lim_{\varepsilon\to0^+}\int_0^{a-\varepsilon}\frac{\mathrm{d}x}{\sqrt{a^2-x^2}}=\lim_{\varepsilon\to0^+}\arcsin\frac{x}{a}\bigg|_0^{a-\varepsilon}$$

$$=\lim_{\varepsilon\to0^+}\arcsin\frac{a-\varepsilon}{a}=\frac{\pi}{2}.$$

(2) $x=0$ 是被积函数的瑕点. 取 $\varepsilon>0$，于是

$$\int_0^1 \ln x\,\mathrm{d}x=\lim_{\varepsilon\to0^+}\int_\varepsilon^1 \ln x\,\mathrm{d}x=\lim_{\varepsilon\to0^+}\left(x\ln x\bigg|_\varepsilon^1-\int_\varepsilon^1\mathrm{d}x\right)$$

$$=\lim_{\varepsilon\to0^+}(-\varepsilon\ln\varepsilon-1+\varepsilon)=-1.$$

在上式中，由洛必达法则有

$$\lim_{\varepsilon\to0^+}\varepsilon\ln\varepsilon=\lim_{\varepsilon\to0^+}\frac{\ln\varepsilon}{\frac{1}{\varepsilon}}=\lim_{\varepsilon\to0^+}\frac{\frac{1}{\varepsilon}}{-\frac{1}{\varepsilon^2}}=0.$$

例 9　求下列积分：

(1) $\int_1^{\mathrm{e}}\frac{1}{x\sqrt{1-\ln^2 x}}\mathrm{d}x$；　　(2) $\int_1^2\frac{x}{\sqrt{x-1}}\mathrm{d}x$.

解：(1) $x=\mathrm{e}$ 是被积函数的瑕点，取 $\varepsilon>0$，于是

$$\int_1^{\mathrm{e}}\frac{1}{x\sqrt{1-\ln^2x}}\mathrm{d}x=\lim_{\varepsilon\to0^+}\int_1^{\mathrm{e}-\varepsilon}\frac{1}{x\sqrt{1-\ln^2x}}\mathrm{d}x=\lim_{\varepsilon\to0^+}\int_1^{\mathrm{e}-\varepsilon}\frac{\mathrm{d}\ln x}{\sqrt{1-\ln^2x}}$$

$$=\lim_{\varepsilon\to0^+}\arcsin\ln x\,\Big|_1^{\mathrm{e}-\varepsilon}=\frac{\pi}{2}.$$

(2) $x=1$ 是被积函数的瑕点，取 $\varepsilon>0$，令 $u=x-1$，则

$$\int_1^2\frac{x}{\sqrt{x-1}}\mathrm{d}x=\int_0^1\left(\sqrt{u}+\frac{1}{\sqrt{u}}\right)\mathrm{d}u=\int_0^1\sqrt{u}\,\mathrm{d}u+\int_0^1\frac{1}{\sqrt{u}}\mathrm{d}u$$

$$=\frac{2}{3}+\lim_{\varepsilon\to0^+}\int_\varepsilon^1\frac{1}{\sqrt{u}}\mathrm{d}u=\frac{2}{3}+2\lim_{\varepsilon\to0^+}(1-\sqrt{\varepsilon})=\frac{8}{3}.$$

例 10 讨论瑕积分 $\int_0^2 \frac{\mathrm{d}x}{(x-1)^2}$ 的敛散性.

解：在 [0，2] 内部有被积函数的瑕点 $x=1$. 取 ε_1，$\varepsilon_2>0$，于是有

$$\int_0^2 \frac{\mathrm{d}x}{(x-1)^2}=\int_0^1 \frac{\mathrm{d}x}{(x-1)^2}+\int_1^2 \frac{\mathrm{d}x}{(x-1)^2} \quad \text{（使瑕点在小区间的端点处）}$$

$$=\lim_{\varepsilon_1\to 0^+}\int_0^{1-\varepsilon_1} \frac{\mathrm{d}x}{(x-1)^2}+\lim_{\varepsilon_2\to 0^+}\int_{1+\varepsilon_2}^2 \frac{\mathrm{d}x}{(x-1)^2}$$

$$=\lim_{\varepsilon_1\to 0^+}\left(-\frac{1}{x-1}\right)\Big|_0^{1-\varepsilon_1}+\lim_{\varepsilon_2\to 0^+}\left(-\frac{1}{x-1}\right)\Big|_{1+\varepsilon_2}^2$$

$$=\lim_{\varepsilon_1\to 0^+}\left(\frac{1}{\varepsilon_1}-1\right)+\lim_{\varepsilon_2\to 0^+}\left(-1+\frac{1}{\varepsilon_2}\right).$$

因为 $\lim\limits_{\varepsilon_1\to 0^+}\left(\frac{1}{\varepsilon_1}-1\right)$ 与 $\lim\limits_{\varepsilon_2\to 0^+}\left(-1+\frac{1}{\varepsilon_2}\right)$ 不存在，所以瑕积分 $\int_0^2 \frac{\mathrm{d}x}{(x-1)^2}$ 发散.

例 11 讨论瑕积分 $\int_0^1 \frac{\mathrm{d}x}{x^q}$ 的敛散性.

解：$x=0$ 是被积函数的瑕点.

（1）当 $q<1$ 时，

$$\int_0^1 \frac{\mathrm{d}x}{x^q}=\lim_{\varepsilon\to 0^+}\int_\varepsilon^1 \frac{1}{x^q}\mathrm{d}x=\lim_{\varepsilon\to 0^+}\frac{x^{1-q}}{1-q}\Big|_\varepsilon^1=\frac{1}{1-q}\lim_{\varepsilon\to 0^+}(1-\varepsilon^{1-q})=\frac{1}{1-q},$$

所以瑕积分收敛.

（2）当 $q>1$ 时，

$$\int_0^1 \frac{\mathrm{d}x}{x^q}=\lim_{\varepsilon\to 0^+}\int_\varepsilon^1 \frac{1}{x^q}\mathrm{d}x=\lim_{\varepsilon\to 0^+}\frac{x^{1-q}}{1-q}\Big|_\varepsilon^1=\frac{1}{1-q}\lim_{\varepsilon\to 0^+}(1-\varepsilon^{1-q})=\infty,$$

所以瑕积分发散.

（3）当 $q=1$ 时，

$$\int_0^1 \frac{\mathrm{d}x}{x}=\lim_{\varepsilon\to 0^+}\int_\varepsilon^1 \frac{\mathrm{d}x}{x}=\lim_{\varepsilon\to 0^+}\ln|x|\Big|_\varepsilon^1=\lim_{\varepsilon\to 0^+}(-\ln\varepsilon)=\infty,$$

所以瑕积分发散.

综上所述，瑕积分 $\int_0^1 \frac{\mathrm{d}x}{x^q}$ 当 $q<1$ 时收敛于 $\frac{1}{1-q}$，当 $q\geqslant 1$ 时发散.

6.4.3 Γ 函数

下面讨论一个在理论和应用上都有重要意义的 Γ 函数（读作 Gamma 函数）.

定义 3 反常积分 $\Gamma(r)=\int_0^{+\infty} x^{r-1}\mathrm{e}^{-x}\mathrm{d}x$ （$r>0$）是参变量 r 的函数，该函数称为 Γ

函数.

Γ 函数有一个重要性质：递推公式 $\Gamma(r+1)=r\Gamma(r)$（$r>0$）. 这是因为

$$\begin{aligned}\Gamma(r+1)&=\int_0^{+\infty}x^r\mathrm{e}^{-x}\mathrm{d}x=-x^r\mathrm{e}^{-x}\Big|_0^{+\infty}+r\int_0^{+\infty}x^{r-1}\mathrm{e}^{-x}\mathrm{d}x\\&=r\int_0^{+\infty}x^{r-1}\mathrm{e}^{-x}\mathrm{d}x=r\Gamma(r).\end{aligned}$$

特别地，当 r 为正整数时，可得 $\Gamma(n+1)=n!$，这是因为 $\Gamma(1)=\int_0^{+\infty}\mathrm{e}^{-x}\mathrm{d}x=1$，因此

$$\Gamma(n+1)=n\Gamma(n)=n\cdot(n-1)\Gamma(n-1)=\cdots=n!\ \Gamma(1)=n!.$$

利用 Γ 函数的递推公式，Γ 函数的任意一个函数值都可化为 Γ 函数在 $[0,1]$ 上的函数值. 例如：

$$\begin{aligned}\Gamma(3.4)&=\Gamma(2.4+1)=2.4\times\Gamma(2.4)=2.4\times\Gamma(1.4+1)=2.4\times1.4\times\Gamma(1.4)\\&=2.4\times1.4\times\Gamma(0.4+1)=2.4\times1.4\times0.4\times\Gamma(0.4).\end{aligned}$$

例 12　计算下列积分：

(1) $\int_0^{+\infty}x^3\mathrm{e}^{-x}\mathrm{d}x$；　　(2) $\int_0^{+\infty}x^{r-1}\mathrm{e}^{-\lambda x}\mathrm{d}x$.

解：(1) $\int_0^{+\infty}x^3\mathrm{e}^{-x}\mathrm{d}x=\Gamma(4)=3!=6.$

(2) 令 $\lambda x=y$，则 $\lambda\mathrm{d}x=\mathrm{d}y$. 于是

$$\int_0^{+\infty}x^{r-1}\mathrm{e}^{-\lambda x}\mathrm{d}x=\frac{1}{\lambda}\int_0^{+\infty}\left(\frac{y}{\lambda}\right)^{r-1}\mathrm{e}^{-y}\mathrm{d}y=\frac{1}{\lambda^r}\int_0^{+\infty}y^{r-1}\mathrm{e}^{-y}\mathrm{d}y=\frac{\Gamma(r)}{\lambda^r}.$$

Γ 函数还可写成另一种形式. 例如，在 Γ 函数中令 $x=y^2$，则有

$$\Gamma(r)=2\int_0^{+\infty}y^{2r-1}\mathrm{e}^{-y^2}\mathrm{d}y.$$

上式右端的反常积分是概率论中常用的泊松积分，可以证明这个积分存在而且等于 $\sqrt{\pi}$，因此

$$\Gamma\left(\frac{1}{2}\right)=2\int_0^{+\infty}\mathrm{e}^{-y^2}\mathrm{d}y=\sqrt{\pi}.$$

习题 6.4

1. 判别下列反常积分的收敛性，如果收敛，计算反常积分的值：

(1) $\int_1^{+\infty}\frac{1}{x^2}\mathrm{d}x$；　　(2) $\int_1^{+\infty}\frac{1}{\sqrt{x}}\mathrm{d}x$；

(3) $\int_1^{+\infty}\frac{1}{x^2(x+1)}\mathrm{d}x$；　　(4) $\int_0^{+\infty}x\mathrm{e}^{-2x}\mathrm{d}x$；

(5) $\int_{-\infty}^{0}\frac{e^x}{1+e^x}dx$；　　(6) $\int_{0}^{+\infty}e^{-x}\sin x dx$.

2. 讨论反常积分 $\int_{2}^{+\infty}\frac{1}{x\ln^p x}dx$，$p$ 取何值时收敛，p 取何值时发散.

3. 判别下列反常积分的敛散性，如果收敛，计算反常积分的值：

(1) $\int_{0}^{1}\frac{x}{\sqrt{1-x^2}}dx$；　　(2) $\int_{\frac{1}{e}}^{e}\frac{\ln x}{(x-1)^2}dx$.

4. 用 Γ 函数表示下列积分，并计算积分值：

(1) $\int_{0}^{+\infty}\sqrt{x}\,e^{-x}dx$；　　(2) $\int_{0}^{+\infty}x^m e^{-x}dx$（$m$ 为自然数）.

6.5 定积分的应用

定积分具有广泛的实际应用，本节主要介绍定积分在几何和经济方面的应用.

6.5.1 定积分的几何应用

定积分的概念源于几何问题，利用定积分可以求解平面图形的面积和特殊类型的几何体的体积.

1. 定积分应用的微元法

微元法是将实际问题表示成定积分的基本分析方法. 在引入定积分的概念时，我们曾用定积分方法解决了曲边梯形面积的计算问题（见图 6－29），从中可以看出，用定积分计算的量一般具有如下两个特点：

(1) 所求量 F 与给定区间 $[a,b]$ 有关，且在该区间上 F 具有可加性. 也就是说，F 是 $[a,b]$ 上的确定的整体量，当把 $[a,b]$ 分成许多小区间时，整体量等于各部分量之和，即 $F=\sum\limits_{i=1}^{n}\Delta F_i$.

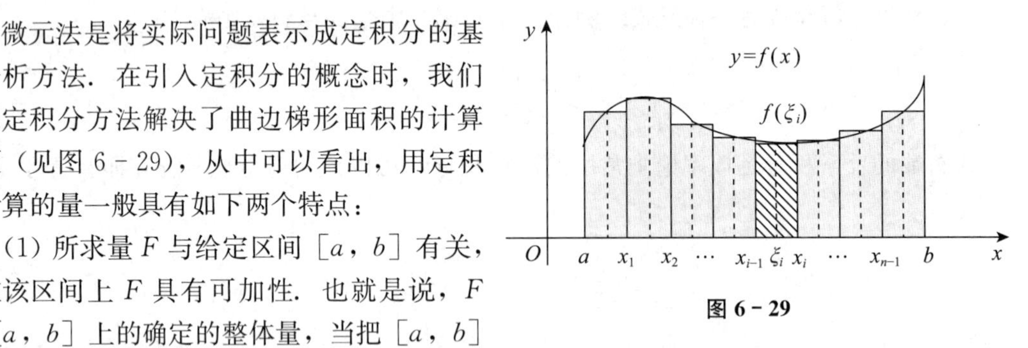

图 6－29

(2) 所求量 F 在区间 $[a,b]$ 上的分布是不均匀的，且部分量 ΔF_i 的近似值可以表示为 $f(\xi_i)\Delta x_i$ 的形式，即

$$\Delta F_i\approx f(\xi_i)\Delta x_i,\ i=1,2,\cdots,n,\ x_{i-1}\leqslant\xi_i\leqslant x_i,$$

这里 $f(x)$（$x\in[a,b]$）是根据具体问题得到的函数.

在讨论定积分的应用之前，我们先来介绍化所求量为定积分的一般思路和方法，也就是所谓的“微元法”.

为此，先回顾一下应用定积分的概念解决实际问题的四个步骤：

(1) 将所求量 F 分为部分量之和，$F=\sum_{i=1}^{n}\Delta F_i$；

(2) 求出每个部分量的近似值，$\Delta F_i \approx f(\xi_i)\Delta x_i$ $(i=1, 2, \cdots, n)$；

(3) 写出整体量 F 的近似值，$F=\sum_{i=1}^{n}\Delta F_i \approx \sum_{i=1}^{n} f(\xi_i)\Delta x_i$；

(4) 取 $\lambda=\max\{\Delta x_i\}\to 0$ 时的极限，得

$$F=\lim_{\lambda\to 0}\sum_{i=1}^{n} f(\xi_i)\Delta x_i=\int_a^b f(x)\mathrm{d}x.$$

观察上述四步我们发现，第二步是关键，因为最后的被积表达式的形式就是在这一步确定的，这只需把近似式 $f(\xi_i)\Delta x_i$ 中的变量记号改变一下即可（ξ_i 换为 x，Δx_i 换为 $\mathrm{d}x$）；而第三、第四两步可以合并成一步，在区间 $[a, b]$ 上无限累加，即在 $[a, b]$ 上积分；至于第一步，它只是指明所求量具有可加性，这是 F 能用定积分计算的前提. 于是，上述四步就简化成了实用的两步.

方法　定积分应用的微元法.

(1) 求微元：在区间 $[a, b]$ 上任取一个微小区间 $[x, x+\mathrm{d}x]$，然后写出在这个小区间上的部分量 ΔF 的近似值，记为 $\mathrm{d}F=f(x)\mathrm{d}x$，称为 F 的**微元**；

(2) 求积分：将微元 $\mathrm{d}F$ 在 $[a, b]$ 上积分（无限累加），即得积分表达式 $F=\int_a^b f(x)\mathrm{d}x$.

由上述两步建立所求整体量的积分表达式的方法称为**微元法**，即

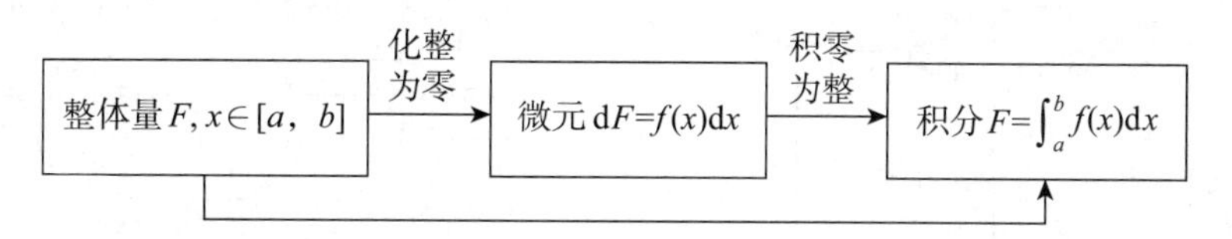

注释　微元 $\mathrm{d}F=f(x)\mathrm{d}x$ 的说明：

(1) $f(x)\mathrm{d}x$ 作为 ΔF 的近似表达式，应该足够准确，确切地说，就是要求两者之差是关于 Δx 的高阶无穷小，即 $\Delta F-f(x)\mathrm{d}x=o(\Delta x)$. 这样我们就知道了，称作微元的量 $f(x)\mathrm{d}x$ 实际上是所求量的微分 $\mathrm{d}F$.

(2) 具体怎样求微元呢？这是定积分问题的关键，要分析问题的实际意义及数量关系，一般按照在局部区间 $[x, x+\mathrm{d}x]$ 上，“以常代变”“以直代曲”“以均匀代替非均匀”的思路(局部线性化)，写出在局部上所求量的近似值，即微元 $\mathrm{d}F=f(x)\mathrm{d}x$.

2. 利用定积分求平面图形的面积

在直角坐标系下，用微元法容易将平面图形的面积表示为定积分. 下面根据不同情

形，给出平面图形面积的定积分表达式.

(1) 由曲线 $y=f(x)$，$x=a$，$x=b$ 及 x 轴所围成的图形（见图 6-30），其面积微元为 $\mathrm{d}A=|f(x)|\mathrm{d}x$，面积为 $A=\int_a^b|f(x)|\mathrm{d}x$.

(2) 由上、下两条曲线 $y=f(x)$，$y=g(x)$及 $x=a$，$x=b$ 所围图形（见图 6-31），其面积微元为 $\mathrm{d}A=|f(x)-g(x)|\mathrm{d}x$，面积为 $A=\int_a^b|f(x)-g(x)|\mathrm{d}x$.

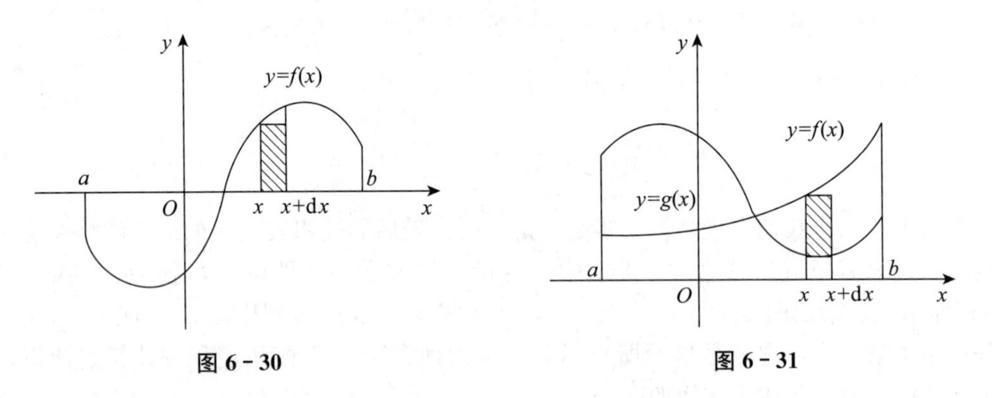

图 6-30　　图 6-31

特别地，若 $f(x)\geqslant g(x)$，则 $A=\int_a^b[f(x)-g(x)]\mathrm{d}x$（见图 6-32）.

(3) 由左、右两条曲线 $x=\varphi(y)$，$x=\psi(y)$及 $y=c$，$y=d$ 所围图形（见图 6-33），其面积微元为 $\mathrm{d}A=[\psi(y)-\varphi(y)]\mathrm{d}y$，面积为 $A=\int_c^d[\psi(y)-\varphi(y)]\mathrm{d}y$.

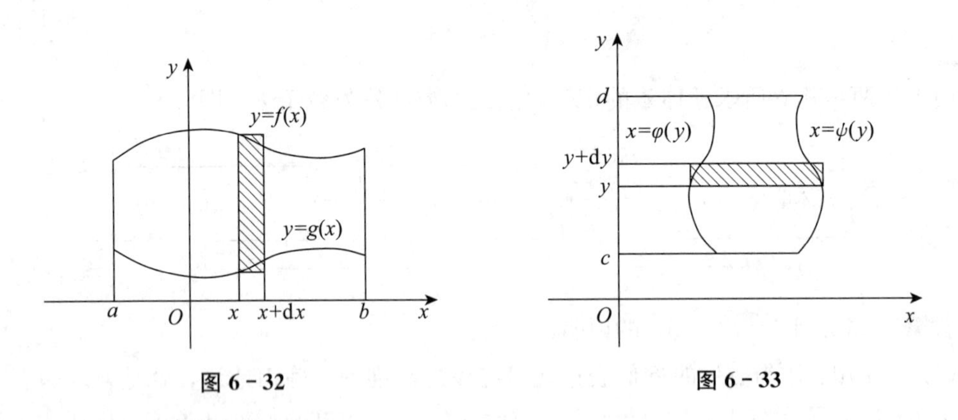

图 6-32　　图 6-33

方法　求平面图形面积的方法：

(1) 画出平面图形，求出曲线交点以确定积分区间；

(2) 根据图形特征选择积分变量和面积公式；

(3) 写出面积积分表达式，求积分.

例 1　求抛物线 $y=2-x^2$ 与直线 $y=x$ 所围成的图形的面积（见图 6-34）.

解： 解方程组$\begin{cases}y=x\\y=2-x^2\end{cases}$，得交点（$-2$，$-2$）及（1，1）. 取 x 为积分变量，x 的

变化范围为 $[-2,\ 1]$，于是所求图形的面积为

$$A=\int_{-2}^{1}[(2-x^2)-x]\mathrm{d}x=\left(2x-\frac{x^3}{3}-\frac{x^2}{2}\right)\Bigg|_{-2}^{1}=\frac{9}{2}.$$

例 2　求抛物线 $y=x^2$，$y=(x-2)^2$ 与 x 轴所围平面图形的面积.

解：由方程组 $\begin{cases}y=x^2\\ y=(x-2)^2\end{cases}$，解得交点（1，1）（见图 6-35）.

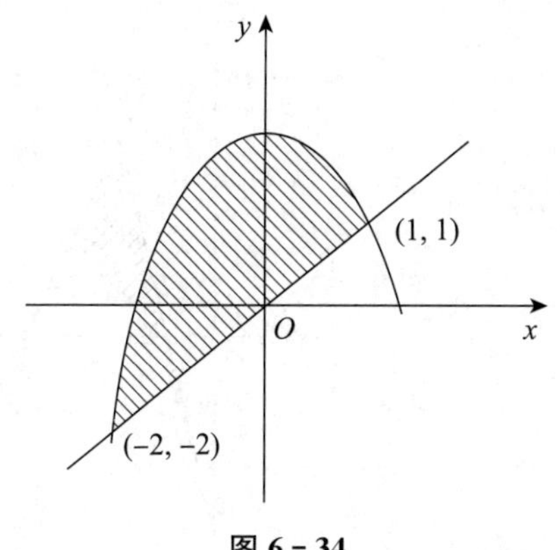

图 6-34

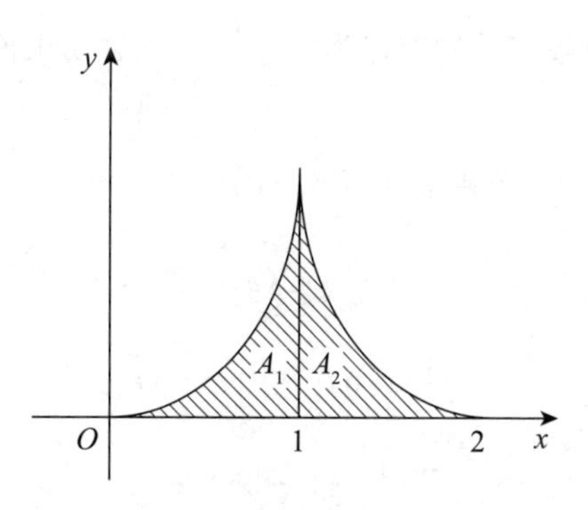

图 6-35

（1）取 x 为积分变量，用直线 $x=1$ 将图形分成 A_1 与 A_2 两部分，则

$$A=A_1+A_2=\int_0^1 x^2\mathrm{d}x+\int_1^2(x-2)^2\mathrm{d}x=\frac{1}{3}\left[x^3\Big|_0^1+(x-2)^3\Big|_1^2\right]=\frac{2}{3}.$$

（2）取 y 为积分变量，则

$$A=\int_0^1[(2-\sqrt{y})-\sqrt{y}]\mathrm{d}y=\int_0^1 2(1-\sqrt{y})\mathrm{d}y=\left(2y-\frac{4}{3}y^{\frac{3}{2}}\right)\Bigg|_0^1=\frac{2}{3}.$$

计算定积分时，应注意根据图形特点来选择积分变量. 选择积分变量时需注意：一是积分要较简单易求，二是要尽量少分块.

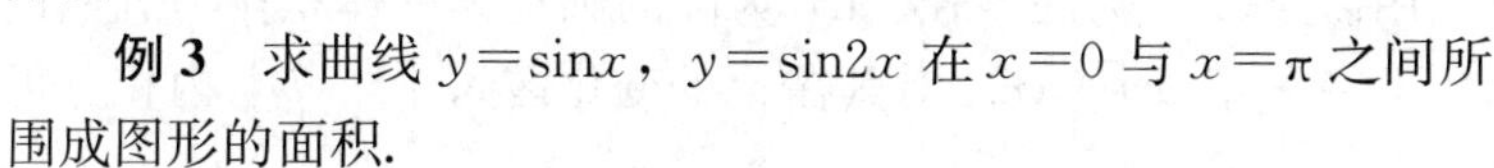

例 3　求曲线 $y=\sin x$，$y=\sin 2x$ 在 $x=0$ 与 $x=\pi$ 之间所围成图形的面积.

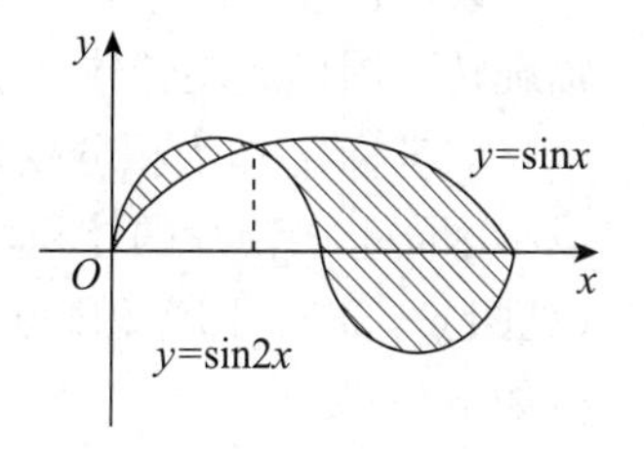

图 6-36

解：如图 6-36 所示. 由 $\sin x-\sin 2x=\sin x(1-2\cos x)=0$，解得 $x=0$，$x=\dfrac{\pi}{3}$，$x=\pi$.

取 x 为积分变量，x 的变化范围为 $[0,\ \pi]$，于是所求图形的面积为

$$\begin{aligned}A&=\int_0^{\pi}|\sin x-\sin 2x|\mathrm{d}x\\&=\int_0^{\frac{\pi}{3}}(\sin 2x-\sin x)\mathrm{d}x+\int_{\frac{\pi}{3}}^{\pi}(\sin x-\sin 2x)\mathrm{d}x=\frac{5}{2}.\end{aligned}$$

例 4 求抛物线 $y=-x^2+4x-3$ 与其在点（0，−3）和（3，0）处的切线所围成图形的面积.

解：作出图形，如图 6-37 所示.

$$y'=-2x+4,\ y'|_{x=0}=4,\ y'|_{x=3}=-2,$$

于是点（0，−3）和（3，0）处的切线方程分别为

$$y=4x-3,\ y=-2x+6,$$

解得两条切线的交点为 $\left(\frac{3}{2},\ 3\right)$，故所求面积为

$$\begin{aligned}A&=\int_0^{\frac{3}{2}}[(4x-3)-(-x^2+4x-3)]\mathrm{d}x\\&\quad+\int_{\frac{3}{2}}^{3}[-2(x-3)-(-x^2+4x-3)]\mathrm{d}x\\&=\int_0^{3}x^2\mathrm{d}x+\int_{\frac{3}{2}}^{3}(-6x+9)\mathrm{d}x\\&=\frac{x^3}{3}\bigg|_0^3+[-3x^2+9x]\big|_{3/2}^{3}\\&=\frac{9}{4}.\end{aligned}$$

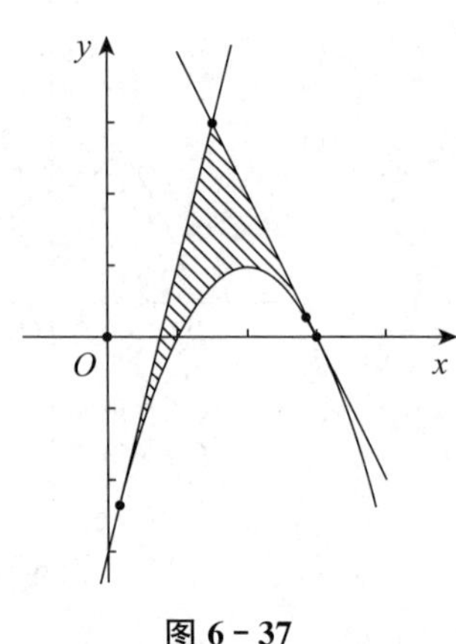

图 6-37

3. 利用定积分求几何体的体积

（1）求旋转体的体积.

旋转体是指一个平面图形绕该平面内一条直线旋转一周而形成的立体，这条直线称为旋转轴，如圆柱体、圆锥体和球都是旋转体.

设由连续曲线 $y=f(x)$ 和直线 $x=a$，$x=b$（$a<b$）及 x 轴所围成的曲边梯形绕 x 轴旋转一周形成旋转体，求它的体积 V.

取坐标 x 作为积分变量，其变化区间为 $[a,\ b]$，任取一小区间 $[x,\ x+\mathrm{d}x]$，落在该小区间上的薄片的体积可以用以 $f(x)$ 为底半径、$\mathrm{d}x$ 为高的圆柱体的体积作为近似值（见图 6-38），即体积微元为 $\mathrm{d}V=\pi[f(x)]^2\mathrm{d}x$. 对其在 x 的变化区间 $[a,\ b]$ 内积分可得如下公式.

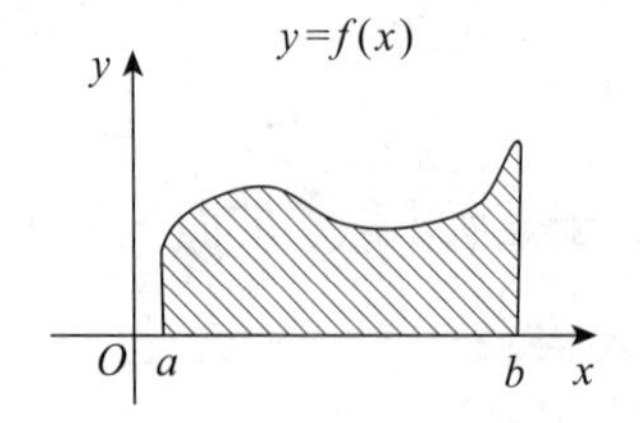

图 6-38

公式　旋转体体积 $V=\pi\int_a^b f^2(x)\mathrm{d}x$.

例5　求椭圆 $\dfrac{x^2}{a^2}+\dfrac{y^2}{b^2}=1$ 分别绕 x 轴与 y 轴旋转所产生的旋转体的体积.

解：由于椭圆图形与坐标轴对称，所以只需考虑第一象限内的曲边梯形绕坐标轴旋转所产生的旋转体（见图6-39）的体积.

$$V_x=2\cdot\pi\int_0^a y^2\mathrm{d}x=2\cdot\pi\frac{b^2}{a^2}\int_0^a(a^2-x^2)\mathrm{d}x$$
$$=2\cdot\pi\frac{b^2}{a^2}\left(a^2x-\frac{x^3}{3}\right)\Big|_0^a=\frac{4}{3}\pi ab^2.$$

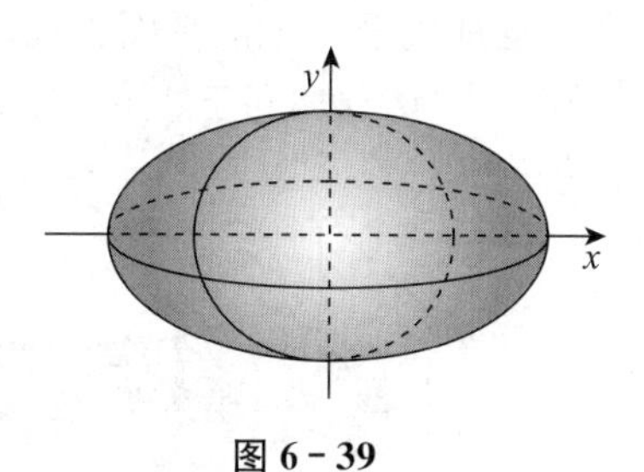

图6-39

同理可得

$$V_y=2\pi\int_0^b x^2\mathrm{d}y=2\pi\int_0^b\frac{a^2}{b^2}(b^2-y^2)\mathrm{d}y=\frac{4}{3}\pi a^2b.$$

特别地，当 $a=b$ 时，得球体积 $V=\dfrac{4}{3}\pi a^3$.

例6　求由抛物线 $y=x^2$，直线 $x=1$ 及 x 轴所围的平面图形分别绕 x 轴、y 轴旋转所得立体的体积 V（见图6-40).

解：(1) 绕 x 轴旋转所成的立体（见图6-41）的体积为

$$V=\pi\int_0^1 y^2\mathrm{d}x=\pi\int_0^1 x^4\mathrm{d}x=\frac{\pi}{5}x^5\Big|_0^1=\frac{1}{5}\pi.$$

(2) 绕 y 轴旋转所成的旋转体（见图6-42）的体积为直线 $x=1$ $(0\leqslant y\leqslant 1)$ 绕 y 轴旋转所得柱体的体积与抛物线 $y=x^2$ 绕 y 轴旋转所得旋转体的体积之差. 所以，绕 y 轴旋转所成的旋转体的体积为

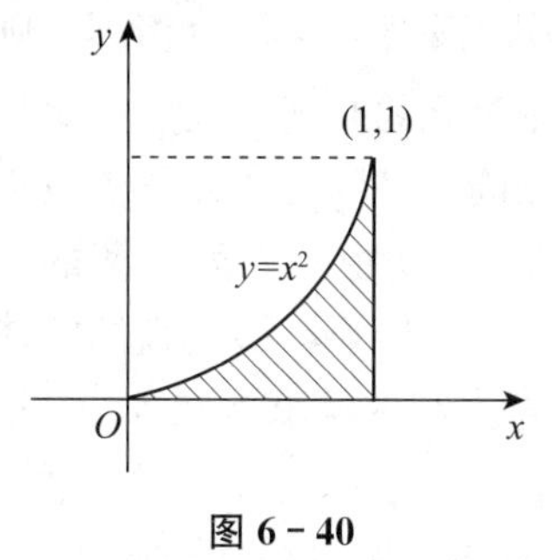

图6-40

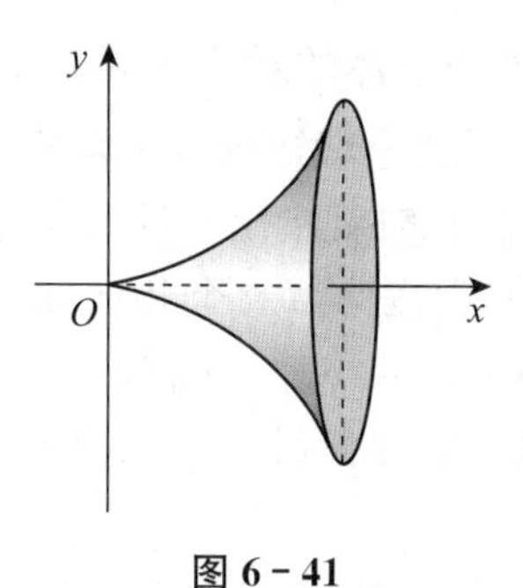

图6-41

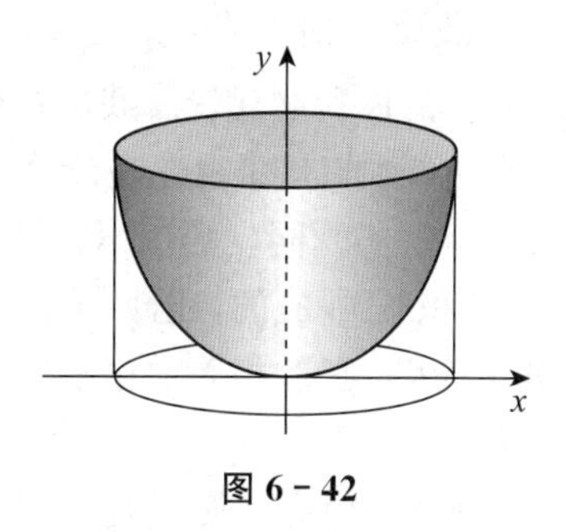

图6-42

$$V=\pi\int_0^1[1^2-(\sqrt{y})^2]\mathrm{d}y=\pi\int_0^1(1-y)\mathrm{d}y=\pi\left(y-\frac{1}{2}y^2\right)\Big|_0^1=\frac{\pi}{2}.$$

例7　求曲线 $y=x\mathrm{e}^{-x}$ $(x\geqslant 0)$，$y=0$ 和 $x=a$ 所围成的图形绕 x 轴旋转所得旋转体的体积 V_a，并求 $\lim\limits_{a\to+\infty}V_a$.

解： $V_a=\pi\int_0^a y^2\mathrm{d}x=\pi\int_0^a x^2\mathrm{e}^{-2x}\mathrm{d}x=-\frac{\pi}{8}(4a^2\mathrm{e}^{-2a}+4a\mathrm{e}^{-2a}+2\mathrm{e}^{-2a}-2)$.

因为 $\lim\limits_{x\to+\infty}x^n\mathrm{e}^{-x}=0$（$n=0$，1，2），所以 $\lim\limits_{a\to+\infty}V_a=\frac{\pi}{4}$.

(2) 求平行截面面积已知的几何体的体积.

设某立体由一曲面和垂直于 x 轴的两平面 $x=a$，$x=b$ 围成，用过任意点 x（$a\leqslant x\leqslant b$）且垂直于 x 轴的平面去截，如果所截得的截面面积已知为 $A(x)$，当 $A(x)$ 是连续函数时，求该立体介于 $x=a$ 和 $x=b$（$a<b$）之间的体积（见图 6－43).

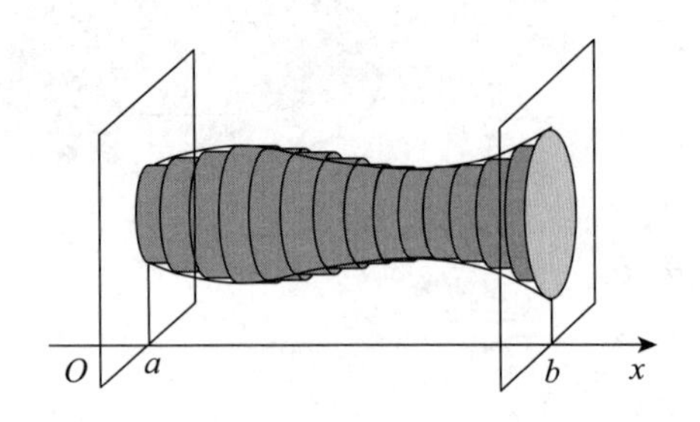

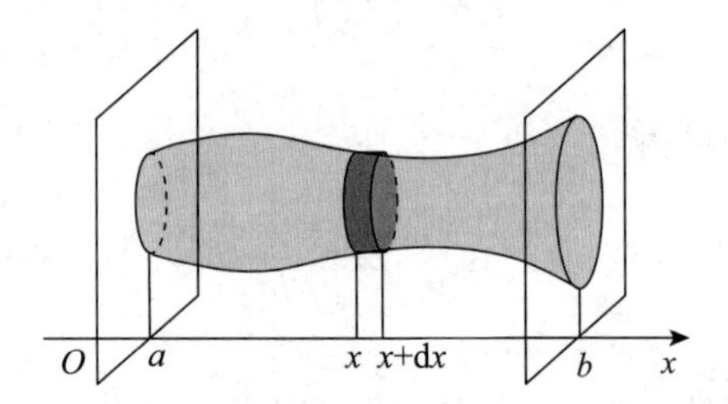

图 6－43

为求体积微元，在小区间 $[x, x+\mathrm{d}x]$ 上视 $A(x)$ 不变，即把 $[x, x+\mathrm{d}x]$ 上的立体薄片近似看作以 $A(x)$ 为底、$\mathrm{d}x$ 为高的柱片，则体积微元为 $\mathrm{d}V=A(x)\mathrm{d}x$. 在 x 的变化区间 $[a, b]$ 上积分，可得如下公式.

公式 截面面积已知的几何体的体积公式 $V=\int_a^b A(x)\mathrm{d}x$，即夹在过点 $x=a$ 和 $x=b$（$a<b$）且垂直于 x 轴的两个平面之间且平行截面的面积为 $A(x)$ 的立体体积为 $V=\int_a^b A(x)\mathrm{d}x$.

注释 由上述公式可知，若两个立体的对应于同一 x 的平行截面的面积恒相等，则两立体的体积必相等. 我国古代数学家早就知道这一原理了. 在南北朝时期，大数学家祖冲之[①]和他的儿子祖暅在计算球体体积时就指出（后人称之为“祖暅原理”）：“夫叠棋成立积，缘幂势既同，则积不容异.” 其大意为：一个几何体（“立积”）是由一系列很薄的小片（“积”）叠成的，若两个几何体相应的小片的截面积（“幂势”）都相等，那么它们的体积（“积”）必然相等. 在国外，这一原理直到 1000 多年后才被意大利数学家卡瓦列里[②]提出来.

例 8 设有底圆半径为 R 的圆柱，被与圆柱底面交角为 α 且过底圆直径的平面所截. 求截下的楔形体的体积.

---

① 祖冲之（429—500），中国古代数学家，早年“专攻数术”，提出了球体体积的计算方法，给出了圆周率的近似值. 他继刘徽之后使圆周率的计算达到了更精确的程度，给出了当时世界上最精确的记录，这一记录一直保持了近千年.

② 卡瓦列里（Cavalieri，1598—1647），意大利数学家，对数学的最大贡献是建立了“不可分原理”. 他认为几何图形是由无数多个维数较低的不可分量组成的，这一原理给出了计算面积和体积的有效方法.

解：方法一　取坐标系如图 6-44 所示，则底圆方程为 $x^2+y^2=R^2$.

在 x（$-R\leqslant x\leqslant R$）处垂直于 x 轴作立体的截面，截面为直角三角形，两条直角边分别为 y 和 $y\tan\alpha$，即 $\sqrt{R^2-x^2}$ 和 $\sqrt{R^2-x^2}\tan\alpha$，其面积为

$$A(x)=\frac{1}{2}(R^2-x^2)\tan\alpha.$$

从而得楔形体的体积为

$$\begin{aligned}V&=\int_{-R}^{R}\frac{1}{2}(R^2-x^2)\tan\alpha\,\mathrm{d}x=\tan\alpha\int_{0}^{R}(R^2-x^2)\mathrm{d}x\\&=\tan\alpha\left(R^2x-\frac{x^3}{3}\right)\Big|_0^R=\frac{2}{3}R^3\tan\alpha.\end{aligned}$$

方法二　如图 6-45 所示，在 y（$0\leqslant y\leqslant R$）处垂直于 y 轴作立体的截面，截面为矩形，两条边分别为 $2x$ 和 $y\tan\alpha$，即 $2\sqrt{R^2-y^2}$ 和 $y\tan\alpha$，其面积为

$$A(y)=2y\sqrt{R^2-y^2}\tan\alpha,$$

从而得楔形体的体积为

$$\begin{aligned}V&=\int_0^R 2y\sqrt{R^2-y^2}\tan\alpha\,\mathrm{d}y\\&=-\tan\alpha\int_0^R\sqrt{R^2-y^2}\,\mathrm{d}(R^2-y^2)\\&=-\frac{2}{3}\tan\alpha(R^2-y^2)^{\frac{3}{2}}\Big|_0^R=\frac{2}{3}R^3\tan\alpha.\end{aligned}$$

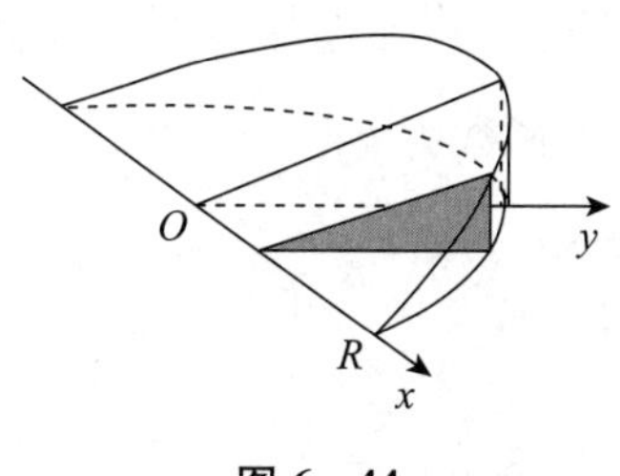

图 6-44

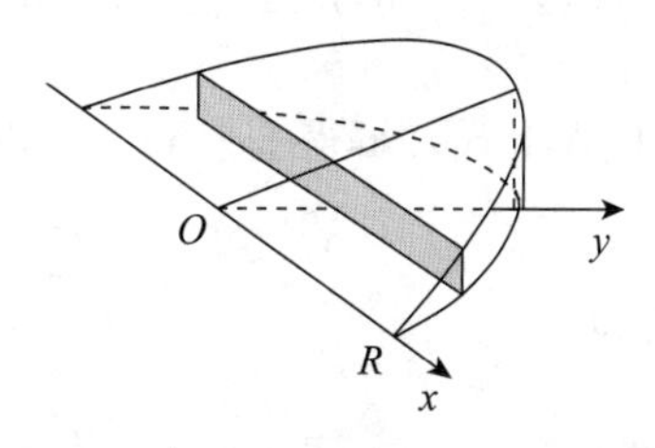

图 6-45

6.5.2　定积分在经济学中的应用

定积分在经济学中有着广泛的应用，在此，我们列举一些常见的应用实例，旨在使读者了解定积分在经济方面的应用，提高解决经济问题的能力.

1. 由边际函数求总函数

由于总函数（如总成本、总收益、总利润等）的导数就是边际函数（如边际成本、边

际收益、边际利润等)，所以当已知初始条件时，既可用不定积分求总函数，也可用定积分求总函数.

若已知生产产品的边际成本 $C'(q)$、边际收益 $R'(q)$、固定成本 C_0，试确定总成本 $C(q)$、总收益 $R(q)$ 和总利润 $L(q)$.

(1) 由不定积分确定总成本 $C(q)$、总收益 $R(q)$ 和总利润 $L(q)$.

$C(q)=\int C'(q)\mathrm{d}q+c$（$c$ 为常数），其中 c 由条件 $C(0)=C_0$ 确定.

$R(q)=\int R'(q)\mathrm{d}q+c$（$c$ 为常数），其中 c 由条件 $R(0)=0$ 确定.

(2) 由定积分确定总成本 $C(q)$、总收益 $R(q)$ 和总利润 $L(q)$.

$$C(q)=\int_0^q C'(q)\mathrm{d}q+C_0,$$

$$R(q)=\int_0^q R'(q)\mathrm{d}q,$$

$$L(q)=\int_0^q [R'(q)-C'(q)]\mathrm{d}q-C_0.$$

当产量由 a 个单位变为 b 个单位时，总成本的改变量与总收益的改变量分别用积分 $\int_a^b C'(q)\mathrm{d}q$ 与 $\int_a^b R'(q)\mathrm{d}q$ 计算.

例 9 已知某产品的边际成本函数为 $C'(q)=25+30q-9q^2$，固定成本为 55. 求总成本和平均成本函数.

解：方法一 用不定积分求解. 由 $C(q)=\int C'(q)\mathrm{d}q+C$，得

$$C(q)=\int C'(q)\mathrm{d}q=\int(25+30q-9q^2)\mathrm{d}q=25q+15q^2-3q^3+C.$$

把 $C(0)=55$ 代入上式，解得 $C=55$，所以，总成本函数为

$$C(q)=25q+15q^2-3q^3+55,$$

平均成本函数为

$$\overline{C}(q)=\frac{C(q)}{q}=25+15q-3q^2+\frac{55}{q}.$$

方法二 用定积分求解.

$$\begin{aligned}C(q)&=\int_0^q C'(q)\mathrm{d}q+C_0=\int_0^q(25+30q-9q^2)\mathrm{d}q+55\\&=(25q+15q^2-3q^3)\Big|_0^q+55\\&=25q+15q^2-3q^3+55.\end{aligned}$$

例 10 已知生产某种产品 q 单位时，边际收益为 $R'(q)=200-\frac{q}{200}$（单位：元). 求：

(1) 总收益 $R(q)$ 和平均收益 $\overline{R}(q)$；

(2) 生产 100 单位产品的总收益；

(3) 生产 100 单位产品后再生产 100 单位产品的总收益.

解：(1) $R(q)=\int_0^q R'(q)\mathrm{d}q=\int_0^q\left(200-\frac{q}{200}\right)\mathrm{d}q$

$$=\left(200q-\frac{q^2}{400}\right)\Big|_0^q=200q-\frac{q^2}{400}.$$

$$\overline{R}(q)=\frac{R(q)}{q}=200-\frac{q}{400}.$$

(2) $R(100)=\left(200q-\frac{q^2}{400}\right)_{q=100}=19\,975$(元).

(3) $R=\int_{100}^{200}\left(200-\frac{q}{200}\right)\mathrm{d}q=\left(200q-\frac{q^2}{400}\right)\Big|_{100}^{200}=19\,925$(元).

2. 由边际函数求总函数的极值

设生产 q 单位产品的边际收益为 $R'(q)$，边际成本为 $C'(q)$，固定成本为 C_0. 由极值的必要条件知，要使产品的利润 $L(q)=R(q)-C(q)$ 最大，q 应满足 $R'(q)=C'(q)$. 如果 $q=q_0$ 时利润最大，则最大利润可由积分表示为

$$L(q_0)=\int_0^{q_0}[R'(q)-C'(q)]\mathrm{d}q-C_0.$$

例 11　某种产品每天生产 q 单位时的固定成本为 $C_0=100$ 元，边际成本为 $C'(q)=0.6q+20$(单位：元)，边际收益 $R'(q)=38$(元).

(1) 每天生产多少单位时利润最大？最大利润是多少？

(2) 当利润最大时又生产了 10 单位产品，总利润为多少？

解：(1) 由利润最大原则知，当 $R'(q)=C'(q)$ 时利润最大，即

$$38=0.6q+20.$$

从而得 $q_0=30$，即 $q_0=30$ 时利润最大，这时最大利润为

$$L(30)=\int_0^{30}[R'(q)-C'(q)]\mathrm{d}q-C_0$$

$$=\int_0^{30}(38-0.6q-20)\mathrm{d}q-100=170(\text{元}).$$

(2) $L=\int_{30}^{40}[R'(q)-C'(q)]\mathrm{d}q=\int_{30}^{40}(-0.6q+18)\mathrm{d}q$

$$=(-0.3q^2+18q)\Big|_{30}^{40}=-30(\text{元}),$$

即从最大利润的生产量 $q=30$ 单位再生产 10 单位，产品利润减少 30 元.

例 12　设某种商品每天生产 q 单位时固定成本为 20 元，边际成本函数为 $C'(q)=0.4q+2$（单位：元）. 求总成本函数 $C(q)$. 如果这种商品规定的售价为 18 元，且产品可以全部售出，求总利润函数 $L(q)$，并问每天生产多少单位时才能获得最大利润？

解：总成本函数为

$$C(q)=\int_0^q C'(q)\mathrm{d}q+C_0=\int_0^q(0.4q+2)\mathrm{d}q+20$$
$$=(0.2q^2+2q)\Big|_0^q+20=0.2q^2+2q+20.$$

设销售 q 单位商品得到的总收益为 $R(q)$. 由题意，有 $R(q)=18q$. 因为 $L(q)=R(q)-C(q)$，所以

$$L(q)=18q-(0.2q^2+2q+20)=-0.2q^2+16q-20.$$

由 $L'(q)=-0.4q+16=0$，得 $q=40$，而 $L''(40)=-0.4<0$，所以每天生产 40 单位时才能获得最大利润，最大利润为

$$L(40)=-0.2\times40^2+16\times40-20=300(\text{元}).$$

习题 6.5

1. 求下列曲线所围图形的面积：

(1) $y=\sqrt{x}$ 与 $y=x^2$；
(2) $y=\mathrm{e}^x$，$y=\mathrm{e}^{-x}$ 与 $x=1$；
(3) $y=\dfrac{1}{x}$，$y=x$ 与 $x=2$；
(4) $y=\sin x$，$y=\cos x$，$x=0$，$x=\dfrac{\pi}{2}$；
(5) $y^2=x$ 与 $x+y-2=0$；
(6) $x=5y^2$ 与 $x=1+y^2$.

2. 确定正数 a 的值，使曲线 $y^2=x$ 与 $y=ax$ 所围图形的面积为 $\dfrac{1}{6}$.

3. 求下列曲线所围图形绕指定的轴旋转所成的旋转体的体积：

(1) $xy=4$，$x=2$，$x=4$，$y=0$ 所围图形，绕 x 轴；
(2) $x=y^2$，$y=x^2$ 所围图形，绕 y 轴；
(3) $y=\sqrt{x}$，$x=1$，$x=4$，$y=0$ 所围图形，分别绕 x 轴、y 轴；
(4) $x^2+(y-5)^2=16$ 所围图形，绕 x 轴.

4. 过坐标原点作曲线 $y=\ln x$ 的切线，其与曲线 $y=\ln x$ 及 x 轴所围平面图形记为 D.

(1) 求平面图形 D 的面积；
(2) 求平面图形 D 绕 $x=\mathrm{e}$ 旋转一周所得旋转体的体积.

5. 证明：由平面图形 $0\leqslant a\leqslant x\leqslant b$，$0\leqslant y\leqslant f(x)$ 绕 y 轴旋转所得旋转体的体积为

$$V=2\pi\int_a^b xf(x)\mathrm{d}x.$$

6. 某产品的边际成本为 $C'(q)=2-q$（单位：万元/台），边际收益为 $R'(q)=20-2q$（单位：万元/台），固定成本为 $C_0=100$（单位：万元）.

(1) 求总成本函数与收益函数；
(2) 产量为多少台时，总利润最大？

7. 某产品的边际收益为 $R'(q)=7-2q$（单位：万元/百台）. 若生产该产品的固定成本为 3 万元，每增加 100 台的变动成本为 2 万元.

(1) 求总收益函数；

(2) 生产多少台时，总利润最大？

8. 生产某产品的固定成本为 100，边际成本函数为 $C'(q)=21.2+0.8q$，需求函数为 $q=100-\frac{1}{3}p$. 问产量为多少时可获得最大利润？最大利润为多少？

9. 设生产某产品的固定成本为 1 万元，边际成本（单位：万元/百台）和边际收益（单位：万元/百台）分别为

$$C'(q)=4+0.25q，R'(q)=8-q.$$

(1) 产量由 100 台增加到 500 台时，总收益和总成本各增加多少万元？

(2) 产量为多少台时，总利润最大？

6.6 定积分内容精要与思想方法*

本节主要对定积分内容中的核心要点进行概括，并对定积分中蕴含的典型数学思想方法及应用进行讨论. 定积分中的数学思想方法内容丰富，是微积分思想方法的核心. 其中微元法是解决实际问题的有力工具，并且前面介绍的数学思想方法在定积分中也都有应用.

6.6.1 定积分内容精要

本章内容的逻辑主线：以定积分的概念为基础，讨论定积分的计算方法与定积分的应用.

主线：反常积分 $\xleftarrow{\text{推广}}$ 定积分 ⟶ 性质 ⟶ 基本公式 ⟶ 积分法 ⟶ 定积分的应用.

本章内容的核心要点：定积分的概念、微积分基本公式、换元积分法与分部积分法.

1. 定积分的概念

定积分的概念源于对平面上曲边梯形面积的求解问题，求解过程由四个步骤组成：

(1) 分割. 将所求量 F 分为部分量之和，即 $F=\sum\limits_{i=1}^{n}\Delta F_i$.

(2) 取近似. 求出每个部分量的近似值，$\Delta F_i\approx f(\xi_i)\Delta x_i$（$i=1，2，\cdots，n$）.

(3) 求和. 求出整体量 F 的近似值，$F=\sum\limits_{i=1}^{n}\Delta F_i\approx\sum\limits_{i=1}^{n}f(\xi_i)\Delta x_i$.

(4) 取极限. $F=\lim\limits_{\lambda\to 0}\sum\limits_{i=1}^{n}f(\xi_i)\Delta x_i$，其中 $\lambda=\max\{\Delta x_i\}$.

在此基础上，对整体量 F 的解决方法和结构特征进行抽象概括，得出定积分的概念.

定积分的概念：$\int_a^b f(x)\mathrm{d}x=\lim\limits_{\lambda\to 0}\sum\limits_{i=1}^{n}f(\xi_i)\Delta x_i$，其中 $\lambda=\max\{\Delta x_i\}$.

定积分概念的要点：

(1) 定积分概念的形成源于对曲边梯形面积的求解过程，基本方法是分割、取近似、求和、取极限，其中的关键是局部近似代替，它是构成定积分表达式的核心，也是定积分应用的基础.

(2) 定积分是一种特定和式的极限，即 $\int_a^b f(x)\mathrm{d}x=\lim\limits_{\lambda\to 0}\sum\limits_{i=1}^{n}f(\xi_i)\Delta x_i$，其结果是一个数. 在定积分的定义中，应注意积分区间的分法和各小区间上点 ξ_i 的取法都是任意的，即 $\lim\limits_{\lambda\to 0}\sum\limits_{i=1}^{n}f(\xi_i)\Delta x_i$ 的值与区间的分法和各小区间上点 ξ_i 的取法无关.

(3) 定积分 $\int_a^b f(x)\mathrm{d}x$ 只与被积函数 $f(x)$ 以及积分区间 $[a, b]$ 有关，而与积分变量无关，即 $\int_a^b f(x)\mathrm{d}x=\int_a^b f(t)\mathrm{d}t=\int_a^b f(u)\mathrm{d}u$.

(4) 定积分 $\int_a^b f(x)\mathrm{d}x$ 的几何意义是：由曲线 $y=f(x)$ 与 x 轴、$x=a$、$x=b$ 所围成的曲边图形面积的代数和.

2. 微积分基本定理和公式

(1) 原函数存在定理：如果函数 $f(x)$ 在区间 $[a, b]$ 上连续，则变上限积分函数 $\Phi(x)=\int_a^x f(t)\mathrm{d}t$ 就是 $f(x)$ 在区间 $[a, b]$ 上的一个原函数，即 $\Phi'(x)=f(x)$ $(a\leqslant x\leqslant b)$.

原函数存在定理的要点：

① 它给出了原函数存在的一个广泛适用、易于判定的充分条件，即函数为连续函数；

② 它是微分学与积分学之间的桥梁，揭示了定积分与微分之间的内在联系，也就是微分运算恰与变上限定积分运算具有互逆关系，即 $\mathrm{d}\int_a^x f(t)\mathrm{d}t=f(x)$，$\int_a^x \mathrm{d}f(t)=f(x)-f(a)$；

③ 它扩大了函数研究的范围，给出了用变上限积分表示函数的新方法.

(2) 牛顿-莱布尼茨公式：$\int_a^b f(x)\mathrm{d}x=F(x)\big|_a^b=F(b)-F(a)$.

牛顿-莱布尼茨公式将定积分的计算转化为不定积分，解决了由定义计算定积分的困难，为定积分的应用铺平了道路，最重要的是在理论上把微分学与积分学联系起来，构成了微积分这一整体，所以微积分基本公式是整个微积分中最重要的公式.

3. 换元积分法与分部积分法

第一换元积分公式：

$$\int_a^b f[\varphi(x)]\varphi'(x)\mathrm{d}x=\int_a^b f[\varphi(x)]\mathrm{d}\varphi(x)\xlongequal{u=\varphi(x)}\int_a^b f(u)\mathrm{d}u,$$

主要求复合函数的积分问题.

第二换元积分公式：

$$\int_a^b f(x)\mathrm{d}x=\int_\alpha^\beta f[\varphi(t)]\varphi'(t)\mathrm{d}t,$$

主要求被积函数中含有 $\sqrt{a^2\pm x^2}$，$\sqrt{x^2-a^2}$，$\sqrt[n]{ax+b}$ 等根式的积分问题.

分部积分公式：

$$\int_a^b uv'\mathrm{d}x=uv\Big|_a^b-\int_a^b vu'\mathrm{d}x,$$

主要求函数乘积的积分问题.

6.6.2　定积分思想方法

1. 积分概念中的思想方法

定积分概念形成过程中的思想方法：

$$\text{面积 } S\xrightarrow[\text{分割近似}]{\text{局部近似}}\Delta S_i\approx f(\xi_i)\Delta x_i\xrightarrow[\text{求和积累}]{\text{整体近似}}S\approx\sum_{i=1}^n f(\xi_i)\Delta x_i$$

$$\xrightarrow[\text{有限到无限}]{\text{近似转精确}}S=\lim_{\lambda\to0}\sum_{i=1}^n f(\xi_i)\Delta x_i=\int_a^b f(x)\mathrm{d}x$$

定积分的定义：$\int_a^b f(x)\mathrm{d}x=\lim\limits_{\lambda\to0}\sum\limits_{i=1}^n f(\xi_i)\Delta x_i$（从具体的面积到抽象的概念）.

定积分定义中的思想方法：用定积分的定义解决问题的思想方法由以下四个步骤组成.

$$F\xrightarrow{(1)\text{ 分割}}F=\sum_{i=1}^n\Delta F_i\xrightarrow{(2)\text{ 取近似}}\Delta F_i\approx f(\xi_i)\Delta x_i$$

$$\xrightarrow{(3)\text{ 求和}}F\approx\sum_{i=1}^n f(\xi_i)\Delta x_i\xrightarrow{(4)\text{ 取极限}}F=\lim_{\lambda\to0}\sum_{i=1}^n f(\xi_i)\Delta x_i$$

“分割、取近似、求和、取极限”四步中的关键是局部近似代替，它是构成定积分表达式的核心，也是定积分应用的基础.

定积分定义中的辩证思想：定积分问题处理的是部分与整体、近似与精确、有限与无限之间的关系，它们之间是对立统一的. 通过极限能够实现近似与精确、有限与无限的转化，即借助极限方法能够通过近似认识精确，通过有限认识无限，由部分统一成整体.

无穷区间上的反常积分的定义：

$$\int_a^{+\infty}f(x)\mathrm{d}x=\lim_{b\to+\infty}\int_a^b f(x)\mathrm{d}x;\ \int_{-\infty}^b f(x)\mathrm{d}x=\lim_{a\to-\infty}\int_a^b f(x)\mathrm{d}x.$$

反常积分定义中的思想方法：通过极限实现有限区间的定积分与无穷区间上的反常积分之间的转化，即通过有限区间的问题认识和解决无限区间的问题.

2. 微积分基本公式中的思想方法

牛顿-莱布尼茨公式：

$$\int_a^b f(x)\mathrm{d}x = F(x)\big|_a^b = F(b) - F(a).$$

公式中的转化思想：微积分基本公式在定积分与原函数这两个本来似乎并不相干的概念之间建立起了定量关系，为定积分的计算找到了一条简捷的途径，其中蕴含着转化的思想方法，即将定积分的计算转化为原函数的函数值之差的计算.

3. 定积分积分法中的思想方法

(1) 定积分的换元积分法中的转化思想.

定积分的换元积分法：

$$\int_a^b f(x)\mathrm{d}x \underset{\text{第二换元积分法 } x=\varphi(t)}{\overset{\text{第一换元积分法 } \varphi(t)=x}{\rightleftharpoons}} \int_\alpha^\beta f[\varphi(t)]\varphi'(t)\mathrm{d}t.$$

公式中的数学思想方法：通过变量代换 $x=\varphi(t)$ 将积分 $\int_a^b f(x)\mathrm{d}x$ 与积分 $\int_\alpha^\beta f[\varphi(t)]\varphi'(t)\mathrm{d}t$ 互相转化，从右向左是第一换元积分法，从左向右是第二换元积分法. 其思想是在转化思想的指导下，通过公式将复杂难求的积分转化为简单易求的积分.

(2) 定积分的分部积分法中的转化思想.

定积分的分部积分法：

$$\int_a^b uv'\mathrm{d}x \xlongequal{\text{凑微分}} \int_a^b u\mathrm{d}v \xlongequal{\text{用公式}} uv\big|_a^b - \int_a^b vu'\mathrm{d}x.$$

分部积分法中的数学思想：通过公式将积分 $\int_a^b u\mathrm{d}v$ 的计算转化为积分 $\int_a^b v\mathrm{d}u$ 的计算. 当后面这个积分较易求时，分部积分公式就起到了化难为易的作用.

4. 定积分应用中的思想方法

微元法是定积分应用的根本方法，它是定积分思想方法的简化和概括，微元法由求微元和求积分两步构成：

$$\text{整体量 } F,\ x\in[a,\ b] \xrightarrow{\text{化整为零}} \text{求微元 } \mathrm{d}F = f(x)\mathrm{d}x \xrightarrow{\text{积零为整}} \text{求积分 } F = \int_a^b f(x)\mathrm{d}x$$

微元法具有广泛的应用，利用定积分的微元法可以便捷地求面积、体积、弧长等几何量，也可以解决物理、经济等方面的实际问题.

6.6.3　定积分计算中的数学方法

化归法、构造法和分类法在定积分的计算中经常使用，下面介绍这些常用的数学方法在解决定积分问题时的应用.

1. 定积分中化归法的应用

例1　求 $\lim\limits_{x\to+\infty}\dfrac{\int_0^x(\arctan t)^2\mathrm{d}t}{\sqrt{x^2+1}}$.

解：由洛必达法则，有

$$\lim_{x\to+\infty}\frac{\int_0^x(\arctan t)^2\mathrm{d}t}{\sqrt{x^2+1}}=\lim_{x\to+\infty}\frac{(\arctan x)^2}{\frac{1}{2}(x^2+1)^{-\frac{1}{2}}\cdot 2x}=\lim_{x\to+\infty}\frac{\sqrt{x^2+1}(\arctan x)^2}{x}$$

$$=\lim_{x\to+\infty}\sqrt{1+\frac{1}{x^2}}(\arctan x)^2=\frac{\pi^2}{4}.$$

例2　求 $I=\int_0^1\dfrac{x\mathrm{e}^x}{(1+x)^2}\mathrm{d}x$.

解：由分部积分法，有

$$I=\int_0^1\frac{x\mathrm{e}^x}{(1+x)^2}\mathrm{d}x=-\int_0^1x\mathrm{e}^x\mathrm{d}\left(\frac{1}{1+x}\right)=-\frac{x\mathrm{e}^x}{1+x}\bigg|_0^1+\int_0^1\frac{\mathrm{e}^x+x\mathrm{e}^x}{1+x}\mathrm{d}x$$

$$=-\frac{\mathrm{e}}{2}+\int_0^1\mathrm{e}^x\mathrm{d}x=\frac{\mathrm{e}}{2}-1.$$

例3　求 $I=\int_0^{\frac{\pi}{2}}\dfrac{\sin 2x}{1+\mathrm{e}^{\sin^2x}}\mathrm{d}x$.

解：作变换. 令 $u=\sin^2x$，则 $\mathrm{d}u=2\sin x\cos x\mathrm{d}x=\sin 2x\mathrm{d}x$，从而有

$$I=\int_0^1\frac{\mathrm{d}u}{1+\mathrm{e}^u}=\int_0^1\frac{\mathrm{d}\mathrm{e}^u}{\mathrm{e}^u(1+\mathrm{e}^u)}\xlongequal{\mathrm{e}^u=t}\int_1^{\mathrm{e}}\frac{\mathrm{d}t}{t(1+t)}=\int_1^{\mathrm{e}}\left(\frac{1}{t}-\frac{1}{t+1}\right)\mathrm{d}t$$

$$=\ln\frac{t}{1+t}\bigg|_1^{\mathrm{e}}=\ln\frac{2\mathrm{e}}{1+\mathrm{e}}.$$

例4　计算 $\int_0^{\frac{\pi}{4}}\dfrac{\sin x}{1+\sin x}\mathrm{d}x$.

解：设 $I=\int_0^{\frac{\pi}{4}}\dfrac{\sin x}{1+\sin x}\mathrm{d}x$，$J=\int_0^{\frac{\pi}{4}}\dfrac{\sin x}{1-\sin x}\mathrm{d}x$，则

$$I+J=\int_0^{\frac{\pi}{4}}\frac{2\sin x}{1-\sin^2x}\mathrm{d}x=2\int_0^{\frac{\pi}{4}}\frac{\sin x}{\cos^2x}\mathrm{d}x=-2\int_0^{\frac{\pi}{4}}\frac{\mathrm{d}\cos x}{\cos^2x}=2(\sqrt{2}-1),$$

$$I-J=-2\int_0^{\frac{\pi}{4}}\frac{\sin^2 x}{1-\sin^2 x}\mathrm{d}x=-2\int_0^{\frac{\pi}{4}}\tan^2 x\mathrm{d}x=2\left(\frac{\pi}{4}-1\right).$$

将上面两式相加，解得 $I=\int_0^{\frac{\pi}{4}}\frac{\sin x}{1+\sin x}\mathrm{d}x=\sqrt{2}+\frac{\pi}{4}-2.$

例 5 设 $f(x)$ 连续，求 $\frac{\mathrm{d}}{\mathrm{d}x}\int_0^a f(x^2-t)\mathrm{d}t$.

解：作变换. 令 $u=x^2-t$，则由变上限积分的求导公式，得

$$\frac{\mathrm{d}}{\mathrm{d}x}\int_0^a f(x^2-t)\mathrm{d}t=\frac{\mathrm{d}}{\mathrm{d}x}\int_{x^2-a}^{x^2}f(u)\mathrm{d}u=2xf(x^2)-2xf(x^2-a).$$

例 6 试确定当 $x\to 0$ 时，无穷小 $\alpha(x)=\int_0^{1-\cos x}\sin t^2\mathrm{d}t$ 关于 x 的阶数.

解：显然 $\alpha(x)$ 为可导函数，由洛必达法则与等价无穷小代替，得

$$\begin{aligned}\lim_{x\to 0}\frac{\alpha(x)}{x^k}&=\lim_{x\to 0}\frac{\int_0^{1-\cos x}\sin t^2\mathrm{d}t}{x^k}=\lim_{x\to 0}\frac{\sin x\sin(1-\cos x)^2}{kx^{k-1}}\\&=\frac{1}{k}\lim_{x\to 0}\frac{\sin(1-\cos x)^2}{x^{k-2}}=\frac{1}{k}\lim_{x\to 0}\frac{(1-\cos x)^2}{x^{k-2}}\\&=\frac{1}{k}\lim_{x\to 0}\frac{\frac{1}{4}x^4}{x^{k-2}}=\frac{1}{4k}\lim_{x\to 0}x^{6-k}.\end{aligned}$$

要使极限存在且为非零常数，必须取 $k=6$，即当 $x\to 0$ 时，$\alpha(x)$ 是关于 x 的 6 阶无穷小.

例 7 求连续函数 $f(x)$，使它满足 $\int_0^1 f(tx)\,\mathrm{d}t=f(x)+x\sin x$ $(x\neq 0)$.

解：作变换. 令 $u=tx$，则原式化为

$$\int_0^x f(u)\mathrm{d}u=xf(x)+x^2\sin x.$$

因为 $f(x)$ 连续，故上式左、右两边可导，两边对 x 求导，得

$$f(x)=f(x)+xf'(x)+2x\sin x+x^2\cos x,$$

即 $f'(x)=-2\sin x-x\cos x$，两边积分，得

$$f(x)=\int(-2\sin x-x\cos x)\mathrm{d}x=\cos x-x\sin x+C.$$

2. 定积分中分类法的应用

例 8 设 $f(x)=\begin{cases}1+x^2, & x<0\\ \mathrm{e}^{-x}, & x\geqslant 0\end{cases}$，求 $\int_1^3 f(x-2)\mathrm{d}x$.

解：被积函数为分段函数，需要分区间段进行计算. 令 $x-2=t$，则

$$\int_1^3 f(x-2)\mathrm{d}x=\int_{-1}^1 f(t)\mathrm{d}t=\int_{-1}^0(1+t^2)\mathrm{d}t+\int_0^1\mathrm{e}^{-t}\mathrm{d}t=\frac{7}{3}-\frac{1}{\mathrm{e}}.$$

例 9　设 $|y|<1$，求 $\int_{-1}^{1}|x-y|e^{x}dx$.

解：被积函数含有绝对值函数，需要分割区间以去掉绝对值号.

$$\begin{aligned}\int_{-1}^{1}|x-y|e^{x}dx&=\int_{-1}^{y}(y-x)e^{x}dx+\int_{y}^{1}(x-y)e^{x}dx\\&=\left[(y-x)e^{x}+e^{x}\right]\Big|_{-1}^{y}+\left[(x-y)e^{x}-e^{x}\right]\Big|_{y}^{1}\\&=2e^{y}-\left(e+\frac{1}{e}\right)y-\frac{2}{e}.\end{aligned}$$

3. 利用构造法求与积分相关的极限

例 10　求 $\lim\limits_{n\to\infty}\int_{0}^{1}\frac{x^{n}}{1+x}dx$.

解：构造不等式. 因为 $x\in[0,1]$ 时，$\frac{x^{n}}{2}\leqslant\frac{x^{n}}{1+x}\leqslant x^{n}$，所以积分可得

$$\frac{1}{2(n+1)}=\int_{0}^{1}\frac{x^{n}}{2}dx\leqslant\int_{0}^{1}\frac{x^{n}}{1+x}dx\leqslant\int_{0}^{1}x^{n}dx=\frac{1}{n+1}.$$

而 $\lim\limits_{n\to\infty}\frac{1}{2(n+1)}=0$，$\lim\limits_{n\to\infty}\frac{1}{n+1}=0$，故 $\lim\limits_{n\to\infty}\int_{0}^{1}\frac{x^{n}}{1+x}dx=0$.

例 11　求 $\lim\limits_{n\to+\infty}\int_{n}^{n+1}\frac{\sin x}{x}dx$.

解：构造关系式. 显然 $f(x)=\frac{\sin x}{x}$ 当 $x>0$ 时连续.

由积分中值定理可知，存在 ξ $(n<\xi<n+1)$，使得 $\int_{n}^{n+1}\frac{\sin x}{x}dx=\frac{\sin\xi}{\xi}$，所以

$$\lim_{n\to+\infty}\int_{n}^{n+1}\frac{\sin x}{x}dx=\lim_{n\to+\infty}\frac{\sin\xi}{\xi}=\lim_{\xi\to+\infty}\frac{1}{\xi}\sin\xi=0.$$

例 12　求 $\lim\limits_{n\to\infty}\left(\frac{1}{\sqrt{4n^{2}+1}}+\frac{1}{\sqrt{4n^{2}+2^{2}}}+\cdots+\frac{1}{\sqrt{4n^{2}+n^{2}}}\right)$.

解：构造定积分. 根据定积分的定义，有

$$\text{原极限}=\frac{1}{2}\lim_{n\to\infty}\sum_{k=1}^{n}\frac{1}{\sqrt{1+\left(\frac{2k}{n}\right)^{2}}}\cdot\frac{2}{n}=\frac{1}{2}\int_{0}^{2}\frac{dx}{\sqrt{1+x^{2}}}=\frac{1}{2}\ln(2+\sqrt{5}).$$

4. 利用构造法证明积分等式

方法一：作辅助函数 $F(x)$，对 $F(x)$ 应用连续函数的介值定理，证明相关的积分等式.

方法二：根据问题的结论特征构造变上限积分辅助函数 $F(x)$，对 $F(x)$ 应用罗尔定理或积分中值定理，得到相关的积分等式.

例 13　设函数 $f(x)$ 在 $[a,b]$ 上连续且递增，证明至少存在一点 $\xi\in[a,b]$，使得

$$\int_a^b f(x)\mathrm{d}x=f(a)(\xi-a)+f(b)(b-\xi).$$

证：构造辅助函数．令 $F(x)=f(a)(x-a)+f(b)(b-x)$，由函数 $f(x)$ 在区间 $[a,b]$ 上连续可知，函数 $F(x)$ 在区间 $[a,b]$ 上连续，且 $F(a)=f(b)(b-a)$，$F(b)=f(a)(b-a)$.

又因为 $f(x)$ 在 $[a,b]$ 上递增，则对任意的 $x\in[a,b]$，有 $f(a)\leqslant f(x)\leqslant f(b)$，由定积分的不等式性质可知：

$$f(a)(b-a)\leqslant\int_a^b f(x)\mathrm{d}x\leqslant f(b)(b-a),$$

即 $F(b)\leqslant\int_a^b f(x)\mathrm{d}x\leqslant F(a)$．

由闭区间上连续函数的介值定理可知，至少存在一点 $\xi\in[a,b]$，使得

$$\int_a^b f(x)\mathrm{d}x=F(\xi)=f(a)(\xi-a)+f(b)(b-\xi).$$

例 14　设函数 $f(x)$ 在 $[0,1]$ 上连续，且 $\int_0^1 f(x)\mathrm{d}x=0$．证明 $(0,1)$ 内至少存在一点 ξ，使得 $f(1-\xi)+f(\xi)=0$.

证：构造辅助函数 $F(x)=\int_0^x f(1-t)\mathrm{d}t+\int_0^x f(t)\mathrm{d}t$，令 $u=1-t$，则

$$\int_0^1 f(1-t)\mathrm{d}t=\int_0^1 f(u)\mathrm{d}u=0.$$

故 $F(0)=0$，$F(1)=\int_0^1 f(1-t)\mathrm{d}t+\int_0^1 f(t)\mathrm{d}t=0$，且 $F(x)$ 在 $[0,1]$ 上连续，在 $(0,1)$ 内可导，由罗尔定理可知，在 $(0,1)$ 内至少存在一点 ξ，使得

$$F'(\xi)=f(1-\xi)+f(\xi)=0.$$

总习题六

A. 基础测试题

1. 填空题

(1) $\int_{-1}^2 x|x|\mathrm{d}x=$________.

(2) 设 $f(x)$ 是连续函数，且 $f(x)=x+2\int_0^1 f(t)\mathrm{d}t$，则 $f(x)=$________.

(3) $\int_{0}^{+\infty} \frac{1}{e^{x}+e^{-x}} dx =$ ________.

(4) $\frac{d}{dx}\int_{0}^{x} \sin(x-t)^{2} dt =$ ________.

(5) $\int_{0}^{1} \sqrt{2x-x^{2}}\, dx =$ ________.

(6) $\int_{-\pi}^{\pi} (x+1)\sqrt{1-\cos 2x}\, dx =$ ________.

(7) $\int_{e}^{+\infty} \frac{dx}{x\ln^{2}x} =$ ________.

(8) 设 $f(x)=\begin{cases}1+x^{2}, & x\leqslant 0\\ e^{-x}, & x>0\end{cases}$，则 $\int_{1}^{3} f(x-2)\,dx =$ ________.

(9) 设 $f(x)$ 连续，且 $\int_{0}^{x^{3}-1} f(t)\,dt = x$，则 $f(7)=$ ________.

(10) 介于曲线 $y=e^{-2x}$ $(0\leqslant x<+\infty)$ 与 x 轴之间的图形的面积为 ________.

2. 单项选择题

(1) 下列结论正确的是（　　）.

(A) $\frac{d}{dx}\int_{a}^{b} f(x)\,dx = f(x)$　　(B) $\frac{d}{dx}\int_{a}^{x} f(x)\,dx = f(x)$

(C) $\int_{a}^{b} f'(x)\,dx = f(x)$　　(D) $\int_{a}^{b} f'(x)\,dx = f(x)+C$

(2) 设 $f(x)$ 为连续函数，则 $\int_{0}^{1} f(\sqrt{1-x})\,dx =$（　　）.

(A) $2\int_{0}^{1} xf(x)\,dx$　　(B) $-2\int_{0}^{1} xf(x)\,dx$

(C) $\frac{1}{2}\int_{0}^{1} f(x)\,dx$　　(D) $-\frac{1}{2}\int_{0}^{1} f(x)\,dx$

(3) 若 $F(x)=\int_{0}^{x} \frac{1}{1+t^{2}} dt + \int_{0}^{\frac{1}{x}} \frac{1}{1+t^{2}} dt$ $(x\neq 0)$，则 $F(x)=$（　　）.

(A) 0　　(B) $\frac{\pi}{2}$　　(C) $\arctan x$　　(D) $2\arctan x$

(4) 函数 $f(x)=\int_{0}^{x} e^{\sqrt{t}}\, dt$ 在 [0，1] 上的最大值为（　　）.

(A) e　　(B) 1　　(C) $\sqrt{e}$　　(D) 2

(5) 设 $f(x)$ 连续，则 $\frac{d}{dx}\int_{0}^{x} tf(x^{2}-t^{2})\,dt =$（　　）.

(A) $xf(x^{2})$　　(B) $-xf(x^{2})$　　(C) $2xf(x^{2})$　　(D) $-2xf(x^{2})$

(6) 下列反常积分发散的是（　　）.

(A) $\int_{0}^{+\infty} \frac{dx}{1+x^{2}}$　　(B) $\int_{0}^{1} \frac{dx}{\sqrt{1-x^{2}}}$　　(C) $\int_{0}^{+\infty} \frac{\ln x}{x} dx$　　(D) $\int_{0}^{+\infty} e^{-x}\, dx$

(7) 设在区间 $[a, b]$ 上，$f(x)>0$，$f'(x)<0$，$f''(x)>0$，$S_1=\int_a^b f(x)\mathrm{d}x$，$S_2=f(b)(b-a)$，$S_3=\frac{b-a}{2}[f(a)+f(b)]$，则必有（　　）.

(A) $S_1<S_2<S_3$　　(B) $S_2<S_1<S_3$

(C) $S_3<S_1<S_2$　　(D) $S_2<S_3<S_1$

(8) $\int_0^{\pi}\sqrt{\sin x-\sin^3 x}\,\mathrm{d}x=$（　　）.

(A) 0　　(B) $\frac{2}{3}$　　(C) $\frac{4}{3}$　　(D) 2

(9) 设 $f(x)=\begin{cases}x+1, & 0\leqslant x<1\\ x-1, & 1\leqslant x\leqslant 2\end{cases}$，且 $F(x)=\int_0^x f(t)\mathrm{d}t$，则 $x=1$ 是函数 $F(x)$ 的（　　）.

(A) 跳跃间断点　　(B) 可去间断点

(C) 连续但不可导点　　(D) 可导点

(10) 设 $F(x)=\frac{x^2}{x-a}\int_a^x f(t)\mathrm{d}t$，其中 $f(x)$ 为连续函数，则 $\lim\limits_{x\to a}F(x)=$（　　）.

(A) a^2　　(B) $a^2 f(a)$　　(C) 0　　(D) 不存在

3. 求下列极限：

(1) $\lim\limits_{x\to 0}\dfrac{x-\sin x}{\int_0^x \frac{\ln(1+t^3)}{t}\mathrm{d}t}$；

(2) $\lim\limits_{n\to\infty}\frac{1}{n}\left(\sin\frac{\pi}{n}+\sin\frac{2\pi}{n}+\sin\frac{3\pi}{n}+\cdots+\sin\frac{n\pi}{n}\right)$.

4. 求下列积分：

(1) $\int_{-1}^{1}\arcsin^2 x\,\mathrm{d}x$；　　(2) $\int_{-1}^{1}x^2\mathrm{e}^{|x|}\mathrm{d}x$；

(3) $\int_1^{\mathrm{e}}\frac{1}{x\sqrt{1-\ln^2 x}}\mathrm{d}x$；　　(4) $\int_1^{+\infty}\frac{\arctan x}{x^2}\mathrm{d}x$.

5. 已知 $f(0)=1$，$f(1)=3$，$f'(1)=5$. 求 $\int_0^1 xf''(x)\mathrm{d}x$.

6. 已知 $f(\pi)=1$，且 $\int_0^{\pi}[f(x)+f''(x)]\sin x\,\mathrm{d}x=3$. 求 $f(0)$.

7. 设 $f(x)$ 连续，且满足 $\int_0^x(t-x)f(t)\mathrm{d}t=1-\cos x$. 求 $f(x)$.

8. 设 $f(x)$ 在 $[a, b]$ 上连续. 证明：$\int_a^b f(x)\mathrm{d}x=(b-a)\int_0^1 f(a+(b-a)x)\mathrm{d}x$.

9. 设函数 $f(x)$ 连续，且 $f(x)=\frac{1}{1+x^2}-3x^2\int_0^1 f(t)\mathrm{d}t$. 求 $f(x)$.

10. 从抛物线 $y=x^2-1$ 上的点 $P(a, a^2-1)$ 引抛物线 $y=x^2$ 的切线. 求由曲线 $y=x^2$ 与所引切线所围图形的面积.

11. 已知某产品的边际成本和边际收益分别为

$$C'(q)=3q^2-20q-40，R'(q)=32+10q，$$

且固定成本为 10，其中 q 为销售量. 求总利润函数及使总利润最大的产量.

12. 读写练习：查阅有关文献，以微积分基本公式为核心，写一篇介绍牛顿和莱布尼茨对微积分的创立所做的巨大贡献的短文.

B. 考研提高题

1. 设 $f(x)$ 是连续函数，且 $f(x)=x+2\int_0^1 f(t)\mathrm{d}t$，求 $f(x)$.

2. 已知 $f(x)$ 连续，$\int_0^x tf(x-t)\mathrm{d}t=1-\cos x$，求 $\int_0^{\frac{\pi}{2}} f(x)\mathrm{d}x$ 的值.

3. 设 $f(x)$ 在 $[-\pi，\pi]$ 上连续，且 $f(x)=\dfrac{x}{1+\cos^2 x}+\int_{-\pi}^{\pi} f(x)\sin x\,\mathrm{d}x$，求 $f(x)$.

4. 求正常数 a，b，使得 $\lim\limits_{x\to 0}\dfrac{1}{bx-\sin x}\int_0^x \dfrac{t^2}{\sqrt{a+t^2}}\mathrm{d}t=3$.

5. 证明：当 $x\in\left[0，\dfrac{\pi}{2}\right]$时，有 $\int_0^{\sin^2 x}\arcsin\sqrt{t}\,\mathrm{d}t+\int_0^{\cos^2 x}\arccos\sqrt{t}\,\mathrm{d}t=\dfrac{\pi}{4}$.

6. 设 $I_n=\int_0^{+\infty} x^n \mathrm{e}^{-x^2}\mathrm{d}x$，证明：当 $n\geqslant 2$ 时，$I_n=\dfrac{n-1}{2}I_{n-2}$，并计算 $\int_0^{+\infty} x^5\mathrm{e}^{-x^2}\mathrm{d}x$.

7. 设 $f(x)=x\,(x\geqslant 0)$，$g(x)=\begin{cases}\sin x, & 0\leqslant x\leqslant \pi/2\\ 0, & x>\pi/2\end{cases}$，求 $F(x)=\int_0^x f(t)g(x-t)\mathrm{d}t$.

8. 设函数 $f(x)$，$g(x)$ 在 $[a，b]$ 上连续，且 $g(x)>0$，证明：存在一点 $\xi\in[a，b]$，使

$$\int_a^b f(x)g(x)\mathrm{d}x=f(\xi)\int_a^b g(x)\mathrm{d}x.$$

9. 设 $f(x)$，$g(x)$ 及其平方都在 $[a，b]$ 上可积，证明不等式

$$\left[\int_a^b f(x)g(x)\mathrm{d}x\right]^2\leqslant\int_a^b f^2(x)\mathrm{d}x\int_a^b g^2(x)\mathrm{d}x.$$

10. 曲线 $y=1-x^2$，x 轴与 y 轴在第一象限所围成的图形被曲线 $y=ax^2$（$a>0$）分为面积相等的两部分，试确定常数 a 的值.

11. 求曲线 $y=\ln x$ 在区间（1，3）内的一条切线，使得该切线与直线 $x=1$，$x=3$ 和曲线 $y=\ln x$ 所围图形的面积最小.

12. 设 $y=ax^2+bx+c$ 过原点，当 $0\leqslant x\leqslant 1$ 时 $y\geqslant 0$；又知与 x 轴及 $x=1$ 所围图形的面积为 $\dfrac{1}{3}$，试确定 a，b，c 使此图形绕 x 轴的旋转体的体积最小.

附　录　微积分中的数学家与贡献

从古代微积分思想的萌芽到17—19世纪微积分的创立和发展，凝聚了众多数学家的思想和成果，在此仅对一些杰出数学家的思想和贡献，按照数学发展的脉络和历史轨迹做一个介绍，以感悟他们光彩绚烂的智慧人生，获得思想的启迪.

1. 阿基米德

阿基米德（Archimedes，公元前287—前212），古希腊最伟大的数学家和物理学家. 阿基米德的主要著作有《圆的度量》《抛物线求积》《论螺线》《论球和圆柱》等. 后人给予了阿基米德极高的评价，数学家贝尔说：任何一张列出有史以来最伟大的三位数学家的名单中必定包括阿基米德，另外两位通常是牛顿和高斯.

阿基米德在数学上有着极为光辉灿烂的成就. 阿基米德流传于世的数学著作有10余种，多为希腊文手稿. 与面积和体积计算相关的问题是阿基米德的主要兴趣，在解决这些问题时，他创立了"穷竭法"，即我们今天所说的逐步近似求极限的方法，因而他被公认为微积分计算的鼻祖. 在《圆的度量》中，他将穷竭法应用于圆的周长和面积公式，通过用内接与外切正多边形逼近圆周，得到圆周率的值介于 $\frac{223}{71}$ 和 $\frac{22}{7}$ 之间，同时得到圆面积等于周长与半径乘积的一半；在《论球和圆柱》中，他用穷竭法证明了球的面积和体积的有关公式，如球的体积是其外切圆柱体体积的 $\frac{2}{3}$；在《抛物线求积》中，他研究了曲线图形的求积问题.

阿基米德

穷竭法可以严格证明已知的命题，但不能用来发现新的结果，这是古希腊演绎数学的一大弱点. 但阿基米德在这方面则属例外，他的《方法论》集中阐述了获取求积公式的"平衡法". 平衡法实际上是一种原始的积分方法，是微积分学的早期萌芽，可以说是阿基米德在数学研究上的最大功绩，阿基米德本人的大量成果都是利用这一方法取得的.

平衡法本身必须以极限论为基础，阿基米德意识到他的方法在严密性上的不足，所以当他用平衡法求出一个面积或体积之后，必然会再用穷竭法给出严格的证明，这种发现与求证的双重方法是阿基米德独特的思维模式.

2. 刘徽

刘徽（约225—295年），我国魏晋时期杰出的数学家，我国古典数学理论的奠基人.

刘徽的主要数学成就是撰写《九章算术注》和《海岛算经》，并以此奠定了他在我国数学史上的不朽地位.

刘徽

刘徽的数学成就中最突出的是割圆术和体积理论. 他在《九章算术注》中提出了割圆术，并以此作为计算圆的周长、面积以及圆周率的基础，从而在我国算术史上首次建立起了推算圆周率的可靠理论. 刘徽的方法是“割之弥细，所失弥少. 割之又割，以至于不可割，则与圆周合体而无所失矣”. 也就是说，刘徽用圆内接正多边形逐步逼近圆，这就是刘徽的割圆术. 运用此割圆术，刘徽求得圆内接正 192 边形，得出圆周率的不足近似值为 3.14，若再继续分割下去，直至圆内接正 3 072 边形时，这时圆周率为 3.141 6，这个结果是当时世界上最佳的近似值. 刘徽割圆的逼近思想即为今天极限思想的萌芽，为定积分概念的形成积累了素材.

3. 牛顿

牛顿

艾萨克·牛顿（Isaac Newton，1643—1727），英国人，人类历史上最伟大的数学家、物理学家、天文学家之一，与阿基米德、高斯、欧拉一起被誉为有史以来的四大数学家.

牛顿对微积分问题的研究始于 1664 年秋，当时他在剑桥大学学习，因对笛卡儿圆法产生兴趣而开始寻找更好的求切线的方法. 1665 年 11 月，牛顿发明了“正流数术”（微分法），次年 5 月又建立了“反流数术”（积分法）. 1666 年 10 月，牛顿将前两年的研究成果整理成一篇总结性的论文，此文现以《流数简论》著称，它是历史上第一篇系统的微积分文献.

《流数简论》反映了牛顿微积分的运动学背景. 在牛顿以前，面积总被看作无限小的不可分量之和，而牛顿则从确定面积的变化率入手，通过反微分来计算面积. 面积计算与求切线问题的互逆关系，被牛顿明确地作为一般规律揭示出来，并成为建立微积分普遍算法的基础. 牛顿的正流数术与反流数术，亦即微分与积分，通过揭示它们互逆关系的所谓“微积分基本定理”而被统一为一个整体.

在《流数简论》中牛顿还将他所建立的统一算法应用于求曲线的切线、拐点、长度及面积，求引力与引力中心等问题，展示了其算法的极大普遍性和系统性. 《流数简论》标志着微积分的诞生，但它在许多方面还是不成熟的. 所以，牛顿对于自己的发现并未做太多宣扬.

牛顿不断改进、完善自己的微积分学说，先后写成了三篇微积分论文：《分析学》《流数法》《求积术》. 它们真实地再现了牛顿创建微积分学说的思想历程.

《分析学》借用无穷级数来计算流数、积分以及解方程，它体现了牛顿将微积分与无穷级数紧密结合的特点. 该文以无限小增量“瞬”为基本概念，但回避了《流数简论》中的运动学背景，将瞬看作静止的无限小量，有时甚至直截了当地令其为零，从而带上了浓厚的不可分量的色彩.

《流数法》可以看作《流数简论》的直接发展，牛顿在其中又恢复了其运动学观点，并将以物体速度为原型的流数概念做了进一步提炼. 该文以清晰的流数语言，表述了微积分的基本问题.

《求积术》是牛顿最成熟的微积分著作. 牛顿在其中检讨了自己以往随意忽略无限小"瞬"的做法，一改对无限小量的依赖，提出了"首末比方法". 该方法相当于求函数自变量变化与因变量变化之比的极限，因而成为极限方法的先导.

牛顿对于发表自己的科学著作的态度十分谨慎，《分析学》《流数法》《求积术》三篇论文的发表都很晚，《流数法》甚至在他去世后才正式发表.

牛顿的微积分学说最早的公开表述是在1687年出版的力学名著《自然哲学的数学原理》之中，该书也成为数学史上划时代的著作.《自然哲学的数学原理》全书从三条基本的力学定律出发，运用微积分工具，严格地推导证明了包括开普勒行星运动三大定律在内的一系列结论，并且将微积分应用于流体运动、声、光、潮汐、彗星乃至宇宙体系，充分显示了这一全新数学工具的威力.

4. 莱布尼茨

戈特弗里德·威廉·莱布尼茨（Gottfriend Wilhelm Leibniz，1646—1716)，是17、18世纪之交德国最重要的数学家、物理学家和哲学家，是举世罕见的科学天才.

莱布尼茨

与牛顿流数术的运动学背景不同，莱布尼茨创立微积分首先是出于对几何问题的思考. 1673年，他受帕斯卡的有关论文启发，提出了自己的"微分三角形"理论. 借助这种无限小的三角形，他迅速地、毫无困难地建立了大量定理.

在对微分三角形的研究中，莱布尼茨逐渐认识到了什么是曲线的切线，以及求曲线下的面积问题的实质，并发现了这两类问题的互逆关系. 他建立了一般的算法，将以往解决这两类问题的各种结果和技巧统一起来.

1666年，莱布尼茨发现序列的求和运算与求差运算之间存在互逆关系. 从1672年开始，莱布尼茨将有关数列的研究结果与微积分运算联系起来. 他通过把曲线的纵坐标想象成一组无穷序列，得出了"求切线不过是求差，求积不过是求和"的结论.

莱布尼茨从最简单的直线函数开始，逐渐从一串离散值增量过渡到任意函数的增量. 在1675年微积分的手稿中，他引入了现代的积分符号和微分符号，并开始探索积分运算与微分运算的关系，给出了幂函数的微分和积分公式、复合函数微分的链式法则. 1677年莱布尼茨在一篇手稿中明确陈述了微积分基本定理.

1684年莱布尼茨发表了他的第一篇微分学论文《一种求极大值、极小值和切线的新方法》，这也是数学史上第一篇正式发表的微积分文献. 该文是莱布尼茨对自己1673年以来的微积分学研究的概括，其中定义了微分并广泛采用了微分记号，还明确陈述了函数的和、差、积、商、乘幂与方根的微分公式. 这些都表明，莱布尼茨非常重视微积分的形式运算法则和公式系统，文中还包含了微分法在求极值、拐点以及光学等方面的广泛应用.

1686 年，莱布尼茨发表了他的第一篇积分学论文《深奥的几何与不可分量及无限的分析》. 这篇论文初步论述了积分或求积问题与微分或求切线问题的互逆关系. 在这篇积分学论文中，莱布尼茨给出了摆线方程，以及现在普遍使用的微分和积分符号.

5. 泰勒

布鲁克・泰勒（Brook Taylor，1685—1731），英国数学家，是牛顿学派的中坚力量，1714—1718 年任英国皇家学会秘书.

泰勒

泰勒在自己的《正的和反的增量方法》中陈述了他早在 1712 年就已得到的将函数展开成无穷级数的著名定理“泰勒公式”，并以此著称于世. 泰勒公式使任意单变量函数展开为幂级数成为可能，是使微积分进一步发展的有力武器. 但泰勒对该定理的证明很不严谨，也没有考虑级数的收敛性.

泰勒定理提出后的半个世纪里，数学家们并没有认识到泰勒定理的重大价值. 这一重大价值是后来由法国数学家拉格朗日发现的，他把这一定理刻画为微积分基本定理，并将其作为自己工作的出发点. 18 世纪末，拉格朗日给出了泰勒公式的余项表达式（通常称为拉格朗日余项），并指出，不考虑余项就不能用泰勒级数. 泰勒定理的严格证明是在定理诞生的一个世纪之后由法国数学家柯西给出的.

6. 约翰・伯努利和雅各布・伯努利

约翰・伯努利

瑞士数学家约翰・伯努利（John Bernoulli，1667—1748）和雅各布・伯努利（Jacob Bernoulli，1654—1705）兄弟都是莱布尼茨的学生.

17 世纪到 18 世纪的过渡时期，推广莱布尼茨学说的任务主要由他们兄弟二人承担. 他们的工作构成了现今所谓的初等微积分的大部分内容. 他们在 1700 年左右发展了积分法，1742 年出版的《积分学教程》是微积分发展中的重要著作，该书汇集了微积分方面的研究成果，不仅给出了各种不同的积分法的例子，还给出了曲面的求积、曲线的求长和不同类型的微分方程的解法，使微积分更加系统化，这本著作使微积分的作用在欧洲大陆得到了正确的评价. 著名的洛必达法则就是 1694 年约翰・伯努利写信告诉洛必达的.

雅各布・伯努利

7. 欧拉

莱昂哈德・欧拉（Leonhard Euler，1707—1783），瑞士人，18 世纪最伟大的数学家、分析的化身、“数学家之英雄”. 欧拉 28 岁一只眼睛失明，56 岁双目失明，但他仍不屈不挠地奋斗，丝毫没有减少科学活动，他完全是依靠惊人的记忆力和心算能力来进行研究和写作的.

18世纪微积分最重大的进步应归功于欧拉. 他于1748年出版的《无穷小分析引论》，以及随后发表的《微分学原理》和《积分学原理》是微积分史上里程碑式的著作，它们在很长时间里被当作分析课本的典范普遍使用. 这三部著作包含了欧拉本人在分析领域的大量创造，同时引进了一批标准的分析学符号（函数符号、求和符号等），对分析表述的规范化起了重要作用. 欧拉是最多产的数学家，生前发表的著作与论文有560余种，死后还留下了大量手稿. 数学家拉普拉斯说："读读欧拉，他是我们大家的老师."

欧拉

8. 拉格朗日

约瑟夫-路易·拉格朗日（Joseph-Louis Lagrange，1736—1813），法国数学家、力学家和天文学家. 17岁时读了哈雷的天文学和数学的论文《论分析法的优点》，从此致力于对数学的学习和研究. 拉格朗日曾担任柏林科学院主席，在数学上的地位处于欧拉与拉普拉斯之间，毕生从事数学教育工作，数学中的许多公式和定理都是以他的名字命名的. 拉格朗日是分析学中仅次于欧拉的最大开拓者，他研究力学和天文学的目的是表明数学分析的威力，全部著作、论文、学术报告记录、学术通讯超过500种. 拉格朗日的学术生涯主要在18世纪后半期. 拉格朗日在1797年出版的《解析函数论》中第一次得到微分中值定理，并用它推导出了泰勒级数，给出了泰勒级数余项的具体表达式，还着重指出，不考虑余项就不能用泰勒级数. 此外，他还研究了二元函数的极值，阐明了条件极值的理论，并研究了三重积分的变量代换等问题.

拉格朗日

9. 柯西

奥古斯丁-路易·柯西（Augustin-Louis Cauchy，1789—1857），法国数学家、数学物理学家、力学家，19世纪前半叶最杰出的分析学家.

19世纪微积分已经得到广泛的应用，但微积分的理论基础一直不够严格. 100多年来，数学家们展开了理论的严谨化工作，在微积分基础的奠基工作中，做出卓越贡献的首推数学家柯西. 在这方面柯西写下了三部专著：《分析教程》《无穷小计算教程》《微分计算教程》. 他在这些著作中对微积分的基本概念给出了明确的定义，并在此基础上重建和拓展了微积分的重要事实与定理.

他在数学上的最大贡献就是在微积分中引入了极限的概念. 他以物理为背景、以极限为基础建立了逻辑清晰的分析体系，用清晰的无穷小——以零为极限的变量代替了牛顿、莱布尼茨神秘莫测的无穷小，其极限概念的创立是微积分严格化的关键，无论从逻辑上还是从

柯西

数学思想与方法上都决定性地澄清了微积分基础中的混乱，是微积分发展史上的精华之一. 1821 年，柯西编著的数学名著《分析教程》和其另外两本分析教程被长期作为标准教科书，其逻辑体系保持至今，因而柯西被称为近代分析的奠基人. 以他的名字命名的定理、准则出现在许多教科书中. 他思路敏捷，著作之丰仅次于大数学家欧拉，共发表论文 800 余篇、专著 7 部，汇总的全集共 27 部. 他有一句名言："人总是要死的，但是，他们的业绩永存."

虽然柯西的工作在一定程度上澄清了微积分基础问题上长期存在的混乱，但他的理论还只能说是"比较严格的"，他运用了许多"无限趋近""想要多小就有多小"等直觉描述的语言，而非严格精确的数学定义.

10. 魏尔斯特拉斯

卡尔·特奥多尔·威廉·魏尔斯特拉斯（Karl Theodor Wilhelm Weierstrass，1815—1897），德国数学家，被誉为"现代分析之父". 他建立了实数理论，引进了分析学上通用的极限的 ε - δ 定义，为分析学的算术化做出了重要贡献，代表作有《关于阿贝尔积分论》等.

魏尔斯特拉斯是把严格的论证引入分析学的一位大师，为分析的严格化做出了不可磨灭的贡献，是分析算术化运动的开创者之一. 这种严格化的突出表现是创造了一套语言，用以重建分析体系. 他将柯西等前人采用的具有明显的运动学含义的"无限趋近"等说法，代之以更严格的算术化表述，用这种方式重新定义了极限、连续、导数等分析学的基本概念，特别是通过引入以往被忽视的一致收敛性消除了微积分中不断出现的各种异议和混乱. 可以说，数学分析达到今天所具有的严格形式，本质上归功于魏尔斯特拉斯的工作.

魏尔斯特拉斯

中国人民大学出版社　理工出版分社

教师教学服务说明

中国人民大学出版社理工出版分社以出版经典、高品质的数学、统计学、心理学、物理学、化学、计算机、电子信息、人工智能、环境科学与工程、生物工程、智能制造等领域的各层次教材为宗旨。

为了更好地为一线教师服务，理工出版分社着力建设了一批数字化、立体化的网络教学资源。教师可以通过以下方式获得免费下载教学资源的权限：

- 在中国人民大学出版社网站 www.crup.com.cn 进行注册，注册后进入“会员中心”，在左侧点击“我的教师认证”，填写相关信息，提交后等待审核。我们将在一个工作日内为您开通相关资源的下载权限。

- 如您急需教学资源或需要其他帮助，请加入教师 QQ 群或在工作时间与我们联络。

中国人民大学出版社　理工出版分社

教师 QQ 群： 1063604091(数学2群) 183680136(数学1群) 664611337(新工科)
教师群仅限教师加入，入群请备注（学校+姓名）

联系电话： 010-62511967，62511076

电子邮箱： lgcbfs@crup.com.cn

通讯地址： 北京市海淀区中关村大街 31 号中国人民大学出版社 507 室（100080）